JN255274

Uncorking the Past

The Quest for Wine, Beer, and Other Alcoholic Beverages

Patrick E. McGovern

酒の起源

最古のワイン、ビール、アルコール飲料を探す旅

パトリック・E・マクガヴァン

藤原多伽夫［訳］

白揚社

1 フランスのドルドーニュ川沿いにあるローセルの岩壁に、およそ2万年前に彫られた女性像（高さ44センチ）。手に持っているのは角杯だろうか。角杯からミードを飲む伝統は古くからヴァイキングに伝わるもので、ヨーロッパの先史時代の文化と深くかかわっている。
Photograph by François Hubert, Musée d'Aquitaine, Bordeaux.

2 賈湖（中国河南省）から出土した新石器時代前期の壺。紀元前7000～前6600年頃のもので、頸が高く、口が広がっているのが特徴だ。著者らによる分析の結果、こうした壺には、米と蜂蜜、果実（サンザシの実かブドウ、あるいはその両方）を原料とした混合発酵飲料が入っていたことがわかった。左端の壺の高さは20センチ。Photograph courtesy of J. Zhang, Z. Zhang, and Henan Institute of Cultural Relics and Archaeology, nos. m252:1, m482:1, and m253:1（左から）.

4 エジプトのテーベにある紀元前 1400 年頃の書記ナクトの墓に描かれた、ワインづくりの場面。エジプトのファラオたちは紀元前 3000 年前後に、ナイルデルタ（ナイル川河口域）に王家のワイン醸造産業を築いた。ブドウの収穫やブドウ踏み、果汁集め、壺の封印や刻印など、ワインづくりの工程を墓に詳しく描く慣行は、数千年にわたって続いた。The Metropolitan Museum of Art, Rogers Fund, 1915 (15.5 19e), image © The Metropolitan Museum of Art.

3（右頁） イランのザグロス山脈に位置する遺跡から出土した、ブドウのワインや大麦のビールを入れる容器。こうした容器としては、これまで確認されたなかで最古であることが化学分析によって確認された。【上 (a)】ゴディン・テペ遺跡から出土した紀元前 3400 ～前 3100 年頃のビール壺。頸が細長い下のワイン容器（かつては栓がされていた）よりも、ビール壺のほうが口が広い。ロープ模様のデザインが壺を一周するように施され、結び目からはロープの両端が垂れ下がる。結び目の下には、焼成前に開けられた穴がある。【下 (b)】ハッジ・フィルズ・テペ遺跡から出土した紀元前 5400 ～前 5000 年頃のワイン壺のにおいを嗅いで、太古のビンテージワインの存在を探る著者。(a) with permission of the Royal Ontario Museum © ROM; and (b) David Parker/Science Photo Library and Hasanlu Project, University of Pennsylvania Museum of Archaeology and Anthropology, no. 69-12-15, 高さ 23.5 cm.

5 ローマの酒器一式。これらのバケツ（シトラ）、ひしゃく、漉し器、そして数点の杯は、スウェーデンのゴットランド島南部のハヴォーに位置する住居の床下の貯蔵庫で発見されたものだ。著者の研究室と共同研究者たちによる分析で、この酒器一式はブドウのワインを含んだ「北欧のグロッグ」を飲むために使われたことが判明した。Photograph by G. Gådefors, from E. Nylén, U. Lund Hansen, and P. Manneke, The Havor Hoard: the Gold, the Bronzes, the Fort (Stockholm: Kungl. Vitterhets Historie och Antikvitets Akademien, 2005). Photograph courtesy of KVHAA, Lena Thunmark Nylén, and Statens Historiska Museum, Stockholm.

6 グアテマラのリオ・アスールにある墓で発見された、紀元500年頃のねじ蓋付きの壺。上流階級が飲む、カカオ豆でつくる飲料の保存に使われた。壺の表面にはしっくいが塗られ、その上に「カカウ」（カカオ）を示すマヤの象形文字が書かれている。Collection of the Museo Nacional de Arqueología y Etnología, Guatemala City, Guatemala. Photograph courtesy of Bailey Archive, Denver Museum of Nature and Science.

革新的な発酵飲料をつくる人類の醸造家たちへ

目次

●本書は、*Uncorking the Past: The Quest for Wine, Beer, and Other Alcoholic Beverages* by Patrick E. McGovern (University of California Press 2009) の日本語版です。

●〔　〕で示した個所は翻訳者による補足です。

序

「ワインはなぜ、世界のさまざまな文化圏で何千年も前から人々を魅了し続けているのか」。これは前著『古代のワイン』（*Ancient Wine*）の最後で投げかけた問いである。このとき私は短くこう答えた。エタノールという単純な有機化合物であるアルコールは、世界共通の薬物であり続け、なかでもワインには天然のアルコールが最も高い濃度で含まれているからだ、と。飲料として飲むにしろ、肌に塗るにしろ、人間は歴史を通じてアルコールの効果に驚かされてきた。体に恩恵をもたらすことは明らかで、アルコールは痛みを抑え、感染を止め、病気の治療にも役立つようにも見える。人の心理や社会への恩恵もまた明白であり、アルコールは日常の悩みを忘れさせ、社会の潤滑油となり、生きる喜びを与えてくれる。

ひょっとしたら最も深遠な効果は、精神に変化を及ぼすアルコールの作用が、神秘的な力をもたらす脳の見えない領域に影響していることかもしれない。古代においても現代の世界においても、神々や祖先と交信する主要な手段としてアルコール飲料が利用されてきた。キリスト教の聖餐のワイン、シュメールの女神ニンカシに捧げられたビール、ヴァイキングの蜂蜜酒ミード、アマゾンやアフリカの先住民が飲む秘伝の酒などが、その例だ。

つまるところアルコール飲料は、この地球で四〇〇万年以上にわたって初期や現生の人類が利用してきたあらゆる薬物のなかでも独特だ。全世界の人々を魅了するその傑出した存在――人間の身体にも社会にも宗教にも欠かせない絶対的な存在とでも言おうか――は、ヒトという生物種とその文化の発展を理解するうえでも重要である。

アルコール飲料と人間の強い結びつきを生物学と文化の両面から理解するために、中東でブドウのワインが生まれるはるか前までさかのぼる、探究の旅に出かけてみたい。この銀河系の中心から出発し、地球の生命の始まりを経て、人類がアルコール飲料に魅了され、アフリカを出て大陸から大陸へと地球全体に広がるなかで工夫を凝らしてアルコール飲料をつくり出した過程をたどる。最新の考古学上の発見、古代の土器に付着した残渣（ざんさ）（残留物）の化学分析、DNA分析の成果について検証する。こうした新発見は古代の芸術作品や文字記録、それより新しい伝統的な醸造法にまつわる民族誌、そして、古代の飲料を再現する実験考古学を利用して解釈できる。ワインやビール、そして私が「過激な飲料」と呼ぶ、多様な材料を組み合わせた摩訶不思議な混合飲料の先史や歴史を書き換えるのだ。本書では『古代のワイン』に書かなかった話題を取り上げているので、ワインに関する考古学上の発掘や発見について詳しく知りたい読者は、ぜひそちらも読んでほしい。

アルコール飲料に関する私の研究はその負の側面を考慮に入れていないと考える読者もいるかもしれない。アルコール飲料には、飲んだときにまず幸福感や打ちとけた雰囲気をもたらすという興奮剤としての効果はあるのだが、もちろんそれは、過度な飲酒によって怒りや自己嫌悪に変わることもある。抑制剤としてのアルコールの効果が現れると、バランス感覚を失ったり、ろれつが回らなくなったり、ときには幻覚が見えてきて、世界がぐるぐる回り始める。同席者はそれまでとは打って変わった表情を見せて、よそよそしくなる。泥酔した人物は最後には意識を失い、次の日に目覚めたときには前日の出来事を断片的にしか覚えておらず、ひどい二日酔いに悩まされることになるのだ。

アルコール飲料は人類に災いをもたらすものでしかないというのが、アルコールに対して反対や禁止の立場をとる人たちの意見だ。資産に計り知れない影響を与え、家族関係を壊し、ありとあらゆる種類の悪行や暴力を引き起こして、人々の人生を台無しにする。アルコールの過剰摂取は個人や地域社会に多大なる害を及ぼすことがある、という意見には同意する。しかし、あらゆる物質（特に食品）や活動（走る、踊る、音楽を奏でる、セックスするなど）、影響力の大きい思想（宗教の信仰など）は、脳の欲望や快楽の中枢を活性化し（第9章参照）、強迫行動や依存症につながるものだ。アルコールなどの薬物は脳に直接影響を及ぼすので、特に効果が強く、慎重に取り扱わなければならない。

こうしたリスクがあるにもかかわらず、アルコールほどもてはやされている物質はほとんどない。この性質を最もうまく言い表しているのは、心理学者のウィリアム・ジェームズの名著『宗教的経験の諸相』にある次の一節かもしれない。

> アルコールが人類に対して猛威を振うのは、確かにアルコールが、ふだんは冷たい現実と正気（しらふ）の時の仮借のない批判とによって抑えつけられている人間性の神秘的な能力を刺激する力をもっているからのことである。正気（しらふ）は縮め、分離し、そして否（ノー）と言い、酩酊は広げ、統合し、そして諾（イエス）と言う。事実、アルコールは人間のなかの応諾（イエス）機能の大きな推進力なのである。それはその愛好者を事物の冷たい外面から光り輝く中心へ連れ込んでゆく。それは、その瞬間、彼を真理と合体させる。人々は単に堕落したからアルコールを追求するというわけではない……私たちがそれ自体としてはすばらしいものと端的に認めるものを、すすったり一服したりすることが、私たちの多くの者には、ほろ酔いの程度にしかたしなむことを許されず、たらふく飲んでは人を堕落させる毒となるとは、なんという人生の深刻な神秘であり、悲劇であろう。（『宗教的経験の諸相（下）』桝田啓三郎訳、岩波文庫、一九七〇年）

古今の有名な芸術家、音楽家、作家、学者も、ジェームズと同じような考えを示している。顕微鏡で初めてワインの酵母と酒石酸の結晶を観察したフランスの化学者ルイ・パスツールは、「ワインの芳香は優美な詩のようだ」と熱く語り、ワインは「魂に隠された秘密に光を当てる」と書いたローマの詩人ホラティウスの心情を理解する。

果たしてワインは人をだますものなのか、それとも、人間の心を喜ばせるものなのか。アルコールが創造性を高めてくれているのだと、多くの才能豊かな人物たちが惑わされてきただけなのか。詩人のディラン・トマスや画家のジャクソン・ポロック、ロック歌手のジャニス・ジョプリン、作家のジャック・ケルアックは、酒におぼれて無駄死にしただけなのだろうか。

確かに、人間の脳に対するアルコールの影響を理解することから、世界中の古代のアルコール飲料の歴史をひもとくことまで、解明すべき謎はあらゆる分野に残っている。私がこれまでに偶然の発見やサンプリングを通して論じてきたのは、人類が何千年にもわたってアルコールを探究してきた歴史のごく一部にすぎない。中央アジアやインド、東南アジア、太平洋の島々、アマゾン川流域、オーストラリア、そして、ヨーロッパや北アメリカの一部の地域で、いにしえの時代にアルコールがどのように使われていたのかは、いまだにほとんどわかっていない。今後、驚くべき発見があるものと期待できる。たとえば、アルコール飲料におぼれるのはあらゆる動物のなかで人類だけだという主張が、しばしば聞かれる。しかし近年、原始的な哺乳類の特徴を残したマレーシアの動物ツパイが、発酵したヤシの蜜を夜ごとたらふく飲んでいることが明らかになった。

アルコール飲料（ワインなど）の容器に封をするためにコルクが使われた最古の証拠は、紀元前五世紀前半のものだ。その頃のアテネでは、きれいな丸みを帯びて面取りされた、現在のコルクによく似たものがワイン容器の口の縁と同じ高さにまで詰められていた。コルクの中心部に穴が開いていて、栓としての目的を果たしていないようにも見えるが、ひょっとしたらいったんコルク栓抜きの先駆けのような道具で容器から抜かれ、再び挿入された後に、公共広場アゴラの古代の井戸に収められたのかもしれない。発掘者の考えでは、穴にひもを通し、それを使って容器を井戸の底まで下ろして、ワインを冷やしたのではないかという。

このアテネのワインが飲まれていた頃、古代イタリアのエトルリアの船がフランスのリヴィエラ沖、グラン・リボー島の付近で沈没した。その船が近年発見され、何百点ものワインのアンフォラ〔壺の一種〕が、ブドウの木をクッションにして少なくとも五層にわたって積まれていることがわかった。容器の多くにはまだ当時のコルク栓が詰められたまま残っていた。細い注ぎ口をふさいだコルクの状態は見事で、機械で詰められた現代のコルクの状態と遜色がない。

とはいえ、コルクで栓をした容器に保存されたことがわかっている最初の物質は、天然の糖分を高濃度で含むものとして代表的な食材である蜂蜜だ。イタリアのカンパニア地方にあった古代都市パエストゥムの地下の密室から、紀元前五四〇～前五三〇年頃の青銅製の壺に入った液体の蜂蜜が見つかった（発見された時点でもまだ粘り気があり、蜂蜜独特の香りがしたという）。容器はコルクで栓をされていた。これは蜂蜜酒のミードをつくるためのものではなく、この都市の最高位の女神で、ギリシャの神であるヘーラーにささげたものだった。蜂蜜は古代で病を癒やす薬として珍重されていたのだ。地下室の中央に置かれた寝台は、黄泉の国とつながりのある女神と兄弟のゼウスとの聖なる結婚を表しているとも考えられている。詳しくは後ほど説明するが、聖なる結婚（ヒエロス・ガモス）の儀式は中東で長い歴史のある伝統であり、それに先立って、アルコール飲料がふるまわれることが多かった。

コルクガシが生育している地中海西部の沿岸地域などには、コルク栓をされたさらに古い容器が存在しているだろう。とはいえ、この習慣の起源がどこにあるにしろ、その目的は貴重な液体を将来飲むために保存しておくことだった。コルクがその役割を担う前、人類の祖先たちは木や石、植物、動物の皮を使わなければならなかった。紀元前一万年前頃に東アジアで土器が登場すると、粘土を整形して栓がつくられるようになる。イランのザグロス山脈で紀元前三五〇〇年頃に行われていたように、容器を横に寝かせて保存すれば、栓の粘土が中身のワインを吸ってコルクのように酸素を遮断し、ワインが酢に変わるのを防ぐ。古代ローマの博物学者プリニウスは、紀元一世紀の著書『博物誌』でこの「ワインの病気」を予防する営みについて巧みに述べている。「人の生涯で、これほどまでに労働力が費やされる仕事はほかにない」

酒瓶の栓を抜けば、こうした酸化の予防や熟成の過程は終わりを迎える。先史時代にブドウの発酵飲料やミードの入った木の洞(うろ)に蓋をしていた重い石板を外すにしろ、古代エジプトで中身のワインを汚さないように粘土の栓を慎重に切り落とすにしろ、年代物のポートワインが入ったガラス瓶の首を熱した器具で切断するにしろ、結果は同じだ。シャンパンのコルク栓が飛び出た後や、木の洞での発酵が終わった後には、華やかな歓喜の瞬間が待っているのだから。

第1章　ホモ・インビベンス——我は飲む、故に我あり

強力な電波を使って銀河系を探査している天文学者たちは、アルコールが地球以外にも存在していることをすでに発見している。メタノールやエタノール、ビニルアルコールが集まった直径何十億キロにも及ぶ巨大な分子雲が、恒星間の空間や新しい恒星の周りを取り巻いているのだ。その一つ、サジタリウスB2N分子雲は、地球からおよそ二万六〇〇〇光年（二四京キロ）離れた銀河系の中心近くに位置している。これほどの遠距離にあれば人類がこの地球外のエタノールを近々利用することはないだろうが、この現象の規模から、地球の生命を構成する複雑な炭素化合物が最初に形成された過程について推測されるようになった。

研究者の仮説はこうだ。化学反応を起こしやすい二重結合をもったビニルアルコール分子が、恒星間を漂う塵に含まれていた。ビニールを合成するときと同様、一個のビニルアルコール分子がほかの分子と結合して、生命の基となるような物質をつくる。こうした新たなポリマー（重合体）をもった塵は、氷に覆われた彗星に乗って宇宙空間を移動しているとみられる。彗星が高速で移動し

ているうちに氷が解け、有機物の海のようなものが存在する地球などの惑星へ塵が降り注いだ結果、原初の生命体が出現したというわけだ。最も単純な細菌でさえも複雑な生化学的機能をもっているから、エタノールの形成から細菌の進化に話をもっていくのはきわめて飛躍した考え方ではあり、そこから人類の誕生までには相当長い道のりがある。とはいえ、夜空を眺めているときに、こんなふうに思いをめぐらしてみるのもいいかもしれない。なぜ銀河系の真ん中にアルコールの雲があるのか、そして、地球に生命が生まれ、存続していくうえで、アルコールはどんな役割を果たしてきたのだろうか、と。

自然は発酵を生んだ

アルコールが銀河系だけでなく宇宙全体に存在しているとすれば、糖の発酵（糖分解）は地球の生物が利用した最古の形式のエネルギー生産法であっても驚かない。一説によれば、四〇億年ほど前に原始的な単細胞の微生物が、生命の基になった有機物の海「原始スープ」に含まれていた単純な糖を取り込み、エタノールと二酸化炭素を排出した。言ってみれば炭酸入りアルコール飲料が、生命の誕生時点で存在していたのである。

現在では、野生種や培養種を含んだ大きなグループのなかで二種の単細胞の酵母、サッカロミケス・セレビシエ〔ラテン語読みでは「ケレウィシアエ」〕（*Saccharomyces cerevisiae*）とサッカロミケス・バヤヌス（*Saccharomyces bayanus*）が、この太古の伝統を受け継ぎ、世界中の発酵飲料に含まれるアルコールを生産している。これらは決して原始的な酵母ではないが――染色体DNA（デオキシリボ核酸）を含んだ細胞核など、多細胞の動植物と同じ細胞小器官（オルガネラ）のほとんどを備えている――生命が誕生した当時の地球がそうだったとみられるように、酸素のない環境で生きる。

前述のシナリオを受け入れたとすれば、原初の生物が生成したアルコールは長いあいだ地球全体を漂っていたに違いない。やがてアルコールやほかの短鎖の炭素化合物は、高エネルギーで手ごろな糖分の存在を動物たちに知らせる役割を果たすようになった。アルコールの刺激的かつ魅惑的な香りは、今やショウジョウバエからゾウまで、糖分を好む世界中の動物たちにごちそうのありかを教えている。一億年ほど前の白亜紀に果実をつける樹木が出現すると、大量の糖分とアルコールが自然界に供給された。熟して裂け目ができた果実からしみ出した甘い液体は、水分と栄養分が混じった理想的な物質であり、酵母が増殖して糖分をアルコールに変えることができる。

動物たちは果樹が生み出す甘い「カクテル」を飲むように見事に適応し、その行動が種子の拡散を助けるようになった。樹木と動物たちの親密な共生は驚くべきもので、樹木の花粉を運び、果実を食べるなど、互いに有益な数多くの機能を果たしている。例として、イチジクの木を見てみよう。世界で八〇〇種ほどが確認されているが、その花の咲き方は少し変わっている。雄花と雌花はおいしい果汁がたっぷり入った「イチジク状果」に密閉され、同じ木でも開花時期がそれぞれ異なるので、ほかの生物の助けなしには受粉できない。イチジクのそれぞれの種（しゅ）に固有のハチが、授粉の作業を担っているのだ。成虫の雌はイチジク状果の先端から穴を掘り、翅（はね）を落として中に潜り込む。そして卵を産み、ほかの木から運んできた花粉を雌花に届けると、そこで息を引き取る。その卵から生まれた翅のない雄（イチジク状果の中で一生を過ごす）が雌と交尾し、強力な顎でイチジク状果の外へ通じる穴を開けると、卵を抱えた雌が外へと抜け出す。雌は長いストローのような吻でイチジクの花冠の奥深くからアルコール入りの蜜を吸って生き延び、ほかのイチジクの木へと花粉を運ぶ。

イチジクコバチが秘密のセックスライフを送るなかで、雌が外へ出るための穴から空気が入り、イチジク状果が熟してイチジクの「果実」になる。酵母の働きでアルコールを含んだ香りが生成され、動物たちにごちそうのありかを教える。大きな木だと最大で一〇万個ものイチジクが実り、そこに鳥やコウモリ、サル、ブタ、さらにはトンボやヤモリまでもが集まって、大宴会を開くのだ。

イチジクの木からは、生物どうしのつながりがいかに複雑で限定されたものなのかがわかる。常緑樹の樹液や花の蜜といったほかの植物の糖分には、それぞれ異なる生物のつながりがある。たとえば、トルコで珍重されている風味豊かな蜂蜜は、この地域のマツ（*Pinus brutia*）の木からつくられる甘露に由来する。この甘露とは、マツの樹皮の割れ目で樹液だけを栄養分にして生きるカイガラムシの仲間（*Marchalina hellenica*）が出す甘い分泌物のことで、この甘露をミツバチが集め、インベルターゼ（転化酵素）という特殊な酵素を使って甘露の糖分（スクロース）をブドウ糖と果糖に分解する。こうしてできた蜂蜜（甘露蜜）は自然界で最も濃度の高い糖分となり、その源になった植物に応じて、独特な風味や香りをもつようになる。

昆虫学者は昆虫が発酵した液体を好む性質を利用し、木の根元にそうした液体を塗って昆虫を採集している。進化論を唱えたかのチャールズ・ダーウィンも、似たような手法を使っていた。夜間にビールの入った容器を外に仕掛けたところ、アフリカのヒヒの集団がそれに引き寄せられ、翌朝、酩酊したヒヒを観察できる絶好の機会を得たという。同じビールのわなに引き寄せられた大酒飲みのナメクジは不運にも、文字通り酒に溺れて死んでしまった。入念に行われたある実験によれば、一般的なショウジョウバエ（*Drosophila melanogaster*）はエタノールとアセトアルデヒド（アルコール代謝で生成される物質の一つ）のにおいが強い場所に卵を産むという。果実が発酵しているということは、卵からかえった幼虫の栄養源となる糖分や高タンパクの酵母のほか、アルコールが豊富に存在することを示しているからだ。ショウジョウバエはこれらに対してきわめて効率の良いエネルギー経路をもっている。

自然の隠れた基本原理と、糖とアルコールという資源を中心とした複雑な生態系の相互作用には、滑稽だが笑えない側面もある。一日に五万カロリーを消費するゾウは、発酵しつつある果物をときどき食べ過ぎることがあるのだ。とはいえ、ゾウはこの悦楽のために、果樹が育つ場所を覚え、果実が熟した頃に遠くから苦労して歩いてこないといけないのだから、それくらいは大目にみてもいいかもしれない。ただ残念ながら、ゾウは人間がつくった発酵飲料には弱いようだ。一九八五年、およそ一五〇頭のゾウがインドの西ベンガル州にあった密造酒の組織で無理やり働かされ、ビールやウイスキーの原料となる甘い麦汁を飲み尽くしたあげく、その一帯を暴れ回り、五人を踏みつけて死亡させたうえ、七棟ものコンクリートの建物を破壊した。このエピソードは、人間も含めた高等な哺乳類が抱える飲酒問題を浮き彫りにしている。

鳥も発酵しつつある果実をよく食べることが知られている。サンザシの実を食べるヒメレンジャクがエタノール中毒になって死ぬこともあるし、コマドリは止まり木から落ちる。果実は熟すにつれて糖分のほか、風味や香りの化合物、色素を濃縮させて、鳥類や哺乳類に食べ頃であることを知らせているのだが、食べ頃を過ぎると、酵母や細菌といったさまざまな微生物が繁殖し始めて植物を脅かす。そうなると植物は、有毒な化合物を生成してみずからの身を守る。アルカロイドやテルペノイドといった植物の毒は有害な微生物の成長を抑え、昆虫を寄せつけない働きをする。リンゴ農園やブドウ畑は一見のどかだが、実際はさまざまな生き物たちが支配権を勝ち取ろうとせめぎ合い、化学物質を駆使して権力闘争を繰り広げている「戦場」なのだ。

ときどき何も知らない生き物が、ほかの生き物に対して仕掛けられた化学物質の「地雷」を踏んでしまうことがある。アルコールの過剰摂取が危険だとすれば、植物の毒は命にかかわる物質だ。アメリカのカリフォルニア州ウォールナットクリークの近くで起きた出来事だという詳細な記録によれば、何千羽ものコマドリやヒメレンジャクが、やや甘みのある真っ赤なホリー（モチノキ属）とトキワサンザシ（ピラカンサ）を見つけ、立ち寄らずにはいられなくなった。鳥たちは三週間かけて赤い実を食べまくり、そのうち車や住宅の窓に次々とぶつかるようになった。検死の結果、鳥たちの食道が赤い実ではち切れそうになっていることが判明した（ヒメレンジャクの求愛行動は普通は控え目で、雄と雌が一個の実を受け渡す行動を繰り返し、最終的にその贈り物が受け入れられると、つがいは交尾する）。

西ベンガル州のゾウと同じように、カリフォルニア州の鳥の酔っ払った行動は精神に変化をもたらす化合物の過剰摂取が原因だった。興味深いことに、ホリーの実に含まれていた化合物（カフェイン）とテオブロミン）は現代人がコーヒーやお茶、チョコレートとして楽しんでいるものと同じだ。北米の森林地帯やアマゾン川流域の密林に暮らす先住民も、こうした化合物を好んでいる。南米に入植したスペイン人は、先住民がこんがり焼いたホリーの葉をお湯で煎じて、苦くて香り豊かな「黒い飲料」をつくったという観察記録を残している。

ある特異な酵母

植物が「化学兵器」で身を守るのと同様、目に見えない微生物の世界でも支配権の獲得や生存のために、似たような戦いが繰り広げられている。アルコール飲料の醸造に使われている主な酵母S・セレビシエが選んだ兵器は、酵素を活用した見事な仕組みとアルコールの生産だ。果実をつける樹木が地球全体で繁栄しつつあった頃、S・セレビシエはゲノム（全遺伝情報）の複製をもう一つ獲得したようだ。それに加えて、ゲノムの再編成の結果、この酵母は酸素なしでも増殖できるようになり、生産したアルコールによって競争相手の大半を駆逐した。腐敗や病気の原因となる多くの酵母や細菌などの微生物はアルコール濃度が五％を超える環境では生きられないが、S・セレビシエはその二倍のアルコール濃度がある発酵液の中で生存できる。

しかし、その繁栄の裏には代償もある。アルコールを生産する代わりに、生物の活動に欠かせないエネルギー物質であるアデノシン三リン酸（ＡＴＰ）の生産を抑えているのだ。酸素呼吸によって行われる好気的代謝では一分子のブドウ糖から三六個のＡＴＰ分子が生成されるが、S・セレビシエは空気中ではＡＴＰ分子を二個しか生成せず、どんどんブドウ糖をつぎ込んでアルコールを生産し、それを使って競争相手を駆逐する。

明らかに損失であるように思えるが、この特徴が強みに変わる。ゲノムが二倍になったために、それぞれの酵母細胞はアルコール脱水素酵素（ＡＤＨ）という酵素の生産を制御する遺伝子を二種類発達させた。これは、ブドウ糖が分解されてできるアセトアルデヒドをアルコールに変える酵素だ。その一つであるＡＤＨ１は酸素のない環境で糖からアルコールをつくる経路を確実に動かし、もう一つのＡＤＨ２は糖の大部分が消費されて酸素濃度が高まり始めた後にのみ働く。Ｓ・セレビシエにとっては、競争相手の微生物の多くが死滅した後にこの処理を行うことになる。ＡＤＨ２が活動を始めると、アルコールがアセトアルデヒドに変換され、最終的にＡＴＰが生成される。当然ながら、酢酸を生成する細菌など、高いアルコール濃度に耐性をもつ微生物もそばで待ちかまえている。人間を含めたほかの生物が消費せずに放置したアルコールがあれば、それをすかさず酢酸に変えるのだ。

各種のＳ・セレビシエが、糖度の高い環境に耐えられ、ブドウをはじめとする特定の果実の表面や蜂蜜の中で繁殖する理由は依然として謎だ。この酵母は風に乗って運ばれるわけでもないのに、ベルギーの首都ブリュッセル近郊にあるランビック・ビールの醸造所や中国浙江省の紹興にある紹興酒の醸造所（第２章参照）といった、ごく狭い特殊な環境で繁殖している。どちらの酒も人工的に酵母を加えてはおらず自然発酵でつくられる。酵母は醸造所の古い建物の垂木に生息しているようで、そこから醸造中の液体の中へ落ちてくる。改装のために垂木が覆われたときには、発酵を始められなかったという。この酵母はハチなどの昆虫によって運び込まれたとみられる。昆虫は腐った果実からしみ出た甘い汁を吸ったときにたまたま酵母を体につけ、麦汁や発酵前の果汁の香りに誘われて建物に入り込んだのだろう。

大酒飲みの人類「ホモ・インビベンス」

この世界はエタノールであふれている。二〇〇三年には、全世界でおよそ一五〇〇億リットルのビールと、二七〇億リットルのワイン、二〇億リットルの蒸留酒（主にウォッカ）が生産された。これは純粋なアルコールに換算するとおよそ八〇億リットルに相当し、全世界で生産されたエタノールの総量である四〇〇億リットルの二〇％に当たる。従来の化石燃料に代わる新たなエネルギー源の開発は今や最優先課題で、エタノール生産の大部分を占めているのは、主にサトウキビやトウモロコシからつくられるエタノール燃料だ（二〇〇三年は七〇％）。残りの一〇％は化学製品や製薬といった産業部門で生産されている。今後、おそらく燃料部門は引き続き拡大し、アルコール飲料の生産も世界人口の増加とともに増え続けていくと思われる。

人類がそこかしこでこれほど大量のアルコール飲料を飲むようになったのは、なぜだろうか。まず身体への効果を考えると、アルコールからは生存に必要な水の一部を摂取できる。人間の体は三分の二が水でできていて、平均的な成人は脱水状態に陥ることなく体の機能を維持するために、一日におよそ二リットルの水を飲まなければならない。しかし、生水には有害な微生物や寄生虫が含まれているおそれがある。アルコールはそうした病原体の多くを殺す。アルコール飲料を飲んでいる人のほうが概して健康だということに、人類は早くから気づいていたに違いない。

アルコール飲料の利点はこれだけではない。食欲を増進する一方で、液体のかたちで空腹を満たすのもアルコールの特徴だ。発酵によってタンパク質やビタミンなどの天然の食物に含まれている栄養分を高め、風味や香りが加わるほか、食品が長持ちするようにもなる。発酵した食品や飲料は複雑な分子が分解されているので調理時間も短くなり、時間と燃料を節約できる。しかも、数多くの医学研究から、適量のアルコールを摂取すれば心臓や血管の病気、がんにかかるリスクが低下するということまでわかっている。そうなれば、人々は長生きして子孫を増やす。これは寿命が概して短かった古代では、きわめて重要だった。

とはいえ、飲酒は体の健康や長寿という利点よりもはるかに大きなものを人類にもたらした。アルコール飲料の生物学的および文化的な側面をもっと幅広く理解するには、「ホモ・インビベンス」が地球上で歩き始めた時代にさかのぼらなければならない。タイムトラベルを案内してくれるのは、考古学者やＤＮＡの研究者といった過去を調べる「探偵」たちだ。私たちの祖先が残した断片的な手がかりや人体に刻まれた遺伝情報を忍耐強く掘り起こし、研究する人々である。

およそ四五〇〇万年前から二〇〇万年前の初期人類の化石から得られた骨格や歯を調べると、彼らがアフリカの密林やサバンナを歩きながら何を食べ、どんな暮らしを営んでいたかを推定できる。化石の多くは東アフリカの大地溝帯で産出し、なかでもよく知られているのは、「ルーシー」という愛称で知られる初期人類アウストラロピテクス・アファレンシスの骨格化石だ。見つかった四七個の骨から、彼女が木に登れただけでなく、直立二足歩行もできたことがわかっている。彼女やその「最初の家族」はこの特徴の恩恵を受け、甘い果実を手に入れようと地上から背伸びするだけでなく、木の枝を伝うこともできただろう。

およそ二四〇〇万年前までさかのぼる絶滅した霊長類プロコンスルやほかの化石など、初期人類（そして大型類人猿）の小さな臼歯と犬歯は、果実のように軟らかくて新鮮な食べ物の摂取によく適応している。こうした歯はテナガザルやオランウータン、ローランドゴリラといった、主に果実からカロリーを摂取する現生の類人猿の歯と似通っている。ゲノムが人類に最も近いチンパンジーは食べ物の九〇％が植物で、その七五％以上を果実が占めている。つまり初期人類とその子孫は数百万年にわたって新鮮な果実を好んで食べてきたということだ。

果実が人類誕生の頃から食料として選ばれてきたとすれば、おそらくアルコール飲料との関係もそこからそれほど遠くなかっただろう。とりわけ熱帯の温暖な気候では、果実が熟すにつれて、樹木や茂み、蔓に付いたまま発酵することもあったのではないか。果実の皮が傷つき、果汁がしみ出ていれば、そこから酵母が入り込んで糖をアルコールに変える。そうして発酵した果汁のアルコール度数は五％を超えることもある。

人類のように視覚情報を優先する生物は、発酵中の果実が見せる赤や黄色といった鮮やかな色に興味を示しただろうと想像できる。人類の祖先が熟した果実に近づいたときには、ほかの感覚も呼び覚まされただろう。発酵中の果実が放つアルコールの強い香りは栄養豊かな食べ物であるしるしであり、ひとたび口にすれば新しい魅惑的な感覚をもたらしたのではないか。

感覚器官の組織は死後に分解されやすく、太古の化石からうかがい知ることができないため、上記のような推測がどこまで現実に近かったのかはわからない。現生人類の味覚や嗅覚は、スーパーテイスターなど鋭い味覚をもった特殊な人を除いて、動物界では特別高いわけではない。アルコールやほかのにおいに対する嗅覚が格段に鋭い旧世界のサルであるマカクのように、初期の人類は現生人類よりはるかに鋭い感覚をもっていたかもしれない。

飲んだくれのサル説

生物学者のロバート・ダッドリーは、人間のアルコール依存症の起源が霊長類の進化の歴史にあるとの説を唱えている。これは「飲んだくれのサル説」と呼ばれる示唆に富んだ仮説で、考古学上の記録と現生の霊長類の食性を基にしているが、考古学上の記録には議論の余地がある断片的な情報が多い。人類が塊茎、動物性の脂肪やタンパク質を摂り始める少なくとも一〇〇万〜二〇〇万年前まで、初期人類が主に果実を食べていたとすれば、私たちの祖先は適量のアルコールを摂取することによって、現代の医学研究で示されているような恩恵を享受し、それに対して身体が適応したのかもしれない。平均して見ると、禁酒主義者も大酒飲みも、ほかの人より長生きするわけではない。人間の肝臓は、アルコールを分解するための特殊な能力を備えていて、アルコール脱水素酵素など、肝臓の酵素のおよそ一割はアルコールからエネルギーを生成するためのものだ。嗅覚器官はアルコールの漂う香りをとらえ、ほかの感覚では、熟した果実に豊富に含まれる無数の化合物を検知する。

　現代の人類やほかの霊長類では、ときにアルコールへの欲求が栄養や健康の面での恩恵をはるかに上回ってしまうことがある。ダッドリーによれば、中米パナマの辺境にある熱帯のバロコロラド島にすむホエザルは、ヤシ（*Astrocaryum standleyanum*）の熟れた実に目がないようだ。サルは自然界にある危険な、ともすれば有毒な植物を避けて暮らしている。だから、サルのほうが人間よりも酒におぼれることなくうまく付き合えそうなのだが、この島のホエザルはヤシの鮮やかなオレンジ色の実をむさぼり、アルコール度数一二%のワインにすれば標準的なグラスで一〇杯分（ボトル二本分）を二〇分間で胃袋に収めた。アルコール分を摂りすぎると日々の生活と健康に悪影響が出るのは明らかで、サルは枝から枝へ跳び移るときに枝をつかみ損ねたり、地面に落ちたり、あるいは、ヤシの鋭いとげが体に刺さったりする。

　マレーシアのツパイの祖先は五五〇〇万年以上前にさかのぼり、現生のあらゆる霊長類の祖先とも考えられている。ツパイにもまた、発酵したヤシの蜜に対してホエザルと同様の嗜好が認められる。ドイツの生物学者フランク・ヴィーンスらの観察記録を見ると、ツパイの行動もまたダッドリーの仮説を支持する好例になりそうだ。ムササビにも似たこの小さな動物は、酩酊に関する基準値（体重一キロ当たり純粋なアルコールにして一・四グラム）を超えて夜通し深酒することがしばしばある。これは平均的な体格の人間がワインをグラスで九杯飲むのと同じだ。にもかかわらず、ツパイは酔っ払ったそぶりを見せず、ヤシの木の鋭いとげを器用によけながら、蜜をしたたらせる花を求めて移動している。この「ブルタム」と呼ばれるヤシの木の一種（*Eugeissona trstis*）の花序は、言ってみれば、年間を通して蜜をためている小さな発酵用の容器だ。熱帯の気候のもとで、花にすみついた酵母が蜜を香りの強い発泡性のヤシ酒にすばやく変える。アルコール度数は最大で三・八%だ。ヤシとツパイの共生関係は見事で、ツパイはヤシ酒をがぶ飲みしながら、ヤシの受粉を助けている。人類はツパイほど効率的にアルコールを代謝できる遺伝的な機能の一部を失ってしまったのかもしれないが、ツパイの行動をまねたかのように、アフリカ（第8章）などでさまざまな種類のヤシの樹液や蜜を発酵させて飲んでいる。

研究室のケージという人工的な環境で見られる類人猿の行動もまた、さまざまなことを教えてくれる。精神薬理学者のロナルド・シーゲルによれば、アルコールを好きなだけ飲める機会（いわば「無料のバー」）を与えられると、当初チンパンジーはワインボトル三本か四本分のアルコールを浴びるように飲むという。雄は体が小さな雌よりも飲む量が多く、酩酊する回数も二倍多い。時が経つにつれて量は抑制される傾向があるのだが、それでも常に酔っ払っている状態になるくらいの量は飲む。こうした行動には明らかに進化にかかわる利点はない。酩酊はそれ自体が目的のように思える。ちなみに、研究チームがバーに出す酒の種類を何度も変えて実験してみたところ、チンパンジーは概して辛口よりも甘口のワイン、純粋なアルコールよりも風味のついたウォッカを好んだ。

一方、チンパンジーよりも自制心が強かったのはラットだ。比較のために同様の条件で実験してみたところ、地下の広い空間に設けられた二四時間営業の「バー」で、ラットの飲酒に規則性が認められた。多くの人には身に覚えのありそうな行動であり、たとえば、コロニーのラットは食事の前になると飲酒用の部屋に集まった。これはひょっとしたら、ディナーの前に飲むカクテルのように食欲を刺激するためなのかもしれない。それから数時間後には、就寝前の寝酒のような行動も見られた。しかも三日か四日に一度、ラットたちは普段より多くの量を飲む。まるでパーティーを開いているかのようだ。

なぜ飲むのか

初期の人類や類人猿には、発酵した果実や、蜂蜜などの糖分の多い食べ物を大量に食べる強い動機があった。これらの食べ物を手に入れられる季節が限られていたということだ。将来のために種子や木の実を冷暗な洞窟に保管しておくことはできたかもしれないが、アルコール分を生むような甘いごちそうをほかの動物や微生物から守る手法はまだ考案されていなかった。食料不足の時期を乗り切るため、食べ物が手に入れられるときになるべく多く飲み食いするのは、私たちの祖先にとって理にかなっていたのだ。

エネルギーが豊富な糖分やアルコールを大量に摂取することは、食料の乏しい厳しい環境で生き延びるための優れた手段だった。余分なカロリーは将来のために脂肪として蓄えられ、食料不足の時期に少しずつ燃焼される。おそらく初期人類の場合、そうしたエネルギーの大半は熟れた果実や木の実といった食料を探して長距離を歩いたり、獲物を狩ったり、肉食動物から逃げたりするために利用されただろう。強力な脚の筋肉と大臀筋(だいでんきん)を備えた人類はバランスよく前方へ進め、比較的速いスピードで走ることができる。ただし体重が重すぎると、俊敏なライオンに簡単に襲われてしまったろう。

生き物は酔っ払うと反射能力や身体能力が抑制されてしまうため、天敵に襲われやすくなる。大宴会を開く場面では、鳥やサルといった社会性のある動物のほうが明らかに身を守りやすい。筋肉の動きや感覚が鈍くなると、数多くの仲間が寄り集まっていたほうが、宴会を壊しにくる周りの天敵を近づけにくい。しかも、こうした動物は手遅れになる前に群れ全体で警告を発したり、侵入者と戦ったりする。あるいは、天敵に襲われにくい安全な場所で酒盛りをする方法もある。発酵してアルコール分を含んだ果実が樹冠で見つかればその場で飲めるし、発酵した食べ物や飲み物を山頂や洞窟に運んでから宴会を始めてもよい。

動物界でアルコールが摂取される理由は、観察していてもよくわからない。動物行動の専門家であっても、ショウジョウバエやチンパンジーの「思考」を読んで、発酵した果実をどうしても食べたくなる理由を理解することはできないからだ。それが絶滅した初期人類の思考なら、なおさらだ。生物がアルコールを知覚して反応し、代謝する分子機構は遺伝学者や神経科学者によって解明され始めたが、この現象全体を説明できるようになるまでの道のりはまだまだ長い。

旧石器時代説

人類がアルコールをたしなむようになった起源を知るには、考古学的な時代という霧の中をいつ頃までさかのぼればよいのだろうか。そして、アルコールは生物種としての人類をどう形成し、文化にどんな影響を与えたのか。飲んだくれのサル説では、生物学的な側面からこの謎に迫った。文化にまつわる謎に迫るのであれば、紀元前八〇〇〇年頃に始まる新石器時代の中国と近東（第2章と第3章）に着目して、その豊富な遺跡や遺物といった情報を掘り起こすのがよい。当時、人類は史上初めて決まった集落に定住するようになり、建造物や装身具、壁画、そして、新たに考案した発酵飲料用の土器といったさまざまな手がかりを残している。一方、それより何十万年も前に始まった旧石器時代についてははるかに少ないものの、人類が最初にアルコール飲料を口にしたのは間違いなくこの時代だ。発酵した果汁を味わい、アルコールがもたらす快楽と危険を知ったのである。

旧石器時代の考古学上の手がかりは乏しく、拡大解釈をしやすいうえ、断片的な過去に現代の考え方を当てはめがちだ。かつて考古学者たちは、初期人類の野営地から動物の骨が大量に出土したために、初期人類は肉食だったと考えていた。しかし、果物や野菜の食べ残しは単に分解されて残っていないのだと、あるとき誰かが気づいた。骨が大量に残っているのは分解されにくいからで、初期人類の食生活で肉が占めていた割合は、おそらく小さいだろう、と。

『古代のワイン』で、旧石器時代の人類がブドウからワインをつくる方法を発見した可能性について妥当なシナリオを説明し、「旧石器時代説」と名づけた。かいつまんでいうと、先史時代のあるとき、現代の私たちとそれほど違わない生物だった初期人類が——鮮やかな色の果実を見分け、糖分とアルコールの味を知っていて、アルコールが精神に及ぼす影響（第9章）に慣れた脳をもっていた生物が——無意識にアルコールを渇望したり、飲んだくれのサルが発酵した果実を求めたりするような行動よりもはるかに意識的かつ意図的に、発酵飲料の醸造と消費を始めたという仮説だ。

トルコ東部やカフカス（コーカサス）山脈といった、野生のヨーロッパブドウ（*Vitis vinifera* ssp. *sylvestris*）が何百万年にもわたって生育してきた高地の気候では、初期の人類が緑豊かな谷を歩いている光景が頭に浮かぶかもしれない。彼らは大ざっぱに中をくり抜いた木の容器や、ウリの殻、革や編んだ草の袋を使って、熟れたブドウの実を集め、近くの洞窟や仮の住まいに運んでいった。熟れた度合いにもよるが、容器の底のほうに入れたブドウが押しつぶされて皮が破け、果汁がしみ出ることもあった。ブドウを容器の中に入れっぱなしにすれば、果汁が発泡し始め、ときには激しく泡が出ることもあっただろう。ブドウの皮に付いていた天然の酵母によって果汁は発酵し、徐々に低アルコールのワインへと変わる。石器時代のボジョレーヌーヴォーのようなものだ。

やがて発泡が収まると、一族のなかでも恐れ知らずの人物が、その謎の液体を味見する。出来上がったものは、採ってきたばかりのブドウよりもはるかに口当たりがよく、香りや風味が豊かで、飲むと体が温まった。喉越しがよく、静謐（せいひつ）な感覚が長く続く。見えない危険に囲まれているという心配を忘れさせてくれる。楽しくおおらかな気分になった彼は、仲間たちにも飲むように誘う。まもなく全員の気分が盛り上がり、活発な交流が始まる。歌やダンスに興じる者も出てきたかもしれない。日が暮れて夜になっても、彼らは飲み続け、だんだん手が付けられなくなる。けんかを始める者もいれば、激しいセックスにふける者、酩酊して意識を失う者もいただろう。

このような飲料の製造法を発見すると、初期の人類は野生のブドウが生えた場所を毎年訪れて、熟れきった実を収穫し、さらにはそれを加工する方法も考案しただろう。ブドウの実を足で踏みつぶしたり、原始的な容器に蓋をして果汁と果肉の嫌気性発酵を促したりしたかもしれない。「ノア説」（第3章参照）と呼ばれる仮説によれば、ヨーロッパブドウが実際に栽培されたり、ワインがすぐに酢（酢酸）に変わってしまうのを確実に防ぐ方法が開発されたりするのは、まだまだ先のことである。抗酸化作用のある樹脂が早い時期に偶然発見されていた可能性はあるが、それでもせいぜい数日間しか酸化を遅らせられなかっただろう。魅惑の飲料が悪くなる前に飲み干すほうが、まだ賢明だった。

アルコール飲料にまつわるこうした体験は、さまざまな場所で人類の祖先によって繰り返されたに違いない。発酵する果実はブドウ以外にも数多くある。現生人類（*Homo sapiens*）の誕生の地であるサハラ砂漠以南のアフリカ（人類はおよそ一〇万年前にここから世界へ広がった）では、最初の発酵飲料はイチジクやバオバブの実、甘いウリでつくられていた可能性がある。全体の重さの六〜八割が糖分（果糖とブドウ糖）である蜂蜜は、食料として強く求められていただろう。温帯地方のミツバチは遅くとも白亜紀から蜂蜜を生産してきた。人類を含めて多くの動物が、怒ったミツバチに刺される危険を犯してハチの巣から甘い蜂蜜を盗んできた。

私の家族と長い付き合いがある友人で、アメリカのコーネル大学の農学教授を務めていたロジャー・モースは、蜂蜜こそが世界最古のアルコール飲料の礎だったとよく力説していた。ミツバチが枯れ木の洞（うろ）を巣にして、蜜蠟（みつろう）と蜂蜜をたっぷりつくっていた場面を想像してみてほしい。あるとき木が倒れ、洞が雨を浴びるようになった。洞にたまった蜂蜜が雨水で薄められて、蜂蜜が三〇％、水が七〇％の割合になると、糖分が高い環境に適応した酵母が発酵を始め、やがてミード（蜂蜜

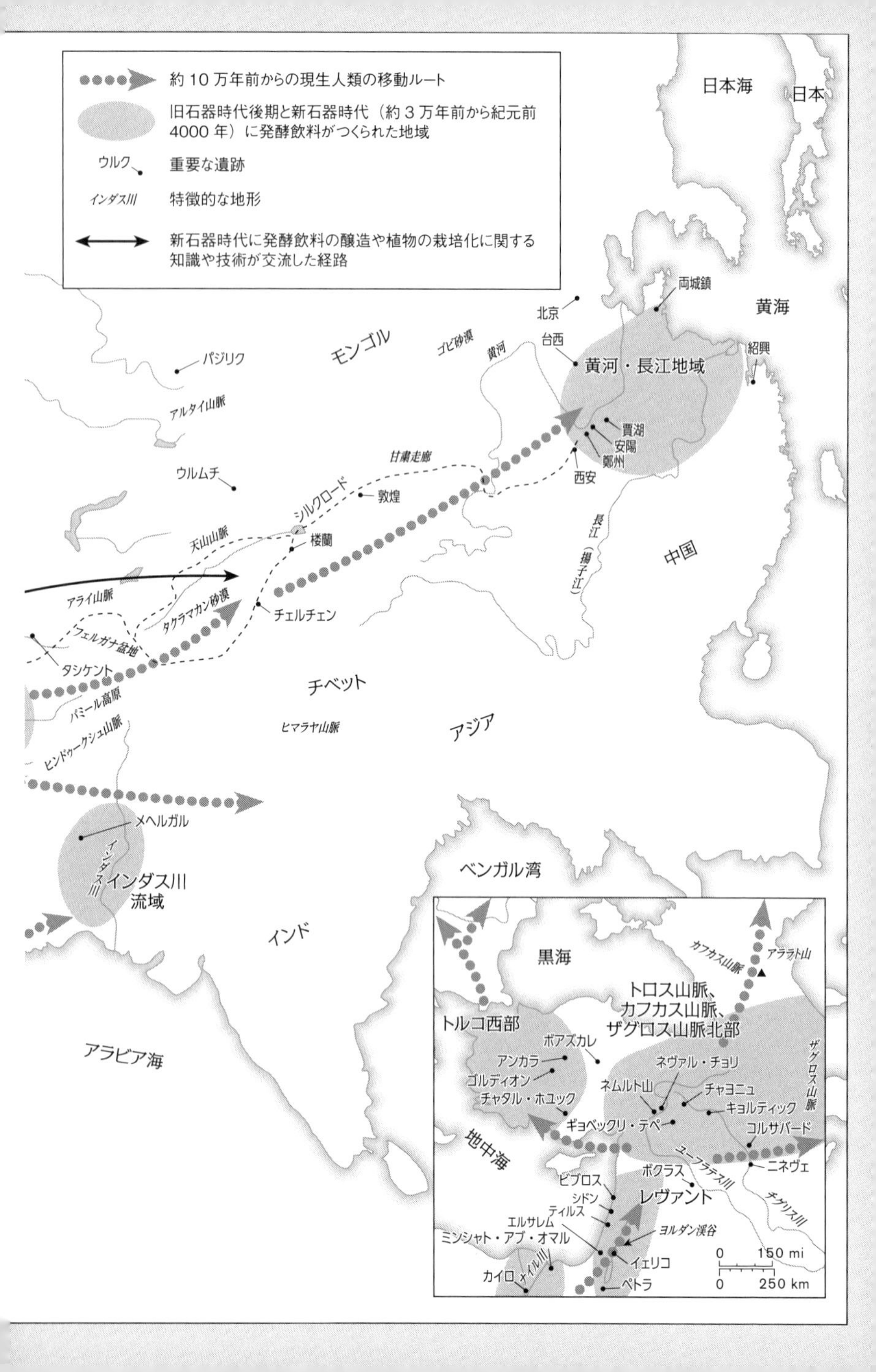

約10万年前からの現生人類の移動ルート
旧石器時代後期と新石器時代（約3万年前から紀元前4000年）に発酵飲料がつくられた地域
ウルク
重要な遺跡
インダス川
特徴的な地形
新石器時代に発酵飲料の醸造や植物の栽培化に関する知識や技術が交流した経路
日本海
日本
黄海
両城鎮
北京
台西
紹興
黄河・長江地域
モンゴル
ゴビ砂漠
黄河
パジリク
アルタイ山脈
賈湖
安陽
鄭州
西安
甘粛走廊
ウルムチ
シルクロード
敦煌
天山山脈
楼蘭
長江（揚子江）
中国
アライ山脈
タクラマカン砂漠
チェルチェン
フェルガナ盆地
タシケント
チベット
パミール高原
ヒマラヤ山脈
アジア
ヒンドゥークシュ山脈
メヘルガル
インダス川
インダス川流域
ベンガル湾
インド
アラビア海
黒海
カフカス山脈
アララト山
トロス山脈、カフカス山脈、ザグロス山脈北部
トルコ西部
ボアズカレ
アンカラ
ゴルディオン
チャタル・ホユック
ネヴァル・チョリ
ネムルト山
チャヨニュ
キョルティック
ザグロス山脈
ギョベックリ・テペ
コルサバード
地中海
ニネヴェ
ユーフラテス川
ビブロス
ボクラス
レヴァント
チグリス川
シドン
ティルス
エルサレム
ヨルダン渓谷
ミンシャト・アブ・オマル
イェリコ
カイロ
ナイル川
ペトラ
0 150 mi
0 250 km

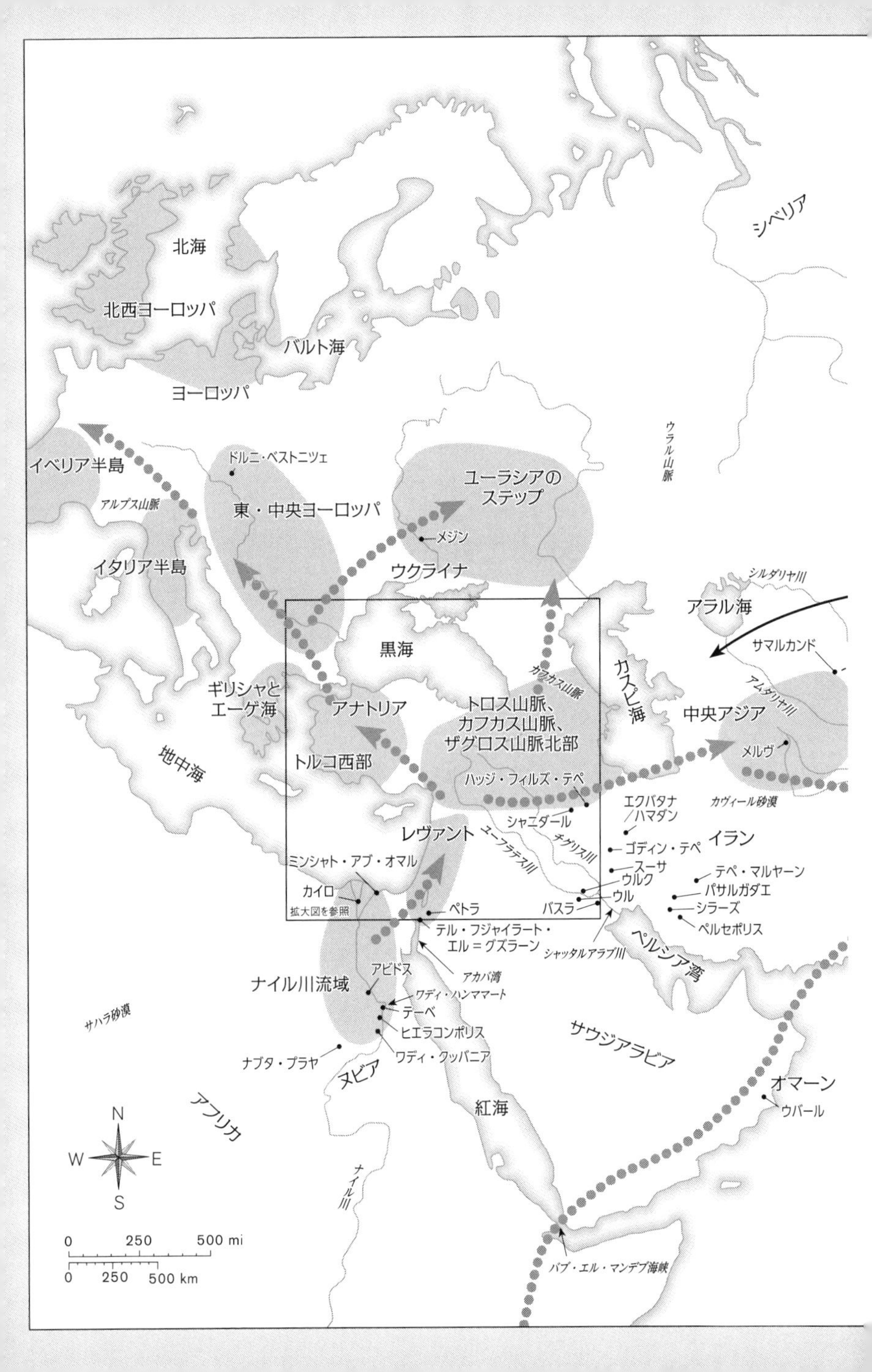

シベリア
北海
北西ヨーロッパ
バルト海
ヨーロッパ
ウラル山脈
イベリア半島
ドルニ・ベストニツェ
ユーラシアのステップ
アルプス山脈
東・中央ヨーロッパ
メジン
イタリア半島
ウクライナ
シルダリヤ川
アラル海
黒海
サマルカンド
カフカス山脈
カスピ海
アムダリヤ川
ギリシャとエーゲ海
アナトリア
トロス山脈、カフカス山脈、ザグロス山脈北部
中央アジア
地中海
トルコ西部
メルヴ
ハッジ・フィルズ・テペ
エクバタナ／ハマダン
カヴィール砂漠
シャニダール
レヴァント
ユーフラテス川
チグリス川
イラン
ゴディン・テペ
ミンシャト・アブ・オマル
スーサ
テペ・マルヤーン
ウルク
カイロ
ペトラ
ウル
パサルガダエ
バスラ
シラーズ
拡大図を参照
テル・フジャイラート・エル＝グズラーン
ペルセポリス
シャッタルアラブ川
ペルシア湾
アカバ湾
アビドス
ナイル川流域
ワディ・ハンママート
テーベ
サハラ砂漠
ヒエラコンポリス
サウジアラビア
ナブタ・プラヤ
ワディ・クッバニア
ヌビア
アフリカ
紅海
オマーン
ウバール
N
W
E
S
ナイル川
0
250
500 mi
0
250
500 km
バブ・エル・マンデブ海峡

酒）ができる。そこに、ミツバチの巣にずっと前から目をつけていた人類の祖先がやってきた。彼女は洞の様子を確認し、中身の味見をする。独り占めするような性格でなければ、仲間たちを呼び寄せて、アルコール入りの飲み物を楽しんだだろう。

こうしたシナリオはいくつも考えられる。人類社会に関する知識や現生人類の脳の仕組み、個人の経験に基づいたシナリオはどれも本質的にもっともらしく思えるが、旧石器時代説の大きな問題はそれを証明できないことだ。旧石器時代の容器は石でつくられたものも含めてこれまで見つかっていない。木や草、革、ウリの殻でつくられた容器は分解されて、跡形もなくなってしまう。発酵飲料がつくられていた可能性がある旧石器時代の野営地付近で、石の割れ目にしみ込んだ液体を抽出してみる以外、この時代の発酵飲料を化学的に検出できそうな方法はない。

とはいえ考古学上の記録には、旧石器時代説がそれほど的外れでもないと思える興味深い手がかりがいくつかある。たとえば、人類が描いた最古級の絵や彫刻に、乳房をあらわにした臀部（でんぶ）の大きい女性が描かれている。明らかに性や出産との関連が認められることから、こうした女性は「ヴィーナス」とよく呼ばれる。なかでも物議を醸しているのが、フランスのドルドーニュ県のローセルの崖に刻まれた、今からおよそ二万年前のヴィーナス（口絵1参照）だ。ここは旧石器時代

地図1 ユーラシアで発酵飲料づくりがどのように広がったのかを示した。発酵飲料は、人類がアフリカを出て地球全体に広がり始めた10万年前にはつくられていた。その原料は蜂蜜や大麦、小麦、ブドウ、ナツメヤシ、その他多くの穀物や果実（北西ヨーロッパのクランベリーなど）で、原産の植物もあれば、ほかの地域から伝わってきた栽培種もあった。最古の飲料は数種の原料を混ぜた「グロッグ」で、ハーブや樹脂といった「薬効成分を含む」原料（ユーラシアのステップのマオウなど）も加えられていただろう。

の壁画が数多く見つかる有名なラスコー洞窟に近い。その長髪の美女は片方の手を妊娠したおなかに置き、もう片方の手で角杯（かくはい）に似た物体を掲げている。楽器、あるいは女性を示す三日月のシンボルであるという解釈も可能ではあるが、楽器と考えると角のとがったほうが横を向いているのが疑問だ。バイソンの角は女性のシンボルというよりも、男らしさや狩りの技量を示すと考えるほうがもっともらしく感じる。

ヴィーナスが角杯を持っているという解釈は、はるかに後の時代にこの地域のケルトの王子がみずからの酒豪ぶりを立派な角を使って誇示したこととも整合性がとれている。広い谷を見下ろす開かれた岩場にヴィーナスを描くことは、飲酒を楽しみ人生を満喫する気持ちを共有して大きな集団をまとめ上げるのに理想的だっただろう。酒づくりには、近くに生えていた野生のベリー（有名なワイン産地であるボルドーはここから一〇〇キロしか離れていない）や蓄えてあった蜂蜜を使ったのかもしれない。性的魅力や自然の豊かさをさらに強調するために、ヴィーナスの乳房とおなかは赤い粘土（オーカー）を塗って目立たせてある。これより後の絵や彫刻では、ブドウのワインや新世界のチョコレート飲料といった発酵飲料が赤色で示され、生命の液体である血液を象徴していることが多い。

ローセルのヴィーナスが角を音楽のためではなく、酒を飲むために使ったとしても、初期人類や現生人類が酒を飲みながら音楽を演奏していた可能性はありそうだ。ドイツ南部のガイセンクレステルレの洞窟では、ローセルより一万五〇〇〇年ほども古い笛の断片が三点見つかっている。ケナガマンモスの牙とオオハクチョウの翼の骨でできていて、少なくとも三つの穴がある。穴が斜めに開けられていることから、本体の末端から直接吹くのではなく、現代のフルートのように穴の一つから唇で息の量を調整しながら吹く楽器だったことが示唆される。息を吹き入れながら一つ以上の穴をふさぐことによって音程を変えられ、ひょっとしたら数オクターブの音程を奏でられたかもしれない。

紀元前七〇〇〇年頃の中国では、新石器時代の人々がこれときわめてよく似た楽器をタンチョウの特定の骨でつくっていた（第2章参照）。二万年ほどの歳月で隔てられているとはいえ、タンチョウやハクチョウの骨を選ぶというのは、考え抜かれた選択だったかもしれない。これらの鳥は、おじぎしたり、飛び跳ねたり、翼を広げたりする複雑な求愛のダンスや、音楽のように鳴り響くさえずりで知られているのだ。警笛のように耳障りな鳴き声が、酔っ払った男子学生の宴会のように、夜通し鳴り響くこともあっただろう。

春や秋の渡りの時期に大きな群れで大自然のはるか上空を飛翔する鳥たちの迫力は、初期の人類の想像力もかき立てただろう。ヨルダンで発掘調査をしていたとき、誰かが「コウノトリ！」と叫んだ場面が思い出される。その白い体が黒い翼をアクセントにして青空を背景に浮かび上がった姿を見て、彼らが生きる世界にただ感嘆するばかりだった。

太古の笛はガイセンクレステルレのものだけではない。その一万年後には、フランスのピレネー山脈の麓の丘に位置するイステュリッツの洞窟で、人間は楽団とも呼べる規模で笛か単管楽器を演奏していた。ハゲワシの翼の骨でつくられた笛がこれまでに二〇点出土したこの洞窟は、氷河時代のヨーロッパの遺跡で最大の芸術の宝庫とも考えられている。それぞれの笛には、二つ一組の穴が二組、合計四つの穴が開けられている。ハゲワシの繁殖行動では鳴き声がそれほど聞かれないので、当時の人類を惹きつけたのは、つがいになった雄と雌がはるか上空でのんびりと旋回する姿だったのかもしれない。

夢の世界へ

大空へと高く舞い上がる鳥の飛翔は、フランスとスペイン北部の先史時代の洞窟に見られる途方もない規模の芸術とはかけ離れている。だが、大空が初期の人類にとって届き得ない世界を表しているのだとすれば、地球の最奥部もまた人類にとって同じくらい深い謎に包まれていたに違いない。石器時代の芸術家たちは動物の脂肪を燃料にしたランプの明かりだけを頼りに岩壁をよじ登り、辺境の地にある岩の割れ目に潜り込んで、黒と赤の顔料で動物たちの不思議な世界を描いた。バイソンやライオン、マンモスといった狩りの獲物となる大型動物が、岩から跳び出んばかりに生き生きと描写されている。

私は妻といっしょにこの地下世界を訪れたとき、当時の人類が抱いたであろう興奮と畏怖を経験した。フランス人のガイドに案内され、フランス南西部にあるフォン・ド・ゴーム洞窟の曲がりくねった狭い通路を前かがみで下っていくと、まるで人類がこの地下世界を探検しようと初めて足を踏み入れた時代にタイムトラベルしたような感覚を抱いたものだ。闇に包まれた洞窟の中で、ガイドの懐中電灯の薄暗い明かりがバイソンやシカ、オオカミの絵や彫刻を照らし出すと、緑豊かなドルドーニュ渓谷の動物を描いた芸術家たちの技量に目を見張った。

洞窟には自然界の営みを描いた場面だけでなく、点やひづめの跡、細かい線で陰影を付けた円や正方形、V字模様（シェブロン柄）、渦巻きといった、幾何学模様や象徴的なモチーフも赤いオーカーで描かれている。フランスのクーニャック洞窟には、顔料のオーカーを盛った跡が残っている。手を型紙のように使って絵を描いたり、手に塗った顔料を直接壁面に押しつけたりするのに使われたのだろう。

氷河時代の洞窟では、いったい何が行われていたのだろうか。地表付近には仮住まいに使えるもっと便利で暖かい岩陰などがあるから、普通の住居とはまず考えられない。その謎を解く手がかりの一つは、洞窟の壁画にときどき描かれている擬人化した顔や体の絵にありそうだ。人間の頭に、角のついた飾りや動物のようなたてがみが描かれている。顔の表情はまるで大笑いしているようで、ペニスが夜の闇のほうまでそそり立つ。

擬人化した芸術作品で最も不思議な作品が、レ・トロワ・フレール洞窟の「聖域」と呼ばれる広い地下空間で見つかっている。氷河時代の終わりに近いおよそ一万三〇〇〇年前のもので、旧石器時代の芸術家はこの名作に取り組むために、洞窟の底面から四メートルも上にある狭い岩棚によじ登らなければならなかった。そうして完成した高さ一メートル近い作品は、人間と動物が組み合わさった何とも奇妙で驚くべきものだ。あごひげを生やしたフクロウのような顔から、枝分かれした雄ジカの角が生えている。ウサギかネコのような足を前方に広げ、後ろに馬の尾が付いたその体は、片足でジャンプして何かのダンスを踊っているように見える。あらわになった生殖器も含めて下半

図1　およそ1万3000年前の氷河時代末期頃に、フランスのピレネー山脈にあるレ・トロワ・フレール洞窟の「聖域」で描かれた壁画。「魔法使い」「角のある神」「動物の主」など見方はさまざまだが、こうしたシャーマンのような姿の主は人類の芸術に革新をもたらした人々で、おそらく最古の発酵飲料を彼らの社会に提供していたのだろう。アンリ・ブルイユによるスケッチを基にした。

身は明らかに人間だが、それ以外の部分はまるで人には見えず、混乱するばかりだ。その生き物は大きな作品の最も高い位置に描かれ、逃げまどう野生動物や夜行性のフクロウを含め、下界の数多くの生き物を監督しているかのようだ。自分が見守っていればすべて大丈夫だと、安心させているようにも見える。

魔法使い、角のある神、動物の主——レ・トロワ・フレール洞窟の謎の生き物に付けられた名前には、その正体に関する解釈がはっきり表れている。アマゾン川流域の密林、アフリカ南部やオーストラリアの砂漠、凍てついた北方のツンドラの人々は伝統的に、シャーマンやそれに似た宗教指導者を集団の支配者としてきた。近代科学を重視して世俗的な見方をする欧米人は、こうした人物をペテン師やまじない師、祈祷師などとして軽く考えがちだ。しかし、当時の人類でこの壁画を描いたのは、自然や霊の力をいち早く理解しようとした者だったのだろう。

石器時代の洞窟で行われていた活動を説明する文字

記録や口承伝承がなくても、洞窟での活動を指揮していた者は誰よりも豊かな感性をもった芸術家や音楽家、空想家だったに違いないと考えられるし、おそらくはその集団で発酵飲料を飲んでいた主要な人物だっただろう。脳の隠れた能力を引き出し、病を癒やし、狩りの成功を約束するその「魔法の薬」の製造を担当していたのは、ローセルのヴィーナスのような女性だったのかもしれない。現代に残る伝統的な社会では、埋葬や死、通過儀礼、縁起のよい自然現象、社交の集まりの際に使われるアルコール飲料をつくるために果実や蜂蜜、薬草を集める仕事は通常、女性が主導している。石器時代には、壁画の完成時にこうした儀式が行われたのかもしれない。

真っ暗闇の洞窟に描かれた作品やその背景を慎重に分析すると、石器時代のほかの要素も推測できる。洞窟に足を踏み入れたフランスの太古の探検家たちは、鍾乳石や石筍（せきじゅん）を骨で叩いたときに生まれる音の響きをはじめ、洞窟の並外れた音響特性に気づいただろう。大きな集団（壁面に数多くの指紋が残っている）が交響楽団のようにいっせいに音を出すと、続いて、フクロウと雄ジカの仮面をかぶった魔法使いが演出なのか即興なのか音楽のリズムを刻む……そんなことが起きていたのかもしれない。ひょっとしたら、鳥のシルエットのような特別なシンボルを掲げて、その場を盛り上げたりもしたのではないか。たとえば、ラスコー洞窟の壁面には鳥の頭をしたシャーマンが描かれているが、その隣に立っている棒にそうしたシンボルが載っている。

石器時代の儀式では、音楽の伴奏として骨どうしを叩いたこともあったかもしれない。ウクライナ西部の平野に位置するメジン遺跡では、マンモスの骨だけでつくられた二万年前の住居が見つかっている。オーカーで着色された大量のマンモスの肩の骨や頭骨が、一点の象牙のラトル〔がらがらという音を鳴らす楽器〕とともに住居の床の上に集められていて、発掘者はこれらすべてが打楽器だと主張している。彼らはその説に基づいて「石器時代オーケストラ」を結成し、実際に演奏してみせた。

洞窟壁画に見られる赤い点や渦巻き、そして、野生動物の絵がちりばめられたデザインからは、石器時代のシャーマン信仰に関する議論も交わされてきた。デヴィッド・ルイス゠ウィリアムズなどの研究者によれば、繰り返し使われているモチーフは変化した人間の意識による視覚現象を表しているという。人間の脳の中でこうした視覚イメージが幾何学的に交錯する現象は、感覚遮断、極度の集中、あるいは、音楽や踊りのような繰り返しの活動によって引き起こされることもある。しかし、意識を変化させる最も直接的な方法は精神に作用する薬物の摂取だ。初期の人類が入手できたあらゆる薬物のなかで、アルコールほど手に入りやすく、人間の体に適応したものはなかった。飲酒した者は最初の興奮作用に続いて、視覚現象を見始め、その意味を理解しようともがいた末に、おそらく本格的な幻覚状態にいたったのだろう。

初期の人類が精神に作用する性質に惹きつけられてアルコールを飲んだという考え方を疑問視する人もいる。だが、神秘主義者かどうかにかかわらず、人間は毎晩夢の中で視覚現象や幻覚のような体験をしているし、一生の三分の一近くを寝て過ごしているのは確かだ。夢は無視することもできるし、起きているときの存在の残骸だと片づけてもかまわない。夢は時として寝ている者を襲い、恐怖で揺り動かして目覚めさせることもある。一方、夢は人にひらめきを与え、それが世界に残った謎を解き明かす思わぬヒントやアイデアにつながることもある。たとえば、ドイツの化学者フリードリヒ・アウグスト・フォン・ケクレはベンゼンの環状の構造を夢の中で発見した。くねくねと動き回る一匹のヘビが、自分の尾をくわえて輪をつくる場面を見たのだ。疑問を抱えたまま眠りについたケクレは、その答えとともに目覚めたのである。

夢で見る光景はきわめて移ろいやすく、想像力をかき立てる。動物が人間に変身する場面が頭に思い浮かぶこともあれば、まるで劇のように自分自身を外から見ることもあるし、大空を飛んだり奈落の底へ落ちたりするような感覚を抱くこともある。このように、夜の闇の中で見る夢は三次元であり、色鮮やかで幻想的な場面が現れることも多い。暗い洞窟に残された石器時代の壁画は、そうした夢の風景と強い類似性があるということだ。アルコール飲料の作用で洞窟の深い静寂はさらに深まり、感受性の強い人物ならば想像力を刺激されたところで、二次元のアートによって内なる世界と外の世界を表現するのだ。そして、シャーマンとその共同体は重要な儀式を執り行い、この世とあの世での繁栄を約束するのである。

たどり着くことさえ不可能に近いような場所で、真っ暗闇のなか、きわめて限られた技術だけで成し遂げなければならなかったことを考えると、旧石器時代の壁画の制作は、ヴァチカン宮殿にあるシスティーナ礼拝堂をいくつも建てるようなもので、当時はとてつもない大仕事だったに違いない。浮き世離れした活動に多大なる時間とエネルギーをつぎ込む意欲をもたらすものは、おそらく現代のそれと変わらないだろう。共同体を一つにまとめる社会的儀式、心や自然の作用を象徴する芸術作品、人間の経験に意味と一貫性をもたらす宗教儀式などが、ホモ・サピエンスには必要なのだ。発酵飲料や薬物はこうした経験を強め、革新的な思考を刺激する。旧石器時代の人々にとって、飲酒など、意識の変化をもたらす手法で気分を高めて執り行う儀式には、無病息災の祈念、目に見えない祖先や精霊の慰霊、危険への備え、将来の予測といった目的があったのかもしれない。

歌と踊り

人類がいわゆる「酒と女と歌」に夢中になり始めたのがいつなのかは、わからない。そこに宗教と言語、舞踏、芸術を加えてもいいだろう。サハラ砂漠以南のアフリカには、現生人類が世界に拡散する旅を始めたおよそ一〇万年前に、新たな種類の象徴表現を使う意識が芽生えたかすかな手がかりがある。南アフリカのボーダー洞窟とクラシーズ河口洞窟で出土した粉末状のオーカーと、装飾品の一部とみられる穴の開いた貝殻は、人類が異性を誘うため、虚栄心を満たすため、あるいは祖先や神の力を借りるために、自分自身を魅力的に見せることに関心を抱き始めていたことを示唆している。ボーダー洞窟で見つかった青年期の人物の骨格には、顔料が塗られている。人類の祖先はこの習慣をイスラエルのカルメル山（スフール洞窟とカフゼー洞窟）をはじめ、旧世界の全域にもたらしたのだろう。サルや類人猿は互いに毛づくろいをするが、意図的に自分を美しく見せようとする行動は知られていない。初期の人類がみずからを飾る習慣をもっていたとすると、ひょっとしたら、すでに音やしぐさを使って他者とコミュニケーションをとっていたのかもしれない。確実にわかっているのは、ヨーロッパで壁画が描かれていた時代に、現生人類の認識と象徴の能力が飛躍的に向上したことだ。

初期の人類がもっていた創意工夫の能力は、ザンビアのムンブワ洞窟に残るおよそ一〇万年前の石づくりの炉床にも表れている。炉床を使って火を制御する知識は、人類が地球の寒い地域へ拡散する際に大いに役立った。コンゴのカタンダ遺跡からは骨でつくられた精巧な銛が、クラシーズ河口洞窟からは丁寧につくられた細石器（特定の用途をもつ鋭くとがった小型の火打ち石）が出土しているが、これらはいくらか後の時代のものだ。

しかし、人類が困難な環境へ新たに足を踏み入れたとき脳がどのように変化して適応していったのかは、考古学では解き明かせない。初期人類や現生人類の頭骨の内側を石膏でかたどった頭蓋内鋳型（エンドキャスト）から、一〇万年前にはすでに人類の脳は明らかに現代的だったことが示唆される。現生人類の脳でブローカ野と呼ばれる領域の形跡を、当時の人類の脳に認めている研究者もいる。ブローカ野は左脳の前頭葉の下部にある下前頭回に位置し、発話や、音楽づくりの一部の側面に欠かせない領域だ。

言語処理や発話の能力を獲得するには、遺伝子や生物学的な形質や社会が相互に依存するかたちで変化しなければならない。直立二足歩行ができるようになったことによって、人類の喉頭が喉の下方へ移動し、発音可能な音の種類が増えた。頭骨の化石に見られる舌下神経管が大きくなっていることから、舌の神経の数も増えたことがわかる。横隔膜の収縮を制御する胸神経の管も著しく大型化し、空気の流れや音を制御しやすくなった。ブローカ野やウェルニッケ野といった脳の新たな領域が既存の脳の中枢に統合あるいは追加されたことは、感情的な反応や意識の発達につながっただろう。たとえば、ブローカ野には「ミラーニューロン」と呼ばれるものが含まれている。その名前が示しているように、これは目で見た他者の行動を記録し、それを写真のように呼び出して再生する。この機能は発話に必要な顔や舌の動きを調整するのに欠かせなかっただろう。人類が言語の獲得にいたった最後のステップは、FOXP2と呼ばれる遺伝子の小さな変化だったかもしれない。動物界に広く見られるこの遺伝子が変異して、発話に欠かせない舌や唇の細かな動きを制御できるようになった。

人間は言語を獲得したことによって、考えをはっきりと表現できるようになった。人間の思考の多くは、言語学者のノーム・チョムスキーが広めた用語でいう「論理形式」として意識の下に存在していると考えられている。そうした思考を表に出す（言葉として意味を与えられた任意の音の連なりとして表現する）ことによってその思考は記憶と意識に定着する。

音楽は言語の理解と創作をつかさどる脳の多くの領域と共通しており、言語の先駆けとなった可能性がある。言語と同様、音楽は階層的かつきわめて象徴的で、人類の体の構造によくなじんでいる。特定の音の抑揚や速度、強調点を変えることによって感情を伝えられるし、足を踏みならしたり、ラインダンスに加わったりして体を揺り動かせば、仲間たちと共同体意識を共有できる。進化生物学者のスティーヴン・ピンカーが言うように、音楽が「聴覚のチーズケーキ」をはるかに超えるものであることは、現代では明らかだ。イヤフォンを耳から垂らして携帯音楽プレーヤーで音楽を聴く通勤者から、新顔のロックスターをからかう会話まで、音楽は現代の人間社会のどこにでもある。セックス、ドラッグ、ロックンロールにとっては絶好の環境ではないか。

音楽が個人に及ぼす影響を考えてみると、音楽が私たちの生活にとっていかに重要か、そして、音楽がどのように初期の人類の文化に組み込まれていったかが見えてくる。初期の人類は、任意に決められた音階に沿って個々の音を組み合わせて並べることで、最初の共通の言語をつくったのかもしれない。リズムと音程で表現する音楽の意味は単語を使った言語よりは厳密でないが、ある意味ではわかりやすい。ほかの文化圏でつくられた音楽であっても、部分的に理解して楽しむことはできる。音楽を聴いているとき、私たちは意識しているかどうかにかかわらず、音楽がどこに向かうのか、何を意味しているのかといった、感情的な意味を直感的に知ろうとしている。人生がどこへ向かっているのかを見いだそうとしたり、未来を予測しようとしたりするときのように、音楽は人類の原始的な脳の感情の中枢である大脳辺縁系を刺激するのだ。

感情は人類の生存にとって合理的な思考と同じくらい重要だ。人間は食料や飲料、人物、環境に対して喜びや悲しみ、不安、激しい怒り、嫌悪といった感情を抱くことによって、しばしば考えることなく、さまざまな行動に駆り立てられる。興奮は自分の進む方向を信じる不屈の精神をはぐくむが、落胆や欲求不満は進む方向が間違っている可能性を示唆するもので、そこから手法の修正や中止の必要性を感じとる。『スター・トレック』のミスター・スポックは一つの問題をあらゆる角度から考えたかもしれないが、旧石器時代のハンターや現代人はもっとすばやく行動しなければならない。サバンナの茂みから小枝が折れる音がしたら、あるいは、ひとけのない暗い街路を歩いているときに自分の背後で足音がしたら、そのときに抱いた感情が脳と体を動かし、察知した危険を回避する。何でもない音だったとしても、その音と記憶に残ったほかの音を比較することによって、ライオンがまさに飛びかかろうとしているとか、強盗が近づいているなどと推測するのだ。

生物学的に最も人類に近いチンパンジーなどの類人猿やサルも音楽に慣れている。たとえば、東南アジアの熱帯林にすむテナガザルは、第一級の音楽ショーを披露する。一二種のうちの一〇種で、一生連れ添うペアがデュエットを歌うのだ。これには縄張りを守る目的と、夫婦であることを知らせる目的の両方があるようだ。雌が歌うリズミカルかつ複雑な音の連なりは六分から八分も続くことがある。音楽が進むにつれてテンポが速くなり、声の高さも上がる。この堂々たるパフォーマンスのあいだ雄は歌わず、雌が歌い終わった後に、語るような唱法（レチタティーヴォ）や終結部（コーダ）のような歌を添える。雄はまた、公演を締めくくる短めの歌のレパートリーをいくつかもっている。

初期の人類が生存するうえで感情や音楽、象徴体系がどんな強みをもっていたかについては、いくつもの仮説が考えられる。私たちがふだん目にする動物のなかで、音楽の起源と機能について最も多くの情報を伝えてくれるのは、鳥ではないだろうか。今朝、私はアメリカ・フィラデルフィア郊外の深い落葉林のなかで目覚めたとき、中米から最近やって来たモリツグミの、タイプライターのような快活な鳴き声に耳を傾けた。新熱帯区から訪れた別の鳥であるノドグロルリアメリカムシクイは、音がだんだん高くなる鋭いトリルを奏でていた。この森にもともとすんでいるエボシガラも負けじと、「ピーター、ピーター、ピーター」と聞こえる単調な鳴き声を執拗に繰り返していた。こんな騒々しい森の中でも、鳥たちは独自の音楽を使ってそれぞれの仲間と何とかコミュニケーションをとっている。

妻のドリスは渡り鳥の調査員をしているのだが、以前ニュージャージー州南部の湿地でオウゴンアメリカムシクイのさえずりを個体ごとに録音するプロジェクトに従事していたことがある。この鳥の場合、繁殖期に鳴くのは雄だけだ。プロジェクトの目的は、さえずりが個体ごとに異なるのかどうかを確かめることだった。人間の耳で聞くだけでも微妙な違いがいくつもあるのがわかるのだが、録音したさえずりの周波数やタイミングを分析した結果、さえずりが個体ごとに異なることが明らかになった。若い鳥は先輩たちのさえずりの要素を取り入れ、音やフレーズを組み合わせた独自のボキャブラリーを即興でつくり、それを生涯にわたって使う。妻はさえずりを録音した経験によって、毎年同じ鳥がニュージャージーの同じ地点に戻ってきたことを、双眼鏡を使わずに確認できるようになった。何カ月も寒い日々が続いた後、四月のある朝に一羽の鳥（二本の黄色いバンドを付けているので「イエローーイエローー」と呼ばれている雄）のきわめて特徴的なさえずりを耳にするのは、大きな喜びだ。

鳥たちがさえずりながらどんな感情を抱いているのかは、知ることができない。しかし、多くのさえずりの主な目的が求愛であることは確かだろう。イエローーイエローーのさえずりを聞いた雌には、その声が同じ種の雄であると確実にわかる。雄の独特なさえずりと鮮やかな黄色い羽毛は、彼が優れた遺伝子をもっていて周囲のライバルと張り合える証拠だ。クジャクの雄の後ろに付いている飾り羽も似たようなことを伝えている。ランナウェイ説と呼ばれる進化の仮説では、いかにも余計で煩わしそうな飾り羽が求愛の儀式で注目されるようになり、ますます凝った飾りになったという。

自然界では、タイミングを合わせた体の動き、いわゆる「ダンス」を基にした驚くべき求愛行動がいくつも見られる。チョウの仲間であるミドリヒョウモンが交尾の前に見せる行動は、バレエと言ってもいいかもしれない。雌が気だるそうに空中を浮遊しているあいだ、雄は雌の周りをすばやく飛び回って誘惑し、儀式の特定の時点で何度か相手に近づく。そして、二匹は着地すると、最後に特定のにおい（フェロモン）を確かめてから交尾する。交尾まで到達するには、空中で七種類の独特な動きが必要だ。

新たな考え方

サハラ砂漠以南のアフリカに暮らしていた初期の人類が、感情や思考を伝える手段として最初に音楽などの芸術を使っていた可能性が高いとすれば、アルコール飲料はこうした象徴や記号を用いた新たな生き方をはぐくんだとみることもできる。もちろん、広く手に入ったこうした飲み物は、人間の脳の潜在意識に触れるための主要な手段（人類共通のもう一つの言語）として機能していたとも考えられる。すでに触れたように、おそらく楽器はシャーマンのような人物の活動に使われる道具だったのだろう。神秘的な力をもったこうした人々は、発酵飲料を最も熱心に飲んでいた人物だったかもしれない。発酵飲料を飲むことによって、精神が変化し幻覚がもたらされるほか、さまざまな役割が果たせるようになる。彼らは病気を治す薬草を処方できる医者、祖先などの見えない存在を呼び出す神官、そして、共同体の繁栄と永続を約束する儀式の監督者としての役割も果たしていただろう。石器時代の儀式にはまた、性的な要素があからさまに取り入れられていたようだ。人類がアフリカを出た後、洞窟の壁画に描かれた人物は決まって裸で、生殖器が大きく強調されている（ちなみに、勃起した人間のペニスは絶対的にも、体の大きさとの比較でもほかの霊長類より長くて太い）。

そして何より重要なのは、旧石器時代のシャーマンの役割と権力を後継者に引き継がなければならなかったことではないだろうか。音楽や言語の才能、さらには絶倫な精力や神秘的な能力は家系に特有であることが多いから、旧石器時代の社会ではシャーマンの地位が親族へ受け継がれていたかもしれない。音楽や芸術の能力、神秘世界へ入り込む力、アルコール飲料への強さといった特殊な形質が意図的に選択され、歳月とともに強化されて、遺伝子に組み込まれていったのだろう。

本書では、考古学や科学での最新の研究成果に基づいて、人類の生物文化的な過去を解釈するための新たな枠組みを提案する。発酵飲料を求めて世界中を旅した成果をこれからの章に書いていく。そのなかでだんだん明らかになっていくだろうが、世間で注目されることが多い経済や実利、環境に着目した議論は、私たちが何者で、人類が現在の場所にどうやってたどり着いたかを説明しているにすぎない。私がここで主張したいのは、自意識や革新性、芸術、宗教といった人間特有の特徴が、旧石器時代から現代までの人類の発展を牽引し、そしてこれらすべてが、人間の脳に強力に作用するアルコール飲料を飲むことによって強められ、助長されたのではないか、ということだ。

第2章　黄河の岸辺に沿って

アルコール飲料の起源を探るために中国を訪れることになるとは、思っていなかった。私はかれこれ二〇年以上もヨルダンで発掘調査の指揮を執り、中東全域で仕事してきたのだ。私が中国への長旅の第一歩を踏み出したのは、アメリカ人類学会の一九九五年の年次会合でたまたま古代土器のセッションに出席したときである。そこで、シカゴのフィールド博物館の考古学者アン・アンダーヒルに会った。文化大革命とその余波による低迷期が過ぎ去った後、彼女はアメリカの調査隊として初めて中国本土での調査を始めたばかりだった。私の研究室が近東の発酵飲料に関する研究で示したように、中国の最初期の文化にも発酵飲料が欠かせない要素だったと、彼女は確信していた。現代の世界では伝統的な社会でも近代的な社会でも、アルコール飲料はつらい仕事を終えた後の褒美として、あるいは宴席のなかで、ほとんどの成人の生活において重要だ。中国の遺跡でも科学的な調査を実施すれば、発酵飲料が中国の古代の社交や宗教儀式、宴会、祭典にとっていかに重要だったかが明らかになるだろうと、アンは考えていた。そこで彼女は、山東省の新石器時代後期の両城鎮遺跡で出土した容器の化学分析を調査隊の一員としてやってくれないかという話を、私に持ちかけてきたのである。

中国を旅する

古代の中国文明に関する知識はほとんどなかったし、中国語はまったく読めなかったのではあるが、中国で調査できるのはとても魅力的で、この機会を逃したくないと思った。一九九九年のシーズンにアンの調査隊に参加すべく準備を整えるかたわら、発酵飲料の歴史や先史を解き明かす中国の遺跡がほかにもないか探り始めた。

研究仲間の一人であるブルックヘイヴン国立研究所のガーマン・ハーボトルが、中国で権威のある中国科学技術大学で考古年代測定が専門の王昌燧（ワンチャンスイ）教授を紹介してくれた。昌燧はすぐに、中国文化が花開いた黄河流域の遺跡や北京にいる一流の考古学者と科学者に会う手はずを整えてくれたうえ、私の通訳、そして良き仲間として泊まりがけの鉄道の旅に付き合ってくれ、現代中国の暮らしや習慣（特に料理やアルコール飲料）を紹介してくれた。

中国では毎日のように宴会があり、主賓である私には、焼いた魚を箸で最初に食べるという大事な役割が与えられた。無事に魚の肉を口に入れると、盛大な拍手を浴びる。こうした宴席では発酵飲料による乾杯が必須であることも、まもなくわかった。これは遠い昔から続く伝統で、互いの健康や調査の成功を願って何度もグラスを高く掲げた。ソルガムやキビからつくられた強い蒸留酒で酔っ払わないように、私はたいてい、それより度数が低くて芳醇な香りがする紹興酒などの黄酒（ホワンチュウ）をもらうようにしていた。そもそも中国に来たのは、蒸留技術が発見される前の時代について調べるためなのだ。

六週間にわたって休みなしに旅や宴会を続けたことで、研究仲間としての絆が深まって、遺物のサンプルを借り、税関を通して、アメリカ・フィラデルフィアにあるペンシルベニア大学考古学人類学博物館の私の研究室まで運べるようになった。中国でこうした作業を成し遂げるには、しかるべき場所に友人が必要だ。また、最新の分析技術を使って古代中国の飲料をもっと研究したいという、私と同じくらいの熱意をもった研究仲間がいたのは、とても助かった。

最終的に昌燧と私は、黄河沿いの青々とした平原に位置する河南省の省都、鄭州まで足を運び、文物考古研究所の支部で張居中（チャンジューチョン）と会った。ここには、鄭州からおよそ二五〇キロ南東に位置する新石器時代の賈湖（ジアフー）遺跡で彼が発掘した土器などの遺物が収蔵されている。

かつて、動物の家畜化や植物の栽培化は新石器時代の近東で始まり、そこから世界各地へ広がったと考えられていた。比較的少ない人数で食物を供給できるようになり、ほかの専門的な作業に取り組める人々が増えたことによって、人類は「文明」への道を歩み始めた。確かに、小麦や大麦といった、いわゆる創始者植物の一部は近東の文明に取り入れられ、羊や牛などの群れをつくる動物は近東で最初に家畜化されている。

しかし、中国の「新石器革命」はこうした定説を覆すもので、近東で見られた進歩の多くに先駆けていたことがわかってきた。よく考えてみると、人類はおそらく犬を使わなければ羊や山羊を操れなかっただろう。DNAに関する最近の研究で、人類の親友である犬は最終氷期に当たる一万四〇〇〇年前に東アジアで飼いならされたことが判明した。おそらく馬や豚、鶏の家畜種の祖先もこの地域が起源とみられている。

私の研究にとって何よりも重要なのは、中国で土器の製作が始まったのが、近東より五〇〇〇年ほど早いおよそ一万五〇〇〇年前であるということだ。土器があれば発酵飲料の醸造や保存、提供ができただろうし、実際にそうした用途で使われていれば、土器の細孔に染み込んだ発酵飲料が現代まで保存され、分析によって検出できる可能性がある。自在に形を変えられる粘土を使えば、あらゆる形の土器を製作できる。そうした土器は発酵飲料とともに出す食べ物の調理にも利用でき、やがて世界有数の料理文化の確立にも寄与した。新石器時代のメニューにあったごちそうの一つに麺類がある。黄河上流の喇家(ラーチア)遺跡では、紀元前二〇〇〇年頃の黄みがかった麺類が見つかっている。原料はアワやキビ(エノコログサ属とキビ属)で、現代の中国で食べられているように、器に盛られていた。

居中が研究所の棚から出してきてくれた新石器時代の土器の壺を見て、その優美で手の込んだ形に目を見張った。壺(口絵2参照)は細くくびれた頸部が高く、口縁部は外側へ広がっていて、胴体はなめらかに丸みを帯びているか、肩の部分がはっきりと張り出している。発酵飲料の保存や提供に理想的な形だっただろう。別個に粘土を取りつけてつくった把手(とって)は、私が見たことのある中東の土器のあらゆるグループと同じくらい多様で、左右対称に配置されて、見た目の美しさを増しているだけでなく、輸送や保存にも適し、容器から飲みやすくもなっている。

この壺は、細長い粘土や板状の粘土を人の手で重ねてつくられたことは間違いない。口縁部に残った細かな模様は、もしかしたら壺をマットのようなものに置いて、それをゆっくり回しながら仕上げたのかもしれない。壺のなかには、赤い化粧土（きめ細かい粘土を薄く塗ったもの）で覆われ、それが磨かれて強い光沢を放っているものもある。黄色や赤の器は粘土に含まれるミネラル分によるもので、おそらく最高で八〇〇℃ほどになる熱を加えてよく焼かれている。賈湖遺跡で出土した新石器時代の壺は、技術の高さと形の多様性を証明するものであり、その後何千年も続く中国の土器製作の礎となった。賈湖遺跡ではこれまで一一の窯が発掘されていることから、地域での技術革新が優れた製作技術につながったとみられる。

いくつかの壺を見たときに、驚くべき新たな発見があった。断片化した赤い残渣が壺の底を覆い、それが側面のほうまで続いていたのだ。かつて液体が入っていたら、そうなるであろうと予想してしまいそうである。別の壺の内側では、広範囲にわたる独特な溝を黒い物質が埋めていた。これは、化学分析によって中東で最古の大麦のビールが入っていたと確認されたイランの壺（第3章参照）に見られる特徴とよく似ている。賈湖遺跡の壺を分析できる可能性を考えただけで、私の期待は大いに高まった。

驚異の賈湖遺跡

新石器時代前期の遺跡というと、粗末な住居や墓がいくつか散らばっていて、それに関連する遺物が出土するだけの遺跡を想像してしまうが、中国河南省にある賈湖遺跡はそれとはまったく別物だ。北の黄河流域と交わる淮河がつくった肥沃な平野に位置し、これまでに、紀元前七〇〇〇～前五六〇〇年頃の三つの相（フェーズ）に分類される本格的な村落と、隣接する墓地が発掘されている。

賈湖遺跡の発掘調査によって、中国でも最古級の土器が出土しただけでなく、中国で最古級の稲も見つかっている。しかも驚くべきことに、稲は短粒の亜種であるジャポニカ種（*Oryza sativa* ssp. *japonica*）だ。この亜種はさらに南を流れる長江（揚子江）の流域において、熱帯性で長粒のインディカ米（ssp. *indica*）から派生したと長く考えられていた。しかし、最近の発掘調査と考古植物学的な分析によって、この二つの亜種はほぼ同時期に存在していたことが判明した。どちらの遺伝子が影響を与えたのか、また、新石器時代の稲が栽培種だったのか野生種だったのかは、まだわかっていない。賈湖遺跡では、稲が大量に見つかっていることから、すでに栽培されていたことが示唆されている。また、賈湖遺跡で出土した動物の骨から判断すると、当時の住民は飼っていた犬や豚から米の備蓄を守る対策をとらなければならなかっただろう。犬や豚は自由に通りを走り回って、水たまりの泥を飛び散らせていたはずだ。

賈湖の環境には、稲などのほかにもコイやシカ、ソラマメ、ヒシの実といった自然の恵みが豊かで、住民たちは良い暮らしを送っていただろう。彼らはまた、記号を使った表現や来世にも強い興味をもっていた。賈湖遺跡では、これまで発見されたなかで最古とみられる中国の文字が見つかっている。目を表す記号、フォークのようなものを持った棒のような人物、そして、数字の一、二、

八、一〇や窓を表す後世の文字に似た記号のようなものだ。
賈湖で見つかった記号はカメの甲羅や骨に刻まれ、およそ六〇〇〇年後の商（殷）〔紀元前一六世紀～前一一世紀頃〕の首都（現在の安陽）や関連する黄河沿いの都市国家にあった宗教習慣を先取りしている。紀元前一二〇〇年頃～前一〇五〇年頃の商代の「甲骨文字」が刻まれた甲羅や骨は一〇万点以上が発見されていて、王や王家の輝かしい未来を約束する占いを記録する媒体として使われた。牛の骨や甲羅に穴を開けたり熱したりしたときにできる亀裂を占い師が解釈する。その占いの結果が、占い師の名前とともに後世への記録として骨や甲羅に刻まれた。

賈湖の甲羅や骨に刻まれた記号の意味はわかっていない。ただ、これらが見つかった墓や副葬品

図2　紀元前6200～前5600年頃の賈湖（中国河南省）で発見された新石器時代の「音楽家／シャーマン」の墓（M282）。脇に横たわる笛（写真内の矢印）の一つは、太古の時代に丁寧に補修されていた。遺体の頭部付近には、小石が入ったカメの甲羅と、混合発酵飲料が入っていたとみられる土器が置かれていた。Photograph courtesy J. Zhang, Z. Zhang, and Henan Institute of Cultural Relics and Archaeology.

の詳しい調査から、儀式の手順や宗教概念にかかわる記述である可能性がきわめて高いと推察できる。墓地ではこれまでに四〇〇近くの墓が発掘されたが、記号が記された遺物はひと握りの男性の墓でしか見つかっていない。そうした墓のいくつかでは、遺体の頭部が注意深く切断され(遺体が腐敗する前か後かは不明)、六対か八対のカメの甲羅に差し替えられている。紀元前千年紀の周や漢の時代に上流階級が着けたひすいの「デスマスク」は、遠い昔のこの習慣を思い起こさせるものだ。

ほかの墓では、カメの甲羅が遺体の脇や肩の近くに置かれ、まるで衣服に取りつけられていたか手で持っていたように見える。頭部と差し替えられていたものも含めて、こうした甲羅の多くには白や黒の丸い小石が、甲羅一つにつき三個から時には数百個入っている。それぞれの甲羅に入っている石の数は、何らかの数占いのような意味をもっていたのかもしれない。あるいは、故人が小石を入れた甲羅を打楽器のラトルとして生前に使っていて、それを死後に副葬したとも考えられる。

甲羅がもともと打楽器だったと考える有力な理由は、演奏できる楽器としては世界最古といわれているものと甲羅の一部がいっしょに出土していることだ。一九八六年、居中の発掘隊がM282と呼ばれる墓で、骨でできた笛を二本発見した。あまりの驚きに、彼は自分の目を疑ったという。それぞれの笛には、七個の穴が骨に沿ってまっすぐに等間隔で丁寧に開けられている。見かけは、中国全域で今も伝統音楽の演奏に使われている竹の笛にそっくりで、五音音階を奏でるようにつくられている。このような古い楽器は、それまで中国の遺跡で見つかったことがなかった。

一つひとつの墓の発掘が進むにつれて、さらに多くの笛が見つかった。これまでに完全な標本が二十数点と、断片的な標本が九点出土している。賈湖の笛の保存状態は良好で、これらの笛が演奏可能な最古の楽器であるという主張にもうなずける。ドイツのガイセンクレステルレやフランスのイステュリッツから出土した旧石器時代の笛は破損がひどくちゃんとした音を出せないのだ。中国の考古学者たちは、賈湖の笛を実際に吹いてみてほしいと、熟達した音楽家に呼びかけた。その呼びかけに快く応じたのが、中国中央民族楽団の笛の奏者である寧保生(ニンバオシエン)だ。寧はリコーダーを演奏するときのように唇を使い、笛の先端から息を吹き込む方法で演奏して、すぐに深く豊かな音色を九〇〇〇年ぶりに再現したのである。

さらに、考古学者と音楽家たちは現代的なデジタル録音技術とコンピューター処理を活用して、

図3 賈湖遺跡を発掘した張居中が、M282墓から出土した新石器時代の「音楽家/シャーマン」の笛を吹く。Photograph courtesy J. Zhang, Z. Zhang, and Henan Institute of Cultural Relics and Archaeology.

考古学上の三つの相から出土した多様な笛を研究した。楽器がどのように演奏されていたかはわかっておらず、物事を容易にするためにまず、単純にすべての穴を同時にふさいで音を出し、音の周波数を正確に測定する。次に、穴を一つだけ開けて、残りの穴をふさいだ状態で音の周波数を記録する。この作業をそれぞれの穴について行う。もちろん、音楽家はほかにも、半音を出すためのクロスフィンガリングを使ったり、唇の使い方を変えたりして、さらに多くの音を出すことができる。

複数の穴がある楽器は賈湖遺跡で一二〇〇年以上にわたってだんだん広まり、演奏できる音楽も複雑になっていった。最も古い標本である五つ穴の笛でさえも、西洋の一二音階に含まれる四つの音程とほぼ同じ音程を出すことができた。穴がもう一つ加わると、初心者でも五音音階を奏でられるようになった。穴が七つまたは八つになると、音程の追加や変更が可能な幅が広がり、標準的な長音階の八音すべてを単純な指使いで演奏できるようになった。

当時、笛が大切にされていたのは明らかだ。両端と表面はなめらかに加工され、本体と平行に引いた線に沿って穴が開けられ（線はガイセンクレステルレやイステュリッツの笛にも見られる）、丁寧につくられていることがわかる。壊れた笛は、現代における貴重なヴァイオリンのストラディヴァリウスと同じように、丁寧に修復されている。ある一つの笛では、破損箇所の両側にそれぞれ一四個の小さな穴が開けられ、そこにひもを通してつないである。笛の大半は二本一組の状態で見つかっているが、片方は所有者が予備の楽器として使っていたのかもしれない。

目を見張るのは、すべての笛がタンチョウ（*Grus japonensis*）の「尺骨」という翼の骨だけでつくられていることだ。製作上の観点では、中空になった鳥の骨は笛の材料にうってつけのように思えるが、もしかしたら製作者はタンチョウの行動からも影響を受けていたのかもしれない。雪のように真っ白な羽毛が黒と赤のアクセントで彩られたタンチョウは、雄と雌がそれぞれおじぎをして、空中に跳び上がり、翼を広げ、音楽のような激しい鳴き声を上げて思いを伝えるといった、複雑な求愛のダンスを行うのだ。骨から骨髄を抜き取るとき、口で骨髄をいったん吸い込んでから骨の空洞に向けて吹き出す作業をする。このときに出る音も、笛の発明を促したのかもしれない。

当時の賈湖の民族音楽を再現して聴くことができれば、きっとタンチョウの鳴き声を思い起こさせるようなすばらしい体験ができるだろうが、新石器時代の詳しい文字の記録が残っていないので、再現できる可能性はきわめて低い。しかし、笛やラトルとともに埋葬されていた人物が共同体で特別な役割を担っていたとは確実に言える。彼らの遺体には、ほかの人々とは異なり、輸入されたトルコ石やひすいの宝石を使った精巧な装飾が施されているからだ。とはいえ、石臼の石や石錐といった実用的な道具も墓から発見されているので、彼らが一般的な労働を嫌っていたわけではない。副葬品のなかにはフォークのような形をした骨もあり、そのことを考慮すると謎はさらに深まる。骨に複数の小さな穴が開いていることから、もともとハープのように弦が張られていたとも考えられるし、ひょっとしたら「新しい農業」を象徴しているか、本人の職業に使う道具の一種だったとも考えられる（この点については後ほど述べたい）。

世界最古のアルコール飲料

米と文字、音楽だけに着目して新石器時代前期の賈湖の物語を終えてしまうと、この地域の発展において、あるアルコール飲料が果たした役割を無視することになってしまう。

王昌燧が張居中を最初に紹介してくれたことで、このアルコール飲料と新石器時代の賈湖におけるその重要性を発見する道が一気に開けた。居中はもっている知識とみずから発見した土器を私に提供してくれた。私たちはその土器から一六点の土器片を化学分析用に選んだ。液体が入っていた可能性が高いとみられる壺や水差しである。とりわけ、二つの把手が付いた大きな壺に私は強く興味を惹かれた。ここより五〇〇〇年新しい近東の遺跡から発掘されたとしたら、古代ギリシャやローマの時代に地中海のワイン交易で広範囲に利用されたアンフォラのモデルになったカナン人の壺とすっかり間違えてしまっただろう（第6章参照）。

こうした重要なサンプルの分析は軽々しく実施できないため、私は共同研究チームを結成した。中国からは北京を拠点に活動する微生物学者の程光胜（チエングアンシエン）と考古植物学者の趙志軍（ジヤオジンジュン）（ジミー）、ヨーロッパからは現在ライプチヒ在住のマイケル・リチャーズ、アメリカからは農務省のロバート・モローとアルベルト・ヌニェス、フィルメニッヒ社所属のエリック・ブトゥリムが参加してくれた。私たちは液体クロマトグラフ質量分析（LC－MS）、炭素と窒素の同位体分析、赤外分光分析といった多様な技術を利用して、太古の賈湖の飲料に使われた主な原料の化学的な「指紋」を特定した。徐々にではあるが着実に、世界最古となるアルコール飲料に迫りつつあった。

メタノールとクロロホルムを使って土器から得られた残渣には、異なる土器どうしで共通する化合物が検出された。酒石酸が検出されたことから、ブドウかサンザシの実（*Crataegus pinnatifida* および *C. cuneata*）が原料である可能性が高い。蜜蝋は良く保存され、加工しても完全に取り除かれることはほとんどないため、いわゆる「指紋」とされる決定的な化合物だが、その蜜蝋も残渣から検出されて、蜂蜜の存在が明らかになった。最後に、特定の植物ステロールなどの化合物と化学的に厳密に一致したことから、三つ目の原料として米が浮かび上がった。炭素同位体の分析によって、原料の穀物は稲のように温帯気候（C_3）の植物であり、キビやソルガム（モロコシ）といったより熱帯（C_4）の植物ではないことが確認された。両者は光合成と代謝のメカニズムが異なる。

分析結果と一致する天然の原料を特定するため、ペンシルベニア大学考古学人類学博物館の同僚であるグレチェン・ホールと中国語を母語とするチェンシャン（エレン）・ワンの力を借りて、中国語が大半を占める科学論文を片っ端から調べるという、骨の折れる作業を始めた。日本語の文献を読む際には、ハットリ・アツコとカラハシ・フミという二人の同僚に手伝ってもらった。

中東で出土した太古のサンプルを分析する場合、酒石酸あるいは酒石酸塩が存在すれば、ワインなどのブドウ製品であると確実に言える。中東で酒石酸かその塩が見つかるのはブドウだけだからだ。しかし中国では、ブドウだけでなくサンザシやサンシュユ（*Cornus officialis*）、リュウガン（*Euphoria longan*）の実にも酒石酸が含まれ、それらが原料である可能性もある。

少量の酒石酸は、中国原産のテンジクアオイ属の葉やほかのフウロソウ科の花に由来する可能性もある。中国の黄酒や日本酒（後述）の醸造に先立ってコウジカビが米のでんぷんを分解する糖化の過程でも、一リットルにつきおよそ〇・一〜二・〇ミリグラムの酒石酸が生成される。しかし、賈湖のサンプルに含まれている酒石酸の濃度は一貫して高く、こうした理由では説明できないし、コウジカビを使った酒の醸造法が確立されたのは中国ではずっと後の時代で、漢王朝（前二〇二〜紀元二二〇年頃）に入ってからだったともみられている。今回の分析結果を説明できそうなのは、サンザシかブドウの存在しかない。

口縁部が外側へ広がった賈湖の壺に液体が入っていたという考え方を受け入れれば、これらの容器に混合発酵飲料が入っていたと容易に結論づけられる。中国の一部の野生ブドウ（*Vitis amurensis* や *V. quinquangularis* など）は、重量比で最大一九％の単糖を含んでいる。こうした糖分濃度の高い果実には、発酵の開始に必要な酵母（S・セレビシエ）がすみついているものだ。同じ酵母は蜂蜜にも含まれ、濃度の高い塊が糖分およそ三〇％、水分七〇％まで薄まると活動を始める。容器に果汁と希釈された蜂蜜を入れた場合、温度がある程度高ければ、液体は数日のうちに自然発酵するだろう。エタノールは揮発しやすく、微生物に分解されやすいので、現代にその痕跡を検出することはできないが、当時、最終的にアルコールが生産されていたことは確実だ。

ブドウとサンザシの実が発酵飲料に含まれていた可能性が最も高いという私たちの発表の後、それを科学的に裏づけるすばらしい研究成果が出た。趙志軍による考古植物学的な研究によって、賈湖遺跡でこれら二つの果実の種子が発見され、ほかの種子は見つからないことがわかったのだ。これらの果実は風味を増し、発酵を促すために賈湖の飲料に加えられたのだと、私はみている。

ブドウとサンザシと同様、太古の飲料に使われていた米は野生種と栽培種のどちらの可能性もある。米に含まれているでんぷんはまず単糖に分解しないと、果実や蜂蜜にすむ酵母が分解できない。賈湖遺跡ほど古い時代に、どうやってでんぷんを単糖に分解したのだろうか。大麦の麦芽のように米を発芽させる手法が、一つの可能性として考えられる。この過程で、穀物に含まれる炭水化物を単糖に分解する酵素、ジアスターゼが放出されるからだ。さらに可能性が高いのは、米を人が咀嚼して、唾液に含まれているプチアリン〔唾液アミラーゼ〕という酵素ででんぷんを分解したという考え方だ。日本や台湾の一部の地域では、結婚式でふるまう酒を醸造するとき、大きな鉢のまわりに座った女性たちが、咀嚼した米を吐き出す光景が今でも見られる。実際、このようにして穀物からアルコール飲料をつくる手法は、アメリカ大陸のチチャ（トウモロコシからつくるビール）からアフリカのソルガムやヒエのビールまで、世界各地で見られる（第7章と第8章参照）。

どちらの手法が使われたにしても、大量の酵母やもみ殻といった原料が、飲料の表面に浮かんでいただろう。大きな容器からこうした不要なかすを濾しとるのは骨が折れるので、かすを避けて飲むのに最も良いのは、管を飲料の中に入れて吸い上げる方法だ。メソポタミアなどの古代世界では、ストローを使って穀物のビールを飲むのが一般的だった。中国南部やカンボジアのアルコールワットの密林に位置する辺境の村では、現在でもこのようにして酒を飲んでいる。

賈湖の醸造家たちはブドウとサンザシのワイン、ミード、米のビールを混ぜた複雑な発酵飲料を醸造できる技術をもっていたというのが、私たちの広範囲にわたる分析の結論だ（本書では、度数が九〜一〇％程度と比較的高いアルコール飲料を「ワイン」と呼び、度数が四〜五％程度で米などの穀物が原料のアルコール飲料を「ビール」と呼んで区別する）。風変わりな原料をいくつか組み合わせていることから、賈湖の混合飲料のことを「中国の過激な飲料」や「新石器時代のグロッグ」と呼んでもいいかもしれない。もともとグロッグは、ラム酒と水、砂糖、スパイスを混ぜた飲み物で、一七世紀にイギリス海軍兵士のあいだではやり始めたものだ。現在ではもっと幅広い意味をもつようになり、特に、太古の世界で飲まれていた数多くの混合発酵飲料を指すのにもふさわしい言葉である。

今回の分析結果で最大の驚きは、賈湖の飲料の原料としてブドウが使われていた可能性が高いことだ。こうした目的での使用では、世界最古の事例となる。中国でブドウが五〇種以上（世界の野生種の半数以上）が見つかっていることを考えれば、意外な結果ではないのかもしれない。しかし、歴史記録からは、中国でブドウの栽培と利用が始まったのははるかに後の時代だと考えられている。紀元前二世紀後半に張騫（ちょうけん）が武帝の使者として中央アジアに派遣され、ヨーロッパブドウの栽培種（*Vitis vinifera* ssp. *vinifera*）を持ち帰り、現在の西安に当たる当時の首都、長安でそのブドウのワインが醸造されたという記録が残っている。この先、研究が進めば新たな手がかりが見つかる可能性もあるが、これまでのところ、中国で見つかっている数多くの野生ブドウのなかで栽培化された種は確認されていない。

先祖の霊を呼び出す

賈湖の優秀な音楽家の墓で見つかった無関係と思える考古学的なパズルのピース（笛とラトル、

フォークの形をした物体、甲羅に刻まれた最古の文字、中国の新石器時代のグロッグ）は、中国の新石器革命という新たな状況に適応したシャーマン信仰の最初の手がかりとして見ると、次々にはまり始める。経済活動の地盤が固まったことで、シャーマンという役割は本格的な職業となった。たとえば、音楽を演奏するには、手の動きと視覚の連携をはじめとする運動能力を高度に発達させなければならない。ラトルや、幅広い音階を奏でられる笛、ワニ革を張った太鼓など、楽器の種類を増やし、その性能を上げ、演奏能力を向上させることによって、共同体で儀式を専門に担うシャーマンが村人たちの繁栄や、邪悪な力からの保護、病気の治癒を願って、来世とより効果的に交信できるにようになった。

紀元前八世紀頃の西周の初期にさかのぼる儀式や宗教観が記された『礼記』や『儀礼』といった後の文献から、賈湖で営まれていたであろう儀式に関する手がかりが得られる。共同体の仲間が死ぬと、酒と特別な食べ物（蒸したキビや焼いた羊肉）が一族の祖先や神にささげられる。儀式は高度に形式化されていて、決まった時と場所で特定の動物が殺され、音楽や踊りが伴った。

葬儀の日は占いによって決まる。七日間続く断食の四日目には、先祖との交信や葬儀を執り行う「尸（かたしろ）」を選ぶためのくじ引きが行われる。通常、これは故人の孫か義理の娘だ。この日、尸を霊媒として先祖の霊が招かれて、「軽い飲食物」が供される。おそらくこのときに発酵飲料を飲んだのだろう。飲むことによって、尸は故人や先祖たちと一体になる。

七日間の断食で心身ともに疲弊した尸は、できるだけ詳しく故人を描写するように求められる。顔の表情や、生前最も楽しみにしていたこと、声などだ。儀式のこの段階になると、尸やほかの参加者たちには意識の状態の変化や幻覚症状が現れ始めただろう。

断食の七日目には、とどめの一撃が待っている。故人の遺体が埋葬され、供物の食事が寺院に納められると、儀式を仕切ってきた尸は、自分自身のために、そして先祖たちの代理として飲食する。尸は、觚や卮といった儀式用の容器に入った温かいキビや米の酒を九杯飲むのだ。容器は高さ三〇センチにもなる大ぶりの酒杯で、その容量は最大で二〇〇ミリリットルほどだった。当時の酒のアルコール度数が約一〇%だとすれば（後述）、尸が飲んだ量は現代のブドウのワインにするとボトル二本分以上、アルコール度数が四〇%のウイスキーをショットグラスで八杯も飲み干すのに相当する。断食を終えた尸の頭は、幻覚によってくらくらしただろう。

紀元前八世紀の『詩経』の「楚茨」には、儀式の様子が詳しく描かれている。

儀礼が滞りなく終わり
鐘と太鼓が鳴り響く
孝孫「尸」が席に着くと、
巫祝がこう告げる
祖霊はみな酔いたもうた
尸が立ち上がり
太鼓と鐘を鳴らして送り出せば
すなわち祖霊も帰りたまう

賈湖の優秀な音楽家の墓に副葬されていた新石器時代の骨笛とラトルが、五〇〇〇年後の鐘や太鼓と似たような目的で使用されていたと想像できる。キビや米を原料とした酒ではなく、米とブドウ、サンザシの実、蜂蜜を混ぜた発酵飲料が使われただろう。賈湖の容器は形が異なるものの、周の酒杯くらいの量を入れることができたのではないか。後年の儀式に必要なあらゆる要素の萌芽は賈湖に存在していた。

賈湖の初期のシャーマンが担っていた役割は後年、生業としての治療師や霊媒、音楽家に分担されて専門化していった。賈湖の音楽家は、私たちが考える旧石器時代のシャーマンや、現代のシベリアやアマゾン川流域で同様の役割を担う人々におそらく近かっただろう。彼らは音楽家としての役割以外に、新たな着想をもたらす「アイデアマン」という側面ももっていたのではないか。記号や芸術を巧みに使い、技術的な能力も高く、そして最も重要なのは、神秘的な力ももっていたことだ。発酵飲料の刺激を受けて、神々や祖先たちと交信できる能力だ。

それから四〇〇〇年ほど後に帝王になったとされる黄帝の伝説に、シャーマニズムの本質が凝縮されている。黄帝は配下の学者の一人を遠く中央アジアの山岳地帯へ派遣し、竹を集めさせて、伝説の不死鳥の鳴き声を再現する笛をつくらせた。この特別な楽器で奏でられる音楽が、みずからの治世に万物との調和をもたらすと、黄帝は考えていたのだ。ここでもまた、賈湖や旧石器時代の笛と同じように、大空高く舞う鳥とその鳴き声が、目に見えない別世界への入り口として使われた。

賈湖の優秀な音楽家とシャーマニズム的な葬儀を結びつけたこの仮説は、きわめてもっともらしく思えるものの、墓から出土した容器の残渣は分析されておらず、仮説はまだ証明されていない。分析用に選んだ土器はすべて、住居跡から出土したものだ。こうした住居跡はどれも（これまでに発掘されたのは五〇カ所）とりたてて独特な特徴が見られないことから、発酵飲料は共同体で広く利用されていたと推測される。特別な場面で欠かせなかっただけでなく、めでたい出来事を近隣の人々と祝うために飲んだり、気分が落ち込んだときや病気のときに口にしたり、意欲の向上や褒美の目的で与えられたりしたのだろう。賈湖遺跡はまだ五％しか発掘されていないため、今後発掘が進めば驚くべき発見がもたらされるはずだ。

賈湖の飲料を再現する

二〇〇四年も終わろうとしている頃、賈湖に関する私たちの研究成果が『米国科学アカデミー紀要』に発表されると、さまざまなメディアから取材を受けた。世界最古のアルコール飲料が単に見つかっただけではない。当初予測されていた中東からではなく、中国から発見されたのだ。この発見は世界中で報道されることになったのだが、これほどの反響があろうとは、私たちも予想していなかった。

最初に電話をかけてきたのは『ニューヨーク・タイムズ』紙の記者、ジョン・ノーブル・ウィルフォードだった。彼は、私たちの近東での研究に関する以前の記事で「ハッピーアワー」という言葉を使っていたことから、かなりの酒好きと推察される人物だ。彼の書いた記事が系列紙の『インターナショナル・ヘラルド・トリビューン』に取り上げられ、世界中に配信された。ＢＢＣ（イギリス放送協会）から受けたインタビューも世界中で放映された。『フィラデルフィア・インクワイアラー』紙のワインライター、デボラ・スコブリオンコフもすぐに興味を示してくれ、まもなくカメラマンからも連絡が来た。私は一九世紀に化学分析をした考古学者のように、太古のサンプルの成分のにおいをかいでいる姿を撮影された（一九世紀の化学者のように味見まではしなかったが）。デボラの記事が通信社のロイターを通じて配信されると、まもなく『フォーカス』や『ジオ』をはじめとするヨーロッパの主要メディアからも注目され、それぞれ独自情報を盛り込みたい記者の取材攻勢にあった。中国では、同国政府の主要報道機関である新華社がトップニュースで伝え、論文の共同執筆者の一人である程光胜からは「きみはＣＣＰ（中国共産党）で有名人になったよ」という知らせを受けた。私もついにここまで来たか！

九〇〇〇年前の飲料を分析するというのも一つの研究ではあるのだが、その飲み物を現代に再現して、ほかの人たちにも太古の時代の雰囲気を味わって楽しんでもらうのも一興だと、私は考え始めた。私たちは以前、賈湖よりも新しい時代のミダス王かその祖先のものとみられる墓で見つかった残渣に基づいて、太古の飲み物を再現して、まずまずうまくいったことがあった（第5章参照）。私はそのとき、デラウェア州ミルトンにあるクラフトビールの醸造所「ドッグフィッシュ・ヘッド」のオーナーで醸造家のサム・カラジオーネに話を持ちかけてみた。彼は「ミダス・タッチ」というその飲料を現代によみがえらせる際に、ひらめきを与えてくれた人物で、今回の相談にも乗り気だった。彼の醸造所にいる実験好きな醸造家マイク・ゲアハルトが、新石器時代の酒の再現を引き受けてくれた。

　中国の新石器時代の酒を再現する試みでは、さまざまな困難が立ちはだかり、出だしで何度もつまずいた。私たちの試行錯誤については、『ディスカバー』誌の二〇〇五年一一月号でラリー・ギャラガーが執筆した記事「石器時代のビール」で面白おかしく語られている。ブドウだけ、あるいはサンザシの実だけを使うべきか、それとも両方を使ったほうがいいのか。賈湖では両方の種子が見つかっていることから、私は両方使うべきだと言った。するとマイクは、西海岸に住む中国人の本草家を見つけ出して、その人物から本物のサンザシの実を手に入れることができたのだが、中国産の本物のブドウは入手できず、ヨーロッパブドウの古い栽培種であるマスカットで妥協せざるを得なかった。蜂蜜についても同様の壁が立ちはだかった。中央アジア産のある野花の蜂蜜が最適だと考えたのだが、結局はもっと手に入りやすいアメリカ産の同等の蜂蜜を使わざるを得なかった。

　中国の米はアメリカで簡単に手に入る。私がマイクに尋ねたのは、精米済みの白米を使うべきか、それとも、ぬかが残った玄米を使うべきかということだった。あるいは、脱穀していない米を使うという選択肢もあった。賈湖の住人は米を加工するための石臼を持っていたが、酒の醸造法が高度に洗練されていたとは考えにくい。私たちは、ぬかやもみ殻の一部を混ぜ、アルファ米（米を調理してでんぷんを糊化した後に乾燥させたもの）を使うことに決めた。

　次の問題は、米を糖化する方法だ。これを行う最古の方法はおそらく咀嚼することだとサムに伝えると、「それじゃあ、歴史的に正確を期するためにそうしよう」という答えが返ってきた。実験考古学ではときどき度が過ぎることがあるし、米を発芽させる方法も古い時代に見つかっていたかもしれないと、私は伝えておいた。さいわいにも、ラリー・ギャラガーが婚約者といっしょに米を噛んで実験してみると申し出てくれたのだが、その後、ラリーは味見用のボトルを送ってこなかったので、おそらく実験はうまくいかなかったのだろう。

ドッグフィッシュ・ヘッドでの実験の初期段階では、マイクは中国の伝統的な麹を使って米を糖化しようと試みた。北京で窓口になってくれている程光胜が、ミシガン州立大学の大学院生カイ・ワンを通じて、麹を詳しい使用法とともに送ってくれたのだ。それを使ったところ、米が糖化されてもろみのようなものができた。米からつくったアルコール飲料は最終製品の一部を占めるだけなので、これでも問題ないと考えた。

大きな問題はもう一つあった。それは自然発酵の方法だ。ブドウの実の皮や蜂蜜に存在する野生の酵母だけを使うのか、それとも、培養した酵母をある程度混ぜて発酵を助けるのか。私たちは後者の方法を選択したが、その場合、どんな酵母を使うべきかという問題がまだ残った。私はいくつかの種類を提案したのだが、マイクは中国原産あるいは九〇〇〇年前に存在していた酵母という条件にこだわった。結局、中国の酒の伝統を直接受け継いだ日本酒用の乾燥酵母を使うことで落ち着いた。

太古の酒を初めて再現する場として選んだのは、デラウェア州リホボスビーチにあるサムのブルーパブ（醸造酒場）の隅にしまい込まれていた古い醸造用の釜だ。これはサムが醸造家として第一歩を踏み出したときに使っていた小さな設備である。ラリー・ギャラガーに一挙手一投足を観察されるなか、午前九時に醸造を開始した。米と麹を入れると、温度が上がり、糖化液が出来上がった。

最も気がかりだったのは、粉末にしたサンザシの実を加える段階だ。この実は酸味が強く、加える粉末の量がやや多すぎるように感じていた。しかしマイクはすでに割合を決めていたので、それに従った。

それに、二つの締め切りが迫っていた。一つはアメリカのアルコール・煙草・火器および爆発物取締局（ＡＴＦ）にこの飲み物を認可してもらうための締め切り。もう一つは二〇〇五年五月にマンハッタンのウォルドーフ・アストリア・ホテルで開く大きな試飲会に間に合わせることで、開催日は数カ月後に迫っていた。最初、ＡＴＦにはサンザシの実の使用が認められなかった。伝統薬やお茶の成分としては許されるが、アルコール飲料への添加がだめだというのだ。今回使うのはごく少量だったので、両者をどう区別するかの判断は政府機関が下すしかない。果てしない交渉の結果、何とか許可が下りた。

釜での調整を終えると、新石器時代の飲料は瓶詰めされ、お披露目の準備が整った。この第一号は予想どおり、出席したメディアに好評だった。しかし、私が頭の片隅でずっと気にしていたことがあった。出来上がった飲み物は酸味が強すぎて、新石器時代の誇り高い村人やシャーマンが飲みたいと思わないのではないか、という懸念である。古代には、糖分や甘味が価値あるものとされていたからだ。

私はサムとマイクにこの懸念を話し、その後数カ月かけて改良に取り組んだところ、以前よりも良くなった。さらに、ドッグフィッシュ・ヘッドのもう一人の醸造家であるブライアン・セルダーズに力を借りて、中華料理にぴったりな、酸味と甘味が合わさった心地よい味を出すための配合を探った。

飲料の改良を続けていくうちに、サムはシャーマンのように楽しい体験をすることになった。あるときには、裸になった新石器時代の若い中国人女性がその長い髪を背中とおしりの辺りになびかせながら、酒を持ってきてくれる夢を見たという。そこで彼は、ニューヨークのデザインアーティスト、タラ・マクファーソンに依頼して、私たちの新石器時代のグロッグ「シャトー・ジアフー」（賈湖城）のために、刺激的なラベルを制作してもらった。ラベルを優雅に飾るのは、背中を見せた女性だ。その腰の辺りに描かれている謎めいたタトゥーもサムの夢に出てきたもので、中国語でアルコール飲料全般を示す文字である。酒という文字は、壺の注ぎ口から三滴のしずくがしたたっている様子を示し、紀元前一六〇〇年頃の商の時代から、現代までずっと使われてきた。

シャトー・ジアフーの最新の製品は最高の仕上がりになっている。誘われるようなブドウの香り、シャンパンのように非常にきめ細かい泡、もっと飲みたいと思わせるぞくぞくするような後味、黄帝や黄河にふさわしい黄色がかった色。サンザシの実とマスカット、野花の蜂蜜、脱穀した米と日本酒の酵母の組み合わせが、異国風でありながら飲む者に大いなる満足をもたらす飲料を生んだ。

それ以降、アメリカの東海岸と西海岸で開かれた特別なイベントで、シャトー・ジアフーを提供してきた。東海岸のイベントは二〇〇六年一〇月に、ニューヨークのグリニッジ・ヴィレッジにある「コーネリア・ストリート・カフェ」で開かれた。私の長年の友人で研究仲間、ノーベル賞化学者でもあるロアルド・ホフマンが司会を務める華やかな催しだった。サイエンスとアートが融合したこの試飲会では、フィラデルフィアのフランクリン協会に展示されているベンジャミン・フラン

図4　これまでに確認された「世界最古のアルコール飲料」を再現した飲料のラベル。この飲料を再現したドッグフィッシュ・ヘッド醸造所のサム・カラジオーネが、夢で見た光景に触発され、アーティストのタラ・マクファーソンに依頼して制作してもらったものだ。「シャトー・ジアフー」（賈湖城）という名前は中国の新石器時代の賈湖遺跡にちなんでいる。この遺跡で出土した壺（口絵2参照）の中に残っていた沈殿物からは、生体分子考古学的な分析の結果、米と蜂蜜、果実（サンザシの実かブドウ、またはその両方）が検出された。Courtesy of Tara McPherson (original acrylic, 12" × 12") and Dogfish Head Craft Brewery.

クリンのグラスハープをまねて、ワインを入れたグラスで演奏する音楽も披露された。酒神バッカスに取り憑かれたような酔っぱらいたちが、観客の目の前でブドウを踏みつける。その深紅のしぶきを浴びないよう、そのあいだ私たちは退避した。

一二月には、サンフランシスコのアジア美術館の後援を受けて、二つの関連イベントを開いた。一つは、シェフでフードライターのファリーナ・ウォン＝キングズリーの自宅が会場だった。ゴールデンゲートブリッジを見下ろし、中国古来の庭園の眺めとにおいに包まれた会場には、ファリーナがシャトー・ジアフーといっしょに食べる数々の上海料理をみずからつくって用意してくれた。翌日の夜には、美術館での講演の後、日本酒専門店「トゥルー・サケ」のオーナーであるボー・ティムケンの厚意で、新石器時代の飲料といくつかの上等な日本酒を飲み比べる催しが開かれた。私の評価では、より複雑な味をもったシャトー・ジアフーの圧勝だったように思う。

三〇〇〇年前の香りの正体

新石器時代の賈湖の住民たちは卓越した発酵飲料を開発したかもしれないが、さらに研究を進めていくと、人間はそれで決して満足しなかったことがわかってきた。賈湖から三〇〇キロほど離れた黄河の北側に都が置かれた夏と商の時代には、シャーマンを中心とした高度な文明が最高潮に達した。当時の都市遺跡のうち最も広範囲まで発掘が進んでいる殷墟を訪れるため、工昌燧とともに夜行列車に乗って河南省北部の安陽を訪れた。現地で出迎えてくれたのは、主任考古学者の唐際根(タンジーゲン)

だ。この古代都市は三〇〇〇年前の最盛期には面積が六二平方キロに及び、八〇年前から発掘が続けられてきた。彼はこの広大な遺跡を案内してくれたが、ありがたいことに、重要な見どころだけかいつまんでガイドを済ませると、黄河に浮かべた屋形船で開かれる宴会に私たちを案内してくれた。会場には上等な黄酒がいくつも並んでいた。

商の王妃の一人を埋葬した墓へ降りていったときには、当時の壮麗な文化を感じることができた。埋葬室は、緩やかに傾斜した天井が高い通路を下っていった先にある。ここで王妃は金やひすいの装飾品を身につけ、馬や戦闘馬車に囲まれた状態で埋葬されていた。戦闘馬車は領土内での軍隊の移動だけでなく、シャーマンについて書かれた最古級の文字記録（紀元前三世紀の『荘子』など）によれば、死者を天国へ送るときにも使われていた。戦闘馬車が副葬された墓として私がもう一つはっきりと覚えているのは、メソポタミアのウルの王墓（第3章参照）だ。ここでも王妃は金やラピスラズリの宝石を身につけ、戦闘馬車とともに埋葬されていた。

安陽の発掘拠点に戻ると、際根は私にとって本物の宝物――当時の壮麗な青銅の容器から採取した「液体」――を見せてくれた。中国の遺跡から液体が発見されていたことは、それまでまったく知らなかった。なんと三〇〇〇年以上前のものである。私はびっくり仰天した。際根に促されて、においを嗅いでみて確信した。上等な米かキビから伝統的な手法で醸造された酒の独特な芳香だ。少し酸化して、シェリー酒に似た香水のような香りがする。

この液体は盉（か）と呼ばれる酒器から採取された。基底には三本の脚が付いていて、大きな把手と蓋が金属の部品で取りつけられている。側面から長い注ぎ口が突き出している形はティーポットに似

図5　商の首都だった黄河流域の安陽にある劉家庄の上流階級の墓に納められていた、「盉」と呼ばれるティーポット型酒器（no.　M1046:2、前1250～前1000年頃、高さ30.1センチ）。饕餮の文様をもった鳥か竜のような謎めいた装飾が施され、発見時には3分の1ほど液体が入っていた。3000年前のその液体には、カンラン科の樹木の樹脂かキクの花、あるいはその両方から抽出された、シェリー酒のような芳香が残っていた。Illustration courtesy of Jigen Tang/Anyang Field Institute, Institute of Archaeology, Chinese Academy of Social Sciences.

ているが、当時の中国で茶が飲まれていたという記録は見つかっていない。この酒器は、儀式で米やキビでつくった酒を供するためのものとしてよく知られている。もともと入っていた液体は総容量のおよそ三分の一まで蒸発して減っていたが、やがて蓋が腐食して、酒器の頸にぴったりはまってしまったため、数千年後に発掘されるまで、酒器は密封された状態になっていた。

　最近では、液体が入った青銅の酒器が中国の遺跡、特に墓で次々に見つかっているようで、メディアでも活発に伝えられている。たとえば二〇〇三年には、西安（紀元前二一〇年にかの秦の始皇帝とともに副葬された兵馬俑でも有名）にある上流階級の墓の発掘現場で、二六リットルもの液体が入った蓋付きの容器が発見された。液体は「芳醇な香りと軽やかな風味」をもっているらしい。三〇〇〇年前のビンテージを一献傾けるのもいいかもしれない。ただし残念ながら、化学分析はまだ行われていないし、王室の酒を飲んでも必ずしも極上の体験ができるとは限らない。酒器に使われている青銅は鉛を最大二〇％含んだ合金だ。商の王たちは酒を大量に飲んで、自分で自分に毒を盛る結果となった。商の後半に数々の王たちが正気を失ったり自殺を図ったりしたと言われているのは、そのせいかもしれない。

安陽で手に入れた液体のサンプルを手荷物に入れてフィラデルフィアに持ち帰り、化学分析を一通りやってみた。その結果、密閉された酒器にはかつて、キビを原料としたきわめて特別な酒が入っていたことを突き止めた。蜂蜜も果実も含まれていないため「新石器時代のグロッグ」ではない。その代わり、β-アミリンとオレアノール酸という二種類の芳香族化合物トリテルペノイドが含まれていることから、樹脂が加えられていると考えられる。香りの良いカンラン科（Burseraceae）の樹木が最有力の候補だ。キクの花も同じ化合物を生成するので、もう一つの候補となる。私たちはブドウからつくられた近東のワインにマツやテレビンの木の樹脂が加えられているのを発見したが（第3章参照）、それを思い起こさせる。

安陽で見つかった液体が、中国の伝統薬の長い歴史において、発展途上の段階の一つを示しているという見方はできるだろうか。トリテルペノイドは抗酸化作用をもち、コレステロール値を下げ、がんの原因にもなる遊離基（フリーラジカル）を除去するから、こうした成分を含んだ飲料は古代の薬箱にきっと収められていただろう。β－アミリンには鎮痛作用もあり、柑橘のような心地よい香りもある。私は最近、古代の薬に含まれていたこれらの化合物がどのように治療に役立てられていたかを探るため、ペンシルベニア大学医療センターの「エイブラムソンがんセンター」と共同で「考古腫瘍学――薬はどのように発見されたのか」というプロジェクトを始めた。人間は数千年にわたって試行錯誤を重ねて天然の薬を発見したはずで、その手がかりは、私たちが土器を分析した結果に隠されている。

図6　3000年前のキビの酒の見た目や香りを研究室で確かめる著者。この酒は安陽にある上流階級の墓に納められていた蓋付きの青銅器（図5参照）に入っていた。Photograph courtesy of Pam Kosty, University of Pennsylvania Museum of Archaeology and Anthropology.

王昌燧とともに河南省の省都である鄭州まで戻ると次に、河南省全域を担当する現地の文物考古研究所の考古学者、張志清（ヂャンヂーチン）に会った。彼が教えてくれたのは、およそ二五〇キロ東に位置する鹿邑県の太清宮にある長子口墓だ。この上流階級の墓からは九〇点の青銅の容器が出土しているだけでなく、蓋が閉まった状態で液体が入っていた器が五二点も見つかっている。液体の量は、器の容量の四分の一から半分だった。分析用に液体のサンプルがほしいかと言われたので、二つ返事でその申し出を受け、卣（ゆう）と呼ばれる酒器から採取した少量の液体を手に入れた。ティーポットの形をした安陽の盉と同じく、卣も丈が高くて優美な酒器だ。その表面には、中国神話の怪物である饕餮（とうてつ）の文様が刻まれている。長い角に鋭い目、曲がった上唇をもつ竜や鳥のような謎の生き物で、見るからに恐ろしい。

驚いたことに、安陽の盉とは異なり、長子口墓の卣に含まれていたのはキビを原料にした酒ではなく、米を原料にした特別な飲料だった。樟脳（しょうのう）とα－セドレンは三〇〇〇年経った後も、かぐわしい香りを放っている。樟脳のにおいは、防虫剤に使われている純粋な化合物ほど強くはない。実際、飲料に含まれているこうした目印となる化合物はおそらく樹脂（最有力候補はコウヨウザン *Cunninghamia lanceolata*）か、花（これもキクが最有力候補）、ヨモギ属（リキュールのアブサンに使われているニガヨモギを含んだ属）の草の成分に由来するとみられる。

麻酔作用や抗菌作用をもった「薬効のある」酒は、どのように醸造されたのか。採集した樹脂を発酵後に直接加えれば、高いアルコール分によってその成分が溶けやすくなる。花や植物の部位に含まれている有効成分は、香水をつくるときのように、水に入れて煎じるか油を使って抽出すれば分離できたかもしれない。この謎に対する答えは長子口墓にありそうだ。大きな青銅の器に、モクセイ（*Osmanthus fragrans*）という香り高い樹木の葉がたっぷり入っていて、ひしゃくが付いていたことから、この器はかつて液体で満たされていたことがうかがえる。茶を煎れるときのように、花のような香りがするモクセイの木の葉を液体に浸していたのだろう。同様に、ヨモギやキクも米の酒に浸した後、濾しとったということも十分にあり得る。

中国最古の文字である商の甲骨文字には、発酵飲料を示す文字が少なくとも三つある。香草の酒（鬯（ちょう））、米やキビでつくった低アルコールの甘酒（醴）、そして、十分に発酵して濾過した飲料（酒）だ。「酒」の原料は同じく米やキビだが、アルコール度数は一〇～一五％あった。高官の従者や醸造家が醸造工程を監督して、王家の一人ひとりに毎日決まった量が行き渡るように目を光らせ、儀式や特別な催しなどの年中行事に使える量の飲料を確保する。王もときどき試飲して、一定水準の品質が保たれていることを確認していた。

次の王朝である周の王は、商の最後の王（紂王）が夜通し裸で酒池肉林のどんちゃん騒ぎにふけっていたことを非難したのかもしれない。とはいえ、周の王たちもほかの王朝に負けず劣らず酒好きだったようだ。商の時代に念入りに構築された酒をめぐる官僚機構は、引き続き運用されただけでなく、実際のところその規模は拡大されたのだった。『周礼』には、果実からつくった飲料（酪）と、発酵した米かキビ、あるいは未発酵の糖化液を濾過しない飲料（醪）という少なくとも二種類の発酵飲料が、新たに記載されている。醸造法がさらに発達したことをうかがわせるのは、周の時代に医師を表す漢字（醫）の中でシャーマンを表す部首（巫）が酒を表す部首に置き換わったことだ。これは、飲料をさらに洗練させる動きがあったことを簡潔に示している。

　商や周の青銅器は、ほとんどが公式の酒を入れる容器として使われていたが、度肝を抜かれるようなものがいくつもある。青銅器の多くは、二里頭、鄭州、台西、安陽など、黄河やその支流沿いの主要都市にある上流階級の墓で見つかっている。三本脚の華麗な器（爵、斝）や、足付きの酒器（觚）、盛酒器（尊）、甕（壺、罍、卣）など、青銅器の形を見れば、酒の醸造や保管、提供の方法、儀式での使われ方、そして最後にどのように飲まれたかをうかがい知ることができる。

　たとえば、中国で長年続いてきた習慣から考えると、高い三本脚の酒器は火にかけられ、酒を温めるのに必要だった。酒器の口縁部から上へ突き出している二本の突起（饕餮の角を示しているのかもしれない）は飲む妨げになる。こうした酒器はおそらく酒を注ぐために使われたのだろう。とはいえ、数千年前でも最高の酒は冷やして供するのが好まれていたようだ。紀元三〇〇年頃の『楚辞』に収録された詩に、そのことが表れている。

　玉のごとき酒、蜜を混ぜ、翼をもった大杯を満たす
　酒糟は冷やして飲み、濃い酒は清涼なり

「翼をもった大杯」は最高の酒にぴったりだった。耳のような把手が一つ付いたこうした浅い器は、ひすい製であることが多かったからだ。

　壮麗な中国の青銅器の多くには、おそらく「酒」か「鬯」が入れられていただろう。周と漢の時

代には、発酵飲料に樹脂を含んだ植物の葉を煎じたり、香草を加えたりして鬯をつくっていたとされている。私たちの化学分析によって文献からの解釈が裏づけられたほか、こうした特別な飲料がコウジカビによるでんぷんの糖化によって醸造されていたことも確認できた。これは中国独特の伝統的な醸造法で、コウジカビ属（*Aspergillus*）やクモノスカビ属（*Rhizopus*）、モナスカス属（*Monascus*）など、中国各地に固有のカビや菌類を利用するものだ。こうしたカビが、米などの穀物に含まれているでんぷんを分解して、発酵可能な単糖を生成する。歴史的には、さまざまな蒸した穀物や豆類にカビを繁殖させて麹をつくった。初期には、先史時代の中国で主要な穀物だった米やキビが、おそらく使われていたのだろう。

このとき、たまたま昆虫によって持ち込まれたり、ブリュッセルのランビック・ビールの醸造所のように古い木造家屋の垂木から降ってきたりした酵母が、醸造工程に入り込む。現在では、麹をつくる際にヨモギを含めて一〇〇種もの特別な香草が使われており、なかには酵母の働きを七倍に高める香草があることもわかっている。台西遺跡で出土した器の中から見つかった重さ八・五キロの白い塊は、使用された酵母のかすだけからなることが判明した。かなり強い飲料ができたに違いない。

賈湖で見つかった最古の新石器時代のグロッグが、複雑な原料を使ってどのように醸造されたのか。その詳しい製法は解明できないかもしれないが、商代の飲料と似た伝統的な黄酒の醸造法の一端を垣間見ることはできる。上海から少しのあいだ列車に乗って南西へ移動し、紹興という町に着くと、米を炊く様子や、高温と低温での二度の発酵、発酵が終わった液体を濾過して容器に入れ、粘土で丁寧に封をする工程を見学できる。それぞれの容器の口は竹やハスの葉で覆い、製造年を記した紙片をその上に載せてから蓋をする。容器の表面には花と若い女性が華やかに描かれていることが多い。女子が生まれたときに容器を地面に埋め、歳月を経てその子が嫁ぐときになって初めて掘り起こされ、封を開けて酒を飲むという伝統があるからだ（女児紅と呼ばれる）。

甲骨文字などの古代の文献によると、紹興は中国の酒づくり発祥の地だという。賈湖の液体に関する私たちの分析でその伝説の信憑性は弱まったものの、夏王朝を築いた禹（大禹）の娘が紀元前二〇〇〇年頃に最初の酒をつくったとされている。言い伝えによれば、禹はノアのように大洪水を生き延びただけでなく、運河や堤防を築いて数多くの洪水を食い止め、黄河と長江の氾濫を抑えたという。禹は治水事業の視察のために紹興を訪れていたときに客死したとされていて、近くの田園地帯に設けられた霊廟の広間には、禹の豪華絢爛な巨像が今も立っている。

紹興を訪れるお供をしてくれたのは、北京在住の友人で研究仲間である微生物学者の程光胜だ。紹興と言えば代表的な黄酒である「紹興酒」ということで、町の古い居酒屋を訪れた。たいていの紹興酒はこの地域固有の微生物相を反映してシェリー酒のような風味があり、なかには五〇年以上熟成させた老酒もある。この地域のもう一つの珍味である臭豆腐も食べた。このとき聞いたのは、芸術家たちが酒を入れた杯を川に浮かべて流し、杯が流れ着いたところで詩を詠んで酒を飲み干さなければならなかったという話だ。とはいえ、私たちは目の前にある現代の誘惑に流されることなく、古代の酒づくりについての知見を得るという目的を見失わなかった。大規模な醸造所を一つずつめぐり、それぞれが独自のやり方で伝統を守っている姿を目にした。酒を飲んでいかないかと何度も誘われ、それをありがたく受けて試飲した経験は、この先ずっと心に残る喜びであり、醸造法を学ぶ良い機会だった。

古代から受け継がれた技術のなかで私にとって最も興味深いのは、麹を使ってでんぷんを分解し、発酵を始める技術だ。醸造所では、幅三〇センチほどの麹の塊が広い部屋に山積みされていた。特殊なカビで穀物を糖化して発酵を始めることによって、先史時代の中国の醸造家たちは穀物を咀嚼したり発芽させたりする必要がなくなり、新石器時代のグロッグづくりと比べて、蜂蜜や果実を加えて糖分と酵母を補う必要性が小さくなった。中国の文化が発達するにつれて、先史時代の「過激な飲料」はすたれ、商や周の儀式用の酒器に残っていた液体のような、キビや米を原料にした酒に置き換わっていった。

とはいえ、果実や蜂蜜が中国の飲料でまったく使われなくなったわけではない。商の都市だった台西遺跡の発掘現場からは、数多くの漏斗(ろうと)や奇妙な形の器が出土している。これは、地元の飲料産業が活発で多様だった証拠だ。「盔形器」と呼ばれる形式の陶器は、底部が細くくびれていることから、液体の沈殿物を集めるのに適していただろう。酵母を含んでいた前述の器のほかに、同じ遺跡から出土した大型の壺にも、モモやスモモ、ナツメの核、さらには、シナガワハギ、ジャスミン、アサの種子が数多く残っていた。この飲料がどれだけ美味で飲む者を酔わせてくれたのかは、想像することしかできない。商代の正統な酒の一つ(酪)は果実からつくられていて、これこそが中国最古の発酵飲料であると考える学者もいる。賈湖のグロッグよりも古いというのだ。現代の中国では、生の果肉が入った黄酒が多くの地域で人気の飲み物の一つとなっている。

空白を埋める

発酵飲料の醸造工程で、でんぷんを糖化する手法が麹の利用に一本化されたのはいつだろうか。私を中国考古学へと誘ってくれたアン・アンダーヒルは、紀元前七〇〇〇年の賈湖と商代を隔てる六〇〇〇年の空白期間を研究する機会も与えてくれた。

アメリカ人考古学者としていち早く中国で発掘調査を再開したアンは、黄河が黄海に注ぐ南東部の山東省で、遺跡が数多く残ると期待されていた地域の調査を始めた。シカゴのフィールド博物館と、省都の済南にある山東大学の共同研究者らとともに実施された両城鎮遺跡での発掘調査によって、紀元前二六〇〇～前一九〇〇年頃の竜山文化に当たる住居や墓が発掘された。

古代の山東省は精巧な酒器が数多く出土することで特に知られている。酒器は主に墓で見つかり、大汶口文化期後期（前三〇〇〇～前二六〇〇年頃）に広く普及したとみられている。竜山文化の時代には、背の高い精巧な形状の酒器（高柄杯）が、薄手で光沢のある黒色の土器「黒陶」でつくられていた。こうした器は同じく優美な甕（罍）を伴っている。肩の部分が高く、輪になった把手を一対備えていて、賈湖の壺を思い起こさせる。こうした精巧な陶器に現代の黄酒を入れたとき、酒がどれくらい器に吸収され、蒸発するのかを実験したいと私たちは考え、現代の陶器職人に地元の粘土で罍と凸状の蓋を再現してもらうよう依頼した。実験の結果は意外なものではなく、高い温度で焼いた陶器でさえもいくらか多孔質で、鋳造した青銅器と同じように中身の液体が蒸発することがわかった。しかし、優美な陶器を割って化学分析を行うことはためらった。

私たちはまた、後の商代の青銅器（爵）に似た、三本脚で注ぎ口が長い水差し（鬹（き））も選んだ。研究に使うために最終的に選んだ土器の種類には、飲食に利用されたあらゆる器（椀や壺、鉢、水差しのほか、せいろや漉し器とみられるもの）が含まれていた。

化学分析の対象とした二七点のサンプルは、アルコール飲料の醸造や保存、飲酒に利用された可能性が最も高い器にしぼった。サンプルをアメリカに持ち帰って分析することが許されなかったため、化学分析ができそうな場所はないか、アンが町に出て探すと、まもなく地元の中学の化学教師チェン・ラオシが、授業時間外なら彼の実験室を使ってもいいと申し出てくれた。私たちは日照（リーヂャオ）の市内でガラスの実験器具や溶媒をどうにか手に入れ、私は土器片をメタノールとクロロホルムに浸して熱する作業を始めた。作業の合間には、生徒たちに誘われて卓球をしたのだが、私が勝つと彼らはショックを受けていた。じつは、私は高校時代に卓球チャンピオンだったのだ。蒸留水が足りなくなったときには、蒸留水が流れ続ける装置をチェン氏が即席でつくってくれた。

アメリカに戻り、中国で抽出した成分を分析すると、果実（ブドウまたはサンザシの実）と米、蜂蜜を原料にした賈湖のグロッグにきわめて類似した飲料の存在を強く示す結果が出た。両城鎮遺跡の竜山文化に当たる年代ではブドウの種子が今のところ三点しか見つかっていないが、両城鎮のグロッグに野生のブドウが使われていた可能性は十分にある。この遺跡がある現在の山東省東部では一〇種の野生ブドウが生育していて、中国のブドウの起源はこの地域にあることがわかっているからだ。

山東省には黄河が流れているので、両城鎮には、発酵飲料の醸造法の進歩も含めて黄河上流で発達した技術が入ってきただろう。両城鎮の飲料が賈湖のものと似ているということは、カビを使った糖化の工程が黄河流域ではまだ確立していなかったことを意味する。私たちの分析ではさらに、両城鎮の飲料に植物の樹脂か香草が加えられていた手がかりとなる化学物質も検出した。シャーマンのために飲料をつくっていた人々は徐々に薬用酒も考案し、それが商代の鬯へとつながったのだろう。その過程で、特定の香草やカビの新たな性質も発見され、やがてそれらが米やキビの糖化や発酵の促進に活用されるようになった。

抽出成分の分析では、もっと謎めいた原料の存在も示唆された。それは大麦だ。ビールやパンの原料として重要な大麦は中東原産で、その栽培種は紀元前八〇〇〇年頃にさかのぼる。大麦は発芽すると、でんぷんを糖に分解するジアスターゼという酵素を大量に生成するため、アルコール飲料の醸造にとりわけ役に立つ。アメリカの大手醸造会社がつくるビールには、醸造の過程で大麦のこの性質を利用して、大麦よりも安価な米を糖化しているものもある。両城鎮遺跡では、穀粒など大麦が存在していたことを示す証拠が見つかっておらず、大麦の成分が発見されたのは意外だ。

これまでに見つかっている証拠から考えると、大麦が東アジアに伝わるまでには長い歳月がかかった。現在のパキスタン西部に当たるバルチスタンには、大麦が紀元前五千年紀に存在していたことがわかっている。中央アジアでは紀元前三千年紀の遺跡で発見されているほか、竜山文化のほかの遺跡のいくつかで発見された植物学上の証拠から、紀元前二千年紀までにはさらに東へ伝わっていたとみられる。紀元前一〇〇〇年頃までには、大麦の栽培種が山東省から黄海を渡って日本と韓国に伝わっていたこともわかっている。両城鎮遺跡でもきっと近いうちに大麦が存在した証拠が見つかるのではないだろうか。沿岸部は気候が湿潤であるために、植物の残骸は燃やされて炭化しない限り保存されにくいのだ。

両城鎮の混合飲料が入っていた容器の出土地点を地図上にプロットすると、この飲料の宗教上の重要性が浮かび上がってくる。良質な黒色の酒杯の多くは墓から出土していることから、故人が生前に大切にしていたものか、副葬品だったのだろう。墓の近くでは、数百点もの完全な甕や鬶、さらに酒杯がぎっしり詰まった穴も発掘されている。しかしなぜ、まだ使える容器が穴に捨てられていたのか。おそらくこの穴には、祖先のために催した宴会の残りが入れられていたのだろう。賈湖でもこういった事例があったと私たちは考えているし、黄河沿いの主要都市ではその数世紀後にそうした事例があったことがわかっている。

午後遅くになって気温が氷点下まで下がり、発掘拠点の建物で唯一の暖かい部屋である食堂で身を寄せ合っていると、葬式の宴会だったという考え方もあり得ない話ではないと思えてくる。私たちが吐く息の水分が窓ガラスの内側に付いてしたたり落ちるなか、貝や大きなエビ、さまざまな魚といった、黄海でとれたての新鮮な魚介類に舌鼓を打った。こういうとき、たいていいっしょに飲むのが地元の青島ビールだ。青島はここからほど近い町で、ドイツ人が中国で初めてヨーロッパのラガービールを生産し始めた地である。

両城鎮の飲料を分析したことによって賈湖の時代と商代のあいだにある空白を部分的に埋めることができたが、情報はまだまだ足りない。特に、商代に入る前の紀元前二千年紀初めの重要な時期に関する情報が必要だ。禹の娘が中国で最初の酒を発見したという伝説に、真実の要素が含まれているかもしれない――これが、カビによる糖化法の導入を意味していると見なすならば。これまでに、夏代のサンプルをさらに分析するまでにはいたっていない。とはいえ、現代の学術界ではよくあるように、私は思いがけない申し出を受けた。夏代の研究では重要な人物の一人である劉莉（リウリ）から、灰嘴とその近くの二里頭遺跡にある彼女の発掘現場で出土した陶器を分析してみないかという誘いを電子メールで受けたのだ。二里頭遺跡は夏の首都だったと考えられているので、今後その時代の陶器を分析することによって、竜山文化と商代のあいだの空白を埋めるために必要な証拠が得られるかもしれない。

酒を愛した中国の詩人たち

紀元三世紀頃から、中国の詩人たちが珍しいグループをつくって、発酵飲料の重要性をたたえ始めた。漢王朝の崩壊に伴って、儒教の教えや格式が崩れていったようだ。シャーマニズムや酒の助けを借りて霊感を得る長い伝統に引き寄せられた「竹林の七賢」と呼ばれる詩人たちが、俗世間を離れた暮らしをよみがえらせた。彼らは老荘思想の自由と自然主義に力点を置き、孤高の知識人や自然の愛好家とみずから名乗っていた。人里離れた竹林で、彼らは哲学を語り、音楽を奏で、詩を詠い、そして、飲酒にふけっていた。

七世紀から、唐代の皇帝によって国際主義と創造的な活動が活発になる稀な時代が訪れると、酒を愛する新たな世代の詩人たちがこの華麗なる時代を描き始めた。王績は「飲中八仙」と呼ばれるようになるグループの先駆けのような詩人だ。彼の心情は「贈學仙者」（仙者をめざす者たちへ）という詩に色濃く表れている。

層をなす街は遠すぎて魔法の薬草を集めにいけない
……
演奏家はいずこへ
……
春には松葉が酒壺で発酵し
秋には菊花が杯に浮かぶ
会う機会があったら酔っ払おう
わざわざ秘薬を混ぜる必要はないだろう
(Warner 2003: 82)

王績はこの詩で来世や、魔術の香り、音楽の反響をほのめかすと同時に、松葉とキクを原料に使った良質な飲料の即効性をとらえている。キクの酒はその特別な風味と黄色い色が、皇帝の象徴として長年珍重されていた。唐代にはほかにも、モナスカス属のカビで色づけした赤い酒や、緑色をした「竹」の酒、コショウや蜂蜜を入れた酒など、さまざまな酒があった。当時の中国で最も名を知られていた詩人である李白は、川面に映った月を抱擁しようとして溺れたといわれている。李白は「月下独酌」の冒頭でこのように書いた。

花に囲まれ酒壺ひとつ
独り手酌で酒を注ぐ
杯を掲げて明月を迎え
われの影とで三人になる
(Berger 1985)

日本酒へ

二万六〇〇〇年前のドルニ・ベストニツェ遺跡で出土した土偶（第9章）を除けば、日本は一万二〇〇〇年前の縄文時代初期という、世界でも最古級の土器を産出するという点で傑出した存在だ。とはいえ私の予想どおり、今では中国から日本よりさらに古い土器が産出している。ハーバード大学のオファー・バール＝ヨセフが率いる調査隊の報告によれば、南西部に位置する湖南省の玉蟾岩洞窟で発見された土器は、放射性炭素による年代測定でおよそ一万五〇〇〇年前のものと判明したのだ。発酵飲料の発達においても、中国は圧倒的にリードしている。賈湖のグロッグを米の酒の一種と見なせば、日本酒より七〇〇〇年以上も前に米の酒が醸造されていたことになる。稲の栽培種とカビによる糖化の手法が中国で発達しなければ、日本酒は存在しなかったかもしれない。日本が中国から酒の伝統的な醸造法を取り入れたのは、紀元三世紀になってからのことだ。
縄文時代初期の土器の多くは大型の深鉢形で、大量の発酵飲料の醸造や飲酒に使われた可能性はあるものの、化学分析はまったく行われていない。紀元前四〇〇年頃までのさらに新しい縄文土器についても、注ぎ口のある壺、頸部が長い壺、凝った文様が施された深鉢といった、飲酒文化に見事に適応した容器はあるものの、やはり化学分析は行われていない。

古代の日本文化における酒の役割が初めて文書に記録された頃までには、日本での中国の影響がはっきりと表れている。唐の飲中八仙が登場したのと同じ頃には、日本にも酒を愛する歌人たちがいた。八世紀には、大伴旅人が『万葉集』に収録された「酒を讃めし歌十三首」の　首で次のように詠っている。

賢しみと物言ふよりは酒飲みて酔ひ泣きするし優りたるらし

（『万葉集（一）』岩波文庫、二〇一三年）

中国の酒と同じく、日本酒も葬式の宴会でふるまわれるほか、神にもささげられる。酒の神である大物主神を祀る神社は、奈良や京都といった主要な酒造の町に設けられている。今でも、こうした神社でスギの葉を使ってつくられた「杉玉」が、造り酒屋の軒先に吊され、新酒ができたことを知らせる役目を果たしている。スギの葉や樹脂が日本酒の醸造に使われていた時代を思い起こさせる習慣だ。

醸造技術が初めて日本に伝わった頃、日本酒は中国の黄酒と同様に、カビによる糖化法を用いて醸造されたに違いない。しかし、地理的な孤立の度合いが高い日本では、微生物相が中国よりも限られていて、異なる手法をとらなければならなかった。米の外側からできるだけ多くの糠をとる（米を「磨く」）ことによって、出来上がった日本酒もより洗練される。発酵工程でS・セレビシエの一種だけを使うのも、同じ理屈だ。酒の純度を高めるには、余分な物質を取り除かなければならない。しかし、美しさや科学的な手法を重視するあまり、もっと変化に富むはずの酒から風味や香りの一部が失われてしまうのではないか。この問いは検討されてしかるべきだ。

第3章　近東での挑戦

紀元前七〇〇〇年にさかのぼる中国の新石器時代のグロッグが発見されたことによって、文明は近東で開化したとする従来の考え方に疑問が投げかけられた。私はペンシルベニア大学で近東の考古学と歴史を研究し、ほとんどの研究者人生を中東での発掘に費やしてきただけに、一九九九年に中国を訪れたときにはやはり同じ先入観を抱いていたものだ。中国に関する記述が近東の文献に現れるのはローマ時代に入ってからのことである。人類の歴史と宇宙における私たちの立場について全般的な見方を提供するとされている聖書でさえも、中国について書いていない。マタイによる福音書（第二章一～一二節）で、星をたどってベツレヘムにあるイエスの生誕地を訪れた三博士は、東方から来たとされているが、この謎の三人組はおそらくゾロアスター教の神官で、出発地は遠くてもせいぜいイランだろう。

近東が文明のゆりかごであるとの考え方に傾倒していた理由は、ほかにもある。太古の発酵飲料の化学分析に初めて成功したのが、この地域で見つかったサンプルだったのだ。また一説によると、現生人類がおよそ一〇万年前にアフリカを出たときにたどったルートは、利用できる多様な動植物が分布していた温帯の中東を直接めざすものだという（ほかには、紅海の南端に位置するバブ・エル・マンデブ海峡を渡ってアラビア半島に入ったという説もある）。北のルートを使った場合、シナイ半島を経てイスラエルやパレスチナの丘陵地帯を通り、東アフリカの大地溝帯の延長である緑豊かなヨルダン渓谷へ入って北上し、ダマスカスのオアシスやその先をめざしたのだろう。進取の気性に富んだ初期の人類は、行く手を阻むように東に横たわる荒野を横断する前にある程度の時間をかけて、この新天地の可能性や驚異を探ったのではないか。こうした推論の道筋に従って、私は中国よりも先に中東で発酵飲料がつくり出されたに違いないと考えていたのだ。

文明化した世界の片隅で

優秀なシャーマンなら、そのとき私を待ち受けていたものを教えてくれただろう。一九八八年、ヴァージニア（ジニー）・バドラーから一本の電話を受けたのが、中東で太古の発酵飲料を探す調査の始まりだった。調査はそれ以来、二〇年も続いている。彼女は大型の壺の中から赤みを帯びた残渣を発見し、それがワインの澱（おり）ではないかと考えていたのだ。

ジニーは、イラン西部のザグロス山脈中央部の高地に位置するゴディン・テペ遺跡について説明してくれた。カナダのトロントにあるロイヤル・オンタリオ博物館の発掘調査で判明したところによれば、チグリス川とユーフラテス川が形成したメソポタミアの平野（現在のイラク南部）にいち早く都市を建設した人々の一部が、標高二〇〇〇メートルを超える山岳地帯へ足を踏み入れたのだという。そして、自分たちの拠点から数百キロも離れたホラム川沿いのゴディン・テペに軍事と交易の拠点を建設した。それは紀元前三五〇〇〜前三一〇〇年頃、この地域を調査する考古学者が呼ぶところのウルク後期のことだった。

ウルク後期は、初の法典、初の灌漑システム、初の官僚制度などさまざまな「世界初」で知られているが、おそらく最も有名なのは、世界最古の表記体系が考案されたことではないだろうか。ウルやウルク、ラガシュ、キシュといった大都市の宮殿や寺院で実行される陰謀がだんだん複雑になるなか、それを裏で支えていたのが筆記者だった。先のとがった筆記具で粘土板に絵文字を刻み込むかたちで、商取引や供物、貢ぎ物の記録をとった。また、当時の人々は人類や神々の歴史をつづる営みも始め、そうした歴史は後にギルガメシュ叙事詩や創世記に盛り込まれた。これらの情報の記録に使われたシュメール語は、ほかのどの言語体系とも似ていない。絵文字は賈湖の甲骨文字と同じように、伝えたい物や考え方を象徴している。しかし、メソポタミアの筆記者は一歩進んで、個々の文字や記号を組み合わせて単語、さらには文を記していた。

そのうち、チグリス川とユーフラテス川に沿った都市開発の波がカールーン川流域の平野まで及び、さらに東にある現在のイランのシラーズに当たる地域と、ゴディン・テペの下流へと達した。そこではすでに、原エラム語という異なる言語を話す人々が都市国家スーサを築いていた。彼らの物質文化は互いにほとんど見分けがつかず、同じ表記体系を使っていて、刻まれた文字も似ていた。ジニーの話によれば、ゴディン・テペ遺跡のウルク後期の層からは、文字が刻まれた粘土板が四三点も見つかっているという。これは平野部に住んでいた人々の存在のほか、平野部に独特な建築や輸入された土器が存在したことも示している。粘土板の文字やほかの遺物だけを見ても、それらが原シュメール語と原エラム語のどちらで書かれているかは判断できない。スーサの平野からホラム川まで直接到達できるルートがあることから、粘土板には原エラム語が刻まれているのではないかとの見方を、ゴディン・テペの発掘チームは強めている。

その粘土板の一つが、私の目を惹いた。そこには、陶器を示す文字（古代シュメール語では「ダグ」）が刻み込まれていた。壺の形をしていて、口が狭く、底がとがっている文字だ。粘土板にはまた、三つの円が集まった部分と、三本の縦線が集まった部分もあった。円は数字の10、縦線は数字の1を示している。つまり、粘土板には三三点の壺という意味の文字が記録されているということだ。それ以上詳しい情報はない。そこで私たちの化学分析の手法を使えば壺の内容物に関する何らかの手がかりが得られるかもしれないと、私は考えた。

この文字が原シュメール語であるにしろ原エラム語であるにしろ、初期の入植者たちが人里離れた場所に何らかの拠点を設ける目的は、高地に存在する豊かな資源を利用することにあった。金や銅といった金属、半貴石、建築用の木材、平野では手に入らないか生産が難しい各種の動植物などを探しにきたのだ。山岳地帯の緑豊かな草原は、優れた繊維や乳製品を生産できる羊や山羊をはぐくんでいた。ヨーロッパブドウの栽培種をはじめとする多くの植物は、メソポタミア平野部の温暖で乾燥した気候には耐えられないが、高地には繁茂していたのだ。

平野部の発展を活気づけた交易ネットワークは広範囲に及んでいて、ゴディン・テペはそのネットワークを構成する一地点でしかなかった。しかし、その遺跡は、商品の取引がさらに広範囲に及ぶ変化をもたらし得たことを示している。そして、その変化には発酵飲料がかかわることも多かった。いま改めて考えてみると、ゴディン・テペは西のメソポタミアの都市国家へ物資を供給していただけでなく、鮮やかな青色をした鉱物ラピスラズリの主要産地である東のアフガニスタンとも交流があった。事実、この遺跡は、後年かの有名なシルクロードとなるアッシリア帝国やペルシア帝国の大ホラーサーン街道沿いに位置している。

大ホラーサーン街道はザグロス山脈を通ってイラン高原に入り、東に抜ける数少ないルートの一つだ。深い峡谷を通って険しい山腹を横断する難路である。いくつかの断崖の高所には、君主や将軍が後世の人々に向けてみずからの成功を伝える記録が残っている。たとえば、「神の地」を意味するベヒストゥンにそそり立つ岩壁には、ダレイオス一世が古代ペルシア語とエラム語、バビロニア語（アッカド語）の楔形文字で壮大な碑文を刻んだ。ゾロアスター教の最高神であるアフラマズダに対して、勝利をもたらしてくれたことへの感謝を述べている。

大ホラーサーン街道を開拓したのは、新石器時代の人々（ひょっとしたら旧石器時代の移民）であったとみられる。彼らは後世の人々とは違って文字による記録を残しておらず、野営地を示す考古学上の証拠もほとんど残っていないのではあるが、ほかに良いルートが見当たらないことなどから、彼らがこの街道を通って移動したのはほぼ間違いない。そして、後ほど説明するように、新石器時代の旅人たちは偶然なのか意図的だったのか、植物を栽培化する方法と発酵飲料の醸造法に関する知識を伝達した。こうした知識が中央アジアの東西に広く伝わっていくにつれ、その途上の文化に多大なる影響を与えたのだった。

ゴディン・テペの年代は数千年も後ではあるが、この遺跡から得られた手がかりは以上のような新石器時代前期のシナリオと一致する。紀元前四千年紀後半を通して、平野部から来た外国人が楕円形をしたゴディン・テペの建造や保守を担い、高地の生活環境の大部分を整備した。ジニー・バドラーが壺について当初考えていたことは、研究の結果、正しかったことが後に判明した。遺跡のさまざまな場所から出土した数多くの壺の底や内壁で見つかった赤い残渣は、ブドウを原料としたワインの澱だった。私たちの化学分析で、中東でのブドウの存在を示す化合物である酒石酸の存在が明らかになったのだ。

分析はまず、二〇号室から出土した奇妙なデザインの二点の壺から始めた。それぞれ高さがおよそ六〇センチ、容量は三〇リットルだ。口が狭くて頸部が長いデザインは、この遺跡で出土したほかの壺の形とは大きく違い、液体を保存したり注いだりするのに適している。その洋ナシのような形はメソポタミアのほかの地域でも見られるが、刻み目の入った粘土ひもで壺の両側に逆U字形の模様が一つずつ施されているデザインは、ゴディン・テペに固有である。このロープのようなデザインは当初意味がないものと思われていたが、その後、実際のロープを使えば横に寝かせた壺を支えられるのではないかとジニーが指摘した。簡単な実験をやってみたところ、その可能性はありそうだということが確認できた。壺の近くからは、壺の口と同じ直径をもった粘土の栓が見つかっている。壺が横に寝かされていれば、その栓は内容物によって常に湿っているので、干からびて縮むことはなく、ワインをだめにする空気の侵入も防いでいただろう。赤い残渣が壺の片側の側面だけに付着している理由も、これで説明できる。言い換えれば、古代の醸造家たちはコルクがなかった時代に「ワインの病気」(ワインが酸素に触れると酢に変わってしまう不可避な現象)を防ぐ方法を見つけ、世界初のワイン棚を考案したということだ。

ここで当時の姿を想像してみよう。ワインを入れて栓をされた何点かの壺が、貯蔵室か奥まった暗い場所に寝かされる。それから一年か二年経てば、刺激が強かった若いワインもまろやかになり、酒石酸の澱や酵母が沈殿するだろう。そして、平野部から王室の特使や高官が到着したり、特別な式典を催さなければならない日が訪れたりすると、いよいよワインの壺が貯蔵庫から運び出される。寝かされていた壺が立てられると、澱の一部は側面から落ちて壺の底にたまる。壺の口が慎重に割られ、栓や壺のかけらが貴重な飲料の中へ落ちないように取り除かれる。ワインの壺のこうした開栓方法は、それから一五〇〇年後の古代エジプト新王国で確認されている。現在でも、ポルトワインの愛好家は熱したはさみのような器具でガラスボトルの口を挟んだ後、その部分に濡れタオルを当てる方法で開栓している。急激な温度の変化を利用して、静かに瓶を切断するのだ。

ワイン壺の一つに、もっと洗練された抜栓法が使われていた証拠が残されていた。底部から一〇センチほど上の側面に小さな穴が一つ開けられていて、その反対側の側面に赤みを帯びた澱が残っているのだ。その穴を注ぎ口として使えば、底にたまった澱をかき乱すことなくワインを静かに注げただろう。しかし、飲む人がある時点で我慢できなくなったのか、その壺の口もほかの壺と同じように切断されている。宴会か祭典が始まっていたのだ。

先史時代の酒宴は度を超していたようだ。この遺跡で特筆すべき発見の一つに、黒と白の石のビーズが二〇〇個以上も連なった驚くほど美しい独特な首飾りがある。誰かが紛失したものが、壺といっしょに埋まっていたのである。この宝石を身に着けていたのは司令官の妻だったかもしれないが、たとえ暴飲暴食をしたとしてもその醜態を人に見られることはなかっただろう。小さな部屋には仕切りの壁があって、中庭にいる人や詮索好きの目を逃れることができた。

この「パーティー室」の隣にある一八号室での発見も想像力をかき立てる。この部屋は砦の中心にあり、寒い冬の時期には後ろの壁に設けられた大きな暖炉を使って暖められていた。中庭のほうを向いた窓が二つある。床には炭化したレンズ豆や大麦の粒が散らばり、部屋の片隅には、ゴディン・テペを防御するために投石器の弾として使われたとも考えられる石の球が二〇〇〇個近く山積みにされているなど、部屋は乱れたままだ。そんななかで、生体分子を専門とする私たちの考古学研究で着目したのは、最大容量が六〇リットルに達するきわめて大型の壺の数々だ。液体が目いっぱい入っていたら重すぎて動かせなかっただろうから、ひしゃくを使って内容物をすくっていたに違いない。

一八号室は、外国の商人や兵士、行政官が必要な商品を分配するための中心的な施設だった可能性が高い。予備の武器、文字を記録する粘土板、パンやビールの原料となる大麦、特別な行事で出す上等なワインといった物資が、二つの窓から分配されたのかもしれない。

一八号室と二〇号室から中庭を挟んで向かいにある二号室からは、直径五〇センチほどもある非常に大型の漏斗と、それよりもやや小さい円形の「蓋」が出土している。漏斗が見つかったということは、樹脂で香りづけしたワインがこの地の壺を使って生産されていたことを強く示唆している。

同様に、大型の漏斗は鉄器時代やそれ以降にワインづくりの器具として使われていたことが判明しているほか、現在でもヨーロッパブドウの野生種が生育するトルコ東部やシリア北部の高地に位置するウルク後期の遺跡からも、大型の漏斗が出土している。

漏斗は液体を別の容器へ移す際に役立つだけでなく、濾過する器具としても重宝する。目の粗い織物（とうの昔に分解されて残っていない）を漏斗にかぶせるか、単に植物繊維や毛のかたまりを漏斗に詰めれば、発酵前のブドウ果汁から不純物を取り除くことができただろう。また、大量のブドウを漏斗に直接入れ、重さおよそ一キロの蓋を使って果汁をしぼり出し、そのまま壺に流し込む作業もしたかもしれない。

逆U字形のロープ模様が施された二点か三点の壺の破片も二号室から出土しているが、赤みがかった残渣は肉眼では確認できなかった。液体がまだ入れられていない空の壺だった可能性がある。

二号室がワイン醸造所だった可能性はありそうだが、確たる証拠に欠ける。この部屋からは良好に保存されやすいブドウの種子が出土していないし（ただし、土をふるいにかけたり水に入れたりする方法で考古植物学的な遺物の存在を確認する調査は行われていなかった）、漏斗はワイン以外の液体を移すのに使用された可能性もある。「蓋」は口が広い容器を覆うために使われただけだったかもしれない。二号室の発掘は半分まで進んだところで、一九七九年のイラン革命によって中断された。矩形（くけい）の囲い（ひょっとして取引用の場所？）が出土し始めていたのだが、その機能に関する手がかりはなく、発掘の再開を待たなければならない。

メソポタミアの平野部に新しく築かれた都市国家に供給するための古いワイン生産拠点を探すと

すれば、ゴディン・テペが条件としては適している。ザグロス山脈を抜ける歴史的に重要な交易ルート沿いの中央部に位置しているのが、一つの理由だ。また、現在ブドウの木が繁茂していることも挙げられる。ウルク後期にも同じような風景が広がっていたかもしれない。二号室で見つかった施設がワイン醸造所だったとすれば、それは現在でいえば少量の高級ワインを生産するブティック・ワイナリーのようなものだっただろう。大規模なワイン生産はブドウ畑に近い施設で行われただろうが、そのような施設はまだ発見も発掘もされていない。幅広い交易、都市化、平野部での灌漑を利用した農業や園芸からはっきりと見てとれるように、当時の人々は実験や事業に積極的に取り組む気概に満ちていた。そうした精神が高地でのワインづくりとなって現れたとも考えられる。アメリカ西海岸の醸造家ポール・ドレイパーはサンタクルーズ山地を走るサンアンドレアス断層の縁で育ったブドウでリッジ・カベルネ・ソーヴィニヨンというワインを生産しているが、ゴディン・テペ産のワインにはそういった現代のワインと相通じるものがあるのかもしれない。

残渣に秘められた第二の飲料

ゴディン・テペで見つかった古代の発酵飲料の物語は、意外な展開を見せる。原シュメール語か原エラムを話す平野部の誇り高き人々は、ゴディン・テペに暮らすなかでワインだけでなくビールも欲したようだ。メソポタミアの平野部に住む庶民にとって飲み物といえばビールだったことが、後の時代の文字記録からわかっている。ライト、ダーク、アンバーのビールのほか、甘いビールや、特別な方法で濾過したビールなど、さまざまな種類のビールがあり、上流階級もふだんはビールを飲んでいただろう。

ゴディン・テペでビールの醸造と消費が行われていたとの想定のもとに、ジニーは一八号室から出土した紀元前四千年紀後半の大量の土器片を調べ直した。この部屋は、遺跡の復元図ではあらゆる品物を売る雑貨店となっている。ジニーは土器片をジグソーパズルのようにつなぎ合わせて、古代の「ビール瓶」として有力な候補となる容器を特定して復元した。といってもいわゆる瓶ではなく、把手の付いた壺で、考古学で一般に「水差し」と呼ばれるものだ。口が広くて容量が五〇リットルある容器（口絵3a参照）で、口縁部が狭くて栓が可能なワイン用の長頸壺とは異なっている。ワイン用の壺や当時のほかの容器と同じく、ロープに似た模様が施されてはいるのだが、種類が独特でいまだに謎だらけだ。ロープ模様は容器の上部を囲み、容器の片側にだけ取りつけられた二つの把手を通っている。把手と把手のあいだでは、ロープ模様に結び目が施され、ロープの先端がだらりと垂れ下がった様子まで表現されていて、よりいっそう実物のロープに近い。興味深いことに、その結び目の下に小さな穴を開けてから、容器が焼成されている。

この水差しの内部はさらに奇妙で、全面にわたって縦横に溝が刻まれている。たいていの容器は装飾が外側に彫り込まれていて、内側に装飾が施されている例はきわめて珍しい。普通、内側はざらざらのままか、ある程度なめらかに仕上げられているかのどちらかだ。内側に溝が刻まれた容器を見て、ジニーは原シュメール語でビールを表す「カシュ」と呼ばれる文字を思い浮かべた。この文字は、「ダグ」と呼ばれる文字（ゴディン・テペの粘土板に刻まれていて、私が大いなる興味を抱いた壺形の文字）の中に縦や横、斜めの模様が加えられたものだ。内部に興味深い模様が刻まれた水差しは、ビールの文字と関連があるのか。つまり、「カシュ」はその水差しを絵で表した文字なのだろうか。そうだとすれば、水差しはもともとビールの醸造か保存、提供に使われていたとは考えられないか。

水差しの内部に刻まれた溝は、樹脂のような黄色い物質で埋まっていた。この物質が後に、ゴディンに暮らした平野部の人々がビールも飲んでいたとする議論の核心となる。ジニーがこの残渣に初めて気づいたのは、一八号室で出土した土器片を整理していたときだった。それは何なのか。そして、なぜそこに残っているのか。謎を解き明かす作業は、私たちの研究室に委ねられた。

残渣の正体を突き止める調査では、賈湖のグロッグの分析と同じ手順を踏んだ。共同研究者のルドルフ（ルディー）・H・マイケルと私はまず、容器の中身が大麦のビールだったことを明確に特定できる化合物がないか、文献を調べた。そして幸運にも、大麦のビールの醸造と保存の際に沈殿する独特な化合物を発見した。それはシュウ酸カルシウムと呼ばれ、醸造家のあいだで「ビール石」として知られているもので、カルシウムイオンと化合した有機酸塩では最も単純な化合物だ。強い苦みがあり、毒性をもつおそれもあるので、醸造の過程で取り除きたい物質である。醸造中のビールからシュウ酸カルシウムを取り除くのに役立っているのが、土器に開いている無数の細孔だ。それと同時に、細孔は数千年ものあいだ化合物を保存してきてくれた。私たちが分析のために化合物を抽出できるのも、細孔のおかげである。

ビール石は、化学者のフリッツ・ファイグルが開発した標準的な微量定性分析法を使って一ＰＰ

Mの単位まで検出できる。ゴディン・テペの水差しの内部に刻まれた溝から採取した古代の残渣に対してこの分析を実施したところ、シュウ酸塩の存在を示す結果が得られた。

比較のために現代のビールからサンプルを採取する「面倒な」仕事は、ルディーにやってもらった。ルディーが足を運んだのは、フィラデルフィアにあるドックストリート醸造所だ。かつて西半球で最も醸造がさかんな都市として名を馳せたフィラデルフィアで何百もの醸造所がその歴史に幕を下ろしてしまったが、その後にいち早く営業を始めた小さな醸造所（マイクロブルワリー）の一つである。醸造用の釜の中からそぎ落とされたビール石を手渡されたとき、ルディーはこの地での醸造所の復活に思いを馳せていたという。このサンプルからも、古代の残渣と同じ分析結果が得られた。

最後にもう一つ確認するため、ロイヤル・オンタリオ博物館に収蔵されている古代エジプト新王国時代の容器から採取された残渣も分析した。もともと大麦のビールが入っていた可能性の高い壺で、漏斗のように外側に広がった口縁部と丸みを帯びた底部をもち、エジプト学者のあいだではビール壺と呼ばれている。壺に「エジプシャンブルー」という青い顔料で描かれているのは、ハスの花びらとナス科のマンドレークの実だ。墓に残された絵と浮き彫り彫刻から、この壺はパンとビールを使った特別な儀式に使われていたと考えられている。この壺の残渣からもシュウ酸塩が検出された。

以上のような結果から、ゴディン・テペの一八号室で見つかった奇妙な水差しにはかつて大麦のビールが入っていたと言っても差し支えない。これらの証拠からは、さらにいくつか重要な解釈を引き出すことができそうだ。同じ部屋だけでなくゴディン・テペのほかの場所の床でも、炭化した六条大麦の栽培種（*Hordeum hexastichum*）が散らばっているのが見つかっていることから、おそらくこの地域で大麦が生育していたと考えられる。人々は町の周辺の畑で大麦を栽培し、拾い集めた穀粒を脱穀した後、玄武岩のすり鉢とすりこぎで製粉したのだろう。

大麦をビールの醸造に使うには、発芽させて麦芽にしなければならない（第2章で説明したように大麦を噛んで糖化する方法もある）。この過程でジアスターゼという酵素が活性化し、穀物のでんぷんを糖に変える。発芽したらそれ以上育つ前に水を抜き、発芽した大麦を乾かし、ときに焙煎して、麦芽をつくる。そして再び水を加えると化学変化が始まって、麦芽から麦汁ができる。この工程を見ると、醸造のしやすさという点では、果実のワインやミードのほうが穀物のビールに勝っていることがわかる。ビールの醸造にはでんぷんを糖に変える余分な手順が必要なだけでなく、穀物には天然の酵母が含まれていないので、それだけでは発酵しない。古代の醸造家が発酵を始めようと思ったら、二つの選択肢があった。中国の黄酒やベルギーのランビック・ビールのように、酵母が醸造中の液体に混入するのを待つのが一つ。発酵をもっと確実に行うためには、果実や蜂蜜を加えて酵母のS・セレビシエを直接加える方法もあった。

大麦からビールを醸造する工程では、糖化と発酵が重要な鍵を握っている。現在のマイクロブルワリーでも、釜がステンレス製に代わり、自動温度調節器を使っていることを除けば、醸造工程は昔とたいして変わらない。古代のビールづくりは、シュメールの醸造の女神ニンカシにささげられたメソポタミアの賛歌に見事に描かれている。この賛歌は少なくとも紀元前一八〇〇年にさかのぼり、記録に残された最古のビールの「レシピ」ではあるが、翻訳不可能な言葉が含まれ、きわめて詩的だ。たとえば、激しい発酵の様子は「波が上がり、波が下がる……［まるで］チグリスとユーフラテスの奔流のよう」と描写されている。一方で実用的な記述もあり、麦芽は穀粒を水に浸してつくるとされている。麦汁（糖化後の麦芽を濾過した後に残った甘い液体）には蜂蜜とワインを加えると書かれているが、これはS・セレビシエを十分に加えて確実に発酵を始めるためかもしれない。詩にはまた、ほかの「甘くて香しいもの」も混合液に加えるという、心そそられる記述もある。その意味するところは曖昧だが、デーツ（ナツメヤシの実）を指している可能性もあるし、ラディッシュやムカゴニンジンなど、苦みのある原料を加えたとも考えられる。

一九八九年、アメリカで巻き起こったマイクロブルワリー革命の先駆者の一人であるフリッツ・メイタグが率いる優れた醸造家のグループが、サンフランシスコのアンカー・スチーム醸造所でシュメールの古代のビールを再現する試みに挑んだ。私は「ニンカシ」というふさわしい名前を付けられたそのビールを、二種類飲む機会を得た。一つ目はペンシルベニア大学考古学人類学博物館で開かれたマイケル・ジャクソン（歌手のほうではなく、ビールとスコッチに詳しいほうの人物）との試飲会で飲んだもので、シャンパンのように豊かな泡を含んでいて、副原料のデーツの風味も感じられた。二つ目は『アーケオロジー』誌がニューヨーク市で開いた特別なイベントで披露されたもので、はっきりとした違いがあった。じっくり焼いたパンが醸造時に加えられていたため（これもニンカシのビールの歌に記述されていた）、トーストやカラメル、酵母の風味が強く感じられた。古代に起源をもつことに敬意を払い、フリッツはニンカシを一般発売しないことに決めている。私たちはムカゴニンジンを使ったビールの登場を待ち望んでいるところだ。

紀元前三五〇〇年まで時計の針を戻して、もっと原始的な醸造法に目を向けてみると、ゴディン・テペの水差しの内部に溝が刻まれていた理由が気になってくる。原シュメール語でビールを指す文字「カシュ」の起源だという解釈には議論の余地があるが、溝はビールを醸造する過程で出た残渣で埋まっていることが化学分析によってわかったいま、溝には実用的な目的があると考えられないだろうか。溝は、ビールの味を損なう苦いビール石を集めるためのものだったという解釈だ。

完成したビールは、現代のビア樽にタップ（注ぎ口）をつなげるように、おそらく大型の水差しから直接飲まれたのだろう。現代のように樽の口にタップをつなぐ代わりに、古代のシュメール人やエラム人は違った方法を使っていた。ストローのような長い飲用の管をビールの表面より下に差し入れて、表面に浮かんでいる大麦の殻や酵母を避けながら、貴重なビールを飲んでいたのだ。大麦のビールがこのように飲まれていたことは、メソポタミアの数千年の歴史を通して使われていた数多くの円筒印章（個人の所有物であることを示す装飾が施された粘土の筒）に描かれている（図11参照）。印章に描かれた場面のなかには、一人の人物がストローをこっそりとビールに入れている場面もあれば、一組の男女がいっしょにビールを楽しんでいる場面もある。このモチーフで最古のものとして現在知られているのは、イラク北部のザグロス山脈に位置するテペ・ガウラでペンシルベニア大学の発掘チームが発見した紀元前三八五〇年頃の封泥（封印として使われていた印影付きの粘土）で、これはゴディン・テペの水差しより数世紀も古い。封泥では、図式的に描かれた人物が、その三分の二ほどの高さがある壺の両側に一人ずつ配置されている。このモチーフは壺の肩の部分に少なくとも二回押されている。特別な飲料の容器であることを示すためかもしれない。壺の両側に立つ人物は、飲料をかき混ぜる棒を持っているようにも見えるし、急角度で曲がった管で飲料を飲んでいるようにも見える。あるいは、飲んでいる途中でストローをいったん口から離して手で持っているようにも見える。後年の円筒印章では、このポーズが確認されている。

ほかにも、ゴディン・テペで発見された水差しのように口縁部の広い大型の壺から、複数のストローが突き出た場面を描いた印章もある。これは社交上の大規模な集まりに使ったものに違いない。ビールは保存や熟成には向かないので、複数の人々で分け合って一日か二日のうちに飲みきる場面で活用されたのだろう。ビールを醸造した容器から直接飲むことには、実用上の利点がいくつかある。一つは、栄養分や揮発性の物質を保てること。ビールを別の容器に移すと、酵母や大麦かすや容器の表面にくっついていたそれらの物質が失われてしまうことがあるのだ。世界の大手ビール会社から発売されている味気ないビールを飲めばよくわかるように、加工されたビールはよく売れているかもしれないが、味や香りは物足りない。もう一つの利点は、容器をすばやく空にして再びビールの醸造に使えば、容器の微小な孔に残っている酵母がまた活動を始められることだ。酵母を再利用するには、ビールの表面に浮かんだかすや酵母の一部をすくい取り、将来醸造するときのためにとっておくというやり方もある。そこには微生物がたっぷり含まれているからだ。現在の中東でも、同じようにしてヨーグルトをつくっている。

何人かがそれぞれストローを使って同じ容器からビールを飲む習慣は、「肥沃な三日月地帯」とその周辺に暮らしていた古代の人々だけの特権ではなかった。中国や太平洋、南北アメリカ、アフリカで確認されている世界的な習慣で、今でも広く行われている。あまりにも広い地域で見られるので、単なる実用上の利点を越えたほかの要素も関係しているのではないかという見方もできる。確かに、葦(あし)やほかの植物の茎は簡単に手に入れられるし、長く均一な管状の構造を見れば、それを使って息を吹き込んだり液体を吸い込んだりしたくなっただろう。大麦の殻や酵母がビールの表面に浮かんで蓋のような役割を果たして酸素の侵入を防ぎ、ビールの保存に役立っているので、それらを乱さないように、ストローを使って表面下の良質なビールを飲む意味はある。こうした実用上の習慣が世界各地で個別に生まれたとしても、醸造に使った容器からストローで飲む習慣が、なぜ穀物のビールに関してはほぼ全世界で見られるのに、果実のワインやミードに関しては世界的に確認されていないのかという疑問が残る。

ゴディン・テペのビール容器に関しては、さらにもう一つの疑問が残っている。ロープの結び目を模した装飾の下、把手のあいだに開けられた穴の目的は何だったのかというものだ。ビールを注ぐのに使われたようにはとても思えないが、大きさとしてはストローを差し込むのにちょうどいい。ゴディンの一族でシャーマンの役割を果たしていた族長やシュメール人の交易団のリーダーが、何らかの行事で特別な待遇を受けていたのではないかと考えることもできそうだ。ほかの人々が容器の大きな口にストローを差して飲むそばで、族長やリーダーはストローを差し込む特別な穴を与えられたのだ。

現在のところ、ゴディン・テペのビール容器から得られた化学的な証拠は、ビールの醸造と消費に関するものとして世界のどこよりも古い。少なくとも、比較的長い伝統をもつ大麦のビールに関するものとしては最古だ。同時期には、はるか遠くの地中海西部でこの種類の飲料によく似た飲料が記録されている（第6章）。とはいえ、紀元前九千年紀に大麦が初めて栽培化されてから、ゴディン・テペでビールの醸造が行われるまでのあいだに長い空白期間がある。人類が狩猟採集生活から定住生活へと移行していくこの期間に何が起きたのか。空白期間から、いくつか重要な問題が浮かび上がってくる。

パンが先か、ビールが先か？

一九五〇年代に人類学者のあいだで巻き起こった大きな議論が、刺激的な疑問を生んだ。パンをつくる技術の発見がビール醸造の道筋をつけたのか、それともその逆か、という疑問である。中東の先史考古学の第一人者であるシカゴ大学東洋研究所のロバート・ブレイドウッドは『サイエンティフィック・アメリカン』誌の記事で、人類が新石器時代に年間を通して定住するようになったこと、大麦の野生種（*Hordeum spontaneum*）の栽培化には直接の関係があると主張した。新石器時代の人類は畑で育てた大麦の栽培種とパンづくりの知識を十分に得て、多大なる可能性を秘めた単一栽培の作物を世に送り出したというわけだ。

ブレイドウッドの仮説は、ザグロス山脈の麓の丘陵地帯で実施した広範囲にわたる調査から導き出されたものだ。最終氷期のすぐ後に現在の気候と植物の分布域が形成されたとの想定のもとに、トルコ東部のトロス山脈まで広がる肥沃な丘陵地帯と渓谷が、文字どおり大麦の栽培種をはぐくむ

「苗床」の役割を果たしたのだと考えた。年間降水量が二五〇～五〇〇ミリというちょうどよい環境のなかで、初期の農民たちは穀粒がしっかりくっついていて採集する前に落ちて散らばらない野生の穀物を採集しただろう。当時の人々はおそらく、刈り取った穀物を叩いて脱穀したり、風を利用して穀粒をより分けたりする方法も試し始めていたのではないか。

ブレイドウッドは『サイエンティフィック・アメリカン』誌の記事で自説をさらに一歩進め、大麦のパンという一つの加工食品が「新石器革命」を牽引したのではないかという議論を展開した。ブレイドウッドのこの考え方は、狩猟採集生活を送っていた集団が農村に定住する集団へと劇的な変貌を遂げたことに対する、もう一つの説明だ。それまでは、人口過多や資源不足に起因する競争が農村社会への移行を促したという、環境や社会に着目した説明がなされていたが、ブレイドウッドの説明はそれとはまったく異なっていた。

ブレイドウッドの説が発表されると、その挑戦を受けて立つかのように、今度はウィスコンシン大学のジョナサン・サウアーが、パンではなくビールが栽培化を促す大きな力になったという議論を展開した。それを受けて、ブレイドウッドは「かつて人類はビールだけで生きていたのか?」と名づけた画期的な会議を開催し、異なる立場の研究者たちが発表する場を設けたが、議論は決着にはいたらなかった。

現実的な見方をすれば、この問題の答えはあっさり見つけられる。今この時点で選べと言われたら、パンとビールのどちらを選ぶだろうか。新石器時代の人々は現代人と同じ神経経路と感覚器官をもっていたから、おそらく彼らの選択も今の人々とたいして違わなかっただろう。もう少し科学的な議論が必要ならば、大麦のビールはビタミンB群とリシンという必須アミノ酸を含んでいて、パンよりも栄養価が高いということに触れておこう。とはいえ、ビールには、何と言っても抗しがたい魅力がある。ビールはアルコール度数が四～五％で、大量に飲むと精神に強く作用するうえ、体に良い面もあるのだ。

しかし、この人類学上の議論に対する本当の答えは、パンでもビールでもない。ビールよりも古い発酵飲料があるからだ。ビールづくりは難しい。すでに説明したように、大麦を使うには、種まきから脱穀、製粉、麦芽づくり、そして発酵まで数多くの工程が必要になる。大麦に含まれているでんぷんを単糖に変え、酵母を加えて発酵を始めなければならないのだ。つまり、太古の発酵飲料をめぐる競走はワインとミードがあっさり勝利したことになる。

新石器時代の平等な暮らしと庶民派ワイン

私が中東の新石器時代とその数々の発酵飲料の世界に足を踏み入れたのは、一九九一年にカリフォルニアのロバート・モンダヴィ・ワイナリーで開かれた「ワインの起源と古代史」という先駆的な会議の後だった。会議から戻った私は、さらに古いワインの証拠を見つけられるのではないかという期待に胸がふくらんだ。新発見がもたらされる可能性が最も高いように思えたのは、紀元前八五〇〇～前四〇〇〇年の新石器時代である。人類はこの時代に、動物の家畜化や植物の栽培化によって食料をみずからの手で生産できるようになった。これが、近東で年間を通じた定住生活を始めるきっかけとなった。紀元前六〇〇〇年頃に土器が発明されると、ワインをはじめとする飲料や食料を特別な容器でつくり、栓をした壺に保存して変質を防げるようになって、定住化への移行が加速した。「新石器時代料理」とでも呼べるものの誕生である。発酵する、水に浸す、加熱する、香辛料を加えるといったさまざまな食品加工技術が考案された。新石器時代の人々が最初につくったとされているビールやパン、肉や穀物を用いた多様な料理など、当時の料理の多くは現在でも食べられている。

土器の発明はまた、太古の食料や飲料の残渣を検出できる期待も一気に高めてくれる。食品の加工や配膳、飲酒、保存に使う容器を粘土から簡単につくれるようになり、それらはワインなどの発酵飲料の醸造と消費にも理想的な容器となった。高温で焼いた土器は、ほとんど不滅とも言える。土器が割れたとしても、その破片は何千年も残り続けるのだ。そして何よりも重要なのは、液体やその残渣が土器に含まれる無数の細孔にたやすく蓄積され、それらの化合物が粘土の化学的な基質に閉じ込められて、不純物に汚染されることなく保存される点である。

ペンシルベニア大学考古学人類学博物館は、しっかりとした記録が残った遺物の世界屈指のコレクションをもっているので、新石器時代のワインに関する化学的な証拠を探すには理想的な場所だ。発掘調査で出土した遺物のなかには、ホスト国から譲り受けて博物館の恒久的なコレクションとなっているものもある。私は新石器時代を研究する考古学者や、博物館が実施した発掘調査の担当者に電話して話すだけでよかった。メアリー・ヴォイトは私が最初に連絡をとった人物で、結局、ほかの人に問い合わせる必要はなかった（その後、彼女はウィリアム・アンド・メアリー大学に移った)。

メアリーが話してくれたのは、新石器時代の小さな村だったハッジ・フィルズ・テペ遺跡を一九六八年に発掘調査したときのことだった。ザグロス山脈北部にあるウルミエ湖の南西に位置し、標高一二〇〇メートルを超えるこの村で、新石器時代の住人たちはきわめて快適な暮らしを送っていたようだ。動植物が豊富で、日干しれんがでできた立派な住居はほぼ正方形の敷地に建てられ、広い居間(寝室としても使われていた可能性がある)が一つ、台所が一つ、そして貯蔵室が二つある。これとほぼ同じ形式の住居は現在のこの地域でも見られ、当時の人々も今と同じように大家族で暮らすことができただろう。

この遺跡の年代は紀元前五四〇〇~前五〇〇〇年頃で、有土器新石器時代に当たる。当然ながら、私がメアリーにした次の質問はこれだ――「ワインが入っていた可能性がある土器を見ましたか」。質問に対する答えは「イエス」だった。黄色っぽい残渣が付いた土器片があったという。土器片はその後、完全な一つの壺に復元された(口絵3b参照)。残渣が壺の内側の下半分に集中していることから、壺の内容物がもともと液体だったことが示唆される。同じ形の壺は六点あり、容量はそれぞれおよそ九リットルで、それらが新石器時代の住居の台所の床に、一つの壁に沿って置かれていた。その反対側の壁には暖炉があり、料理の支度や調理に使われたとみられる土器が割れた状態で散乱していた。もともと何が入っていたにせよ、六点の壺はおそらく村の「新石器時代料理」に関係していただろう。

土器片に付着した残渣に気づいたとき、それらが牛乳やヨーグルトといった乳製品かもしれないと、メアリーは当初考えたという。土器はいったん分解され、化学分析を実施して残渣の特定を試みたが、乳製品は検出されなかった。それは一九九〇年以前のことで、生体分子考古学の技術が発達していなかったからだろう。

そして一九九三年、私たちはペンシルベニア大学考古学人類学博物館の「地下墓地」とも形容される収蔵庫へ入り、その現代の墓から土器片を再び発掘した。私たちの研究室で化学分析を実施した結果、壺の内容物をめぐる謎が解き明かされた。酒石酸が検出され、壺にワインが入っていたことが確認できたのである。その発見を『ネイチャー』誌に発表すると大きな反響が巻き起こり、今度は博物館に展示されている、台所から出土した無傷の壺の内部から赤みがかった残渣を採取する許可を得た。分析の結果、これも樹脂で香りづけしたワインが起源であることが判明した。最初に分析した壺に入っていたのは白（黄みがかった）ワインだったが、二番目の残渣が赤ワインのものなのかどうかは、色素が赤いアントシアニン（アントシアニジン）と黄みがかったフラボノイド（ケルセチン）のどちらを含んでいるのかを特定しなければわからないが、まだ特定できていない。

これらの壺はゴディン・テペの壺よりはるかに古いものの、やはり貴重な液体を保存するようにしっかりと設計されている。壺の近くでは、粘土の栓が見つかっている。粘土の栓は壺の狭い口にしっかりとはめられ、酸素を遮断して「ワインの病気」を防いでいたのだ。

ハッジ・フィルズから出土した二点の壺の化学分析では、非常に興味深いものも見つかった。特徴的なトリテルペノイド化合物が検出されたことから、抗酸化と抗菌の作用があるテレビンの木の樹脂がブドウのワインに加えられていたことがわかったのだ。ピスタチオの仲間であるテレビンの木（*Pistacia atlantica*）は中東の広い範囲に豊富に生育し、砂漠地帯にも生えている。高さ一二メートル、幹の直径は二メートルになることもあり、夏の終わりから秋にかけて一本につき重さにして最大二キロの樹脂を採取できる。ちょうどブドウを収穫する時期と重なる。

人類は樹脂を利用してきた長大な歴史をもっていて、それは旧石器時代にまでさかのぼる。接着剤としても利用しただろうし、ひょっとしたら痛みを和らげるために噛んだこともあったかもしれない。新石器時代のスイスの湖畔に位置した住居では、歯形が付いたカバノキの樹脂の塊が見つかっている。樹木は樹皮を傷つけられたときに樹脂を出して傷を癒やすのだということに、初期の人類は気づいていたようだ。そこから、人間の傷にも樹脂を使えるのではないかと考えたのだろう。同じような理屈で、樹脂を加えたワインを飲むことによって体内の病気の治療に役立つはずだと考えた。また、ワインに樹脂を加えれば、いまいましい「ワインの病気」も防げるのではないかとも考えたのかもしれない。

新石器時代からビザンティンの時代まで、中東全域のワインを分析してわかったのだが、樹脂入りワインは太古の時代にもてはやされていた。現代ではギリシャで「レツィーナ」として醸造されているだけで、現代のワイン愛好者のなかには鼻であしらう人もいるが、樹脂入りワインの醸造法はオーク樽で寝かせるのと似ている。出来上がったワインはとても魅力的だ。ギリシャのガイア・ワインズのリティニティスは、ギリシャのブドウ品種にアレッポマツの松やにをほんの少しだけ加えたもので、わずかに柑橘のような風味がある。古代ローマの人々も極上のビンテージものを除くすべてのワインにマツやスギ（シーダー）の樹脂、「樹脂の女王」として知られているテレビン油、乳香、ミルラ（没薬）などを加えていた。著書『博物誌』の第一四巻で樹脂入りワインにかなりのページを割いたプリニウスによれば、ミルラ入りのワインは最高級品で最も高価と考えられていたという。

新石器時代の中国について述べたときに書いたが、樹脂の使用は、時の経過に耐えたほかのさまざまな新技術とともに、当時広まった薬や植物にまつわる知識の一部だったのだろう。とはいえ、節度を保って飲めば、ワインやほかの発酵飲料にはもともと体に良い成分が入っている。樹脂と同じように、アルコールや植物の色素に由来するポリフェノール系の芳香族化合物には、ある程度の抗酸化作用があるのだ。たとえば最近よく聞くのが、レスベラトロールという化合物だ。これは発酵飲料に含まれている化合物のなかで唯一、体内の非常に反応しやすい物質を中和して、心血管疾患のリスクを低減するほか、がんなどの病気の予防に役立つといわれている。

中国と中東のどちらで醸造されたにせよ、新石器時代の樹脂入り発酵飲料は共同体全体でかなり平等に分けられていたようだ。出現しつつあったシャーマンの階級がときどき特権として飲むことはあったかもしれないが、ハッジ・フィルズではどの住居でも同じ種類の土器が出土していて、目立った社会的区分は見当たらない。

平凡な住居の台所から出土した六点の壺を手がかりに考えるとすれば、村での飲酒は富裕層や著名人の特権ではなかったということだ。すべての壺を満杯にすれば、およそ五〇リットルの液体が入る。遺跡はまだ全体が発掘されたわけではないが、仮にほかの住居でも同じ数の壺が使用されていたとすれば、かなりの量のワインがあったことになる。住居が一〇〇軒あれば、およそ五〇〇〇リットルだ。

これほど大量のワインが存在したということは、ハッジ・フィルズですでにヨーロッパブドウが栽培されていたことを暗示している。この地域はメソポタミア北部の丘陵地帯で、古代から現代にかけて野生種（*V. v. sylvestris*）の分布域の東端に当たり、ブドウ栽培に十分適していた。近くのウルミエ湖でのボーリング調査で、その花粉を含んだ堆積物が見つかっている。しかし、野生のブドウは栽培種に比べて手に入れにくいうえ、収穫量も少なかっただろう。ハッジ・フィルズの村に大量のワインがあったとすれば、議論をさらに進め、ここでは村を挙げてワインの栽培と醸造が行われていたという考え方もできそうだ。現在、ワインといえば格式が高い印象があるが、新石器時代の経済や社会では庶民の飲み物だったのかもしれない。

ハッジ・フィルズは新石器時代のワインの一面を初めて教えてくれたが、ビールなどのほかの発酵飲料はこれほど古い時代に確認されていない。とはいえ、これは分析に使う土器の選定に大きく左右されていて、今のところ主にワインが入っていた可能性のある容器を選んで分析しているのが原因だ。ジニー・バトラーのように新石器時代の土器を詳しく調べ、ビールやミードといった発酵飲料の醸造に使われていた可能性がある容器を選び出せる人材が必要である。

聖職者階級の出現

ハッジ・フィルズが位置するイランのアゼルバイジャン地方の肥沃な丘陵地帯は、メソポタミアの平野の北部に連なるトルコ東部（アナトリア）のトロス山脈へとつながる。一九八三年、この地域にあるネヴァル・チョリ遺跡で新石器時代の研究に大きな変化をもたらす発見があった。この遺跡はユーフラテス川上流域の荒涼とした美しさが特徴の石灰岩地帯にあり、現在は遠くを流れる川沿いに植物が繁茂しているだけの不毛な丘陵となっていて、なぜ考古学者がもっと早くここに足を踏み入れなかったのかがよくわかる。しかし、この地でアタチュルク・ダムの建設計画が持ち上がると、その状況が一変した。太古の人類が居住した痕跡がダム湖に沈んで跡形もなく消えてしまう前に遺跡を記録に残そうと、ハラルド・ハウプトマン率いるドイツのハイデルベルク大学とシャンルウルファ考古学博物館の発掘チームが現地入りしたのである。

先土器新石器時代の前期に当たる紀元前八五〇〇年～前六〇〇〇年頃のネヴァル・チョリ遺跡で、発掘チームは驚くべき発見をした。それは一辺がおよそ一六メートルのほぼ正方形をした二棟の建物で、石灰岩の一枚岩をT字形に成形した高い柱が何本も配置されている。古い建物が埋められ、その上に新しい建物が丁寧に建造されている。最も新しい構造物では、中央に立つ二本の柱の下半分に、二本の曲がった腕が手を握った状態で彫られている。これらの石柱を、建物の中で行われる催しに集まった静かな見物人に見立てることもできそうだ。実際の新石器時代の人々はベンチに座って見物したのだろう。新石器時代前期の遺跡で、これほど手のこんだ大規模な建造物はそれまで発見されたことがなかった。

それぞれの建物の壁にはくぼみが一つ設けられ、最も新しい相では、そのくぼみの奥の壁面に奇妙な彫刻が埋め込まれたような状態になっている。それは禿げ頭の彫刻の一部で、両耳が突き出て、頭の後ろには男根のようなヘビが這い上がっている。残念ながら顔面が破損して失われているため、性別ははっきりしない。首から上しか残っていないが、この頭部の彫刻は等身大の人物像の一部だったように見える。もともとはもっと古い相のくぼみの前にあった土台の上に立っていたのではないかというのが、ハウプトマンの推測だ。同じくぼみでは猛禽類の石灰岩像も見つかっている。

古い建物が壊されて建て直された形跡はない。そうではなく、古い建物が一一本の石像とともに意図的かつ儀式的に埋められている。そうやって埋められたもののなかでも特に目を惹くのが、トーテムポールのような立体的な柱だ。二人の人物が背中合わせになり、手足を絡ませ合っていて、それぞれの頭上には大型の猛禽類が乗っている。長い髪が編まれていることから、人物は女性であると考えられる。髪型が整えられた別の像の胸部は、かぎ爪でしっかりとつかまれている。ほかには、二羽の鳥が向かい合った形の像や、鳥と人間が融合しているように見え、腕か翼が体の前のほうに折り畳まれている像もある。体から突き出た頭とのっぺりした顔はフクロウのようで、モディリアーニの絵画を不気味に思い起こさせる。

ネヴァル・チョリの建物は明らかに普通の住居ではない。しかも、トルコ南部ではこうした建物がほかにも見つかっている。ネヴァル・チョリの近くには、さらに古い先土器新石器時代の遺跡、ギョベックリ・テペがある。ハウプトマンの同僚であるクラウス・シュミットの調査隊が発掘している遺跡で、チグリス川、ユーフラテス川、バリフ川に囲まれた「黄金の三角地帯」と呼ばれる一帯に位置し、肥沃なハランの平野を見渡せる高い丘にある。そこで発掘された建物には、ネヴァル・チョリよりも凝った装飾が施されたT字形の柱が立っている。柱の上から跳び出すように彫られたライオンをはじめ、柱にはヘビが上へ下へと這い回り、キツネが跳びはね、イノシシが突進し、カモが群れる様子が彫られている。ある一本の石柱では、正面にオーロックス（野生の牛）、キツネ、ツルという三種類の動物が上から下へ描かれ、狭い側面にはオーロックスの角だけが刻まれている。石柱には人間の姿も見られる。猛禽類のかぎ爪につかまれた女性の頭の彫刻はネヴァル・チョリで見つかったものに似ていて、石板には、裸の女性が広げた股に男根が差し込まれた姿が彫られている。

二つの遺跡で見られる彫刻は、それらが見つかった建物の本来の役割を知る手がかりだ。これまで見てきたように、どの地域のシャーマンも、空高く飛ぶ鳥とそのさえずり、求愛のダンスをあの世への入り口と結びつけている。後の時代のアナトリアでは、嘴（くちばし）のような形をした注ぎ口の長い豪華な酒器が見つかっているが、それはこの伝統を受け継いだものだろう。六〇〇〇年後には、鳥と人間（この場合は女性）との奇妙な結びつきの名残を、フリギア人の地母神の姿に見ることができる。この女神は猛禽類を抱えているか、羽根に包まれているように見える。つまるところ、ネヴァル・チョリとギョベックリ・テペの構造物は祭儀用建物であり、中東で組織化された宗教が生まれ始めた兆しを示す最古級の手がかりなのだ。

何を飲み、何を生け贄としたのか

ネヴァル・チョリ遺跡とギョベックリ・テペ遺跡の風変わりな構造物を祭儀用建物であると見な

すにしても、儀式で何らかの発酵飲料が使われたかどうかが疑問として残る。発酵飲料の存在を示唆しているのが、ネヴァル・チョリから出土した二点の小型の遺物、石の酒杯と鉢だ。酒杯には、カメとともに踊る男女が彫られている。また鉢には、三人の人物が跳びはね、まるで大声で歌を歌っているかのように大きく口を開けている姿が描かれていて、祝宴の場面を表しているように見える。私はカフカス地方のジョージア（グルジア）で出土した新石器時代の壺で似たような場面（カメを除く）を見たことがある。その壺には、複数の人物がブドウの木の下で踊っているような場面が描かれていた。ジョージアは古代世界でも有数のワイン文化が見られるので、この場面からはブドウのワインとの関連が強く示唆される。シュラヴェリス＝ゴラとフラミス＝ディディ＝ゴラの新石器時代の壺に対して化学分析を実施したところ、初期段階の結果では、これらの壺にかつてワインが入っていたことが示された。

ネヴァル・チョリから出土したものに似た石の鉢と酒杯は、ギョベックリ・テペのほか、この一帯の主要な遺跡でも見つかっている。そのなかの一つであるチャヨニュ遺跡では、古くなった立派な祭儀用建物が土で埋められて建て直されるという儀式的な営みが長きにわたって繰り返されてきた痕跡が発見されている。また、さらに東のチグリス川の支流沿いに位置するキョルティックとハラン・チェミで見つかった容器は、その数と年代の古さからとりわけ興味深い手がかりだ。

デラウェア大学のマイケル・ローゼンバーグの指揮のもとで発掘されているハラン・チェミ遺跡は、先土器新石器時代でもギョベックリ・テペよりさらに古い。その祭儀用建物はギョベックリ・テペよりも小さく、完成度も低くて、いびつな円形をしている。この遺跡から出土した石の鉢や酒

図7 紀元前9000年頃のギョベックリ・テペ遺跡の「神殿」を飾る、見事な石灰岩の彫刻。このT字形の石柱には、野生のウシやキツネ、ツルが写実的に彫られている。Photograph courtesy of Professor Dr. Klaus Schmidt, Deutsches Archäologisches Institut, Berlin.

図8　紀元前8000年頃のネヴァル・チョリ遺跡から出土した、石灰岩の鉢か酒杯。高さは13.5センチで、外側に施された彫刻には2人の人間と1匹のカメが踊る場面が生き生きと描かれている。Photograph courtesy of Professor Dr. Harald Hauptmann, Euphrates Archive, Heidelberger Akademie der Wissenschaften.

杯の破片は、何の装飾も施されていないものが多いが、彫刻があるものには、キョルティックと同じモチーフ（特に、様式化されたヘビや鳥）が描かれている。キョルティック遺跡の発掘調査はトルコのディジレ大学のヴェチヒ・オズカヤによって進められ、鉢と酒杯は墓所からしか出土していない。出土した容器は数百にのぼり、その多くには動物のモチーフに加えて、入り組んだ幾何学的な模様が見られる。鳥とヘビを並べていることや、ネヴァル・チョリの踊るカメなど、容器の多くはシャーマンの思考の特徴である上層と下層に分かれた世界観を示している。近年、障害をもった高齢の女性の遺体がイスラエルのガリラヤ地方西部の洞窟で見つかり、シャーマンだったと確認された。その遺体に副葬されていたのは、五〇点以上の完全なカメの甲羅のほか、それぞれ一匹のイノシシとワシ、牛、ヒョウ、そして二匹のテンの亡骸だった。年代は一万二〇〇〇年前でナトゥーフ文化（第6章参照）に当たるが、これらの副葬品は数千年新しいトルコ東部の遺跡から出土した容器や石柱に見られるモチーフ、あるいは中国の賈湖で「シャーマンのような」音楽家とともに埋められた文字入りの甲羅の先駆けといえるのだろうか。

ハラン・チェミやキョルティックの鉢と酒杯は、吸収性が高い粘土鉱物である緑泥石を彫ってつくられている。こうした容器は、大型の壺やふるいを含めた紀元前六〇〇〇年頃に出現した最初期の土器につながるもので、ワインの醸造や貯蔵に最適だった。ジョージアの壺のように、ブドウの房をかたどった粘土の装飾が施されていることもある。

私は二〇〇四年にトルコ東部を訪れたとき、ヴェチヒ・オズカヤに頼んで、キョルティックの緑泥石の容器二点を分析用に使わせてもらえることになった。幸運にも、緑泥石の小さな孔の中に太古の有機化合物が大量に残っていた。分析はまだ終わっていないが、これまでの赤外線分析の結果と酒石酸を検出する微量定性分析では、かなり有望な証拠が見つかっていて、これらの容器には大麦のビールではなくブドウのワインが入っていたとみられる。この結果を検証するには、さらに確実な液体クロマトグラフ・タンデム型質量分析（ＬＣ－ＭＳ－ＭＳ）が必要だ。

チグリスとユーフラテスの源流域へ

トルコ東部への旅には、分析に使える石製の容器や土器を確保すること以外にも目的があった。

それは、ブドウ栽培の「エデンの園」、つまり発祥地を探すことである。トロス山脈東部とカフカス山脈、ザグロス山脈はヨーロッパブドウの中心地と考えられてきた。この地域はヨーロッパブドウの遺伝的な多様性が最も高いことから、このブドウが最初に栽培された可能性があるのだ。また、考古学上の情報と化学分析を組み合わせて研究していくにつれ、世界初のワイン文化（ブドウ栽培とワインづくりが経済や宗教、社会で全体として重視される文化）が遅くとも紀元前七〇〇〇年までにこの高地に現れたことが、だんだん明らかになってきた。

ワイン文化はいったん確立されると、時代とともに徐々に広まり、この地域一帯で経済や社会を牽引する主要な力となって、その後ヨーロッパ中に広まった。氷河時代が終わった一万年前から現在までに、ヨーロッパブドウは品種が一万ほどにまで達し、世界のワインの九九％がこのブドウを原料につくられるまでになった。北アメリカや東アジアにはそれぞれブドウの固有種が数多くあり、ヨーロッパブドウよりも糖度が高い種もあるのだが、意外にも、それらの栽培種が現代より前に存在していた証拠はいまだに見つかっていない。

このワイン文化の中心地で、たった一つの出来事がきっかけでブドウの栽培種が生まれたかどうかに、私たちは興味をもっている。一つの場所での一つの出来事という考え方は、「ノア仮説」と呼ばれている。箱舟がアララト山に漂着した後、ノアが最初に目標としたのはブドウ畑を造成してワインを醸造することだったという聖書の言い伝えにちなんだものだ（創世記第八章四節と第九章二〇節）。

現在のトルコ東部はブドウ栽培がさかんでないように思えるが、新石器時代のこの地域には今とはかなり違った風景が広がっていたことが、近年の発掘調査でわかってきた。氷河時代が終わってすぐの時代には降水量が今よりも多かったうえ、アジア大陸を横断する造山帯の一部であるトロス山脈は、過去も現在も地殻変動が活発な地域であり、ブドウをはじめとする野生の果実や木の実、穀物に欠かせない金属分やミネラル分といった栄養分が土壌に豊富に含まれている。

石灰岩が多いこの高地の丘陵や谷間は、テラロッサと呼ばれる、鉄分が豊富な赤い土が分布しているのが特徴だ。この土壌は岩石が混じっていることが多く、排水性に優れ、根の発達を促すうえ、乾期に水分を保持できる粘土も含んでいる。ややアルカリ性で腐食土が少ないという特徴も、ブドウ栽培に適している。このように栽培に利用する条件は整ってはいるが、問題は、初期の人類がトロス山脈のどこかでヨーロッパブドウを初めて栽培化し、ワインづくりを始めたかどうかだ。

この問題を解き明かすために、私たちは欧米の研究者と共同で現代的なDNA分析を実施した。トルコとアルメニア、ジョージアから現代のブドウの野生種と栽培種を取り寄せて、その細胞核ゲノムと葉緑体ゲノムの特定領域（マイクロサテライト）の配列を調べ、その結果をヨーロッパや地中海の品種と入念に比較した。これまでにわかったのは、中東のブドウがおそらく共通の祖先から枝分かれしたこと、そして、西ヨーロッパの四つの品種（シャスラ、ネッビオーロ、ピノ、シラー）がジョージアの一つの品種群にきわめて近縁であり、その祖先が太古のジョージアにあった可能性が高いことだ。植物の種子やほかの部位から太古のDNAを抽出する研究も続けている。最終的には、この研究からより直接的な証拠が得られるはずだ。

トルコ東部で野生のブドウを探す旅は、心躍る冒険となった。二〇〇四年春、スイスのヌーシャテル大学の共同研究者（ジョゼ・ヴイヤモ）とアンカラ大学の共同研究者（ギョクハン・ソイレメズオールとアリ・エルグル）といっしょに農学部のランドクルーザーに乗って、砂ぼこりの舞う幹線道路や脇道を旅した。この採集旅行で印象に残った場所の一つは、有名なネムルト山の麓にある深い峡谷である。標高二一五〇メートルのネムルト山の頂上には、紀元前一世紀のコンマゲネ王であるアンティオコス一世が石灰岩でつくらせたみずからの彫像と神々の像がある。ほかにも、トロス山脈に刻まれた谷沿いのビトリスとシイルトの周辺や、シャンルウルファの北を流れるユーフラテス川沿いのハルフェティが有力な採集候補地だった。

私たちはチグリス川をさかのぼり、ハザル湖のすぐ下流側とエラズーの町をめざした。川はここで、近東の冶金学にとって重要な地域であるマデン（トルコ語で「鉱山」の意）を通る。マデンは地殻変動も依然として活発で、新石器時代の重要な遺跡であるチャヨニュから二五キロしか離れていない。さいわいにも地殻変動は落ち着いていたのだが、川岸の斜面にしがみつくように生えていたとても魅力的なブドウの木をつかもうと夢中になりすぎて、私はチグリス川上流の激流へもう少しで落ちるところだった。共同研究者のアリがしっかりと支えてくれなかったら、私は生きてこの話を書けなかったかもしれない。

リスクを冒した甲斐があって、野生ブドウの雄株と雌株のあいだにある両性花の野生種を見つけることができた。かつてブドウ栽培を始めようとした人物も、私たちと同じようにブドウを観察し、選定していったに違いない。ヨーロッパブドウの栽培種が望ましいのは両性花で、雄しべと雌しべが同じ木の同じ花に共存していることだ。野生種では雄花と雌花が異なる木に咲く。生殖器が近くにあれば、生産できる果実の量も多くなるうえ、生産量の予測もしやすい。自家受精する木はその後、果実の糖度が高い、果汁が多い、皮が薄いといった望ましい形質をもつ個体が選ばれ、枝や芽、根を利用して同じ形質をもつものが増やされる。

両性花の個体は突然変異で生まれるもので、野生ブドウの五〜七％ほどを占めている。とはいえ、花の雄しべも雌しべも微小なので、両性花の個体だけを見分けて栽培種にするには鋭い観察力が必要だっただろう。

ブドウの栽培種をつくる場合、種子から育てると予期しない形質が生じる場合があるため、人工的な繁殖法を発見しなければならない。野生種をそのまま育てるだけでは、最高のワインの醸造にふさわしいブドウはできないし、収穫も容易にはならない。手入れせずに放っておくと、ほかの植物と競うように丈を高く伸ばし、果実は種子を拡散してくれる鳥などの動物が食べてくれるように木の高いところになるうえ、かなり酸味が強くなることもあるので、人間には都合が悪いのだ。

新石器時代にブドウを栽培した人々が、ブドウの木を根から繁殖させて隣に新たな株をつくる「取り木」の手法（圧条法）を考案したという可能性もなくはない。支柱などでブドウの木を支えるというアイデアのヒントは、自然界でブドウの蔓が樹木に這っている姿から得たのかもしれない。さらには、実を集めやすくするために、ブドウの木の高さや形を整えていた可能性もあるのではないか。

トルコ東部とカフカス地方で採集したサンプルのＤＮＡ分析は進行中で、これまでの研究ではノア仮説を支持するような結果が出ているが、結論を出すにはさらなる研究が必要だ。中東のほかの地域でもサンプルを採集する必要があり、とりわけ現代のイランのアゼルバイジャン地方に行きたいのだが、この地域は依然として調査が難しい。両性花の遺伝子そのもの（ゲノムの中で、同じ株の同じ花に雄しべと雌しべが発達する形質をもたらす一つの領域）を特定できれば、古代と現代のブドウの分析にその遺伝子を利用できる。遠くない将来、謎を解き明かせるだろう。

黒い山地へ

新石器革命を促すうえで、おそらくビールもワインに匹敵するような役割を果たしただろう。ギョベックリ・テペ遺跡の発掘を進めるクラウス・シュミットに同遺跡を案内してもらったとき、レディング大学のスティーヴン・ミズンは、植物の栽培や動物の飼育によって得られる経済的な利点よりも、宗教的なイデオロギーのほうが強くギョベックリ・テペへの定住を促したのではないかという見解を示していた。新石器時代を説明する際の一般的な考え方とは異なるが、祭儀用建物の建造に必要な数多くの労働者を養うために（そして喉の渇きを癒やすためにと、私なら付け加える）安定した食料源を確保する必要が生じたのだと、ミズンは考えた。

ミズンの考えを聞いて、シュミットはおよそ三〇キロ離れた山脈のほうを指さした。それはカラジャダー山地と呼ばれる、黒い玄武岩の巨石が分布する火山地帯で、野生の一粒小麦（*Triticum monococcum* ssp. *boeoticum*）が繁茂している地域だ。確かにその一帯は春には青々とした草原に覆われているのだが、われわれ大胆不敵なブドウ探検隊は野生ブドウを求めて足を踏み入れたものの、手ぶらで帰ることになった。この丘陵地帯では小麦が優勢だった。

カラジャダーの一粒小麦のDNAに関する非常に説得力のある研究によると、カラジャダーの小麦は、中欧からイラン西部にかけて広く弧状に分布している現代の野生種よりも、現代の栽培種(*T. m. monococcum*)に遺伝的に近い。この発見は考古植物学上の証拠からも裏づけられている。チャヨニュやネヴァル・チョリを含めたこの地域とシリア北部の新石器時代前期の遺跡から、一粒小麦の最古の野生種と栽培種が発見されているのだ。確かに、新石器革命で農耕の開始を促した「創始者植物」と呼ばれる八つの植物のうち三つ(一粒小麦、ヒヨコ豆、マメ科のビターヴェッチ)の起源をたどると、この地域に行きつく。同じく創始者植物であるエンマー小麦(*Triticum dicoccum*)も、チャヨニュやネヴァル・チョリで野生種と栽培種が確認されている。

シュミットもミズンも、現地の小麦がパンやビールの製造に使われたかどうかまでは推測していないし、遺跡から出土した容器の化学分析も行われていない。一粒小麦もエンマー小麦も発芽した後に生成される酵素ジアスターゼが、でんぷんを糖に変えるには足りないため、ビールの醸造には向いていない。この過程は大麦のほうが効率的に行えるので、現代の小麦ビールの醸造では、小麦のでんぷんの糖化を促進するために大麦の麦芽を混ぜている。創意に富んだ私たちの祖先が、似たような手法を偶然見つけたのだろうか。

アルコール飲料を初めて醸造するとき、冒険心にあふれた新石器時代の醸造家はとにかく何でもやってみるという意志の持ち主だったに違いない。混じりけのない洗練された飲料の完成をめざすというよりも、トルコ東部の新石器時代の村々で、気概に満ちた実験家たちが発酵用の大甕の周りに集まっているような光景が思い浮かぶ。果実、穀物、蜂蜜、ハーブ、スパイスなど、手に入った自然の原料を使ってさまざまな組み合わせを試さなければならなかった。主に自分の舌と鼻が頼りだ。そして、出来上がった発酵飲料に最後の審判を下すのは、共同体のほかの住人たちだ。

醸造家たちはきっと、発芽した一粒小麦やエンマー小麦よりも大麦の麦芽のほうが甘いと感じたのではないか。そして、これらの太古の集落では大麦は栽培種ではなく野生種（*Hordeum spontaneum*）しか発見されていないことから、おそらく穀物としては大麦よりも小麦のほうが一般的だっただろう。野生の大麦に小麦を加えればビールの醸造量を増やせるうえ、独特の魅力をビールに与えられる。

近隣の地域から導入された大麦の栽培種（*H. vulgare*）は、新石器時代後期までに出現している。栽培化に当たって必要だったのは、穀粒が地面に落ちて失われないようにするために、二つの遺伝子を変化させて繊細な葉軸を強くすることだけだった。伝統的な大麦や小麦のビールの醸造に十分な原料があったとしても、新石器時代の醸造家は糖度の高い果実や蜂蜜を加えて発酵を進めなければならなかった。また、醸造に使った容器を再利用して、過去の発酵で残った酵母を使っていたとも考えられる。

チャタル・ホユックのツルのダンス

チグリス川とユーフラテス川の上流域から西へおよそ五〇〇キロ、トロス山脈の低い丘陵地帯に、発酵飲料の発達過程をたどれる可能性が高そうな驚くべき遺跡、チャタル・ホユックがある。ここで「可能性」という言葉を使ったのは、生体分子考古学の調査がまだ行われていないからだ。

カッパドキアのコンヤ平野に位置するチャタル・ホユックでは、一九六〇年代にイギリスの考古学者ジェームズ・メラートが、一九九三年以降はイアン・ホッダーが発掘調査を進め、先土器新石器時代の後期に当たる紀元前六五〇〇〜前五五〇〇年頃の一連の建物が発見された。チャタル・ホユックはこれまで確認されたものとしては近東で最も大きい新石器時代の村で、神殿とみられる一連の構造物が四〇ほど集落の中に密集している様子は、この遺跡で最も目を惹く発見だ。神殿の壁は塗り直されたフレスコ画で彩られ、旧石器時代の洞窟壁画を思い起こさせて、やはり猛禽類が儀式で重要な役割を果たしていたことがうかがえる。赤い顔料を手に塗って押した跡や、顔料を吹きつけて描いた手形の輪郭が何列も見られ、氷河時代の洞窟に足を踏み入れたような気分になる。当時の人々の集団もそうやって結束を強めたり、神々と交信したりしていたのではあるまいか。

チャタル・ホユックのほかの壁には、シロエリハゲワシ（*Gyps fulvus*）が頭部のない人間をむさぼる姿や、人間の頭骨が複数の巨大な乳房を埋めている姿が見られる。ほかの絵には、弓矢を持った一〇人かそれ以上の狩人が二頭の雄ジカと一頭の子ジカを狩る場面が描かれている。狩人たちを鼓舞するのは踊る人々だ。頭のない踊り手もいれば、太鼓を持っている人物もいる。神殿の床下に埋葬された遺体は頭がないこともあり、その場合、遺体の胸部は謎めいたもの（単なる木の板や、フクロウが吐き出した未消化の食べ物、動物の雄の性器）で覆われていることが多い。集落の外では、複数の頭骨がまとめて埋められているのが見つかっている。ひょっとしたら、遺体から取り去られた頭部なのかもしれない。

六角形の小部屋が組み合わさった、不思議な絵も描かれている。その側面は縁(へり)の部分で途切れている。メラートの解釈によれば、これはハチの巣の巣房にミツバチが入っている様子か、花々が咲く野原の上にミツバチが現れた場面だという。この幾何学的な絵に対する解釈としては踏み込みすぎかもしれないが、そう言って否定すべきではない。ミツバチはキョルティックから出土した独特な石の飾り板のほか、ギョベックリ・テペの祭儀用建物の内部に立つきわめて精緻な彫刻が施された石柱の一つにも描かれていると考えられているのだ。アナトリアは蜂蜜の産地としてよく知られ、西の沿岸部からは柑橘系の蜂蜜、中央部の高地からは野花系の蜂蜜、南西部の森林からは昆虫がマツの木に分泌する蜜が産出する。トロス山脈の最高峰アララト山の周辺では、今でも、クマに荒らされていない樹木の高所にできた天然のハチの巣を探し回る人々がいる。蜂蜜は自然界で単糖の濃度が最も高く、水で薄めると蜂蜜自体に含まれている酵母によって発酵する。発酵飲料をつくるうえでの蜂蜜の重要性は、どれだけ強調しても強調しきれない。

石や焼いた粘土でできた裸の女性の小立像も、数多く見つかっている。子連れでまるまると太り、旧石器時代のヴィーナス像を思い起こさせる、いわゆる地母神だ。チャタル・ホユックの女性は、椅子か王座に堂々と座っていて、その腕はヒョウの足に似ている。フレスコ画には、この地母神がオーロックスと雄羊を産み落としている場面が描かれている。壁にプラスター〔石灰や石膏を主な材料とした白い塗装材〕でかたどられた乳房からは、ハゲワシの嘴が突き出ている。描かれているのは主に女性だが、ひげを生やした男性か「神」がオーロックスとヒョウに乗っている姿も描かれている。人間と動物が入り交じった描写には当惑するのだが、同じ描写は後年の神話的な考え方の多くでも確認されているのだ。

新石器時代の祖先たちの神話世界を垣間見るには、ある小さな空洞で発見された鳥の翼の骨を考えてみるのがよい。オーロックスの角の芯一本とノヤギの角の芯二本とともに見つかった鳥の翼の骨を分析した結果、それはクロヅル（*Grus grus*）であると同定された。これは、ほかとは何かが違う。これまで見てきたように、遠く離れたドイツ南部や東アジアでは、ほかのツルやハクチョウの翼の骨で笛がつくられていたし、中国のタンチョウが見せる複雑な求愛ダンスはアナトリアのツルとほぼ同じである。チャタル・ホユックで見つかった翼の骨の加工跡を調べた研究によれば、錐のような道具を使って一般的なやり方で骨に穴が開けられたという。おそらく、その穴に糸を通して人間の肩の部分に付け、特別な踊りの衣装の一部として使われていたのだろう。

この仮説を部分的に支持する考古学上の手がかりが、チャタル・ホユック遺跡のフレスコ画にある。ツルのつがいが向き合っている姿が描かれているほか、同じ部屋のほかの壁には、五人の踊り手がヒョウの毛皮をまとい、おそらくクロヅルのものと思われる黒い羽毛でつくられた尾を身に着けている姿が描かれている。シリアのユーフラテス川沿いに位置するボクラス遺跡では、一七羽のツルがいっせいに同じ方向を向いて踊る場面が絵や彫刻に見られる。こうした行動は自然界でも観察される。またすでに述べたように、ギョベックリ・テペの石柱にもツルの姿が刻まれている。

シベリアや中国、オーストラリア、日本、太平洋のほかの島々、アフリカ南部の人々のあいだでツルの踊りが見られることを考えると、新石器時代のチャタル・ホユックで独特なツルの踊りが行

図9　トルコにある紀元前6500～前5500年頃のチャタル・ホユックの穀物貯蔵用の穴で発見された、新石器時代の「地母神」（高さ11.8センチ、頭部は復元）。両脇に従えているのはヒョウだ。旧石器時代にさかのぼる「ヴィーナス」像の伝統を受け継いでいる。Photograph courtesy of James Mellaart.

われていたという考え方も信憑性が増す。プルタルコスの言い伝えによれば、ギリシャの英雄テセウスはクレタ島で怪物のミノタウロスから逃げてエーゲ海に浮かぶデロス島に上陸したとき、ツルのように踊ったという。

新石器時代のツルのダンスと、チャタル・ホユックのフレスコ画や彫像に見られる幾何学模様や人物像が、発酵飲料に関連していることを示す生体分子考古学上の証拠は得られていないものの、それを示唆するようなほかの発見はある。土器の聖杯（一部は木でつくられているが、新石器時代に酸素の乏しい湿地に埋もれたために残っている）や、液体を移すのに使えたであろう漏斗、飲料の保存や提供に適したほかの種類の容器（座った「女神」をかたどった丈が高くて口が狭い保存用の壺、鳥やイノシシの形をした像、杯）からは、高度に発達した飲酒文化の存在がうかがえる。チャタル・ホユック遺跡の全域で大麦と小麦の栽培種が大量に見つかっているから、ビールの原料はここに存在した。ブドウは遺跡から東に五〇キロ離れた高地で現在は栽培されているのだが、意外にも、考古植物学的な調査では見つかっていない。遺跡に残された絵からは、蜂蜜を使った可能性も考えられるが、それを裏づける証拠はまだない。近年、この遺跡の調査に携わった考古植物学者のクリスティーン・ハストーフによれば、この遺跡で何らかの飲料の主原料だった可能性が高いものとしては、甘い果実をつけるエノキ（*Celtis sp.*）が考えられるという。栄養価の高い果実で、デーツ（ナツメヤシの実）のような味と硬さがある。木の破片からは、遺跡の近辺でこの植物が生育していたことがうかがえる。

ここで確実に言えるのは、チャタル・ホユックの住人たちは何らかのアルコール飲料を飲んでいたということだけだ。この遺跡は、新石器時代の「創始者植物」が栽培化されたとみられる中心地に近い。一帯では、ほとんどの新石器時代の遺跡でブドウの種子が出土していて、その年代は紀元前九〇〇〇年にまでさかのぼる（チャヨニュ遺跡など）。ラズベリーやブラックベリー、セイヨウサンシュユといったほかの果実も利用されていた。発酵可能な多様な原料があったことから、おそらくチャタル・ホユックの醸造家も時代の流れに乗り、エノキの実や蜂蜜などを使って、きわめて実験的な飲料をつくったのではないだろうか。

トルコ南東部やシリア北部といった新石器時代の中心地で一つになったワイン文化は、ブドウに加えて多種多様な果実、穀物、蜂蜜、各種のハーブを利用していたから、「混合発酵飲料文化」や「過激な飲料文化」とでも呼んだほうがいいかもしれない。この飲料革命が近東のほかの地域に広がった過程をたどるうえで、とりわけ興味深いのはヨルダン渓谷だ。

ガリラヤ湖から死海にかけて広がり、地上で最も低い地点があることで知られるヨルダン渓谷は、アフリカの大地溝帯が西アジアのほうへと北上する延長線上にある。およそ一〇万年前にアフリカを出た人類の祖先たちはおそらく、この地溝帯を通ってほかの地域へ拡散していったのだろう。とはいえ、渓谷全域に旧石器時代の野営地跡が数多く残っていることを考えれば、多くの人類が豊富な野生動物や青々と繁茂した植物に惹かれてこの地にとどまったに違いない。どこを歩いても必ず先史時代の遺跡に突き当たるといわれているのだが、初めてこの渓谷を訪れた人はもしかしたらそれと正反対の印象を抱くかもしれない。一九七一年に私が初めて中東を旅したときもそうだった。エルサレムからイェリコまで現代的なハイウェイを通って太古の旅路をたどっていると、まるで地獄に降りていくかのような感覚を覚える。標高が下がるにつれて、そよ風の吹く高地の心地よい気候は、はるかに暑い砂漠の気候に変わる。何か飲みたいと渇望して叫びそうになった頃に、緑豊かなイェリコのオアシスが目の前に見えてくる。オープンエアのカフェでマンゴージュースを飲みながら、パパイヤに舌鼓を打てる瞬間もまもなくだ。

死海に近く、標高マイナス三〇〇メートル近い低地に位置する古都イェリコには、紀元前一万年頃から延々と人類が定住してきた長い歴史がある。オックスフォード大学のキャスリーン・ケニヨンが一九五〇年代に幾層もの時代の層を丁寧に研究してくれたおかげで、先土器新石器時代前期の驚くべき埋葬習慣が解き明かされた。それは、北のアナトリアでそれより少し前の時代に行われていた習慣と似ている。

ケニヨンは、イェリコに残る太古の建物の床下から、プラスターが塗られた人間の頭骨を複数まとめて発見した。これは、チャタル・ホユックの壁にプラスターでかたどられていた人間と動物に似ている。すべての特徴が精緻に描写されている。興味深いのは、頭頂部が元のまま残され、下顎が取り去られて、プラスターで置き換えられていることだ。眼窩にはタカラガイなどの貝（ここから何百キロも離れた紅海や地中海から運んでこなければならない）が埋め込まれていて、まるで人間が目を閉じて眠っているかのような不気味な様相を呈している。

この複数まとまった「プラスター頭骨」は、共同体の集まりとして扱われていたこともあったようだ。三つが同じ方向を向いていて、ひとまとめにされているとも考えられる。あるケースでは、頭骨が隙間なく円形に配置され、すべて内側を向いていた。私は鉄器時代に埋葬地として使われた洞窟で、これと似たような習慣を見たことがある。ここから五〇キロも離れていないアンマン近くのバカー渓谷で、私は二二七人の遺体を掘り出した。この事例では頭骨にプラスターは塗られていなかったが、紀元前一二〇〇年から前一〇五〇年にかけての一連の遺体からは頭骨が取り去られて、洞窟の壁の周りに円形に配置されていた。当時の私は、この配置は黄泉の国（ヘブライ語でシェオル）にいる近親者を含めた一族の祖先たちが集まった場面を表していると考えた。

その後の数十年でヨルダン渓谷とその近隣の高地での発掘調査が加速するにつれ、プラスター頭骨が次々に見つかった。なかでもとりわけ驚くべき発見は、偶然の産物だった。一九七四年にアンマン北部のトランスヨルダン高原で新しいハイウェイの建設のために地盤が掘削されていたとき、先土器新石器時代の大規模な村であるアイン・ガザル遺跡が発見された。そこで、遺跡や遺物をできるだけ保存するために現地入りしたのが、ゲイリー・ロールフソンとゼイダン・カファフィが率いる発掘隊だ。彼らはプラスター頭骨だけでなく、完全な人物像を三二点も掘り出した。出土地点は地面に掘られた二カ所の貯蔵穴で、それらはともに紀元前七千年紀のものだが、それぞれの年代には二〇〇年ほどの開きがある。どの人物像も東西の方向に注意深く配置されていた。

アイン・ガザルの人物像は、おおまかに二つの種類に分けられる。頭部が一つで下半身がある程度はっきりしているものと、二つの頭が一つの体や胸部を共有しているものだ。どの彫像も、頭骨やほかの骨ではなく、葦でつくられた骨組みにプラスターが塗られている。頭部を制作する際には細心の注意が払われていたようで、瀝青（アスファルト）で縁取られた大きな目と虹彩が目を惹く。プラスターは磨かれて、黄土色の輝きを放っている。人物像の一部は乳房と大きな腹部に手を添えていることから、明らかに女性だ。こうした特徴は旧石器時代以降、数千年間にわたってよく見られるものだ。頭部が二つある像の性別は、腕や脚を含めた体の部位がないためにはっきりしない。頭はがっしりした土台から突き出ている。像は高さがおよそ三〇センチから一メートルで、自立し、明らかに展示する目的でつくられている。

こうしたプラスター頭骨と人物像が秘めた複雑な象徴性を理解するために、新石器時代の人々の目で、アイン・ガザルでのほかの発見も見てみよう。死者のように目を閉じ、人間の顔をかたどったプラスターの仮面が、三点まとめて発見されている。これらの仮面は埋葬する頭骨にかぶせたというのが一つの考え方だが、もう一つの可能性として、死んだ祖先の代わりに崇拝対象となるシャーマンが着用したとも考えられる。多産の女神とその男性配偶者を表すとみられる像は、儀式での行進にも使われたのかもしれない。大きく見開き、何かを見通すような目は墓の向こうを見据え、生者と死者を結びつけるかのようだ。儀式を終えた像は、宗教構造物の中に置かれてその超自然的な力を発揮し続けたのだろう。発掘調査によって、円形や矩形の構造物が数多く見つかっている。そこには複数の直立した石がはっきりと認められ、神殿の祭壇や炉床、後陣の壁のくぼみ、あるいは彫像が立っていた場所を示しているとも考えられる。

二つの円形の神殿からは、祭儀的な活動が行われていたさらなる手がかりが見つかっている。プラスターで舗装された道は何度も塗り直されたとみられる跡があり、その中央にある大きな穴は床下の通路へと続く。中央部のこの特徴は、地上と地下に通路があるチャヨニュ遺跡の祭儀用建物の一つを思い起こさせる。これらの通路は儀式での献酒に関連しているというのが、発掘者の解釈だ。

新石器時代のほかの数多くの遺跡と同じく、住人たちの象徴的な世界を垣間見る手がかりはあるのだが、どのような発酵飲料が儀式に組み込まれていたのかを知る確かな証拠はまだ見つかっていない。壺や、化粧土が施された杯、着色された杯など、飲料の保存や提供、儀式での使用に適した新石器時代後期の土器は化学分析がまだ行われていない。トランスヨルダン高原やヨルダン渓谷では、新石器時代にさかのぼるブドウの栽培種が存在した証拠も見つかっていない。ブドウの栽培種が南方へ移植されるのは、紀元前四〇〇〇年頃になってからだ。一方で、一粒小麦とエンマー小麦、大麦の栽培種はビールの原料として使えた。蜂蜜も使えた可能性がある。

近年、この問題に新たな光を当てる発見が、イェリコから北に一二キロしか離れていないヨルダン渓谷下流に位置するギルガルI遺跡であった。これは一万一四〇〇年から一万一二〇〇年前の新石器時代前期の村で、三〇年以上前に発掘調査が行われていたのだが、近年になってようやく、バル＝イラン大学のモルデハイ・キスレフが出土した果実を詳しく調べた。九点の干したイチジク（*Ficus carica*）とその内部にある数百点の小さな花を分析した結果、それらの種子（胚）は共生しているコバチ（*Blastophaga psenes*）によって授粉されていなかった。これはイチジクが栽培化され

図10　新石器時代の２人の「祖先たち」の像。胴体が融合し、瀝青（アスファルト）でくっきりと描かれた目でこちらを見つめている。高さは85センチで、実際の人間の２分の１近い大きさだ。ヨルダンのアイン・ガザルにある紀元前７千年紀半ばの貯蔵穴で、ほかの多くのプラスター像とともに発見された。Courtesy the Department of Antiquities of Jordan. Photograph by John Tsantes, courtesy Arthur M. Sackler Gallery, Smithsonian Institution.

ていた証拠と考えられると、キスレフの研究チームは主張している。一度の突然変異によって、単為結果（ハチなどを媒介した受粉なしで結実）するだけでなく、果実が甘くて食べられ、かつ地面へ落ちないイチジクの木が誕生した。しかし、このイチジクは種子によって繁殖しないため、人の介入が必要で、切った枝を植えて増やさなければならない。イチジクはほかの果実と比べて根を生やしやすいので、人が手を加えやすいのだ。

ギルガルのイチジクは特別なものではない。キスレフは自分がかつて調査したもう一つの遺跡ネティヴ・ハグドゥドにも目を向けて、考古植物学的な遺物を調べた。ギルガルの西一・五キロにあり、年代はほぼ同じだ。この遺跡から出土したイチジクも五〇〇〇点近くの花に受粉の痕跡が見られず、ギルガルと同じ単為結果の品種であることを示している。イチジクは同時代のイェリコや、渓谷のさらに北に位置するゲシャーからも出土している。

イチジクが紀元前九五〇〇年頃までに栽培化されたとすれば、これはあらゆる穀物の栽培化よりも一〇〇〇年早く、ブドウやデーツ、多様な木の実、ほかの果樹の進出よりもはるかに早いということだ。当然ながら、この結論への反論も考えられる。イチジクの雌株も受粉なしで甘い果実をつけることから、ヨルダン渓谷のこれらの遺跡から出土したイチジクは、すべて雌株という可能性もあるのだ。

栽培化の問題に関する判断を保留するにしても、ギルガルやほかの新石器時代初期の遺跡から出土したイチジクが重要な情報であることは明らかだ。形が整っていることから、人の手で意図的に干されたに違いない。乾燥させたイチジクは自然界で最も糖度の高い果物で、乾燥重量の五〇%を単糖が占める（乾燥していないイチジクの糖度は一五％で、ブドウやバナナより糖度が低い）。こうした甘い果実は、当然ながら発酵飲料の原料になり得る。イチジクが挿し木によって増やしやすいことを、当時の人類がすでに知っていたとも考えられる。後の時代では、ほかの植物の栽培化でも挿し木の手法が役立てられているからだ。

およそ六〇〇〇年後には、ヨルダン渓谷でイチジクが発酵飲料の醸造に使われていたという確かな証拠がある。私たちの化学分析で、数百キロ離れたエジプトのアビドスの王墓から出土した樹脂入りワインがレヴァント地方南部で醸造され、エジプトへ輸出されていたことが判明した。このワインが奇妙なのは、一片のイチジクが入った壺がいくつかあることだ。切ったイチジクに穴が開けられ、糸で液体の中に吊せるようになっている。甘味料として加えられたのか、それとも、発酵を促すためか、特別な風味をつけるためか。切ってから糸で吊すことによって、イチジクがワインに触れる範囲が増える。

それならば、知られているなかでは世界最古の栽培植物であるイチジクが、イェリコやその周辺で醸造された新石器時代の発酵飲料の原料として利用されていたと考えてもいい。この伝統はほかでは確認されていないこの地域独自のもので、紀元前三一五〇年頃にアビドスの墓に埋葬されたファラオ、スコルピオン一世の時代まで受け継がれている。

最盛期を迎える近東の酒文化

新石器時代以降、醸造家はさまざまな原料を混ぜた発酵飲料から、個々の原料へと興味を移すにつれて、だんだん特殊化していった。こうした発展について多くの情報を知ることができるのが、新石器時代の中心地域にあったアナトリアである。

陶器や金、銀でできたアナトリアのワイン容器の数々には目を見張る。トルコの首都アンカラにあるアナトリア文明博物館を訪れると、赤い光沢を放った豪華な壺がいくつも展示されている。極端に長い注ぎ口は鳥の嘴を思い起こさせ、それと釣り合いをとるように、猛禽類のような鳥が把手に乗っている壺もある。壺の注ぎ口は斜めに切り取られて開放されていることもあれば、段になっていて、壺を傾けると飲料が滝のように流れ落ちる仕掛けになっているものもある。猛禽類や雄牛、ライオン、ハリネズミといった動物をかたどった見事な角杯は、酒に目がない上流階級の人々も満足させただろう。人の腰ぐらいの高さがある紡錘形の容器は、高級ワイン向けの小型の容器のモデルになったもので、底部と口縁部が狭まった形をしている。ワインで満たされるのを、今か今かと待って立っているかのようだ。

紀元前二千年紀の中期から後期にかけてアナトリア中央部の高地を支配したヒッタイトの文字記録から、これらの容器の大半にはブドウのワインが入っていたことがわかっている。ヒッタイト人は帝国の都があったハットゥシャ（現在のボアズカレ村）の周辺にブドウ畑を造成し、大量のワインを神々にささげ、それ以外の相当量のワインを人々のあいだで分け合った。

アナトリアでの飲料生産がだんだんワインづくりへ移行していっても、太古の時代から受け継がれてきた伝統は消えなかった。ヒッタイトの文字記録には、オリーブオイルや蜂蜜、樹脂がワインに加えられたという記述が残っている。さらには、ビールとワインを示すシュメール語の二つの象形文字を組み合わせた「カシュ・ゲシュティン」という単語もある。これは文字どおり「ビール・ワイン」という意味だ。

首都では、王やその従者に供される混合飲料が最大限の注意を払って生産されただろう。アンカラの博物館に展示されているイナンドゥックの壺が示すように、一見からくり仕掛けが施されているような容器も、見かけよりはるかに重要な目的を秘めている。ヒッタイト古王国の展示室の中央に堂々と鎮座しているこの壺は、口が中空の輪に縁取られ、そこに開いた大きな穴から液体を注ぎ入れられるようになっている。液体は輪の中を流れ、雄牛の頭の彫刻を通って、その鼻面に開いた穴から壺の中へと入る。この壺ではサンプル採取も化学分析も行われていないが、ヒッタイトの文字記録から、ワイン（おそらく干しブドウかハーブを加えた種類で、ヒッタイト人はこれらを薬として使っていた）にはひょっとしたら蜂蜜やほかの果実、あるいはビールを混ぜていたと推測することができる。

イナンドゥックの壺が独特なのは、飲料の生産と儀式での使用の場面が、四つに分けて壺の外側に描かれていることだ。下段から上段へ向かって見ていくのだが、いちばん下の場面では、一人の男性がその壺に似た容器の中身を長い棒でかき回している。これは混合飲料の生産に必要な作業だ。その上の場面では、近東の標準的な服装をした王とみられる人物が、折りたたみ椅子のような王座に腰掛けていて、注ぎ口が嘴形の壺から従者が王に飲料を注いでいる。その上は、音楽家たちと、おそらく剣舞を踊る人々、ほかの参加者が行進している場面を描いた場面だ。彼らは祭壇のほうへ向かい、その後ろでは王と王妃が長椅子に座っている。その後の場面は破損してなくなっているが、王が王妃のベールを上げている場面として説得力ある再現がなされている。これは最上部の場面への前置きであり、その場面では王と王妃（神聖娼婦）が象徴的な性行為、言い換えれば、ギリシャ語で「ヒエロス・ガモス」と呼ばれる聖婚を行っている。これによって、あらゆる自然の繁栄と王の健康、王国の安定が確かなものとなる。笛や竪琴、シンバルを携えた音楽家たちが再び音楽を奏で、踊り手たちが跳びはねる。

ヒッタイトの陶器の芸術と熟練の技の極みともいえるイナンドゥックの壺からは、紀元前二千年紀までに飲料の生産が入念に管理された王室の産業になっていたこと、そして、発酵飲料が宗教や芸術といかに統合されていたかがわかる。混合飲料は飲料の特殊化が進んでも完全に消滅することはなかった。それは、現代のトルコを旅してみればすぐにわかる。農村地帯を訪れれば、住民たちが挨拶してくれるだけでなく、家やテントに招かれて、発酵したイチジクとデーツの混合飲料である「バカ」を飲んでいくように勧められることもあるだろう。さらによくあるのが、ノンアルコールでさっぱりしたヨーグルト飲料であるアイランを勧められることだ。とはいえ、ヒッタイトの時代にはやったように、現代のアナトリアで圧倒的に好まれているのが純粋なワインである。ここ一〇年ほどは、赤ワイン用の極上のブドウであるオクズギョズ（「雄牛の目」の意）などの原産の品種を使ったブティックワインの産業が、古代の産業の活気を再現している。

灌漑農業によって穀物を大量に栽培できたメソポタミア平野部では、大麦と小麦のビールが紀元前二千年紀に完成されていった。こくや風味、甘さが異なる古代のさまざまな「地ビール」についてはすでに触れたが、紀元前千年紀にはさらに甘い飲料が登場する。それは、デーツのビール、もっと正確に言えばデーツのワインだ。デーツが実るナツメヤシはチグリス川とユーフラテス川の流域の低地に数多く生育し、その実は糖度がワインの二倍もあって、発酵するとアルコール度数が一五％にもなる。

メソポタミアでは、農民から王まであらゆる社会階層の人々がこうした飲料を楽しんでいた。私たちが分析したゴディン・テペの壺のように口が広い壺の周りに人々が集まり、ストローを使って飲むことは、共同体の住民が関係を深める一助となっていた。このような集まりのために、口縁部に二つから七つの飲み口が等間隔で開けられた特別な壺もつくられた。共同体の人々が同じ壺からビールを飲む習慣は、とりわけ紀元前三千年紀に広く見られた。複数の飲み口がある壺が、メソポタミア平野部から、チグリス川とユーフラテス川をさかのぼったトルコ全域、さらには海で隔てられたエーゲ海の島々までの広い地域で見つかっている。

なかでも特に派手なのは、紀元前二六〇〇～前二五〇〇年頃のウルの初期王朝の墓でペンシルベニア大学と大英博物館の発掘隊によって発見されたストローだ。プアビ女王の墓に、金や銀、ラピスラズリを使った複数の「ストロー」が副葬されていた。墓室からは銀の壺も見つかっていて、毎日提供される六リットルのビールがおそらく入っていたとみられる。プアビが埋葬された頃に死亡した一般の男女のなかには、そこまで恵まれていなかった人もいる。彼らは、初期の都市国家の建設に従事した報酬としてビールを一日に一リットルしか支給されていなかった。

メソポタミア平野部の少なくとも南部では、ワインを愛飲する社会階層は限られていた。この地域ではブドウ栽培に灌漑が欠かせず、強烈な日差しからブドウを守る必要もあった。こうした贅沢にふけることができたのは王族だけだ。シラーズのザグロス山脈の低い一帯で平野部に供給するためのブドウ栽培が始まったのは、紀元前三〇〇〇年頃だ。王がさらに北方のワイナリーからワインを手に入れようと思ったら、船やラバを使って運ばせることになり、かなりの追加費用がかかった。取引の明細から計算すると、カリフォルニアの「二ドルワイン」と同等のボトル一本を、紀元前二千年紀前半にアルメニアかトルコ東部からユーフラテス川を下って取り寄せれば、メソポタミア平野部のワインより三倍から五倍ものコストがかかったとみられる。

王族のあいだでワインの評価が高まっていっても、穀物やデーツのビールが魅力を失うことはなかった。ときにはデーツとブドウが混ぜられることもあった（紀元二世紀のギリシャの著述家ポリュアイノスが記した『戦術書』による）。宴会を指すシュメール語の単語は「ビールとパンの場所」と翻訳される。王たちは、高貴なる神を祀った神殿で自慢げに豪勢な宴会を催し、ビールを飲み、愛の女神であるイナンナ（アッカド語でイシュタル）と交わった。王は聖婚の儀式で、メソポタミア平野部の都市国家の一つ、ウルクの王として崇められるドゥムジの役割を務める。この儀式は、新年の始まりに当たるおそらく四月か五月の数日間にわたって、ウルクにある女神の聖域（エアンナ）で行われたことがよく知られている。

近東の社会でビールの地位が高かったことがとりわけ鮮明にうかがえる話が、紀元前五世紀のギリシャの歴史家クセノポンが記した『アナバシス』に記録されている。紀元前四〇一年にキュロスの死を受けて、一万人の傭兵がペルシアから撤退した後、チグリス川とユーフラテス川の源流域であるアナトリア中央部と東部の厳しい荒野を旅したときのことだ。彼らは辺境の村でふるまわれた大麦の「ワイン」を大きな壺からストローを使って飲み、喉の渇きを癒やした。大麦のワインは、大麦のみを原料とするアルコール度数がきわめて高い酒で、あまりにも強いので、傭兵たちは水で薄めなければならなかった。この話がギリシャに伝わると、ワインの神であるディオニュソスがバビロニア人に対して怒りを爆発させ、彼らからワインを取り上げてビールしか飲ませないようにしたという（紀元三世紀の旅行家で歴史家のセクストゥス・ユリウス・アフリカヌスが記した『ケストイ』より）。

聖婚を再現するうえで、ワインとビールは象徴として中心的な役割を果たしていた。聖婚は領土での作物の豊作を祈り、そして王と臣民の繁栄を約束するための儀式である。神話の一つによれば、ドゥムジは賢明なビール醸造家である親友たちとともに、地下の醸造所にこもったという。それほど悪い場所ではないように思えるのだが、ドゥムジは姉であるワインの女神ゲシュティンアンナ（この名前にはシュメール語でブドウやブドウ畑、ワインを意味するゲシュティンが含まれている）に救出された。ゲシュティンアンナは文字どおり訳すと「緑豊かなブドウの木」となり、アマ・ゲシュティンナ（「ブドウの木の根」や「あらゆるブドウの木の母」の意）という別名でも広く知られている。ゲシュティンアンナの奮闘のおかげで、ドゥムジは地上によみがえった。

地下世界からの脱出に数カ月かかっていることから、ドゥムジを春の大麦、姉であるゲシュティ

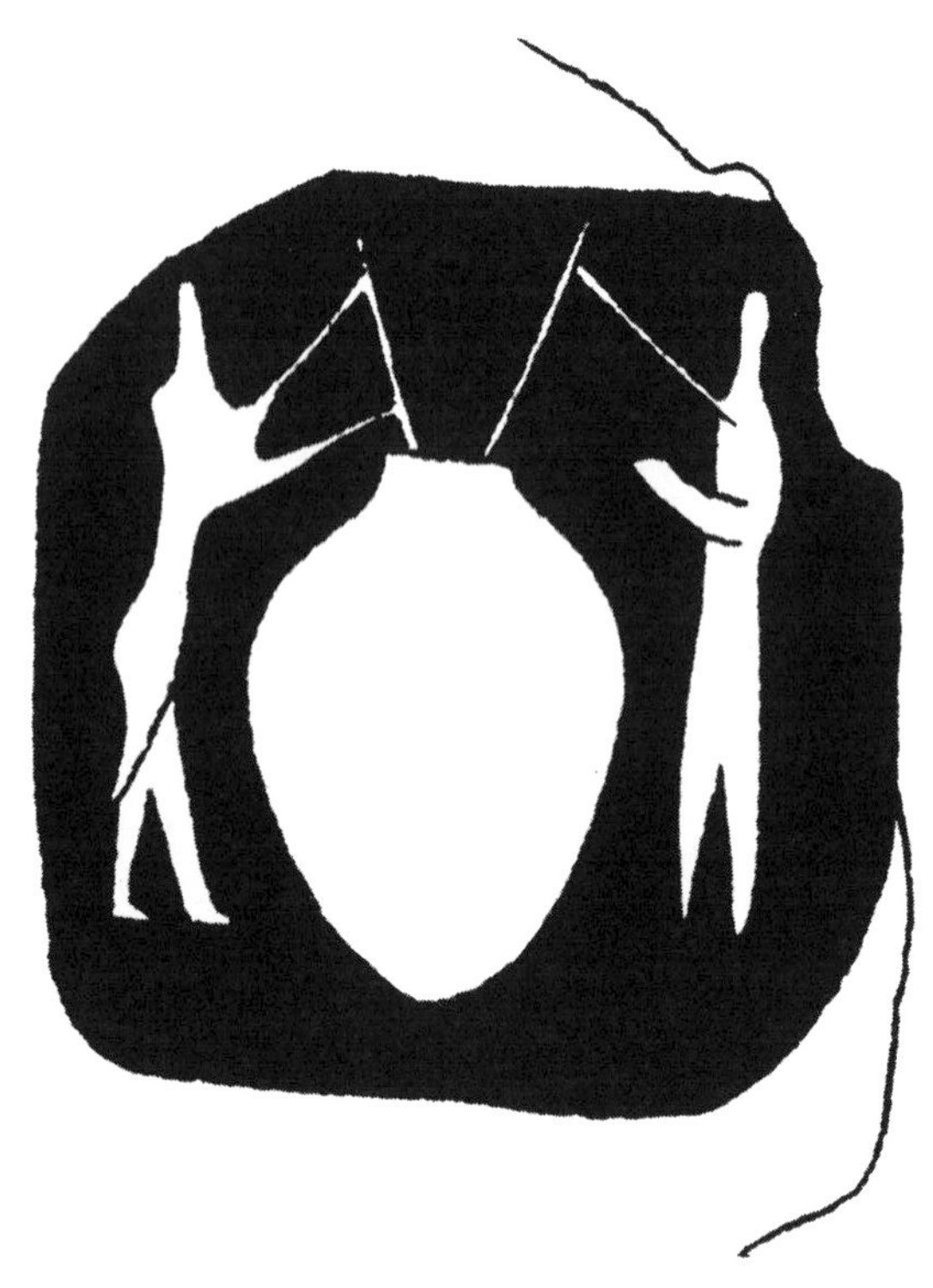

図11 【上】メソポタミアでは、ストローを使って大麦のビールを飲んだ。イラクにある紀元前3850年頃のテペ・ガウラから出土した封泥には、2人の人物が巨大な壺からストローでビールを飲んでいるとみられる場面が刻まれている（図22も参照）。これはよくあるモチーフの一つで、知られているなかでは最古だ。Drawing courtesy of University of Pennsylvania Museum of Archaeology and Anthropology; National Museum of Iraq, no. 25408, 長さ2.9 cm.【左頁】メソポタミアの円筒印章には、宴会で飲んでいる場面がテーマとして繰り返し見られる。ここに示したのは、紀元前2600～前2500年頃のウルの王家の墓にあるプアビ女王の墓から出土したラピスラズリの円筒印章（長さ4.4センチ）で押印されたものだ（British Museum 121545）。上段では、2人が一つのビール壺から飲んでいる。下段では、ワイン愛好者がすでに1杯のゴブレットを飲み干し、注ぎ口が垂れ下がった壺からもう1杯注いでもらっている。© The Trustees of the British Museum.

ンアンナを秋のブドウ収穫になぞらえることもできる。イナンドゥックの壺に描かれた場面が示唆するように、神殿での再現劇では、二種類の発酵飲料か、ひょっとしたらそれらを混合した飲料を飲みながら聖婚が執り行われたのかもしれない。

私たちの研究室では、ウルク遺跡の紀元前四千年紀のエアンナ神殿からイシュタルまでの容器を分析した。対象としたのは、注ぎ口が垂れ下がった壺や、ウルク遺跡でしか確認されていない独特な小型の壺で、どちらの壺も樹脂入りワインが入っていたと考えられる。注ぎ口が垂れ下がった壺については、飲料を杯に注ぐために使われている場面が数多くの円筒印章に描かれている。同時代のほかの都市国家での調査結果と併せて考えると、注ぎ口が垂れ下がった壺と酒器の中身はワインだった可能性が高そうだ。円筒印章のなかには、ワインを飲んでいる場面と、広い口の壺からストローでビールを飲んでいる場面がいっしょに描かれているものもある。小型の壺は、神殿の下にある土器の破片の層からほかの遺物とともに発見されたもので、神殿での奉納の儀式に使われたとも考えられる。

中東で国家の形成が始まった最初期の段階では、支配者や上流階級の人々のあいだで特別な飲料を求める声が高まり、そうした飲料を飲む機会が増えたようだ。気候が不安定でブドウ畑の造成が難しい地域では、高価な高級品としてワインを輸入できただろう。現代で言えば、ペトリュス、スーパータスカンのサッシカイア、リッジ・カベルネといった、とっておきのボトルを友人たちにふるまうような感覚だ。風味に富んだハーブや精神に変化をもたらす薬草を加えた特別な飲料も、同じ目的で供された。見栄っぱりな王たちは誰かのまねをするかのように、古代のフェニキアやパレスチナからシリア砂漠を越えたイラン、あるいは南のエジプトまで、近東のさまざまな発酵飲料文化を次々に取り入れた（第6章参照）。

ワインを飲むための特別な容器は、時に特産の飲料が入れられ、近東の支配者どうしが贈り合う贈答品として使われた。新石器時代の共通の起源から枝分かれした儀式は、少しずつ形を変えながらほかの文化へと伝わり、その文化に適した飲料が儀式に取り入れられたのかもしれない。もちろん、自尊心の強い支配者ならば、あの世に行っても楽しめるように自分の墓にお気に入りの飲料をたっぷり納めるべしと、念を押したのではないか。

酒の詩人たち

紀元千年紀の半ば、イスラム教徒が中東に古代から伝わる発酵飲料の伝統の根幹を脅かそうとしても、頑としてそれに抵抗する人々がいた。コーラン（第五章九〇節）では、「酒と博打、偶像、占い矢は悪魔の行為であるから、避けるべし」ときわめて明確に飲酒を非難している。

六世紀から八世紀、そして一三世紀にかけて中東でアラブ人による支配が最高潮に達した時期に、アラビア語で「ハムリヤート」という愛の詩のジャンルが、酒の詩人と呼ばれるアラブとペルシアの数多くの作家や知識人によって発達した。詩はエロティシズムと過度な飲酒の描写にあふれていて、伝統的なイスラムの教えと相反するように思える。こうした詩を書く人々が登場した背景に何があるのか。

ウマイヤ朝で最初期の詩人の一人で、メッカ出身のウマル・イブン・アビー・ラビーアは、こんな熱烈な一節を書いている。

> 蜂蜜と混じりけのない上等な麝香（じゃこう）が入った酒を夜通し飲んだ。
> 彼女に口づけをし、よろめいた彼女はその冷たい［唇の］快楽に私を溺れさせる。
> (Kennedy 1997: 23)

同じ詩には、次のような一節もある。

> 彼女が味わわせてくれたその甘い［唾液］は、まるで蜂蜜と澄んだ冷水のよう。
> あるいはバベルで熟成させた酒、雄鶏の目の色。
> (Kennedy 1997: 24)

同時代のウマル・アル＝アサの詩は、もっと長く引用したい。

［愛を］控えていたわけではないんだね。［愛の］情熱が戻ってきた……
いくつもの杯を重ね、快楽に溺れて、最初の効き目をかき消すように、さらに飲む……
瓶の底からわずかに［純粋な］赤い葡萄酒が現れる。
薔薇とジャスミン、葦の笛を持った歌姫たちに見つめられている。
われわれの大太鼓が鳴り続ける。三つの［歓喜の］どれを私は責めているのか。
シンバルが大太鼓［の鼓動］に応える。
(Kennedy 1997: 253)

酒と女性と歌をたたえる詩の極致は、ペルシアの詩人オマル・ハイヤームによる名詩集『ルバイヤート』に見られる。この詩集はエドワード・フィッツジェラルドによって美しく英訳された。

ここにして木の下に、いささかの糧
壺の酒、歌のひと巻——またいまし、
あれ野にて側にうたひてあらば、
あなあはれ、荒野こそ樂土ならまし。
（竹友藻風訳『ルバイヤート——中世ペルシアで生まれた四行詩集』マール社、二〇〇五年）

世俗の快楽を率直に認めた酒の詩人たちは、当時から現代にいたるまで、快楽主義者からはきっと称賛されてきただろうが、禁酒主義者から切って捨てられたのは想像に難くない。八世紀で最も有名な詩人の一人であるアブー・ヌワースは、それまでの遊牧民が詠った愛の歌を、ペルシアの宮廷の優雅な雰囲気に合ったより形式ばったハムリヤートのジャンルへと変えたが、カリフによって投獄され、酒の詩ではなく頌徳文を書くように命じられた。ほかの詩人たちは死刑に処された。一八九〇年頃のアメリカの禁酒主義者は、オマル・ハイヤームを悪の権化とし、「年老いた酒飲みのペルシア人」と呼んでいた。

イスラム教の学者などは、酒の詩人たちのエロティシズムとイスラムの教義との折り合いをつけようと必死に取り組んだ。聖書の伝統や聖書解釈学における雅歌のように、神学者はアラブやペルシアの詩に描かれている女性の（時には若い男性の）愛を、神の愛の寓喩（ぐうゆ）であると解釈する。こうした解釈法が如実に表れているのが、スーフィズム（イスラム教神秘主義）の多種多様な規律である。スーフィズムはグノーシス派の神秘主義（キリスト教、ユダヤ教、ゾロアスター教）と秘儀的な異教信仰の影響を受けている。スーフィーは昔も今も神との一体感を求め、「陶酔」と呼ばれる状態をめざす。彼らは一体感を得るために、飲酒を禁じられていた時期も、肉体的な刺激を利用して神秘的な忘我の境地に到達しようとした。くるくると回転する踊り「旋舞」をいつまでも繰り返したり、コーランの一節や、時には露骨な愛と酒の詩を無限に唱え続けたりするのだ。

オマル・ハイヤームの詩にも神秘的な営みがはっきり表れた一節がある。たとえばこんな具合だ。

神はいる、ほかならぬ神は存在する
真実は創世の書に示されるであろう
神の光を心で感じたならば
無神論者の暗闇が信仰の光を放つ
（Aminrazavi 2005: 138）

一方、アブー・ヌワースは忠実な信者たちの警告にも動じなかった。「悔い改めよと言うおまえは、だまされている。服を破り捨てろ［私の知ったことではない］！　私は決して悔い改めない」と彼は書いている。

アラブとペルシアの酒の詩人たちには、同時期に仕えていた皇帝のもとを抜け出して山にこもり、酒瓶を手に神秘的な歓楽にふけった中国の詩人たちと共通する点が多い。中国の詩にはエロティックな要素はないかもしれないが、どちらの詩のジャンルについてもその起源と発展に圧倒的に大きな影響を与えたのは、発酵飲料（西アジアではブドウのワイン、東アジアでは穀物の酒）だった。

結論

これまでに確認されている最古のアルコール飲料は、賈湖遺跡で見つかった中国の混合飲料（第2章）ではあるのだが、中東の発酵飲料にも中国に匹敵するほど長い歴史があり、新たな証拠が発見されれば、状況が変わる可能性もある。黄河の流域で賈湖のグロッグが醸造されていたのと同じ頃、おそらくトルコ東部の革新的な村でブドウのワインがつくられていただろう。ただし、化学分析による確定にはまだいたっていない。

これら二つの地域で、実験的な醸造家たちがさまざまな原料や醸造法を試していた頃、新石器時代の民主的な精神は、王を頂点とした階級社会にだんだんのみ込まれていく。シャーマンの役割は広がり、神官や占い師、呪術医、醸造家としての役割も担うようになった。発酵飲料は一種類の原料、あるいはそれに一種類の副原料（保存料として機能する樹脂など）を加えただけの飲料が主流となり、従来の混合飲料はだんだん脇へ追いやられた。

新石器時代の「実験」に続いて、飲料の原料と醸造法の特化がアジアの両側で似たような時期に起きた点は興味深い。この二つの地域のあいだで原料はある程度異なる。両地域に共通するのは、蜂蜜とブドウ（ただし品種や種は異なる）だけだ。アルコール飲料全般を意味する太古の中国の文字（酒）は、底が狭まった壺の注ぎ口から三滴のしずくがしたたっている様子を示しているが、これは原シュメール語でビールを表す文字（カシュ）に壺が描かれているのとよく似ている。これは単なる偶然ではないかもしれない。古代メソポタミアの人々が何千年も前にビールをストローで飲んでいたように、アジアには今でもストローを使って米の酒を飲む文化がある。それはなぜなのか。ひょっとしたら、その理由は文字の類似性に対する説明と関連があるのかもしれない。

新石器時代の両地域のあいだに直接の交流があったという考古学上の証拠は見つかっていない。このことから、新石器時代に知識が一つの集団からもう一つの集団へと少しずつ伝わりながら中央アジアの砂漠や山岳地帯を越えていったのではないかと、私はここで提唱したい。紀元千年紀に中東と中国で似たような酒と愛の詩がなぜ生まれたかを考古学的に説明しようとすると、古代に交流があったという見方はいっそう強くなる。ゴディン・テペで発見された壺は、私たちの化学分析によってワイン容器であることが初めて証明された。この発見は、発酵飲料にかかわる技術や知識が交易ルートに沿って大陸を横断した可能性を示す一つの手がかりとなる。

第4章　シルクロードをたどって

シルクロードと聞くと、いにしえのロマンティックな光景を思い浮かべる。一七九七年、サミュエル・テイラー・コールリッジは〇・一グラムほどのアヘンの力を借りて、こんな一節で始まる見事な詩を書いた。「ザナドゥでクーブラ・カーンは命じた／壮麗なる歓楽の宮を建造せよと」。ザナドゥ（上都）とは、モンゴル帝国が一三世紀に夏の都を置いた地だ。人を寄せつけないゴビ砂漠の東、モンゴル高原の草原に位置している。チンギス・ハン率いるモンゴル軍は北から中国へ攻め入り、中国北部とシルクロードを支配下に置いた。その東端は、中国最初の皇帝である秦の始皇帝の墓に埋葬された壮観な兵馬俑で知られる西安まで及んでいた。

コールリッジの詩に描かれた音楽とセックス、神秘体験、異国の飲料から、シルクロードの別世界のような情景が浮かび上がってくる。陽光を浴びる庭園、ダルシマーという金属弦の打楽器を「大きな音で長時間」奏でるアビシニア人のメイド、魅惑的な香りを放つ香木。こうした美しい光景をかき消すのは、陰鬱な要素だ。「途方もなく深い裂け目」から激流がほとばしり、「戦を予言する先祖の声」がかすかに聞こえる。詩の語り手は、もし追体験できるならこれらの官能的な体験によって陶酔感が得られるのではないかと想像している。

みんな叫ぶであろう、気をつけろ、気をつけろ、
あのきらきら光る眼、あの流れ乱れる髪、
あいつのまわりに輪を三重に描き
聖なる恐れを胸に眼を閉じるのだ、
あいつは神々の召される甘露(かんろ)を味わい
天国のミルクを飲んだのだから。

(『対訳　コウルリッジ詩集』上島建吉編、岩波文庫、二〇〇二年)

この飲料は、新石器時代のシャーマンに着想を与えた賈湖のグロッグ、あるいは近東の樹脂入りワインやビールを思い起こさせる。

マルコ・ポーロの話は、その信憑性を大いに疑問視する声が一部の学者から上がっているが、マルコ・ポーロ自身の記述によれば、彼と父親、さらにその前には彼のおじが、ヴェネツィアからゴビ砂漠を苦労の末に渡りきり、皇帝の宮殿に招かれたという。私は中央アジアの敦煌からの帰途、飛行機が砂嵐のために迂回したときに、美しいゴビ砂漠の風景を彼らよりもはるかに快適に見渡すことができた。敦煌もシルクロードの要衝の一つで、この有名な交易路を飛行機の窓から眺めたり、

地上から何百キロも離れた宇宙から人工衛星が撮影した画像で見たりすると、いくつもの陸路や砂漠、高原、高い山々の峠を越えて中央アジアの五〇〇〇キロもの区間を歩いた商人や冒険家たちの旅がいかに大変だったかが、よくわかる。

この地域は世界でもかなり辺鄙(へんぴ)で詳しい地図もないのだが、通信衛星やリモートセンシング衛星で得られたデータを使えば、遺跡について多くを知ることができる。衛星画像からは一メートルの分解能で古代の道筋を読み取ることができ、たとえば、サウジアラビアの砂漠にあった有名な古代都市、ウバールの位置の特定に衛星画像が使われた。南米ペルー沿岸の砂漠地帯に幅数キロにわたって描かれたクモやサル、鳥の地上絵も、衛星画像で識別できる。この奇妙な地上絵は、SF作家のエーリッヒ・フォン・デニケンが言うような宇宙人の創造物ではなく、古代のナスカ人(紀元前二〇〇年頃～紀元七〇〇年頃)が苔に覆われた黒い石を取り去り、その下の砂漠の砂と明るい色の石を露出することによって描いたものだ。中央アジアのタリム盆地にある広大なタクラマカン砂漠では、緑豊かなオアシスの位置が衛星画像からわかる。それぞれのオアシスは数百キロも離れていて、歩くと一〇日もかかるほど遠い。パミール高原やヒンドゥークシュ山脈、天山山脈の高峰、波のようにうねるゴビ砂漠の砂、アラル海をめざして何千キロも流れるオクスス川(アムダリヤ川)やヤクサルテス川(シルダリヤ川)も宇宙から見下ろせるのだ。

東西を結ぶ交易路自体は古くからあったが、シルクロード(絹の道)という言葉がつくられたのは一九世紀後半になってからのことだ。命名者はドイツの探検家フェルディナント・フォン・リヒトホーフェン(甥のマンフレートは第一次世界大戦中の撃墜王として知られ、「レッド・バロン」

の異名をもつ)。フォン・リヒトホーフェンによるこの巧みな命名は、美しく透き通った中国の絹織物を思い起こさせる。絹のほかにも、中国からは桃や柑橘類、精緻かつ豪華な装飾が施された磁器、壮麗な青銅製品、火薬、紙が、それと引き換えに西からはブドウやワイン、金や銀の酒器、多様なナッツ類が、馬やラクダ、ロバに引かれてシルクロード経由で取引され、宗教(イランからはゾロアスター教やマニ教、インド北部からは仏教)や美術、音楽といったかたちでもっと抽象的な文化も伝わった。

　オアシスの町、敦煌に近い莫高窟を見れば、宗教と芸術の知識がシルクロードを通じてどのように伝わったかがよくわかる。最盛期には、商人や僧侶、学者たちが狭い通りにひしめいていた。莫高窟は万里の長城の西端に当たる砂漠の端に位置し、中央アジアの遊牧民から中国の帝国を守るために何百年もかけて建造された。ここは、仏教が紀元一世紀にゴビ砂漠の南を走る甘粛走廊(河西回廊)を通じて中国に初めて伝わった地域である。敦煌で仏教に転向した人々は、中国の中心部にいた道教や儒教の信者のように寺院を木材で建造するのではなく、五〇〇カ所近い洞窟の壁や天井を鮮やかな色で彩った。数多くの洞窟の高い天井には、うねる法衣をまとった空色の菩薩が描かれている。私の目はそうした壁画に釘づけになった。

　中央アジアのトルキスタン地域と中国の新疆ウイグル自治区を結ぶ、パミール高原の標高四五〇〇メートルを超える峠を除けば、中国とヨーロッパを行き来する旅で最も困難な区間は、アジア大陸の中央部に一〇〇〇キロにわたって横たわるタクラマカン砂漠の横断だった。「死の砂漠」ともいわれるタクラマカン砂漠は、地球上で最大級の砂漠の一つだ。タクラマカンという名前は、初期のチュルク語で「帰ってこられない」という意味の表現に由来するともいわれ、そこから「いったん足を踏み入れたら出てこられない」といわれるようになった。とはいえ、名前の最初の要素である「タクリ」は「ブドウ畑」という意味のウイグル語に由来するという可能性のほうが高い。

恐れを知らない旅行者ならば、タクラマカン砂漠を北へ迂回することもできた。ただし、このルートは移ろいゆく砂と不毛の荒野を何日も歩き続けなければならない難路である。雪をかぶった天山山脈の峰々から平野へ雪解け水が流れ下る川の流域に、ときどき草原があるだけだ。砂漠を南へ迂回するシルクロードのルートはさらに長い時間がかかるが、崑崙山脈に源を発する水に恵まれていて、旅の疲れを癒やせるオアシスが多い。マルコ・ポーロも含め、たいていの商人や巡礼者、冒険家たちは南ルートを通った。第三のルートとして、天山山脈の北に広がる水に恵まれた涼しい草原を横断し、白楊川をたどって火焔山を越え、タリム盆地の東側に位置する楼蘭まで下って、敦煌に到達する方法もある。

伝説のフェルガナ盆地

パミール高原を越えるルートを選ぶ段階で、大半の旅行者は標高の高いテレク峠を越える北のルートを選んだ。紀元前二世紀後半に中国皇帝の使者として帝国西方の辺境の地へ派遣された張騫の有名な話からみるに、このルートを通るには大量の食料や飲料が必要だったようだ。その話のなかには、パミール西部の緑豊かなオアシス、フェルガナ盆地で富裕層が数千リットルものブドウのワインを保存し、それらは二〇年かそれ以上も熟成されていたとみられるとの記述がある。それから一世紀後には、ローマの歴史家ストラボンが、この辺境の地で大量のワインが生産されていると、著書『地理書』に書き残している。ブドウの木はきわめて大きく育ち、その実もかなり大ぶりだったという。ストラボンが記述したブドウは、中央アジア特有のブドウ品種、馬奶子（マーナイツ）だったとも考えられる。茶色がかった紫色をしていて、独特の形をしたブドウだ。ワインは最長で五〇年ほど熟成させると味が良くなり、その風味はあまりにもすばらしいので、樹脂を加える必要はないと、ストラボンは書いている。馬奶子がはるか昔に移植された火焔山の葡萄溝でワインをつくる現代中国の生産者は、その甘味と豊富な果汁を今でも享受している。

　あらゆる冒険家たちと同様、張騫も災難に見舞われた。中央アジアの手に負えない民族である匈奴（きょうど）に拘束されたのだ。その直前に、匈奴は遊牧民族の月氏（げっし）を打ち負かし、彼らの王の頭骨で杯をつくった。さいわいにも、張騫はそこまで悲惨な仕打ちは受けず、現地の女性と無理やり結婚させられ、一男をもうけた後に脱走して、フェルガナ盆地にたどり着いた。彼は冷静にも、その地で無数に生育していたヨーロッパブドウの栽培種の枝を切り、現在の西安に当たる都、長安まで持ち帰った。古代の文字記録によれば、その枝は植えられて中国で最初のブドウのワインを生み、皇帝を喜ばせたという。すでに書いたように、それよりはるか昔、新石器時代の賈湖の住人たちは黄河流域に生育していた野生のブドウを採集して、混合飲料をつくっている。

　フェルガナ盆地のワインづくりは紀元千年紀の後半に著しく進歩したが、それは、先史時代のシルクロードの両端で新石器革命の前後に見られた発展を思わせる。フェルガナのほか、タシケント、サマルカンド、メルヴといったシルクロード西部の有名なオアシスでは、今でもヨーロッパブドウが生育している。考古学調査や化学分析による確実な証拠はまだないものの、ヨーロッパブドウの栽培種がかなり昔からフェルガナ盆地に根づいていたと推測できる。その主な起源となったのは古代イランのワイン文化である可能性が最も高いが、当時の中国ですでに広まっていた醸造と植物栽培に関する知識からの影響もおそらくあっただろう。

フェルガナ盆地は、紀元千年紀にシルクロードによる交易で栄えた古代ペルシアの州、ソグディアナに位置している。そのワイン文化は、きわめて古い時代にさかのぼる二種類の舞踏に見事に表現されている。これらの舞踏は東漢（紀元二五～二二〇年頃）の時代に中国人に取り入れられ、七世紀から八世紀には、西方（イランや中央アジアの文化）のものなら何でも好んだ唐の支配者のもとで大流行した。舞踏の一つである胡騰舞（ことうぶ）では、フレスコやワイン容器、ひすいの装飾品に描かれているように、一人の男性の踊り手が円錐形の帽子（時に真珠飾りが付いている）をかぶり、ブドウの図柄が描かれた銀かブロケードの帯を締め、体にぴったりした上着かシャツの袖をまくり上げて、フェルトのブーツを履いている。最大で一〇人の踊り手が交代しながら、それぞれ自分のカーペットの上で踊りを披露することもあった。ワインの杯を手に持つか、ワインの容器を体にくくりつけて、踊り手は右へ左へくるくる回り、腰鼓や笛、シンバル、竪琴、琵琶の演奏に合わせて、掲げた手を打ち鳴らしたり、小さな鼓を叩いてリズムを刻んだりする。イスラムの修行僧の旋回舞踊のように、カーペットの上で回転しながら、踊り手は最後に宙返りをして踊り終える。その動きは羽ばたく鳥のようだと、唐のある詩人は表現している。しかし、何時間も続けて踊り、大きなワインの壺から杯を重ねた踊り手は、酔っ払って足取りがおぼつかなくなり、やがて床へと倒れ込む。もう一つの踊り、胡旋舞(こせんぶ)は前述の踊りとよく似ているのだが、それほど激しくなく、踊り手は女性だ。敦煌の莫高窟に残された単独の踊り手たちの絵など、限られた手がかりから、この踊りが中国に伝わったのは前述の踊りよりも遅く、もしかしたら、唐の時代にソグディアナから踊り手の女性の一団が連れてこられたときに伝わったとも考えられる。

中東や地中海東部を旅すれば、今でもこうした舞踏の興奮を味わうことができる。アルコール飲料の助けを借りることも多い。私と妻はエーゲ海に浮かぶミコノス島で、夜遅くに荒々しい踊りを見せてもらったことがある。一人の男性が、生きた二匹のロブスターを高々と掲げながら、音楽に合わせて跳びはねたり回転したりする。女性の踊りはたいていもっと穏やかでしなやかであり、ベリーダンスのような異国情緒あふれる動きだ。

唐の時代の人々は、ブドウのワインや優雅な乗馬など、西洋の贅沢品や習慣に魅了されていた。宮廷の官吏のなかには、友人たちが喉の渇きを癒やせるよう、無数の杯を収めた日干しれんがづくりの巨大な建物を建造した者までいる。唐で最もよく知られた皇帝である太宗は、隣国の敵であるチュルク人から馬を輸入して、彼らに対する敬意を示していた。特にフェルガナ産の馬を切望し、「天馬」と呼んでたたえていた。太宗はお気に入りの六頭の姿を石板に刻ませて不滅のものとし、西安の北西にあるみずからの巨大な塚の墓室をその石板で飾った。それぞれの馬には中央アジアの鞍や鐙(あぶみ)がつけられ、生き生きと描かれている。馬の胸部に刺さった矢を慎重に抜こうとしている馬番を描いた石板は現在、ペンシルベニア大学の博物館に展示されている。

ワインの楽園、ペルシア

先史時代のシルクロードで西側の周縁部に位置していたイランで、私たちが純粋なブドウのワインのものとしては今のところ最古の化学的な証拠を見つけたことは、同国が政治や宗教をめぐって非難を浴びている現状を考えると皮肉である。しかし、アメリカ国内に暮らすイランの人々は、紀元前六千年紀のハッジ・フィルズ・テペ遺跡でワインが発見されたと最初に発表されたとき、祖国の歴史や文化と照らし合わせて、その発見をごく自然に受け入れていた。ロサンゼルスのテヘランゼルス地区に暮らすイラン移民が五〇万人近くも聴いているというオールナイトのラジオ局にインタビューされたとき、番組に電話をかけてきてくれたリスナーたちは、祖国がワインづくりの発祥の地かもしれないと聞いて歓喜に沸いていた。

最古のイランのワインづくりについて語られるときには、出所が疑わしいジャムシード王の物語が引用されることが多い。ジャムシード王は、歴史や考古学の記録では存在が証明されていないが、ゾロアスター教の高位の神官として絹の染色法や香水の製法を考案したほか、世界初のワインを発見したともいわれている。これは、旧約聖書の創世記でノアが同じ功績を成し遂げたとされているのに似ている。ジャムシードはとりわけブドウを好み、宮殿ではブドウを大型の壺にまとめて保管していた。いったん中身がだめになってしまうと、その壺には「毒」という札が貼られた。しかしあるとき、ひどい片頭痛に悩まされたハーレムの女性が、痛みをなくせるかもしれないと思ってそのブドウを食べてみたところ、深い眠りに落ち、目が覚めると片頭痛が収まっていたという。この出来事を耳にしたジャムシードは、壺の液体が強力な薬であるとみて、増産を命じた。

イランにおける太古のワインづくりは、実際にはどうだったのか。それは私たちの知る限り、ジャムシードの物語に決して劣らないほど興味深い。特定の種類の壺を対象にした生体分子考古学上の調査から、ブドウの栽培種の栽培範囲は、ザグロス山脈の尾根に沿って南向きに広がったことがわかっている。ゴディン・テペに近いゼラバル湖で実施されたコアサンプルによる花粉調査から、この一帯では紀元前五〇〇〇年以前にはブドウが存在しなかったことが判明した。しかし、カールーン川流域に位置したエラム人の古都の一つであるスーサは、紀元前四千年紀の後半までに高地から東のゴディン・テペやメソポタミア平野部の都市国家へワインを出荷する重要な拠点となっていた。スーサの住人たちは賢明にもそうしたワインの一部を出荷せず、後で飲むために残しておいたり、神々にささげたり、特産のオイルや香水に加えて使ったりした。

スーサの王はおそらく、南東に位置する標高一八〇〇メートルのシラーズの山岳地帯へ進出し始め、それに資金を拠出したとみられる。この地域はオマル・ハイヤームなど酒の詩人たちの居住地で、はるか昔にはペルシアの王たちもこの地に宮殿を建設した。古代都市エクバタナの宮殿も知られているが、とりわけ壮麗なのはペルセポリスの宮殿群で、石柱がそびえ立ち、謁見の間（アパダナ）へ続く大階段には浮き彫り細工が施されている。

話が少し脇道にそれるが、私は一九七四年、妻といっしょにイラクを訪れた際、イランにあるこれらの遺跡も間近で見たいと思っていた。人から聞いた話では、イラクとイランのあいだを流れるシャッタルアラブ川沿いのある地点から、フェリーに乗って国境を越えられるとのことだった。この川はバスラの南を流れ、チグリス川とユーフラテス川の水を集めてペルシア湾へ注ぐ。時は八月。バスラの焼けるような暑さを逃れて、うっそうと茂った密林を抜けるまではよかったのだが、その後知ったのはフェリーの欠航で、そのままバスラへ引き返すことになった。数キロ先のユーフラテス川の対岸で大きな火柱を上げるイランの油田は、ゾロアスター教の拝火神殿のようだった。涼しげなシラーズの高原が手招きしていたが、イラクの秘密警察の邪魔が入るという旅の苦い体験もあって、私たちはペルセポリス見学の計画をしぶしぶあきらめ、翌日、シリア砂漠を横断してアンマンをめざす一五時間の旅に出発したのだった。

余談はさておき、ほかの旅行記や考古学調査による発見から、ペルシアのアケメネス朝〔紀元前五五〇〜前三三〇年〕の姿を想像し、その古代のワイン文化に触れることができる。メディア王国のほか、紀元前五三九年にバビロンの都市を攻め落として帝国を築いたとされるキュロス大王は、シラーズの出身だった。その支配者としての経歴は、この地域の小さな王国から始まった。都が置かれたアンシャンは現在、テペ・マルヤーン遺跡として知られている。シラーズの北に位置する、オークが茂った丘陵地帯に横たわる塚だ。一九七〇年代にウィリアム・サムナーが率いたペンシルベニア大学考古学人類学博物館の発掘隊が、紀元前四千年紀後半のバネシュ期までさかのぼる何層もの居住地を発掘した。スーサの王が率いる軍隊と商人がゴディン・テペに続く大ホラーサーン街道（シルクロードの前身に当たる原史時代の道）を歩いたのとほぼ同じ頃には、テペ・マルヤーンでワインが飲まれていた可能性が高いことが、発掘によって出土したブドウの種子から示唆される。二条大麦と六条大麦の栽培種や、一粒小麦とエンマー小麦はビールの原料となって、ワインとともに住民たちの喉を潤していただろう。

現在わかっている証拠では、ブドウはシラーズの高地ではもともと生育しておらず、北方の地域から移植されたと考えなければならない。したがって、バネシュ期のブドウの種子は、濾過されていない輸入ワインの澱に混じってこの地に運ばれてきたか、果実や干しブドウとして輸入されたとも考えられる。しかし、それより五〇〇年ほど新しい（紀元前三千年紀半ばのカフタリ期の）ごみ捨て穴の内容物からは、すでにブドウの栽培種が根づいていて、ちょうどその頃には、人口が増えていたメソポタミア平野部の需要を満たしていたことがうかがえる。ごみ捨て穴には、炭化しているものもしていないものも含めて、大量のブドウの種子のほか、ブドウの木の断片がぎっしりと詰まっていた。発掘でブドウの種子がまとまって出土することは珍しい。一般的にこれは、ワインづくりのためにブドウを圧搾した後に残ったかすであることが多い。成木の断片が出土したことはさらに大きな手がかりで、ブドウの木がこの地で生育していたことを示している。おそらく、こうしたブドウは移植元のブドウに近縁だ。名高いシラーズのブドウの本当の遺伝的な起源は、いつかきっと解き明かされることだろう。現時点で言えるのは、遅くとも紀元前二五〇〇年までには古都の周辺にワイン畑が広がり、ブドウやワインの生産が始まっていたということだ。

現在では、外国の調査隊がイランに入国できるようになり、ヨーロッパブドウの栽培種がザグロス山脈を通って南のシラーズまで移植されたことを示す新たな手がかりが見つかり始めている。残念ながら、テペ・マルヤーン遺跡での発掘調査はまだ再開されていない。しかしそこから遠くない場所では発掘が始まった。キュロスの壮大な王墓があるパサルガダエに近いボラギ渓谷で、シヴァンド川でのダム建設に伴って遺跡が水没する懸念が高まり、その歴史的な遺産を救出するための緊急調査が行われた。その結果、ワインづくりでブドウを足で踏むための大桶が数多く発見された。その大半はササン朝（紀元二二四〜六五一年）のもので年代としては新しいが、調査が進めば、この地域でのワインづくりの起源についてさらに多くの事実が明らかになるはずだ。アケメネス朝に隆盛を誇ったこの地では、今でもブドウ畑が風景を彩っている。

シラーズにおけるワインづくりの初期の歴史は、円筒印章から垣間見ることができる。円筒印章には、近東の人々の日常や王家の暮らしが数多く記録されているからだ。シンポジウム（この場合はもともとの意味である「饗宴」）の最古級の描写が、カフタリ期の印章に刻まれている。そこには、ひだ飾りが付いた帽子や編まれた帽子などの衣装を身に着けた男女の名士か神々が、ブドウの実がたくさんついた木陰にたたずむ姿がある。彼らが掲げている小さな杯には、ワインがたっぷり入っているに違いない。それから二〇〇〇年ほど後、キュロスやアケメネスが登場する少し前に、これとほぼ同じ場面が、ニネヴェ（現在のモスル）にあるアッシリア王のアッシュールバニパルの宮殿で見つかった浮き彫りに描かれている。王が華麗な長椅子に横たわっているのに対し（これは後年、伝統的なギリシャのシンポジウムやローマのコンヴィヴィウムで出席者が好んでとる姿勢となった）、王妃は背もたれがまっすぐな王座に控え目に座っている。カフタリ期の円筒印章と同じく、二人はブドウがたわわに実った木の下でワインの杯を掲げ、その後ろでは竪琴の奏者が音楽を奏でている。

ワインの杯を掲げる王のモチーフは、何千年にもわたって近東の芸術作品に繰り返し使われている。それは、王の治世の繁栄と神へのたゆまぬ感謝を象徴したものだ。紀元一世紀のソグド人の長椅子にも見られ、はるかに古いカフタリ期の円筒印章のように、太った家長とその妻がそれぞれ丸い帽子と平らな帽子をかぶっている。杯を片手に、菓子に舌鼓を打ちながら、大編成の楽団の演奏と宙返りをする踊り手たちの舞踏を楽しんでいる。

ペルシア帝国の時代には、ワインを飲む慣行が国政術のなかできわめて重要な位置を占めるようになった。紀元前五世紀のギリシャの歴史家ヘロドトスはこう書いている。「飲んでいるときに重要事項を審議するのもまた、彼ら［ペルシア人］の一般的な習慣である。朝になって酔いが覚めてから、前夜に下した決定が、それが下された家の主人から彼らに提示される。そこで認められれば、その決定は実行に移され、認められなければ決定は破棄される」。ほかの地域については、ヘロドトスはまったく逆の手順を記している。しらふのときにまず審議し、その後酒を飲んで、同じ結論にいたるかを確かめるのだ。ローマの歴史家タキトゥスは紀元一世紀に、異民族であるゲルマン人について同じ描写をしている。アルコールは集まった人々の抑制心を解き、いつもは慎重な政治家たちの心を解放して気楽な雰囲気をつくり、革新的な解決策を導き出すという。当然ながら、飲酒によって収拾がつかなくなり、しらふになって頭がすっきりしてから改めて討議しなければならなくなることも多かった。

一〇世紀の名高いペルシアの詩人フェルドウスィーは『王書』（ペルシア語で「シャー・ナーメ」）で、戦争と平和に関する決定を下すこの長い伝統を回想している。ギリシャの酒宴に出席した人々や現代の政治家と同様、「諸王の王様」と伝説の英雄たちは正餐の後、召使いが注いで回ったワインを片手に、重要事項について議論した。

王族とその従者が飲んだワインの量は、ペルセポリスで発見された「城砦文書」と呼ばれる粘土板からある程度知ることができる。何十年にもわたってエラム語で記載された大量の文字記録から、王族は通常一人につき一日五リットルのワインを割り当てられていたことがわかっている。高官や近衛兵（一万人の不死隊）、宮殿の役人たちへの割り当てはだんだん少なくなったが、それでも彼らが満足できる程度の量はあった。兵舎の発掘調査で出土した大型の土器の壺、水差し、酒杯の数から、驚くほど大量のワインが消費されていたことが確認されている。

世界最大の帝国を治めていた支配者たちは、特別の日にはさらに派手な酒宴を催した。旧約聖書のエステル記（第一章七〜一〇節）には、スーサで一週間続いた酒宴の様子が記載されていて、王であるアハシュエロス（おそらくクセルクセス一世）が多種多様な黄金の杯に「王家の葡萄酒を惜しげもなく」ふるまったと書かれている。女性は王妃ワシュティが催した同様の酒宴を楽しんだ。宴が終わったのは七日目、王妃が王の命令を拒み、邪悪なハマンがモルデカイとユダヤ人に対する陰謀を企て始めたときだった。

金属細工師や石工、陶器職人、ガラス職人といった、帝国に住むイランの職人たちは、近東で屈指の腕利きだった。彼らがつくった見事な酒器は、饗宴や祝宴で皇帝の食卓を彩った。とりわけ目を惹くのは、三〜四リットルも入る巨大な角杯で、中身を飲み干さなければ下に置けない形になっている。その末端には、ライオンや雄羊、鳥、雄牛のほか、架空の生き物であるスフィンクスやグリフィンをかたどった立体的な装飾が施されている。中国の西安に近いソグド人の墓で発見されためのうの彫刻（何家村出土遺物）は、この石の多様な色合いを生かして動物のさまざまな特徴を強調している。丈が高い水差し、注ぎ口が嘴形の水差し、多角形の杯には、踊る女性たちや音楽家、狩りの場面、英雄の物語が描かれていることが多い。注ぎ口が嘴形の水差しの一つは、その細い口から酒を注ぐと鳥のさえずりのような音がすることから、ボルボレ（ペルシア語で鳴く鳥を指す言葉「ボルボル」から派生）と呼ばれた。花の形や幾何学的なデザインのものも多い。何家村出土遺物の金と銀でできた八角形の杯には、それぞれの面に異なる音楽家が描かれ、ソグド人が中国人の愛好家に向けて胡騰舞や胡旋舞を踊るときに使ったとも考えられる。

中央アジアの風変わりな薬物

「塩砂漠」という意味のカヴィール砂漠を北へ迂回し、イラン国内をシルクロードに沿ってさらに東へ進んでいくと、アレクサンドロス大王やマルコ・ポーロ、そして数多くの冒険家や山賊たちの足跡をたどっているような気分になる。道はマルギアナ（中心地はメルヴのオアシス）や、ヒンドゥークシュ山脈を望むバクトリア、サマルカンド、ソグディアナのフェルガナ盆地を通る。これらすべての地域はかつてアケメネス朝の支配下にあり、アレクサンドロス大王の死後はセレウコス一世に明け渡された。

中央アジアでは長年、キュロスやアレクサンドロス以前の考古学上の証拠が見つからなかった。その状況が一変したのは一九七〇年代だ。モスクワの考古学研究所に所属するカリスマ的な考古学者ヴィクトール・サリアニディが、現代のトルクメニスタンに位置するマルギアナで発掘を始めた。数十年にわたる粘り強い発掘調査によって、メルヴに近い水量豊富なムルガブ川流域に位置するゴヌール・デペ、トゴロク一号、トゴロク二一号という三カ所の遺跡で数多くの発見を成し遂げた。その発見によって遅くとも紀元前二〇〇〇年までに、この一見辺鄙な地域に灌漑農業と壮麗な建造物という特徴をもった大規模な集落が形成されていたことが明らかになった。その証拠は、頑固な懐疑派の研究者でさえも納得するほど強固なものだった。一方、原始ゾロアスター教に関する説（ハオマと呼ばれる神聖な飲料の助けを借りる）など、サリアニディが唱えたさらに刺激的な説は、同じ分野のほかの学者たちから猛烈な批判を受けた。

たとえばサリアニディは、この三カ所の遺跡で原始ゾロアスター教の拝火神殿を発見したと考えていた。最高神であるアフラマズダを祀る拝火神殿は、ヘロドトスの時代までにはこの宗教に不可欠な要素となった。ヘロドトスは、信者が塚に登り、大空の下で神にささげる火をつけると記述している。サリアニディが発見した寺院の年代は、ヘロドトスの記述や拝火神殿に関するほかの明確な考古学上の証拠より一五〇〇年以上も古いので、彼のこの説は立証できる可能性が比較的高いと言っても差し支えないだろう。

サリアニディが発見した拝火神殿の主な証拠を簡単に説明しておこう。彼はマルギアナで見つかった青銅器時代前期で最大の集落である「ゴヌール南」〔紀元前二〇〇〇年頃〕で、複数の屋根のない中庭や、ところどころにある白いプラスターで美しく仕上げられた壁など、二つの時期に建造された精巧な配置の建物から見つかった証拠を整理して提示している。中庭の穴を埋めている白い灰や、そこかしこで見つかる炭化の激しい香炉、激しく燃えた跡がある部屋から、この建物の機能に関する手がかりが得られる。白い灰は、その後のゾロアスター教で清めの儀式に必要なものだ。確かに、建物が宮殿や邸宅だったという解釈もできなくはない。プラスターで美しく仕上げられた壁はそうした建物でもよく見られ、灰の穴は単なる調理用のかまどの跡だという可能性もあり、香炉とみられるものは照明器具として使われていたとも考えられ、燃えた部屋は不慮の火事の跡かもしれない。しかし、サリアニディはさらにもう一つの証拠をもっていた。建物にあるプラスター塗りの「白い部屋」の一つで、プラスターが塗られた鉢か壺の底部を三点発見し、その一つで残渣を確認したのだ。モスクワの花粉学者が考古植物学的な分析と走査型電子顕微鏡による分析を実施したところ、その残渣には、精神に変化をもたらす二種類の植物の花粉が含まれていた。マオウ（*Ephedra* spp.）と、大麻の原料にもなるアサ（*Cannabis sativa*）である。ほかにも、アサの花と種子、マオウの茎の断片、そしてほかの植物（中国やヨーロッパ南部の発酵飲料の副原料としてよく知られているヨモギ属など）も見つかった。マオウや大麻はゾロアスター教のハオマの原料だといわれている。

ゴヌール南に近くて数世紀新しいトゴロク一号とトゴロク二一号は、中央部の中庭の周りに同じくプラスター塗りの部屋が複数設けられた複合建造物だ。サリアニディはトゴロク二一号でも、円形の構造物が祭壇であると考えた。何層もの灰と炭、激しく燃えた部屋の残骸に覆われていて、これらが拝火神殿のものであるとの見解を示している。トゴロク二一号のプラスター塗りの部屋からは、日干しれんがの土台に立つかなり大型の壺が複数見つかっている。モスクワの花粉学者たちがその壺の残渣を分析したところ、マオウの花粉や葉、最長で一センチの茎が発見されたほか、同じく精神に変化をもたらす植物でアヘンの原料となるケシ（*Papaver somniferum*）の花粉も見つかった。この白い部屋の床では、大きな目が彫り込まれた骨製の管も見つかっているが、その中にもケシの花粉が含まれていた。この管はハオマを飲むためか、幻覚剤を鼻から吸うために使われていたとも考えられ、イェリコやアイン・ガザルで発見されたプラスター頭骨の目など、近東の新石器時代の人々が目にこだわっていたことを思い起こさせる。

サリアニディの仮説によれば、白い部屋では聖なる飲料がつくられていたという。大きな鉢で植物を液体に浸した後にすりおろし、羊毛を詰めた漏斗に注いで液体を濾過して、台の上に置いた大小の壺に入れた。壺で発酵させた飲料は、神への供物として注がれたり、公共の中庭に集まった儀式の参加者にふるまわれたりした。さらに彼は、トゴロク一号神殿から出土した円筒印章に先史時代の儀式が描かれているという考えも示している。一人の音楽家が大きな太鼓を叩くのに合わせて、猿の顔をした人間二人（ひょっとしたら仮面を着けている）が持った棒を一人の踊り手が跳び越えている。これまで見てきたように、精神に変化をもたらす物質の影響を受けた舞踏は、近隣のソグディアナで広く行われていたし、人間が仮面を着けて動物の役を演じる儀式は、新石器時代以降のアジア全域のシャーマン信仰でよく見られる。

鉢や壺、装飾が施された管の残渣に関するサリアニディの解釈は、拝火神殿や原始ゾロアスター教に関する彼の説を揺るがすものではない。モスクワの花粉学者の発見を完全に否定しない限り、マオウや大麻の茎と葉と種子が存在していたのだとそのまま受け入れるべきだ（とはいえ、オランダの考古植物学者がゴヌール南のサンプルを再分析したところ、雑穀の存在しか確認できなかった)。花粉は口の狭い土器の中に周囲から風に吹かれて入った可能性もあるが、それより大きな植物の断片が風や水に運ばれてきたとは考えにくい。容器の中に入っていた何らかの飲料の添加物であるという説明が最も妥当だ。また、精神に変化をもたらす同じ添加物が、組み合わせは異なるものの中央アジアのムルガブ川流域にある三つの主要な遺跡から出土した容器で発見されていて、それらの年代には五〇〇年以上の幅がある。このことを考えると、この飲料は地域の人々にとってきわめて重要だったとみていいだろう。

これまでの議論を踏まえると、容器や管の残渣が後のゾロアスター教のハオマに関連しているというサリアニディの説は、当初の印象よりも、もっともらしく思えてくる。中央アジアの混合飲料やグロッグは、水が豊富なオアシスで人々が何千年にもわたって暮らすなかで発達したとも十分に考えられる。そうした強い酒は宗教的な要素を帯び、儀式に利用されるようになった。この伝統的な酒が、アケメネス朝の王たちのもとで国の宗教となったゾロアスター教に組み込まれたのだろう。一方でそれより前に、メルヴのオアシス付近に壮大な建造物が建てられていた時代に、この酒はインド・ヨーロッパ語族の侵略者によってインドに持ち込まれた可能性もある。

ハオマ(インド語派の言語で書かれた古代インドの聖典『リグ・ヴェーダ』に登場する「ソーマ」と言語学的に同等)は、イラン語派の言語で書かれたゾロアスター教の経典『アヴェスター』に記載されている。この経典は紀元前六世紀に最初に著され、最終の改訂は紀元四世紀に行われた。ハオマの原料については数多くの解釈があり、白い雄の子牛の尿という説や、シリアの植物ハルマラ（*Peganum harmala*）、はたまた、シベリアのシャーマンが今でも幻覚剤として好んで使うベニテングタケ（*Amanita muscaria*）（第7章参照）という説までさまざまだ。最近では、ライ麦などの穀物に生える菌類、麦角菌（*Claviceps* spp.）が主原料だという説も登場した。この菌に含まれているアルカロイドの一種エルゴタミンは、リゼルグ酸ジエチルアミド（ＬＳＤ）と構造が非常によく似た物質である。麦角菌に感染した穀物からつくったパンを誤って食べた人が、「聖アントニウスの火」と呼ばれる中毒症状に陥って、幻覚を体験したり、焼けるような感覚を抱いたり、街路を猛烈な勢いで走ったりしたという記録が、中世以降にいくつも残されている。

トルクメニスタンで発掘調査が行われるまで、こうしたさまざまな説を検証する手立てはなかった。文献にも、この飲料の原料を特定できるほど詳しい記録が残っていなかった。飲料に使われた植物は緑色で丈が高く、香り高いという記述が『アヴェスター』にあることから、キノコである可能性は排除できそうだが、まだ完全に否定されたわけではない。

『アヴェスター』のなかで主要な祭儀書である「ヤスナ」には、ハオマの製法として、神官が石のすり鉢で植物をすりつぶし、それを雄牛の毛で濾した後、水に溶かして、さらに未知の原料を加えると書かれている。この酒がインドに伝わると、インド亜大陸の熱帯地方や温帯地方に生育する植物を原料にするように改良された。

ハオマがゾロアスター教の思想にどう入っていったかが詳しく記載されているのは、かなりの歳月を経た九世紀の『アルダー・ウィラーズの書』であり、そのなかには紀元千年紀の前半に関する記述とみられるものもある。アレクサンドロス大王による屈辱的な侵略の後、物語の主人公であるアルダー・ウィラーズが神官と信者からなる大評議会からの依頼を受けて、天国に行った魂が正しい儀式を執り行っているかどうかを確かめる旅に出た。その際、信心深いアルダー・ウィラーズは、未知の幻覚剤が混じった酒を金杯で三杯飲み干して、冥界へ旅立った。彼は美しい女性に会い、天国へ続く橋を渡って、最高神のアフラマズダの目前へと案内される。天国の魂が穏やかでいるのを見届けた後、アルダー・ウィラーズは主要な教義に従っていない者たちに待ち受ける運命を垣間見た。詩人のダンテが煉獄（れんごく）と地獄へ下ったように、アルダー・ウィラーズは涙の川（ギリシャ神話に登場する川、ステュクスに相当）を渡り、罪人たちが生前に犯した罪に見合うような永遠の刑罰を受けて、苦痛と絶望に打ちひしがれている様子を目撃する。彼はゾロアスター教が唯一の真の信仰であるという確証をアフラマズダから得て、七日後に夢から覚めた。

注目すべきなのは、この物語でハオマが酒として与えられていることだ。しかし、この物語が登場する頃までには、イスラム教と仏教の影響によってこの地域で活発な禁酒運動が巻き起こっていた。したがって、『アルダー・ウィラーズの書』ははるかに昔の伝統を振り返り、その詳細を記録しているとも考えられる。化学的な観点では、アルコール飲料には植物アルカロイドを溶かすという利点がある。

私はハオマの媒体として最も可能性が高いのがワインだとにらんでいたが、もともとそう考えたのは、マルギアナの遺跡群がワイン文化の範囲内にあるとの想定があったからだ。ワイン文化はフエルガナ盆地だけでなく、中央アジアのさらに奥地でも確認されている。その後、ヴェネツィアのリガブエ調査研究センターのガブリエーレ・ロッシ＝オスミダから、ゴヌール南でブドウの種子が三個発見されたとの連絡があった。さらに、メルヴの北に位置するアジ・クイ・オアシスでロッシ＝オスミダが新たに発掘調査を実施したところ、ブドウの種子が入った紀元前三千年紀から前二千年紀のたらいが複数見つかり、そこがワイン醸造所だった可能性が出てきた。この原稿を執筆している二〇〇八年前半の時点では、ロッシ＝オスミダは考古植物学の専門家たちと発掘現場にいて、このオアシスと、サリアニディが調査した同時代の遺跡の両方で証拠固めをしたいと考えていた。

トルクメニスタンでの発掘調査で得られた考古学や植物学上の発見は、少なくとも先史時代の中央アジアにおけるハオマの正体を突き止める新たな手がかりとなった。白い部屋で特別な飲料がつくられていたとするサリアニディの説を受け入れ、アルダー・ウィラーズの物語でワインと幻覚剤が混ぜられていたという解釈を受け入れれば、土器や骨の管にマオウや大麻、ケシの花粉が残っていた記録との整合性がとれる。確かに、大麻やケシは織物の生産や装飾品、あるいは調理や燃料（ケシの実の油で調理するなど）といったほかの目的で使われていた可能性もある。とはいえ、これら二つの植物とマオウは、中央アジアと中国で薬や麻薬として古代からよく知られていたのもまた事実だ。

考古学や化学の面での調査がさらに進めば、中央アジアのグロッグとも言える古代のハオマ（ソーマ）をいつかは再現できるだろう。おそらく、現代のグロッグよりもはるかに強いのではないか。サリアニディの仮説が受け入れられれば、イギリスの作家オルダス・ハクスリーが『すばらしい新世界』で描いたユートピアに似たような世界がマルギアナのオアシスにあったと想像することもできそうだ。そこでは住人たちがたびたびソーマを飲んだ（あるのは「キリスト教とアルコールの利点だけで、それらの欠点はない」）。こうした混合飲料の強さは、加えられたそれぞれの原料が精神に変化をもたらす作用を見ればわかってくる。

マオウの主要なアルカロイドであるエフェドリンは、ノルアドレナリンの類似化合物で、交感神経系を刺激して、わずかに多幸感をもたらす。少量を服用するだけで、アンフェタミン（覚醒剤の一種）を服用したときのような高揚感が得られ、幻覚症状や、さらには心停止に陥ることもある。マオウが原料のハーバルエクスタシーを服用した人を見れば、精神に及ぼすその作用の効果がわかる。大麻（マリファナ）には、体内の神経伝達物質アナンダミドに関連するテトラヒドロカンナビノール（ＴＨＣ）が含まれている。これも多幸感をもたらし、想像力を刺激することもある。ケシの果実に含まれる乳白色の液体を固めたものはアヘンと呼ばれ、コデインやモルヒネ、パパベリン、ノスカピンなど、精神に強い影響をもたらすアルカロイドを四〇種類ほど高濃度で含んでいる。ケシの葉は濃度は高くないものの、これらの物質を含み、煙草のように吸うことができる。

こうした植物アルカロイドをアルコール飲料に混ぜれば、人間の神経系に作用するアルコールの効果と相まって、幻覚症状を体験できる可能性は一気に高まり、ときには昏睡状態にまで陥ることもある。

北の騎馬遊牧民

ゴヌール南、トゴロク、アジ・クイの住民たちはどこから来たのか。そして、彼らが幻覚症状を引き起こす飲料をこよなく愛したことによって、先史時代のシルクロード沿いに暮らしていたさらに東の人々はどのような影響を受けたのか。

マオウを幻覚剤として使った最初期の例は中東にある可能性がかなり高い。ハッジ・フィルズ（第3章参照）から西に七五キロしか離れていないザグロス山脈北部のシャニダール洞窟で、四万年から八万年前にさかのぼるネアンデルタール人の複数の遺体が、考古学者のラルフ・ソレッキによって発掘された。ソレッキが考古学界を驚かせたのは、「ナンディ」という愛称で呼ばれる四〇～五〇歳の男性の骨格（シャニダール一号）に関する発見だった。片目を失明し、身体に障害を抱えていたこの男性が大事に世話をされていた痕跡が見られるというのである。そうでなければ、障害のある人物がこの比較的高い年齢までどうやって生き延びたのだろうか。

三〇～四五歳の男性の骨格（シャニダール四号）は、薬効があることが知られている何種類もの植物で飾られ、その姿は「花の埋葬」と呼ばれている。マオウのほか、ノコギリソウ（*Achillea* spp.）、ムスカリ（*Muscari*）、タチアオイ（*Althea*）、サワギクまたはキオン（*Senecio*）、ヤグルマギク（*Centaurea*）といった植物の花粉が遺体の近くで発見された。私はノコギリソウと聞いてすぐ、精神に作用する植物を使った儀式を強く示唆していると感じた。この植物は、中世のビールづくりで苦みを加えるために使われていた混合物「グルート」の原料の一つだ（ほかにもヤチヤナギや、イソツツジといったハーブも入っていた）。グルートは性欲を促す効果があるなどの理由で、北欧ではやがて禁止され、代わりにホップが使われるようになった。確かに、ここで見つかったどの植物も、利尿剤や興奮剤、収斂（しゅうれん）剤、抗炎症剤などと同様の薬効があることが知られている。この男性は、葬儀のような形でシャーマンによって冥界に送り出される儀式を受けていたとも考えられるし、あるいは、共同体のシャーマンや治療師そのものだったとも考えられる。

こうした解釈に異議を唱える学者もいる。花粉は風で洞窟の中へ吹き飛ばされてきたり、動物が運んできたりした可能性もあるというのだ。しかし、さまざまな植物の花粉がひとかたまりになって洞窟の入り口から風に運ばれてきたというのは考えにくいし、雄しべの葯（やく）の形で花粉が残っていることから、もともと花が存在していたことが示唆されている。さまざまな花がまとまって風に飛ばされてきたとは、ますます考えにくい。チョウの翅の鱗粉も見つかっていることは、この昆虫が花やハーブにたまたま混じっていたことを示している。洞窟のほかの場所で巣穴にすんでいた齧歯（げっし）類（るい）などの動物が、こうした奇妙な組み合わせの植物をまとめて運んできたのだとすれば、その動物は薬草だけを選ぶ明晰な本能を備えていなければならない。

ペンシルベニア大学の私の同僚であるヴィクター・メアも、学界を揺るがしたことがある。彼はタリム盆地の北の山岳地帯に位置する都市ウルムチの博物館で、ほとんど忘れ去られていた展示室からきわめて保存状態の良い複数のミイラを「発掘」した。その年代は紀元前一〇〇〇年頃で、トゴロクの新しい宮殿や寺院と同時代だ。ミイラはタリム盆地の南東部に位置する新疆ウイグル自治区のチェルチェンの墓から発掘された。そこはシルクロードで利用者の多かった砂漠を迂回する南ルートで重要な中継地の一つである。カフタリ期の円筒印章やソグド人の長椅子に描かれているように、男性も女性も無地か編んだ鮮やかな色合いのウールの服を着て、フェルトと毛糸の丸帽子か先のとがった帽子をかぶっている。なかには一〇個のさまざまな帽子に埋もれた男性もいた。こうした帽子は、紀元前千年紀の前半にアナトリア中央部に定住していた東欧のフリギア人のトレードマークとなった。彼らは独自のグロッグを楽しんでいた（第5章参照）。

ヴィクターが驚いたのは、ウルムチのミイラの顔立ちが現代のモンゴル系の人々の顔とかなり異なることだった。男性がひげをびっしりと生やし、高いわし鼻をもち、背が高いという特徴は、明らかにコーカソイドのものだ。ヴィクターはさまざまな分野の専門家（遺伝学者、言語学者、そして考古学者）を募って、これらの人々の素性や出身地を探ることにした。

そのうち、ゴヌール南が築かれた紀元前二〇〇〇年頃のほかのミイラにも目が向けられた。研究の結果わかった詳細はさらに興味深い。シルクロードの複数のルートが交わるタリム盆地東端の楼蘭地域で発見されたほぼすべてのミイラでは、遺体を包む布の端にマオウの小枝の束が縛りつけられているのだ。この地に住んだ人々は、この少量の興奮剤を使って厳しい砂漠の環境で気を抜かないようにしたのだろう。ほかの地域の人々がコカやカート（アラビアチャノキ）、煙草、コーヒーを日常的にたしなむようなものだ。死者にとっては、冥界への旅を助ける意味合いがあったのかもしれない。

ヴィクターはまた、トルクメニスタンから中国の黄河流域にかけての主要な遺跡で出土した焼き物の小立像にも、ミイラと同じようなコーカソイドの特徴が数多く見られることを指摘した。先のとがった高い帽子をかぶり、鳥の羽根をあしらった頭飾りをつけている。なかには紀元前四〇〇〇年にさかのぼるものもある。

インド・ヨーロッパ語族の言葉が中国語に古くから数多く取り入れられた現象からも、ミイラの素性や出身地の手がかりが得られる。ヴィクターによれば、「巫」の基になった古代漢語 *m^{y}ag（アスタリスクは再構築された仮説上の形態であることを示す）は、ゾロアスター教の神官を示すペルシア語の maguš から派生したものだという。この言葉はさらに、英語の magic（魔術）と magician（魔術師）の基にもなっている。魔術師は中央アジアのミイラや小立像のように、先のとがった高い帽子をかぶっていることが多い。シラーズではゾロアスター教の神官の階級は「マギ」として知られ、聖書の伝統的な解釈では、そのうちの三人は新約聖書でベツレヘムの馬小屋にいた幼いイエスに会うために東方から来た人々ではないかとされている。

ほかにも、戦闘馬車やミードを指す中国語もペルシア語から派生したものだが、絹を意味する言葉は逆に中国語からペルシア語に入った。戦略的な中継地だった敦煌の名前にさえも、火を意味するペルシア語の要素が含まれていて、言語や技術、発酵飲料が中央アジアを横断して東西へ伝わったという考え方を裏づけている。最後に、インド・ヨーロッパ語族のすでに消滅した言語であるトカラ語は、タリム盆地周辺のモンゴルからシベリアの草原地帯まで、シルクロード北部に沿って活発に話されていたという事実を紹介して、この議論を締めくくりたい。

インド・ヨーロッパ語族の文化が中央アジアに伝わった古い証拠は、馬の家畜化という側面からも見つけられる。それは、馬がその所有者とともに生け贄として埋葬される習慣だ。最古の証拠は紀元前四五〇〇～前三五〇〇年のもので、西はウクライナ中部で発見されているが、その後の時代のほうが手がかりは多い。馬を生け贄にする習慣は、遅くとも紀元前二〇〇〇年には東のカザフスタンで行われていた。これは、インド・ヨーロッパ語族の人々がイランのほか、南はインドまで移り住んだ時期である。同じ時期には、車輪にスポークを使った馬車も中央アジアに登場している。馬にとっては、板状の車輪の馬車に比べてはるかに引きやすい。

馬の家畜化によって、農耕が難しい草原に暮らしていた人々は大いなる力を得た。馬に乗れば羊や牛の番をはるかに効率的に行えるうえ、乳製品や羊毛といった家畜が生み出す製品に頼って生活でき、所有物を荷台に載せて馬や牛に運ばせることもできるようになった。

優れた発酵飲料の原料（果実、穀物、そして蜂蜜）は草原地帯では手に入りにくい。そこで人類はこれまでと同じように工夫を重ね、山羊や牛の乳よりも糖分（乳糖）の濃度が高く、アルコール度数も高く（最高二・五％までに）なる馬乳から飲料をつくるようになった。この馬乳酒は、トルコ語でクムズ、カザフ語でクミスと呼ばれている。実際のところ、中央アジアや東アジアの多くの人々は乳糖の消化に必要な酵素が体内にないので、おそらく未発酵の乳は飲まなかっただろう。

動物考古学の研究によれば、紀元前二千年紀から紀元前千年紀にかけて、子馬の死亡率が高かったという。この研究結果から、馬を世話する当時の遊牧民たちは、馬乳酒を必要な量だけつくれるかどうかを気にしていたことがうかがえる。出産直後に乳の分泌が始まると、人間は子馬を母親から引き離し、乳の大部分をしぼりとってしまう。現代の中央アジアでは、五月から一〇月までが搾乳シーズンで、平均的な雌は一頭につき一二〇〇リットルの乳を出す。寒い冬がやって来ると、厳しい気候の下で食料不足に苦しんだ古代の人々は、成体に近い大きさまで育った二歳半頃までの子馬を殺す決断を下したのではないだろうか。そのまま生かしておくと、貴重な食料が底を突いてしまうからだ。

チェルチェンからおよそ八〇〇キロ北に位置するアルタイ山脈の高地パジリクで、永久凍土に閉じ込められた古墳群が発見されるという、めったにない出来事があった。この古墳群から、北のツンドラ地帯で騎馬遊牧民がどのような暮らしを営んでいたかがわかる。紀元前五世紀のパジリクの遊牧民が残した古墳群（ロシア語で「クルガン」）の発掘を任されたのは、ロシアの考古学者セルゲイ・ルデンコだ。古墳には部分的に盗掘された跡があった。それよりやや古いトルコ中部のゴルディオン（第5章参照）にある古墳のように、パジリクの五カ所の古墳は、丸太を丁寧に組み上げてつくった墓室に、土をかぶせて造成されている。ルデンコは氷に閉ざされていた見事な副葬品の数々を、お湯を使って発掘した。精緻な彫刻が施された木のテーブル、酒器、色とりどりのウールやフェルトのタペストリーと絨毯、頭飾りやベルトを飾る金銀の装飾品、竪琴や太鼓、革の小物入れ、猛禽類やシカの一部、スポークを使った車輪を備えた完全な戦闘馬車、それを引いていたとみられる馬の亡骸。刺繡が施された絹や鏡は中国から持ち込まれたものだ。ミイラ化した遺体のなかには、ゴルディオンのミダス古墳に埋葬された王族のように、木棺に納められているものもあるほか、架空の動物グリフィンや、翼のあるヒョウ、猛禽類の入れ墨が見られる遺体もある。

ルデンコはまた、すべての墓室に共通する発見もしている。それは、トルクメニスタンのオアシスやチェルチェンで定住に近い暮らしを営んでいた人々とステップの遊牧民とを結びつけるものだ。それぞれの墓では六本一組の棒（二人が埋葬されている場合は二組）が見つかっている。これらの棒はもともと円錐形のテントの骨組みで、革や布で覆って使われていた。テントの中央には、小石や炭化したアサの実が詰まった、高い脚のある大釜が置かれた。大釜の把手やテントの棒には、熱くならないようにカバノキの樹皮が巻きつけられていた。

テントや、アサの実の詰まった大釜は何に使われていたのだろうか。その答えはヘロドトスの『歴史』（第四巻第七五章一〜二節）に書かれている。そこには、はるか西方のステップに暮らしていたスキタイ人の独特の習慣に関する記述がある。彼らは風呂に入る代わりに、フェルトでつくったテントに入ると、熱した石の上にアサの実を投げ置き、陶酔感をもたらす煙を浴びて「オオカミのような雄叫びを上げた」のだという。スカンディナヴィアのサウナに幻覚剤を使ったようなものだ。

汗をかいていい気分になった後は、何か飲み物がほしくなっただろう。それぞれの墓には丈が高くて口が狭い壺が置かれているが、それらに何が入っていたかははっきりしない。馬乳酒か、ワインか、水か、それとも、ルデンコが推測したように、乳白色のウォッカか（蒸留技術はおそらく知られていなかった）。スキタイの西部に住んでいた人々は、ギリシャ人、あるいはひょっとしたら南のカフカス地方やイランの人々とのはるか昔の交流を通じて、ワインの存在を知っていた。スキタイ人は領土を東のトルクメニスタンや中央アジアのオアシスへ拡大するうちに、山岳地帯の肥沃な渓谷やタリム盆地に接するオアシスといったブドウの栽培種が生育していた地域で、インド・ヨーロッパ語族のほかの民族とも接触していただろう。古い時代の記録によれば、彼らはときどきビールも楽しんでいたという。

現在の中国・新疆ウイグル自治区に当たるタリム盆地と天山山脈の一帯は、昔から食用ブドウの生産で知られている。現在では、砂漠の気候でも適切に灌漑すれば育つフランスの品種が栽培されている。私は、いわゆる「西域」にあるサンタイム・ワイナリーで樽熟成された二〇〇二年のカベ

図12　シベリアのステップに暮らす遊牧民は、ロシアにある紀元前400年頃のパジリクの古墳群（クルガン）に、幻覚剤の喫煙や飲用の器具とともに埋葬された。【上】死後だけでなく生前も、彼らは6本の支柱で支えられたフェルトの小型テントに1人で潜り込み、長い脚が付いた大釜や長い把手が付いた香炉でアサの実をいぶして、サウナのような状態のなかでその煙を吸っていた。【左頁】マリファナを吸ったあと、大型の壺から角の把手が付いたカップに飲料を入れて、喉の渇きを癒やす。壺には革でつくった雄鶏の装飾が貼られている。From S. I. Rudenko, *Frozen Tombs of Siberia: The Pazyryk Burials of Iron Age Horsemen*, trans. M. W. Thompson (Berkeley: University of California Press, 1970). Photographs courtesy Sergei I. Rudenko and Hermitage Museum, St. Petersburg.

ルネ・ソーヴィニヨンを味わったことがある。ここは急成長中の政府系醸造所の一つだ。中国ワインをヨーロッパに大量に輸入するフランス人のワイン商が現地に連絡を取ってくれたところ、一本のボトルが中央アジアからＤＨＬの宅配便で私の自宅に届いたのだ。いわば中国版の「二ドルワイン」に対して、私は一〇〇ドルもの関税を支払うように要求された。しかし、ワインが実に平凡な味だっただけに、頑として支払いを拒否していたら、結局は配送料が免除されたのだった。

近東のワイン文化がさかんだった地域から来たはるか昔の入植者は、この地域がワイン用ブドウの生産に適していると気づき、ヨーロッパブドウを移植したに違いない。紀元二世紀から四世紀にかけて、まさにこの現象が起きていた。シルクロードの南部には、放棄されたワイン畑の周囲に数多くの「ゴーストタウン」が点在しているからだ。今はタクラマカン砂漠から漂ってくる砂に大部分が埋もれているが、こうした町はかつて栄えた産業を静かに物語っている。馬やほかの家畜を中心とした遊牧民の暮らしが紀元前二〇〇〇年までに黒海とカスピ海周辺のステップまで拡大するなかで、ワインづくりの文化がもっと早く確立していた可能性もある。ルデンコの見解によれば、パジリク古墳群に埋葬されていた死者はおそらく、王の頭骨を酒杯に転用されるという屈辱を受けた月氏の人々であるという。遊牧民は移動中にはブドウ畑の世話やワインづくりはできなくても、定住していた共同体と接触して、ワインを手に入れた可能性はある。彼らはまた、古代のハオマやソーマに使われていたとみられる原料の一部も手に入れられただろう。パジリクでは、アルコールの酔いとマリファナの高揚感が同時に得られる飲み物が好まれていたのではないか。

　厳密な科学には基づいていないものの、インド・ヨーロッパ祖語（ＰＩＥ）と呼ばれる歴史的な言語から、草原地帯の人々とその飲酒習慣の民族的な起源をたどるうえでのもう一つの観点が得られる。トマス・ガムクレリゼとヴャチェスラフ・イヴァーノフはその重要な研究で、古代や現代の多くの言語でワイン（ＰＩＥでは*woi-no または *wei-no）を指す単語が幅広く見られることから（ラテン語の vinum、古アイルランド語の fin、ロシア語の vino、古ヘブライ語の yayin、ヒッタイト語の *wijana、エジプト語の *wnš など）、この単語の分布はインド・ヨーロッパ語族の人々の動きを示す要素の一つになると論じた。依然として大きな論争にはなっているものの、これらの再構築結果はペンシルベニア大学の研究チームがコンピューターを利用して実施した、別個の研究によって確認されている。ガムクレリゼとイヴァーノフは、ＰＩＥの発祥地を南カフカスとトルコ東部の一帯としている。おそらく紀元前七〇〇〇年頃にヨーロッパブドウが初めて栽培化された地域だ。誤差は大きいものの、ＰＩＥを話す最初期の人々は紀元前五〇〇〇年前後に移動を始めたと、二人は推定した。遊牧民と定住民が入り交じったこの集団はイランや中央アジアのオアシスのほか、南のパレスチナやエジプト、西のヨーロッパに向けて移動したという。

こうした移動を裏づける人類のＤＮＡにまつわる証拠は、きわめて限られている。中央アジアと中国の集団に関する既存の研究で、紀元前五〇〇〇年までにインド・ヨーロッパ語族の影響が強まったという考古学や言語学上のシナリオを裏づけるものはほとんどない。その影響も、東アジアからの人々の流入がだんだん増えるにつれて弱まっていく。

中央アジアに残る永遠の謎

発酵飲料や、精神に変化をもたらす添加物が先史時代のシルクロードでどのように行き来していたかについては、いまだに不明な点が多い。トルクメニスタンやタリム盆地、パジリク古墳群での発見に導かれるように、最初期の発酵飲料（賈湖のグロッグや近東の山岳地帯の樹脂入りワインなど）が新石器時代のほぼ同時期に生まれた可能性が浮かび上がってきた。しかし、これまでの知識には、地理や時代の面でまだ大きな空白域が存在する。ゴヌールやトゴロクで発見された証拠では、せいぜい紀元前二〇〇〇年までしかさかのぼれない。ストラボンや張騫が絶賛した緑豊かなブドウの木々と熟成されたワインがあったフェルガナ盆地は、依然として考古学上の謎を解く鍵の一つとなっている。新たな発見がなされるまで、私たちに考えられる選択肢は二つ。発酵飲料の製造法に関する知識が新石器時代に発達し、アジアの両側でほぼ同時期にそれぞれ個別に実を結んだか、それとも、主要な知識が「革命的な」新石器時代にシルクロードを通って一方向か双方向に伝わったか。私の意見は後者の仮説のほうに傾いている。

新石器時代初めの中央アジアで何が起きていたかを解明するには、進取の気性に富んだ考古学者が必要だ。何らかの発見がありそうな場所としては、パキスタンのバルチスタン州に位置するメヘルガル遺跡が挙げられる。イランからインド亜大陸への陸路沿いで最も重要ともいえる新石器時代の遺跡で、紀元前七〇〇〇年から前五五〇〇年にさかのぼり、入念に設計と建造がなされた日干しれんがの建物のある村だ。この遺跡では、一粒小麦とエンマー小麦の栽培種を示す考古植物学的な証拠が見つかっている。これらは近東から伝わったに違いない。ナツメ（*Ziziphus jujuba*）とナツメヤシ（*Phoenix dactylifera*）の種子も発見されている。メヘルガルの住人がアルコール飲料の原料となり得る多様な植物を手に入れられたのは明らかだ。紀元前四〇〇〇年頃に土器が初めて登場すると、飲酒に最適な背の高い酒杯が主要な遺物となる。それからまもなくして、ヨーロッパブドウの栽培種が考古学記録に現れ、ブドウの木の大きな断片が遺跡で見つかっていることから、その栽培は紀元前二五〇〇年までには確実に始まっていたとみていい。化学分析が実施されていないため、ビールやワインが醸造されていたかどうかまではっきりしないが、既存の考古学上の証拠からは、この遺跡にアルコール飲料が存在していたと十分に推定できる。

インドとロシアをつなぐ副次的なルート沿いの遺跡も含めて、中央アジアの全域でメヘルガルのような新石器時代の遺跡をもっと発見し、発掘と詳しい研究を進めていく必要がある。そうすれば、中国と近東の新石器時代前期の発酵飲料がそれぞれ個別に発達したのか、それとも先史時代のシルクロードを通じた交流の結果として生まれたのかが明らかになってくるだろう。

第5章　ヨーロッパの湿地とグロッグ、埋葬地、どんちゃん騒ぎ

ヨーロッパという言葉を聞くと、いくつもの発酵飲料を思い浮かべる。フランスのルビーのように赤いクラレットや甘美なシャンパン、至福の時を与えてくれるブルゴーニュ、ドイツのリースリングとイタリアのネッビオーロといったワイン、そして、ベルギーのランビックやトラピスト、レッドエールなどのビール。こうした酒をはじめとする多くの酒の起源は中世にさかのぼる。

現在私たちが楽しんでいるヨーロッパの飲料の大半は、中世の修道院で生まれたものだ。神や来世への備えに辛抱強くわが身をささげる一方で、修道士たちはこの世の植物（ホップなど）の探求や選定、栽培にいそしみ、新しいアルコール飲料を考案して、ビールやワインの大量生産に取り組んだ。ブルゴーニュでは、シトー修道会の修道士たちがコート＝ドールの土壌を実際に口に含んで確かめながら、一二世紀から一世紀にも及ぶ試行錯誤の末に、特定の区画（テロワール）に最適な栽培種を決定した。その結果、選ばれたのは、シャルドネとピノ・ノワールだ。北方では、シトー修道会から派生したトラピスト修道院がビールの醸造を専門とした。そのなかでも最もよく知られ

ている修道院の醸造所「シメイ」は、五年かそれ以上も熟成できるきわめて複雑で香り高いエールを今でも生産している。フィラデルフィアのモンクス・カフェのオーナーであるトム・ピーターズが、熟成させたシメイを出してくれたとき、初めて飲んだ私は言葉を失うほど驚いた。とてもビールとは思えない。あらゆる感覚に訴える芳醇な味わいを備え、複雑な香りと風味をもっていて、上等なワインのようだった。

一方、イタリアとフランスの独特な食前酒であるヴェルモットは、一般的な分類では混合酒に分類され、その起源ははるか昔にさかのぼる。さまざまな樹皮や根、柑橘の皮、花のエキス、ハーブ、スパイスをワインに浸して香りや風味を抽出するという独特な方法でつくられる。ヴェルモットという言葉の由来は、ニガヨモギを意味するドイツ語（Wermut）だ。ニガヨモギには、世界一苦い天然成分で、精神に変化をもたらすα-ツヨンが含まれている。

こうした成分は、消化剤やビターズ（苦味酒）に含まれている成分も含めて、その効果がかなり後まで残る。私は一九九五年、そのことをコペンハーゲン空港で身をもって体験した。私のホストであるジョン・ストレンジへの手みやげとして、イタリアのビターズ「フェルネット・ブランカ」を持っていった。これは、サフランやルバーブ、ミルラ、カルダモンなど四〇種類ほどのハーブをはじめとする植物や樹脂からつくられたものだ。私はスプーン一杯分も飲み込めないのだが、ジョンは毎日朝食の前に一杯飲むと誓っていた。私はアルミニウムのスーツケースにそのボトルを丁寧に梱包して保護していた。しかし、空港でスーツケースが荷物カートからすべり落ちて、床に勢いよく落下してしまった。刺激臭のする茶色い液体が染み出てくる。フェルネット・ブランカの割れたボトルをすぐに取り出し、ガラスの破片やこぼれた液体をなるべくきれいに掃除した。税関から出たところで迎えてくれたジョンは、そのアクシデントに同情してくれた。彼が宿まで送ってくれた後、私たちはスーツケースの中身（私の講義ノートなど）を吊して乾かしたのだった。あれから何年も経ったのに、ノートの端にはまだ茶色いしみが残っていて、苦いにおいを感じる。今から何千年後も、化学的な調査を行う未来の考古学者ならばこのノートを手に楽しい一日を過ごせることだろう。

ヨーロッパの混合発酵飲料を味わう

中世はヨーロッパでのアルコール飲料の発展にとっては黄金時代だったが、それらの起源ははるか昔にさかのぼる。ヨーロッパは黒海と地中海を結ぶダーダネルス海峡とボスポラス海峡によってアジアと隔てられているが、知識や技術は何千年も前からひっきりなしに両地域のあいだを行き来していた。ヨーロッパが家畜や植物の栽培種をアジアから取り入れ始めた遅くとも新石器時代以降、知識や技術はアジアのほうからヨーロッパへ伝わることが多かった。しかし時折、北のヨーロッパの草原地帯に暮らしていた人々が馬に乗って南の地域へ進出したときなどは、その流れが逆になることもあった。発酵飲料はたいていの宗教や葬儀、社会の習慣に欠かせなかったため、人々の移動とも強い関係がある。

ヨーロッパの初期の発酵飲料はどのようなものだったのか。その世界への入り口となるのが、アナトリア高原の中央部に位置するトルコの首都アンカラに近いゴルディオン遺跡だ。紀元前一二〇〇年前後に青銅器時代から鉄器時代へ激動の移行が起きた後、フリギア人が東ヨーロッパからアジアへ入った。強大なヒッタイトの王国が滅びると、残った人々はトルコ南東部やシリアへ移り住んだ。フリギア人はその空白域を埋めるように、ゴルディオンに都を建造した。

ゴルディオンはペンシルベニア大学考古学人類学博物館が五〇年以上も発掘調査に取り組んできた遺跡で、「ゴルディオスの結び目」に関する物語でよく知られている（それを解ける者がアジアを制するといわれた難解な結び目を、アレクサンドロス大王は剣で断ち切って、予言を現実のものとした）。伝説によれば、無一文のミダス王とその父親のゴルディオスはもともと、その結び目でかたくつながれた牛車に乗ってこの都にやって来て、フリギア人が支配する黄金時代を築いたのだという。

『古代のワイン』で、紀元前七五〇～前七〇〇年頃のミダス古墳と呼ばれる壮大な王墓について書いた。土と石を五〇メートルほどの高さまで盛って造成したその巨大な古墳は、昔も今もこの地の風景で圧倒的な存在感を放っている。その中心に位置する墓室は、ビャクシンの丸太とマツの厚い板を使って壁が二重に設けられ、完全に残っているものとしては世界最古の木造構造物だ。地下水面よりもはるか上に位置し、膨大な量の土の下で保護されていたため、まるで密封されたタイムカプセルのような役割を果たしてきた。

一九五七年、壁を壊して墓室に足を踏み入れた発掘隊は、まるでハワード・カーターがツタンカーメンの墓を発見したときのように、驚くべき光景を目の当たりにした。六〇歳から六五歳とみられる男性の遺体が、何枚も厚く重ねられた青や紫色の織物の上に横たわっていたのだ。王にふさわしい壮麗な彩りである。その背後には、大甕や壺、杯など、墓の主に別れを告げる晩餐で使われた一五七点の青銅製容器が、ずらりと並んでいた。鉄器時代の酒器がこれほどの点数でまとまって発見された例は、ほかにない。

同時代のアッシリアの碑文によれば、ミダス王は伝説的な人物だったというだけでなく、実際にフリギアを支配し、本人のほか、その父親や祖父（両人とも名はゴルディオス）も同じ墓に埋葬されたという。「ミダス王ここに眠る」などというわかりやすい碑文はないものの、これまでに発見された古代の象眼家具のなかでは屈指の完成度を誇る家具など、墓の調度の豪華さを見れば、それが王墓であることは確実だ。フリギア王の死を受けて、その人気や治世の繁栄をたたえる酒宴が幾度も開かれた。亡骸はその後、墓室へと移され、その魂が永遠に生き続けられるよう、宴会の料理や酒の残りとともに安置された。少なくとも、その後の二七〇〇年は生き続けたわけだ。

これが黄金で彩られたという伝説のミダス王の墓だとすれば、黄金はどこにあるのだろうか。オウィディウスの『変身物語』に記された神話では無尽蔵の富が約束されていたかもしれないが、同書には王が飢え死にする運命にあったとも書かれている。ミダス王が風味のよいシチューに指を入れたり、ワインをひと口飲んだりすると、食べ物や飲み物は食べられない黄金に変わる。もしかしたら、ギリシャから来た暗黒時代のさすらい人が、ライオンや雄羊の頭が付いた壮麗な青銅製のバケツ形容器「シトラ」を墓室で目にして、でっち上げた神話なのかもしれない。緑色のさび「緑青（ろくしょう）」を落とすと、黄金のような輝きを放ったからだ。こうした容器は、三つの甕（それぞれの容量

旧石器時代後期と新石器時代（約３万年前から紀元前 4000 年）に発酵飲料がつくられた地域
ビルカ
重要な遺跡
ナイル川
特徴的な地形
新石器時代（前 8500 年頃）から青銅器時代、鉄器時代、前４世紀頃にかけて、発酵飲料の醸造や植物の栽培化に関する知識や技術が伝わった経路
バルト海
ゴットランド島
ユーラシアのステップ
メジン
カスピ海
ニトリアンスキー・ハラードク
スロバキア
カルパチア山脈
東・中央
ヨーロッパ
ドナウ川
バルカン山脈
前5500年
前6000年
カフカス山脈
黒海
前 6000 年
アナトリア
ボアズカレ
ゴルディオン
トロス山脈、
カフカス山脈、
ザグロス山脈北部
前 6500 年
ギリシャと
エーゲ海
トルコ西部
チグリス川
レフカンディ
前 7500 年
テーベ
ギョベックリ・
テペ
ミケーネ
ナクソス島
ウルブルン
前 5800 年
ラスシャムラ
アンチレバノン山脈
レバノン山脈
ユーフラテス川
前 2000 年
前 2000 年
サラミス
前 7500 年
キレニア
キプロス島
シリア
ビブロス
シーラ
クレタ島
バールベック
ヤブルード
ミルトス
ベイルート
ダマスカス
前 3000 年
ティルス
エイナン
地中海
カルメル山
レヴァント
エルサレム
ヨルダン
イェリコ
前 6000 年
死海
ガザ地区
ナイル川流域
ベイダ
ギザ
サウジアラビア
シナイ半島
エジプト
ナイル川
アカバ湾

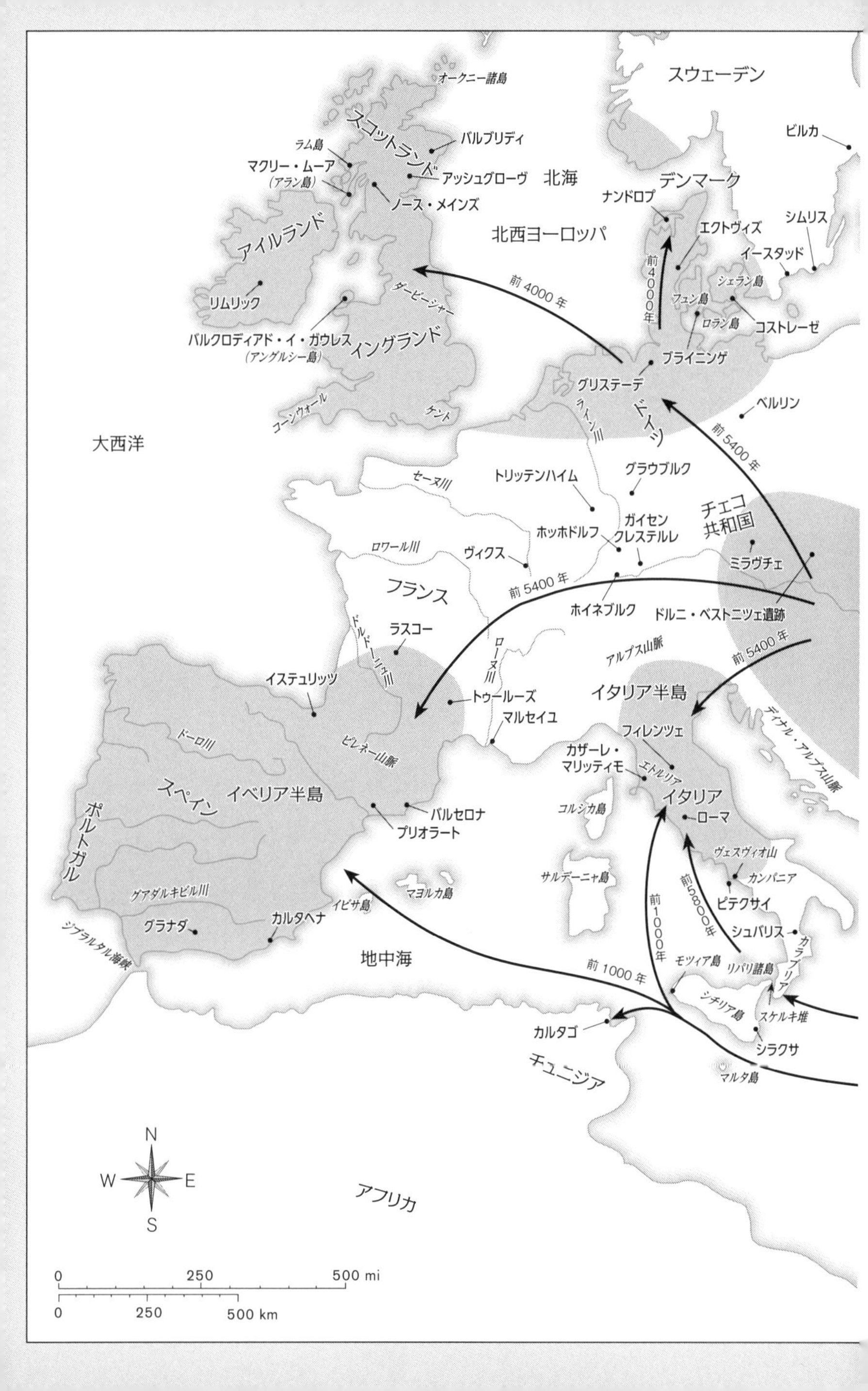
オークニー諸島
スウェーデン
スコットランド
ラム島
バルブリディ
マクリー・ムーア
(アラン島)
アッシュグローヴ
北海
ノース・メインズ
デンマーク
ナンドロプ
ビルカ
アイルランド
北西ヨーロッパ
エクトヴィズ
シムリス
イースタッド
前4000年
リムリック
ダービーシャー
シェラン島
フュン島
ロラン島
コストレーゼ
バルクロディアド・イ・ガウレス
(アングルシー島)
イングランド
ブライニンゲ
グリステーデ
コーンウォール
ケント
ライン川
ドイツ
ベルリン
大西洋
前5400年
セーヌ川
トリッテンハイム
グラウブルク
チェコ
共和国
ガイセン
クレステルレ
ホッホドルフ
ロワール川
ヴィクス
ミラヴチェ
フランス
ホイネブルク
ドルニ・ベストニツェ遺跡
ドルドーニュ川
ラスコー
ローヌ川
アルプス山脈
イステュリッツ
イタリア半島
トゥールーズ
マルセイユ
ディナル・アルプス山脈
ドーロ川
ピレネー山脈
フィレンツェ
カザーレ・
マリッティモ
エトルリア
スペイン
イベリア半島
イタリア
ポルトガル
コルシカ島
ローマ
バルセロナ
プリオラート
ヴェスヴィオ山
カンパニア
サルデーニャ島
マヨルカ島
前5800年
前1000年
グアダルキビル川
ピテクサイ
イビサ島
カルタヘナ
グラナダ
シュバリス
ジブラルタル海峡
地中海
カラブリア
モツィア島
リパリ諸島
シチリア島
スケルキ堆
カルタゴ
シラクサ
チュニジア
マルタ島
N
W
E
S
アフリカ
0
250
500 mi
0
250
500 km

はおよそ一五〇リットル）から小さな甕へ飲料を移すのに使われた。一～二リットル入る杯を一〇〇杯以上満たす量だ。

私にとっての本当の「黄金」は、こうした容器を満たしていた中身である。シトラと杯の中に入っていた鮮やかな黄色の残渣に対して化学分析を行ったところ、きわめて独特な発酵飲料の存在が明らかになった。ブドウのワインと大麦のビール、ミードを混ぜ合わせた飲料だ。赤外線分光法やガスクロマトグラフ・質量分析装置などの技術を使って分析したところ、大麦のビールを示す化合物であるシュウ酸カルシウム（ビール石）、中世のブドウのワインの特徴である酒石酸とその塩のほか、特徴的な蜜蝋の化合物が検出された。蜜蝋は蜂蜜から完全に除去することは不可能で、蜂蜜と、その発酵製品であるミードの存在を示している。

私たちは「フリギアのグロッグ」とでも呼べるような、きわめて独特な酒を発見したということだ。このような混合飲料を飲むと考えただけで尻込みしてしまう読者もいるだろう。実際、私もそうだった。ワインとビールを混ぜ合わせるという考えにあまりにも面食らっていた私は、二〇〇〇年三月、ビールの権威であるマイケル・ジャクソンに敬意を表してペンシルベニア大学考古学人類学博物館で開かれた「焙煎と乾杯」という祝典の後、創造性豊かなマイクロブルワリーのグループに向けて、こんな挑戦状を突きつけた。私たちの化学分

地図2　ヨーロッパと地中海。発酵飲料づくりの伝統は、3万年前からヨーロッパ大陸と地中海の沿岸部に浸透した。植物の栽培種は新石器時代（前8500年以降）から紀元前4000年にかけて中東から伝わった。レヴァント地方から海を渡ってきたフェニキア人、そしてギリシャ人が、地中海の西方にワイン文化をもたらしたのだ。十分に検証された遺物と生体分子考古学上の証拠（穀物の栽培種など）から、彼らとの接触があった最も古い年代を移動ルートに沿って仮に示した。

析で検出された原料を使って実験的に発酵飲料を醸造して、こうした酒の概念があり得るかどうかを確かめる、というのが目的だ。その後、彼らは何カ月もかけて、原料の量や種類、醸造法をさまざまに組み合わせて、試行錯誤を繰り返した。私の仕事は、届いた最終製品を味わって評価することだ。

私たちの化学分析では解決できない大きな問題が一つあった。苦味をもたらす成分を検出できなかったのだ。しかし、蜂蜜やブドウの糖分、麦芽の甘味を抑える何かが必要だったはずである。ホップは当時のトルコでは生育しておらず、最初に苦味成分として使われたのは中世のヨーロッパ北部だったので、除外した。そこで私たちが選択したのは、サフランだ。花の雌しべを集めてつくるトルコ原産のスパイスで、その黄金色と価格がミダス王の風格を感じさせるからである。一オンス(約二八グラム)のサフランをつくるのに五〇〇〇個ほどの花が必要だという、世界一高価なスパイスだ。すばらしい香りと、独特な苦味をわずかに感じるほか、鎮痛作用もある。その黄金色は、王家の色である紫を少し感じさせる。

マイクロブルワリーの挑戦で勝利を収めたのは、新石器時代の飲料づくりに並々ならぬ情熱を注ぐドッグフィッシュ・ヘッド醸造所のサム・カラジオーネだ。彼がつくった「ミダス・タッチ」は、同じく混合発酵飲料である「シャトー・ジアフー」(第2章参照)に近いのだが、その香りや味は異なっていて、やや甘い。シャトー・ジアフーに使っていた米の代わりに、ミダス・タッチでは中東が原産である大麦の麦芽を使っている。紀元前八世紀当時のアナトリアで使われていたブドウの品種を特定できる証拠はないため、イエロー・マスカットを使った。DNA分析で、中東最古のブドウの栽培種に近縁であるとされているからだ。甘美な野花の蜂蜜とサフランを組み合わせた結果、王にふさわしい黄金色の酒が完成した。

二〇〇一年初めにミダス・タッチが発売されたとき、競争がきわめて激しいビール市場で生き残れるのか確信はなかった。ドッグフィッシュ・ヘッドは、ほかの多くのマイクロブルワリーのように時代遅れにならないよう奮闘していた。ミダス・タッチは、黄金色の「王」の親指の指紋をラベルにあしらい、最初は七五〇ミリリットルのコルク栓を使ったボトルとして登場した。しかし、ボトル内の空気が占める領域にばらつきがあるうえ、コルクが大きくゆがんでいることが多かったために、品質が安定しなかった。ボトルの中身の飲料はおいしかったのだが、サムはそれまでビールのボトルにコルクを使ったことがなく、もっと優れた設備が必要だった。コルクの栓をする作業員の一人が機械（この飲料が醸し出すスペシャルな雰囲気にそぐわないものではあるが）で作業中に指を切断する事故が起きると、商品の梱包を一二オンスのボトルの四本セットに変更し、ボトルの栓にはほとんどのビールと同じ王冠を使うことにした。現在、ミダス・タッチは主要な競技会で三個の金メダルと五個の銀メダルを獲得し、ドッグフィッシュのほかの飲料を上回る栄誉を得て、熱狂的なファンもいる。ミダス王もきっと満足しただろう。

時代をさらにさかのぼる大陸全域の伝統

フリギアのグロッグは、混合発酵飲料あるいは「過激な飲料」としては後発ではあるが、醸造の伝統がヨーロッパとアジアのあいだでどのように伝わり合っていたか、そして、その伝統がヨーロッパではるか昔までさかのぼることを端的に示している。サム・カラジオーネは「ミダス・タッチ」を考案する前の二〇〇〇年にも、マイケル・ジャクソンの祝典でデザートに合うブラゴットを醸造したときに、ヨーロッパに伝わる豊かな醸造の世界にいつのまにか足を踏み入れていた。現在では大部分が忘れ去られてしまったものの、中世のブラゴットは蜂蜜と麦芽、そしてしばしば果実を組み合わせた飲料だった。サムがつくったのは、芳醇ながら飽きのこないデザートワインで、プラムを原料に加えていた。プラムの代わりにブドウを使えば、ミダス・タッチの基本的な原料となる。

おそらくフリギアのグロッグには、フリギア人の「祖国」の伝統的な飲料の特徴が表れているのだろう。移住者たちはアナトリアまで旅するときに、この飲料を携えてきたのだ。彼らはインド・ヨーロッパ語族の人々で、ウクライナ西部のステップ地帯を出発し、南西へ移動してカルパチア盆地周辺のハンガリーやルーマニアを経由して、バルカン諸国かギリシャ北部へ入ったと考えられている。フリギア人の起源がステップ地帯であるとの考え方は、その生活習慣から生まれたものだ。彼らは先のとがった独特の帽子をかぶっているが、その素材はフェルトであることが多く、中央アジアのチェルチェンの墓所から出土した遺物とほぼ同じものだ。ミダス古墳で王の遺体の下に何枚も厚く敷かれていたのが青と紫のフェルトで、この布は遊牧民のあいだで広く見られる。フェルトは湿らせた羊毛を圧縮してきつく巻くことによってつくられる。馬に乗せて何日も運んでいるうちに、熱や摩擦の作用で繊維が絡まり合って一枚の布地になるのだ。

フリギア人と彼らのグロッグが到来するはるか前、アナトリアは文化や技術（新たに生まれた植物の栽培種や家畜、冶金術、そしてもちろんアルコール飲料）を西アジアからヨーロッパへ伝える導管のような役割を果たしていた。それは新石器時代の紀元前六千年紀までさかのぼる。大杯、水差し、小さなビーカーまたはカップからなる酒器一式の伝統は、紀元前四千年紀半ばのバーデン文化（ウィーン近くの遺跡より命名）までに確立され、こうした遺物はハンガリーのカルパチア盆地やドナウ川沿いに位置する数多くの墓所から出土している。大杯と水差しには異なる飲料が入れられ、それらを混ぜ合わせてカップから飲んだとの見方がある。そうだとすれば、こうした酒器一式はやがてヨーロッパ全域に広がる現象の最初期の事例なのかもしれない。

バーデン文化にはアルコール飲料の闇の側面も垣間見える。スロバキア西部に位置する紀元前四千年紀後期のニトリアンスキー・ハラードク遺跡では、「死の穴」と呼ばれる穴に埋められた一〇人の遺体が発見された。それぞれが祈っているかのように両手を顔の前に置いた状態で、同じ方向を向いてひざまずいている。この恐ろしい現場の下から、一点のカップとアンフォラが見つかっている。この発見から一〇人がどのような運命をたどったのかが推測できそうだ。中国やメソポタミアの「文明世界」の支配者とともに墓に入った従者や女性、馬のように、この一〇人も毒草入りのアルコール飲料を飲んだのかもしれない。

バーデンの飲酒文化は、紀元前四千年紀から三千年紀にかけてヨーロッパ中部から大陸のほかの地域へ広がった。ドイツやデンマークの遺跡から出土した漏斗状ビーカーは美しい光沢と装飾が見られ、頸部がきわめて長く、容器に重要な何かが入っていたことをよく表している。チェコからスペイン、ノルマンディー、イギリスにいたる幅広い弧状の領域に位置する遺跡では、鐘を逆さまにしたような形の鐘状ビーカー（鐘形杯）が普及した。この文化では、有名なストーンヘンジをはじめ、ヨーロッパに点在する巨石を円形に配置した環状列石のほうがよく知られているが、容量が最大で五リットルもある鐘状ビーカーもあらゆる地域で出土し、この文化を代表するもう一つの特徴である。墓所には、一点の水差しとともに、一〇点かそれ以上のビーカーがまとめて副葬されていることが多い。化学分析などによる確認がなくても、これらは死者への最後の献杯と考えるのが、最も妥当な解釈だ。

アジアや近東、あるいはほかの地域と同様、ヨーロッパの飲酒文化もいったん確立されると、そこからはなかなか変化しなかった。では、フリギアのグロッグはヨーロッパの幅広い醸造の伝統からどのような影響を受けたのか、そして、アナトリアのもともとの習慣にそれはどんな影響を与えたのだろうか。

答えを求めてはるか北へ

意外にも、ギリシャより北のヨーロッパで最古の発酵飲料の証拠は、四〇〇〇キロ以上も離れたスコットランドの島々や本土にあった。ご存じのとおりスコットランドは、近海をメキシコ湾流が流れ、最終氷期以降に周期的に温暖な時期があったものの、寒さが厳しい地域である。こうした環境から、アルコール飲料の原料として手に入る糖分豊富な作物が決まってくる。この地域で新石器時代に飲まれていた飲料は、現在のスコットランドを代表する飲料とは何の関係もない。スコッチウイスキー（語源であるゲール語の「ウシュクベーハー」は「命の水」の意）が登場したのは中世初めで、その高いアルコール度数は蒸留によるところが大きい。

スコットランドの遺跡でヨーロッパ最古の発酵飲料が確認されたのは、花粉学者をはじめとする研究者の先駆的な取り組みのおかげだ。彼らは、ビーカーなどの飲料の容器に残った物質を詳しく分析して、花粉や植物の残渣を探す利点にいち早く気づいた（これと同じ調査法や化学分析をヨーロッパのさらに南方の遺跡で実施すれば、スコットランドに匹敵する貴重な発酵飲料の手がかりが得られるはずだ）。

スコットランドの花粉学者は、エディンバラの北のファイフに位置するアッシュグローヴと、そこからもう少し北に位置するストラットハランのノース・メインズのヘンジ（環状遺跡）と古墳の墓から出土した、完全なビーカーに入っていた黒っぽい残渣を分析した。年代は紀元前一七五〇〜前一五〇〇年である。同じくエディンバラの北にあるテイサイドと、オークニー諸島のメインランド島の海辺の集落バーンハウスでは、はるかに古い紀元前四千年紀半ばにさかのぼる容量一〇〇リットルの大甕が分析された。テイサイドとバーンハウスの近く、そしてメインランド島にある有名な新石器時代の遺跡スカラブレイでは、蓋が見つかっている。大甕の蓋として使われたとすれば、大甕で糖度の高い液体の嫌気性発酵が促進されただろう。

西部の沿岸部では、南西部沿岸のアラン島のマクリー・ムーアにあるヘンジと、中部沿岸のインナー・ヘブリディーズ諸島のラム島にある遺跡から出土した容器の内部に付着していた同様の残渣が分析された。前者の年代はやはり紀元前一七五〇〜前一五〇〇年頃だが、ラム島の遺跡は紀元前三千年紀後半までさかのぼり、その溝の装飾が施された土器はテイサイドやオークニー諸島の大甕を思い起こさせる。

スコットランドで見つかった残渣の花粉分析で得られた結果は、きわめて一貫性が高い。蜂蜜はすべてのサンプルで確認され、主にフユボダイジュ（*Tilia cordata*）やセイヨウナツユキソウ（*Filipendula ulmaria*）、ヒース（*Calluna vulgaris*）の花の蜜からなる。ノース・メインズのビーカーと、ラム島やテイサイド、オークニー諸島の大型容器には、穀物の花粉も含まれていた。果実の痕跡は確認されなかったが、花の蜜と比べると果実に付着する花粉はわずかなので、果実がなかったと言いきることはできない。セイヨウナツユキソウの花粉は、蜜に混じっていたのではなく、植物そのものに由来している可能性もある。一六世紀以降の本草家や植物学者は、当時の英語でmedesweeteやmedewurte（「ミード用の心地よい草」という意味）と呼ばれていたセイヨウナツユキソウ（meadowsweet）の葉や花をワインやビール、ミードに加えて独特な風味や香りをつける方法を記している。テイサイドで見つかった残渣では、精神に変化をもたらすヒヨス（*Hyoscyamus niger*）とベラドンナ（*Atropa belladonna*）の花粉の存在が報告されたが、追跡調査ではこれらの花粉は確認されなかった。

花粉の分析結果のなかにはさまざまな解釈ができるものもあるが、杯や大型の容器にはかつて発酵飲料（ミード、甘みをつけたエール、あるいは、ハーブを加えてもっと複雑な風味をつけた「北欧のグロッグ」）が入っていたと十分に考えられる。アッシュグローヴのビーカーに入っていた蜂蜜は、その墓に埋葬されていた男性の遺体の上部を覆ったコケや葉の上にこぼれていたので、明らかに希釈されていた。蜂蜜は水で希釈すると、含まれている天然酵母が活動を始め、発酵してすぐにミードに変わる。この仮説と、ラム島から得られた証拠に従って、スペイサイド（現代のスコッチウイスキー生産の中心地）のグレンフィディック蒸留所を所有する企業ウィリアム・グラント・アンド・サンズが、ヒースと蜂蜜を原料としたミードを生産した。一度限りの再現ではあるが、アルコール度数が八％で、飲んだ人からは「なかなかおいしい」との評価を得ている。

一方、自家醸造家のグレアム・ダインリーとその妻メリンはノース・メインズの残渣をヒントに、また違った再現を試みた。二人が醸造した「ストラットハラン・ブルー」は大麦の麦芽を原料とし、香りづけにセイヨウナツユキソウが加えられている。再現に当たっては、肥やしをまぜた粘土でつくった陶器を使用していて、それが飲料に快い刺激を与えている。試飲者のなかには気に入った人もいる。

こうした飲料に使われた原料の種類や量を特定するには、さらなる化学分析や植物学的な研究が必要だ。おそらく当時の北方の人々は、蜂蜜だけでなく、穀物や果実の糖分を発酵させる方法も知っていただろう。遺跡からはクラウドベリー（ホロムイイチゴ）やコケモモも発見されているから、これらも醸造に使われていた可能性がある。こうした果実は現在では、甘くておいしい「コーディアル」と呼ばれる飲料の原料となっている。

もっと強烈な酒？

新石器時代のヨーロッパ人が幻覚剤を好んだという例をいくつも紹介したが、これはあくまでもまだ仮説の段階で、多くは裏づけとなる証拠が必要だ。イギリスの考古学者アンドリュー・シェラットとリチャード・ラジリーは、北欧のグロッグにはケシの実の乳液からつくったアヘンや、アサからつくった大麻、ヒヨス、ベラドンナがしばしば加えられたと主張している。この仮説が魅力的なのは、大規模なヘンジの先駆けである巨石を並べた通路や墓室のある墓の中心に、人間の幻覚症状を思い起こさせる形やデザイン（らせん模様、チェッカー盤のような模様、入れ子になった幾何学的な図）を彫った石碑と大型の水盤が配置されているからだ。こうした新石器時代の墓の彫刻について、デヴィッド・ルイス゠ウィリアムズらは、来世の儀式が行われていたとみられる旧石器時代の壁画洞窟（第1章参照）がもつ非常に謎めいた雰囲気を再現したものだと解釈している。ウェールズのアングルシー島にあるバルクロディアド・イ・ガウレスの中央の部屋からは、火にかけられた一匹の小さなカエル、二種のヒキガエル、それぞれ一匹のヘビ、魚、トガリネズミ、ウサギという奇妙な組み合わせの死骸が、石や土、貝殻を意図的にかぶせられた状態で発見された。これは、新石器時代の魔法のスープの材料なのだろうか。シェークスピアの悲劇『マクベス』で、魔女がイモリの目やヘビの舌などを大釜に放り込んでかき混ぜている場面を思い起こさせる。

シェラットとラジリーの仮説をすぐに否定することはできない。これまで見てきたように、紀元前二〇〇〇年頃のトルクメニスタンでは儀式用の特別な飲料の醸造におそらくアヘンや大麻が使われていただろうし、その起源ははるか昔にありそうだからだ。バーデンの初期の飲酒文化はユーラシア大陸西部のステップ地帯での文化の発達と関連があり、こうした薬物がもたらす喜び（そして危険）をヨーロッパに伝えた可能性も十分にある。もっと新しい文字記録から、アヘンがエジプトやギリシャ、ローマで痛みを和らげる薬として使われていたことがわかっている。

アヘンの原料となるケシの実は、新石器時代以降のヨーロッパ中部と南部の数々の遺跡で出土例がきわめて多く、鉄器時代まではイギリスとポーランドの遺跡でも見つかっている。ケシの実自体には幻覚作用はなく、燃料油や香辛料の原料となっているものの、薬物の原料となるケシ坊主（果実）の存在も示唆している（ケシ坊主は分解されやすい）。スペイン南部グラナダにある紀元前四二〇〇年頃のクエバ・デ・ロス・ムルシエラゴス（コウモリ洞窟）では、アフリカハネガヤという草でつくられた袋の中から完全なケシ坊主が見つかった。楼蘭のミイラを包んだ布の端に縫い込まれたマオウを思い起こさせる（第4章参照）。

アサの種子も、新石器時代以降のヨーロッパ全域の遺跡で発見されている。アサの一部からは多用途の繊維がつくられるほか、種子からは油が採れる。ヨーロッパの人々は、幻覚を生むアルカロイドに富んだアサの葉や花をアルコール飲料に浸してその成分を抽出する方法を、容易に見いだすことができただろう。同様に、ヨーロッパ大陸全域の遺跡から出土している壺の土台や、多数の脚が付いたこんろ、パイプの軸は、スキタイ人がテントの中でやっていたように（第4章参照）、大麻を喫煙したり吸入したりするのに便利な道具だったはずだ。こうした遺物の一部からは炭化したアサの種子が見つかっているが、これはおそらく葉や花が燃やされた後に残ったものだ。大麻が当時すでにヨーロッパで薬物として受け入れられていたとすれば、同じくアサ科でビールの重要な原料であるホップ（*Humulus lupulus*）が後に受け入れられたのは、自然な流れだったとみることもできる。

しかし、精神に影響を及ぼすこうした薬物がアルコール飲料に混ぜたかたちで消費されていたことを裏づける確たる証拠はない。この研究である程度の成果をあげているのがバルセロナ大学の研究チームで、彼らは考古学や化学、植物珪酸体の研究（植物に含まれる特徴的な珪酸成分を顕微鏡で特定する研究）といったさまざまな手法を駆使して、大麦やエンマー小麦の飲料にヨモギの仲間（*Artemisia vulgaris*）が加えられているほか、時に蜂蜜やドングリの粉が含まれていることも突き止めた。こうした飲料の残渣は容量が八〇～一二〇リットルもある甕や壺、ビーカーなど小型の酒器から発見された。これらはバルセロナ周辺（カン・サドゥルニ、ヘノ、コバ・デル・カルバリ、ロマ・デ・ラ・テヘリアの洞窟）とスペイン中部（バジェ・デ・アンブロナとラ・メセタ・スール）の遺跡から出土したもので、年代は紀元前五〇〇〇年頃から西暦紀元の始まりにまで及ぶ。

研究チームのホセ・ルイス・マヤとホアン・カルルス・マタマラ、ジョルディ・フアン＝トレセラスは、スペインに拠点を置くサンミゲル醸造所の助けを借りて、五一〇〇年前にさかのぼるヘノの飲料の再現に挑んだ。原料は、スペイン北部のアストゥリアスに唯一残る畑で栽培されたエンマー小麦と、大麦だ。これらを、残渣が入っていた古代の壺のように手づくりの土器に入れ、ピレネー山脈を源とする清らかな天然水を使って醸造した。香料や保存料として、地元のローズマリー、タイム、ミントも加えた。最初の醸造でできたのはアルコール度数八％の黒くてどろりとした濃厚な飲料で、その四〇〇本のボトルは、気が抜ける間もなくすぐになくなった。次の醸造分は、二〇〇四年にバルセロナで開かれた第一回「先史時代と古代のビールに関する国際会議」のために、やや厳密さに欠ける手法で醸造された。バッカス祭のようなどんちゃん騒ぎの閉会式で、私はその飲料を飲む機会を得たのだが、残念ながら、その魅力的な風味は醸造法のわずかな変化によって損なわれてしまっていた。

提唱された幻覚をもたらす飲料に決定的な証拠が欠けているとしても、二人のアイルランド人考古学者ビリー・クインとデクラン・ムーアが最近提唱した説にはさらに度肝を抜かれる。アイルランドのあちこちには、馬蹄形の興味深い遺構（ゲール語でフルック・フィーア、「大自然の穴」の意）が何千も見られるのだが、それらが最古のアイリッシュビールの醸造に使われたというのだ。フルック・フィーアの年代は新石器時代から紀元前五〇〇年頃にわたる。二人の推測では、その中央にある長いくぼみに麦芽と水を入れ、出来上がったその混合物に熱した石を入れて煮立たせて、でんぷんを糖に分解したのだという。残念ながら、遺跡からは、発芽あるいは糖化した穀物がまったくといっていいほど出土していない。それよりも多く出土するのが、動物の骨だ。火で割れた石は、穀物ではなく肉を煮るのに使われた手がかりだと解釈する考古学者もいる（ひょっとしたら、コーンビーフの先駆けか?）。

ビール会議に出席したとき、バルセロナのランブラス通り沿いのバーでクインとムーアが説明してくれたところによれば、その大胆な説を思いついたのは、二日酔いを治そうとしていたある朝だったという。新石器時代に熱い石を使ってほかの料理がつくられていたとしたら、ビールの醸造にも同じ方法が使われていたのではないか、というのである。現代でもこの伝統を受け継いでいる人がいる。オーストリアとバイエルン（マルクトオーバードルフ）のいくつかの小さな醸造所では、熱い石を使ってシュタインビーア（石のビール）と呼ばれるビールをつくっている。アメリカでは、ボルティモアのブリムストーン醸造会社が一九九八年まで「ストーンビア」という特別なビールを醸造していた。熱した輝緑岩をフォークリフトを使って麦汁に入れると、ものすごい勢いで蒸気が上がったという。そのまま二〇分間にわたって麦汁の煮沸釜に入れた後、石を取り除いて冷凍庫で冷やし、二次発酵のときにもう一度麦汁に入れて、ビールにキャラメルのような風味を加えて仕上げる。残念なことに、その後醸造所は身売りされ、新しいオーナーは労力のかかる醸造法を廃止した。しかし、テネシー州とアーカンソー州のブルーパブ（醸造酒場）であるボスコスが「フレーミング・ストーンビア」というビールをつくり、アメリカで伝統を受け継いでいる。

クインとムーアは、自説を裏づける穀物の残渣がフルック・フィーアにないことを気にしていない。二人は古代のものとほぼ同じ大きさの木製の容器を確保し、そこに大麦と水を入れ、熱した石を落として甘い麦汁をつくった。そして、ホップの代わりに種類不明のハーブの束を麦汁の中に吊した。その液体をプラスチック製の大きな容器に移し、酵母を加えて、三日ほどで「新石器時代」のビールを完成させた。ギネスにはほど遠いものの、試飲を買って出たグループは伝統的なアイリッシュエールのような味だという意見で一致した。

新石器時代のイギリスはヨーロッパ大陸で大規模な定住地の形成につながった穀物生産の革命とは一線を画していたというのが、考古学者たちの長年の見解だった。イギリスの人々は巨石を使った墓やヘンジをときおり建設する以外は、遊牧生活を続けていたように見えた。しかし、そうした見方が大きく見直されたのが、スコットランド東海岸のアバディーンから内陸に入ったバルブリディで大きな建造物が空撮写真によって見つかり、その発掘調査が行われたときだった。アッシュグローヴとノース・メインズのビーカーが見つかった地点から一五〇キロほどしか離れていない。木材でつくられたバルブリディの建物は紀元前三九〇〇〜前三五〇〇年頃のもので、複数の仕切りで区切られた屋内からは、大麦やエンマー小麦、パン小麦、アマニ(アマの種子)が見つかった。

ここ一〇年で、こうした新石器時代の「穀物倉庫」はイングランド(ダービーシャー州のリズモア・フィールズ、ケント州のホワイト・ホース・ストーン)やスコットランド(中部のカランダー)、アイルランド(リムリック州のタンカーズタウン)で数多く発見されている。建物の一部は炉床と広い床面を備えていることから、ビール醸造用の倉庫と麦芽づくりの施設を兼ねていた可能性もある。これらの建物の役割については祭儀用建物から単なる住居までさまざまな説があり、まだ確定にはいたっていない。

糖分はどこに?

南部の人々に比べて、ヨーロッパ北部の人々には単糖を手に入れる方法が少ない。糖分の源としてまず思い浮かぶのが、蜂蜜だ。これは秋のうちに森から天然のものが集められた。スペイン東部に残された中石器時代と新石器時代の見事な壁画には、貴重な食材を手に入れようと絶壁をよじ登る蜂蜜採りの姿が描かれている。

ヨーロッパで養蜂が始まったのは、おそらくそれほど昔ではない。ドイツ北部のグリステーデでは丸太をくり抜いた巣箱が発見され、オルデンブルクに近い泥炭地からはブナ材の巣箱が二点出土している。これらの年代は紀元一世紀だ。ほぼ同じ年代の巣箱は、ポーランドのオーデル川からも木の幹をくり抜いた巣箱が発見されている。しかし、ヨーロッパ西部の木々がまばらな地域などでは、早ければ新石器時代に、ミツバチが出入りできる穴の開いた籠の巣箱が養蜂に使われていた可能性も十分にある。スイスの湖畔に位置する新石器時代の集落や、スペインとドイツ南部の遺跡から、養蜂に適した形の保存状態の良い籠が出土している。

近東で生まれた各種の穀物も、発芽させればでんぷんを糖に変えることができる。リンゴやサクランボ、コケモモ、クランベリー（ツルコケモモ）、さらには、はるか北の地域に生育するクラウドベリーも、量は限られているものの糖分の源となり得る。リンゴを加えれば、その皮に付いている酵母が発酵を始めてくれる。

スウェーデン南部の複数の遺跡では、新石器時代の土器片に焼成時にできた野生のヨーロッパブドウの圧痕が残っているのが発見されている。これは、紀元前二〇〇〇年頃の温暖な時期にブドウがこの地域にも生育し、利用されていたことを示唆するものだ。ほぼ同じ時代のデンマークの遺跡からはブドウの花粉が出土しているし、さらに驚くべきことに、イングランド南部のドーセットにある土手のようになった土地からは、ブドウの栽培種の種子が一個見つかっている（ただしおそらくこれは、どこか外から入り込んだのだろう）。野生ブドウが北欧のグロッグに使われていた可能性はあるものの、ヨーロッパ北部から出土した古い土器の内部からはブドウの残渣も花粉も本書の執筆時点ではまだ見つかっていない。

どんちゃん騒ぎとダンス

糖分の源が限られていたとはいえ、ヨーロッパ北部の人々がアルコール飲料を渇望する気持ちは新石器時代以降、急速に高まっていく。青銅器時代に北欧のグロッグが存在した最も有力な手がかりは、デンマークのユトランド半島中部のエクトヴィズに位置する墳墓にある。そこで、オークの木棺に納められた一八〜二〇歳の女性の遺体が見つかった。紀元前一五〇〇年から前一三〇〇年のあいだに埋葬されたが、鉄分の多い粘土質の硬い地盤に閉ざされていたため、女性のドレスや、その遺体を包む牛革、焼かれた子どもの遺体を包んだ織物といった有機物がきれいに保存されていた。発酵飲料を研究する歴史家にとって最も興味深いのは、女性の棺の足元付近に置かれていた、カバノキの樹皮でつくられた容器である。この遺物は現在、コペンハーゲンの国立博物館に展示されている。容器を調査した植物学者ビリー・グラムによれば、その中身はコケモモ（*Vaccinium vitis-idaea*）とツルコケモモ（*Vaccinium oxycoccos*）、小麦の穀粒、ヤチヤナギ（*Myrica gale*）の雄しべの花糸のほか、ライムの木とセイヨウナツユキソウ、シロツメクサ（*Trifolium repens*）の花粉だという。彼の結論では、エクトヴィズの若い女性は明らかに上流階級に属し、ミードとビール、果実の混じった特別な発酵飲料をささげられていた。ヤチヤナギはその飲料に特別な風味を与えていただろう。現在でも、スカンディナヴィアの蒸留酒アクアヴィットに加えられることが多い。

とっている。胴まわりを飾る羊毛のベルトを留めるのは、渦巻きを組み合わせた模様が刻まれた大きな青銅の円盤だ。さらにこの女性は、幅広いアームバンドやブレスレット、青銅製の指輪も身に着けている。デンマークのほかの遺跡で見つかった青銅器時代の小立像も、同様の服装や装飾品を身に着けているほか、手を腰に置いて踊っている姿や、曲芸のように体を反らせる姿、胸をはだける姿、容器を差し出す姿が表現されている。酔っ払って踊る姿はアジアだけでなく、ヨーロッパでも広く見られたようだ。渦巻き模様のなかで衣服をほとんど身に着けていないか、糸まとわぬ姿の踊り手が、スカンディナヴィアの岩絵にも見られる。とんぼ返りやラインダンスをしていて、古代風のジグを踊っているかのようだ。エクトヴィズの女性は上流階級の人物ではなく、有名なダンサーだったとも考えられないだろうか。発酵飲料が入った容器が副葬されていたということは、生前の彼女はその容器を他者に差し出したり、その容器から発酵飲料を飲んで踊るときに想像力を刺激したりしていたのだ。

エクトヴィズからほど近いユトランド半島のモース島のナンドロプとシェラン島のブライニングにある墳墓には、同じ時代の男性の戦士が埋葬されている。スコットランドのアッシュグローヴで見つかった男性は青銅製の短剣とともに埋葬されていて、その短剣の柄は動物の角でつくられ、柄頭にはクジラの歯があしらわれていたが、それと同じように、デンマークの戦士は丁寧につくられた長い剣と青銅製の短剣が副葬されている。それぞれの墓では、遺体の脇か足元に壺が置かれていた。壺の中に残っていた黒い物質には、クローバーとセイヨウナツユキソウの花粉とともに、ライ

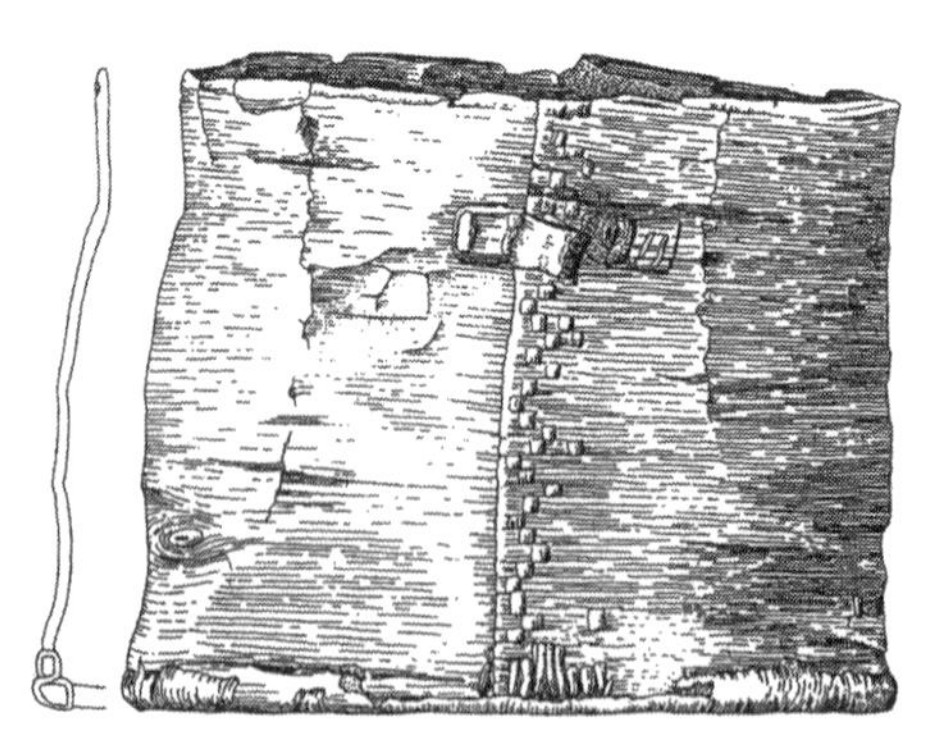

図13　このカバノキの樹皮でつくったバケツ（高さ13センチ）には、ミード、大麦のビール、発酵したコケモモとクランベリーの実を混ぜた「北欧のグロッグ」が入っていた。デンマークのエクトヴィズにある紀元前1500～前1300年頃の墳墓で、女性の「踊り子」が眠るオークの木棺の足元に置かれていた。From E. Aner and K. Kersten, *Die Funde der älteren Bronzezeit des nordischen Kreises in Dänemark* (Copenhagen: National Museum, 1973), plate 15. Drawing courtesy Eva Koch, National Museum of Copenhagen.

ムの木の花粉が大量に含まれていて、薬味の効いた芳醇なミードの存在を示唆している。最近、私の研究室はガスクロマトグラフ・質量分析装置を使って残渣を分析し、蜂蜜の存在を示す特徴的な蜜蝋の炭化水素と酸を検出して、この発見を裏づけた。ナンドロプの壺の内側には、中間から少し高い位置に液体の跡（液体が蒸発した後に固体として残った液体表面の物質）が見られることから、この壺にはかつて液体が半分以上も入っていたことがわかる。こうした墳墓などで発見された証拠から、これら青銅器時代のヨーロッパの戦士たちは自分の集団を守りつつ、最良の仲間と酒を酌み交わすことができたと考えてもよさそうだ。

古典の作家たちを信じるならば、アルプス山脈より北のヨーロッパでは、鉄器時代までにどんちゃん騒ぎが習慣になっていた。たとえば、紀元前一世紀の歴史家ディオドロス・シクロスは、ガリア人（ラテン語でヨーロッパに住むケルト人を一般的に指す言葉）がビールや「ハチの巣を洗った水、おそらくミード」、輸入されたワインを飲んでいたと書いている（『歴史叢書』第五巻第二六章二〜三節）。また、ガリア人は紀元前三九〇年にローマに火を放った後、泥酔した状態で横になっていたとき、急襲に遭ってローマの門から追い出されたといわれている。ケルト人の酒は教養のあるローマ人に忌み嫌われていた。酒を薄めないで飲むのは異民族と山の民だけで、それもストローを使うか、口ひげをフィルター代わりに使って飲んだ（ディオドロス・シクロス第五巻第二八章三節）。とりわけビールのにおいはひどかったと、ハリカルナッソスのディオニュシオスは紀元前一世紀後半に書き（『ローマ古代史』第一三巻第一一章一節）、ケルト人のビールは水の中で腐った大麦でできていると断言している。仮にこれが真実だったとしても、手に入る糖分が限られ、寒くて暗い冬を過ごさなければならず、常連客もいない醸造家を、誰が責められようか。北方に暮らす人々が、チャンスがあれば混合発酵飲料をつくって楽しんだのももっともだ。酒を飲めば飲むほど楽しくなるのだから。

泥炭地の地中へ

発酵飲料を入れた容器は墓以外でも見つかっている。ヨーロッパ大陸の北部の平野とその近くに浮かぶデンマークの島々には、泥炭地が点在する。これらの地域はもともと湖や川で、そこに少しずつ堆積したコケや湿地の植物が、時間とともにピート（泥炭）に変わっていったのだ。泥炭は燃料として利用され、とりわけ第二次世界大戦中には大量に使われた。泥炭地を掘削していくと、新石器時代にさかのぼる遺物が数多く見つかる。泥炭の三分の一は可燃性の物質で、三分の一は灰、残りの三分の一は遺物でできている、という冗談まで登場したほどたくさん見つかったのだ。泥炭を掘る人は見つけた遺物を地元の博物館に提出するように要請され、提出者には少額の報奨金が出ることもあった。そうした遺物を網羅的に集めた最大のコレクションが、コペンハーゲンの国立博物館に収蔵されている。北欧のグロッグが入っていたとみられる新石器時代の漏斗状ビーカーは、斧や武器、船、動物や人間の亡骸とともに、あちこちの泥炭地から出土している。泥炭地では微生物が酸素を消費し尽くしてしまうので、そこに埋没した有機物は腐らずに良好な状態で保存されていることが多い。多くの壺の中には残渣が見られるが、その分析はまだ行われていない。

これらの遺物が泥炭地で発見される理由として考古学者たちが考えているのは、重要な自然の事物（この場合は開けた水域）には神が宿っていると信じられていて、一家や一族がそこに供物をささげていたという解釈だ。奇妙な形の巨石や、こぶだらけでねじれたオークの木なども、信仰の対象となっていたかもしれない。当時のヨーロッパ北部の人々と同等の文化水準にある現代のアフリカの一部、太平洋、アメリカ大陸の社会と比較して考えると、こうした供物には悪霊をなだめたり、近所に宿る祖先の霊などの援助を受けたり、集団の幸福を祈念したりする目的があると推測できる。人間の健康や生活は先行きが見えない不安定なものだ。食物や飲料を精霊にささげる儀式によって、事故の防止や病気の治療、女性の安産、作物の豊作に役立つと信じられていた。

泥炭地で発見されたすべての遺物が古代の共感呪術やアニミズムの儀式の証拠であるとは考えに

くい。たとえば、ボートに乗った男性の遺体は海難事故によるものかもしれないし、何世紀も後のヴァイキングの船棺葬のように意図的に埋葬された可能性もある。首に縄を巻きつけられた状態で見つかった人物は生け贄だったとも考えられるが、罪を犯して死刑に処されたとの見方をしたほうがいいかもしれない。しかし、木製の土台（壊れているか、意図的に沈められた）に置かれた状態でまとまって見つかった数多くの壺は、北欧のグロッグを伴う何らかの特別な活動が行われていたと考えなければ、説明がつきにくい。ベルリンに近いリヒターフェルデでは、一〇〇点近い陶器の杯が何層ものガラスや石に埋もれた状態で発見された。その中身に対して花粉分析を実施したところ、蜂蜜と大麦のビールの混合物が入っていた可能性がきわめて高いことが判明した（しかし、発掘者はその結果を「献花」であると解釈している）。

リヒターフェルデで発見された酒器は紀元前一〇〇〇年頃のものだが、それより新しい紀元前千年紀の泥炭地の酒器はもっと派手なデザインだ。デンマークのフュン島にあるマリーイスミネ・モーセでは、青銅製の大型のバケツ一点と、黄金の杯一一点が見つかった。杯の把手には馬の頭の飾りが付いている。それぞれの容器は同心円などの幾何学的なモチーフで豪華に装飾されている。こうしたモチーフは、当時現れつつあったケルトの芸術の特徴だ。バケツにも杯にも残渣は見つからなかったので、どんな飲料が入っていたかはわからない。しかし、泥炭地から出土したほかの数多くのバケツは、その大部分がギリシャやローマから輸入されたワイン用のシトラか大釜だ。余った容器が捨てられたり、容器が誤って川や湖に落ちたりしたのだとも想像できる。しかし、貴重な金属でできた高価な大型容器が誤って捨てられたとは考えにくい。もっと説得力のある説明が必要だ。

説明の一つとして、供物であるという解釈は確かにある。ミードは北欧神話で最高神とされるオーディンと深い関係がある。彼は回り道の末にミードを発見したといわれているのだ。ヴァン神族として知られている神々が、クヴァシルという頭脳明晰な生き物を大きな壺に吐き出してつくった。しかし、二人の小人がクヴァシルを殺し、その後、蜂蜜が入った大きな容器にその血を流し入れた。そうしてできたのは、飲んだ者に知恵と詩を授ける混合飲料である。北欧神話で血液とミードを混ぜ合わせるという話は、古代の近東やエジプト、ギリシャの多くの神話でワインと血が同じものとして扱われていることを思い起こさせるほか、似たような話は、古代のアメリカ大陸で有名なチョコレート飲料（第7章参照）に関してもある。

北欧神話ではさまざまな企みを経て、血液と唾液、ミードが混ざった飲料が巨人の手に渡り、そこから最終的に神々が手練手管を弄して飲料を取り戻す。オーディンは巨人から野良仕事を得て、特別なミードをひと口飲ませてくれたら報酬はいらないと持ちかけてみた。その申し出が受け入れられないと、オーディンはヘビに化けて飲料の容器が保管されている洞窟に忍び込む。そして、巨人の娘の一人と寝た夜に飲料を少しだけ飲ませてもらえるようになった。こうして三つの壺から飲料を飲み干すと、今度はワシに化けてヴァルハラ［オーディンの宮殿］へと舞い戻り、用意されていた壺にその特別な飲料を吐き出したのだという。ドイツ神話では、「世界樹」の隣にミードの井戸があるとされ、天国とこの世をつないでいる。オーディンはその井戸に身を投げて溺れ、そのときに飲料を飲んで、ごく短時間だけではあるが知恵を得たという。

現実の世界に戻ると、泥炭地から出土した壺はおそらく、社会か宗教、政治の世界でエリートとされていた人々のものだろう。多くの文化では、飲酒は他者に対して権力をふるうための手段だった。誰よりも派手に酒を飲み、最も大きな宴会や饗宴を開ける人物こそが、最大の尊敬を集めたのである。アメリカ北西部では、発酵飲料や食料といった贈り物を再分配するこうした行為は「ポトラッチ」として知られ、考古学の文献や現代のアメリカでは「誇示的消費」と呼ばれている。コンゴの民族アザンデにはこんな言い習わしがある。「族長は酒の飲み方を心得ていなければならない。酒に酔うのはよくあること。それも、とことん酔っぱらえ」。公の祝宴や宗教的な祭典はリーダーの富を誇示するためのものであり、食べ物や飲み物を気前よくふるまうことで庶民の忠誠心を引き出す。ヨーロッパ北部では派手な儀式や豪華な宴会の締めくくりとして、族長は高価な酒器に北欧のグロッグを満たし、生命をはぐくむ水や泥炭地の神々にささげたとも考えられそうだ。宴会や祝宴が盛り上がったときには、暗闇へ放り投げられた酒器もあったかもしれない。

とんでもない酒

ヨーロッパで人が居住できる最北の地域(ギリシャ人にとっての最果ての地)の支配者たちは、臣民と神々の目に映るみずからの地位を高めようと、アルプス山脈の南から酒器の一式を輸入した。古代の職人たちがその技術のすべてを注いでつくり上げた極上の酒器は、現代の博物館に数多く展示されている。ギリシャのシンポジウムやローマのコンヴィヴィウムといった饗宴の主催者もそうだったが、北方の支配者たちもみずからの存在をさらに際立たせるため、アルコール度数を高めた独特な北欧のグロッグをふるまった。貴重な蜂蜜や輸入ワインの割合をふだんより多くするなどしたのだろう。饗宴や祝宴のために最良の食材と飲料だけを購入しようとするケルト人シェフたちの競争はあまりにも激しく、考古学者のJ・M・デ・ナヴァロはケルトの技工を「ケルト人の渇望の賜物」だと述べている。

無骨な北部と洗練された南部の飲酒文化は当初、かけ離れていた。きらびやかな酒器の一式などといった、富や名声を視覚的に表すものはただちに南から北へと伝わった。一方、グロッグからワイン（特に水で薄めたワイン）への移行、つまり控えめな飲酒への移行はもっとゆっくりと進み、こうした新たな考えや習慣を取り入れる動きは緩やかだった。何世紀にもわたるヨーロッパ北部へのワイン交易の広がりは、主として自家消費のためにガリア（ケルトの地）に出荷されたアンフォラの数を調べることによって追跡できる。たとえばイタリアのリグリアやフランスのリヴィエラの沿岸では、ローマのワインを積んだ難破船が五〇隻以上も見つかっている。フランスワインの歴史家で考古学者のアンドレ・チェルニアによれば、鉄器時代の末期には一世紀のあいだに四〇〇〇万点ものアンフォラがガリアに輸入され、ユリウス・カエサルがガリア征服に乗り出した紀元前五八年に輸入は最盛期を迎えた。アンフォラの容量が二五リットルだとすると、一年間に一〇〇〇万リットルのワインが輸入された計算になる。ミード、大麦や小麦のビール、発酵した果汁といった地元の飲料と合わせて考えれば、たとえ一部が泥炭地に供物としてささげられていたとしても、平均的な異民族は十分な量の酒を手に入れていたようだ。

ヨーロッパの辺境の地へワインが伝来するのには何世紀もかかった。マルセイユからトゥールルー

図14　ドイツのホッホドルフにある紀元前525年頃の墳墓は、トルコのゴルディオンにあるそれより2世紀前のミダス古墳をなぜか思い起こさせる。墓室は二重に組んだ丸太の壁に囲まれ、優美な衣装をまとった1人の男性が、巨大な「大釜」と、葬送の饗宴に使われた食器とともに横たわっていた。容量が500リットルもある大釜には、「フリギアのグロッグ」ではなく、主に蜂蜜のミードからなる飲料が入っていた。Courtesy of J. Biel and Dr. Simone Stork/Keltenmuseum, Hochdorf.

ズにかけての南仏に位置する遺跡からは、古くは紀元前六世紀にさかのぼるローマやエトルリアのアンフォラの破片が数多く出土している。裕福なエリートたちは奴隷一人と交換にワイン一壺を手に入れていたともいわれている。一方、ヨーロッパのさらに北の地域（ドイツ、スイス、フランスを合わせたハルシュタット西文化圏と呼ばれる地域）ではアンフォラはあまり見つからず、ミードやビール、北欧のグロッグといった伝統的な飲料が一般的だったようだ。とりわけ、ドイツのシュトゥットガルトに近いホッホドルフに位置する墳墓は遺物が豊富で、北部と南部の暮らしの違いをよく伝えている。

ホッホドルフの墳墓は紀元前五二五年頃のもので、墓室は木材を組んでつくられた二重の壁で囲まれている。四層の木材で覆われ、隙間には石が詰められていて、墳墓の高さは一〇メートルに及ぶ。故人をしのんで守るための墳墓は、ヨーロッパやアジアで幅広い時代にわたって見られる。墓室を二重の壁で囲む建築様式はミダス古墳にも使われていた。一九七七年にホッホドルフで墳墓が開けられ、埋葬者とその副葬品が明らかになると、バイエルン地方のバーデン・ヴュルテンベルク州に位置する墳墓とアナトリア中部のフリギアの首都に位置する墳墓との類似性に、考古学者たちが目を見張った。

ホッホドルフの墳墓では、四〇歳の男性が青銅製の長椅子に横たえられ、その長椅子の裏側には剣を手にした踊り手たちと一台の馬車が描かれている。その向かい側には、本物の四輪馬車が置かれているほか、九人分の青銅製の食器一式が並べられている。もしかしたら、この男性が生前親しくしていた仲間たちのためのものかもしれない。墓室の床には絨毯が敷かれ、壁には立派な織物が掛けられている。カバノキの皮でできた帽子にはひさしがあり、つま先がとがった革靴には金の装飾が施されている。こうした様式はフリギアの古い様式に似ている。二つの墳墓の類似性でとりわけ目を見張るのは、飲酒用の道具だ。遺体の足元には、五〇〇リットルもの容量がある大釜が置かれている。そのデザインはギリシャ本土のもので、環状の重い把手が三つ付き、肩には横たわったライオンの彫刻が三点あしらわれている。大釜の内側には、墓に置かれた時点で底から四分の三の高さまで液体が入っていた跡が残っている。ドイツの考古植物学者ウデルガルト・ケルバー＝グローネが黒い残渣に対して実施した花粉分析によれば、大釜に入っていた三五〇リットルの液体のすべてとは言わないまでも、大部分がミードだったという。蜂蜜にはイブキジャコウソウから野原の植物、シナノキやヤナギといった樹木まで、六〇種の植物の花粉が含まれていた。大釜の中には、青銅の縁に沿って輪と点のモチーフが施された黄金の杯が一点落ちていた。墓室の南側の壁には、青銅の飾りボタンと黄金と青銅の部品が付いた角杯が八点、そして長さ一メートル以上で容量が五・五リットルの鉄製の角杯が一点吊されていた。これらの遺物や、大釜に入っていた残渣は、故人をたたえるための宴会が開かれたことを示す有力な手がかりであり、そうした集まりで飲酒が大きな役割を果たしていたことを示している。

飲酒用の大釜は、紀元前六~前五世紀にかけてヨーロッパ中部で大流行したようだ。フランス・ブルゴーニュ地方のヴィクスでは、ホッホドルフの墳墓とほぼ同時代のケルト人女性の墳墓から、高さ一・六メートルで容量が一二〇〇リットルもあるクラテル〔混酒器、ワインと水を混ぜるために使う甕〕が見つかっている。これまでに発見された古代ギリシャのクラテルとしては最大だ。私は間近で観察できる機会を得られたが、これは驚くべき遺物で、渦巻き形の大きな把手の下に凶暴なライオンの彫刻が施され、頸の周りの装飾帯には戦士と戦闘馬車の行進が描かれている。ホッホドルフに眠る貴族と同じく、ヴィクスに埋葬されていた女性のそばにも自身の四輪馬車が置かれていた。彼女が身に着けていたトークと呼ばれる黄金の短い首飾りは、重量感がある見事なもので、その両端にあしらわれた翼をもつ馬の彫刻には線細工と粒状の加工が施されている。

シュトゥットガルトの南、ドナウ川を見下ろすホイネブルクの砦跡に近いホーミヒェレでは、ヨーロッパ最大級の墳墓が発掘された。オークの梁が使われた主要な墓室には、男性一人と女性一人の亡骸とともに、宝石や武器のほか、青銅製の大釜が載せられた馬車が納められていた。その大釜の中からは、飲料を注ぐのに使われた青銅製のひしゃくが発見された。花粉の調査から、飲料には蜂蜜が含まれていたことがわかっている。

その次の世紀につくられた別の墳墓からは、異なる地位にある男性が死去した際にどのように扱われていたかがわかる。フランクフルトの北東にあるグラウブルクの墳墓に埋葬されていた二人の遺体を調べると、一人は黄金の装飾品を身に着けて木造の墓室に横たわっていた。目を惹くのは、高さ五〇センチで四リットルの容量がある青銅製の壺だ。布に包まれ、青いリボンが周りに巻かれている。壺に入っていた大量の残渣から取り出された花粉の研究によって、副葬されたときにはミードが壺にたっぷり入っていたことが判明した。二人目の男性は火葬され、簡素な墓に埋葬されていた。黄金の装飾品は何も身に着けておらず、副葬品は、武器を除けば一人目の人物の壺より二倍以上大きな壺だけだった。しかし、蜂蜜の割合が一人目よりも小さいことから、壺には混合飲料が入っていたとみられる。これは蜂蜜だけでつくられたミードよりも安価で、ひょっとしたら社会的地位の低さを反映しているのかもしれない。

紀元前六世紀のハルシュタット西文化圏と、ヨーロッパ中部に位置する紀元前五世紀のラテーヌ文化前期の地域から出土した数多くの大釜は、一つの文化圏がほかの社会の道具を取り入れて適応させてきた過程を物語っている。当時のヨーロッパ中部ではワインはまだ希少な商品で、南部のようにワインと水を大釜に入れて混ぜていたわけではなかった。大釜はギリシャやエトルリアの職人が北部への輸出市場に合わせて特別にできるだけ大きくつくったもので、祭典や宴会で北欧のグロッグを用意して提供するのに最適だったのだ。その豪華な見た目は、支配者やほかの高貴な人々の副葬品として申し分なかった。

花粉分析ではその性質上、穀物や果実の証拠を見いだすのが難しいため、ホッホドルフやスコットランド、デンマークの飲料が蜂蜜だけからつくられていたとは言いきれない。とはいえ、蜂蜜を発酵させるとアルコール度数の高い飲料が得られ、そこに花やハーブを加えれば風味がさらに豊かになる。そのため、少なくともヨーロッパ北部の一部地域（たとえば中世のヴァイキング時代のスカンディナヴィア、後述）では特定の時代に、ミードはグロッグよりもステータスが高い飲み物だった可能性がある。

ホッホドルフの飲料が純粋なミードだったとしても、地元の人々のなかには大麦や小麦のビールを醸造して飲んでいた人がいることもわかっている。要塞化された付近の集落では長さ六メートルの溝が発見されているが、考古植物学者のハンス＝ペーター・シュティカは八本あるその溝で、黒い麦芽が炭に覆われて厚く堆積した層を発見した（ホッホドルフの墳墓に埋葬された上流階級の男性は、この要塞で地元の首長を務めていた可能性も十分にある）。これらの溝は大麦を発芽させて乾燥し、一端から火をつけて麦芽を焙煎し、スモーキーな風味の麦芽をつくるのに使われたのではないかと、シュティカは考えている。この種の溝はホッホドルフでのみ見つかっており、明らかに大量生産のために使われたもので、ひょっとしたら一度に醸造されるビールの量は一〇〇〇リットルにも及んだかもしれない。醸造用の大甕が発見されていないことから、醸造には木製の容器が使われ（現在は分解されてなくなった）、加熱には（アイルランドでビールの醸造に使われた可能性がある馬蹄形の遺構のように）熱した石が使われたと彼は考えている。麦芽とともにヨモギとニンジンの考古植物学上の証拠が見つかっており、これらはビールの風味づけに使われたと考えられる。麦芽に含まれている乳酸菌の量が多いことから、出来上がったビールには、ベルギーのレッドエールやブラウンエールのように酸味があっただろう。

麦芽の生成や焙煎に要した温度や時間を確かめるために、シュトゥットガルター・ホーフブロイ醸造所が「ケルト風ビール」を醸造する実験をした。出来上がったビールは、当時の衣装を来た人たちが集う地元の祭典で提供され、絶賛された。先ほどのような古代の醸造所の存在はこの地に大麦や小麦のビールがあった明白な証拠であり、ホッホドルフの飲料と簡単に混ぜ合わせることもできただろう。その蜂蜜たっぷりの飲料には果汁やハーブ、スパイスも加えられたかもしれない。

デンマークのユトランド半島南部に位置するハザスリウ地域の泥炭地では、紀元一世紀の角杯が二点まとまって発見された。これらの遺物を調べると、北欧のグロッグに使う原料を決めるまでの苦労がうかがえる。二〇世紀前半にヨハネス・グリュースが実施した考古植物学的な分析によれば、角杯の一つの内容物はほとんどが発芽したエンマー小麦で、もう一つの角杯には主に花粉混じりの蜂蜜が入っていたというのだが、この分析の信憑性は現在では大いに疑われている。グリュースはこの結果を素直に解釈し、片方の角杯には小麦のビールが、もう片方の角杯にはミードが入っていたと考えた。しかし、まとまって発見されたほとんど同じ二つの角杯に、異なる飲料が入っていたのはなぜだろうか。どちらの角杯にもビールとミードの混合飲料がもともと入っていたと考えるほうが、可能性としては高そうだ。角杯が発見されたときのクリーニングや復元の方法が不適切だったことから、グリュースの分析結果はもともとの内容物を十分に表していなかったと考えられる。

ヴァイキング時代（紀元八〇〇〜一一〇〇年頃）の比較的新しい容器（特に、バルト海に浮かぶゴットランド島の複数の墓に個別に副葬されていた数多くの青銅製の鉢）から採取した残渣の考古植物学的な分析を見ると、混合発酵飲料はスカンディナヴィアで引き続き多くの人々に愛飲されていたことがわかる。スウェーデンの宮廷では一七世紀になっても、蜂蜜と麦芽、果汁を混ぜた「ムルスカ」という飲料が飲まれていた。

ヴァイキングの足跡をたどる

私が北欧のグロッグと北欧でのワインの役割に興味を抱くようになったのは、スウェーデンとデンマークに三回にわたって長期滞在する機会があったからだ。ヨルダンで青銅器時代から鉄器時代の遺跡を調査するスカンディナヴィア隊の土器専門家として、私はスカンディナヴィアに持ち帰った出土品を研究する誘いを受けた。最初はスウェーデンのウプサラ大学、その後デンマークのコペンハーゲン大学の客員教授として滞在し、北欧の文化、特に発酵飲料について詳しく知るにはまさに理想的な場所に身を置いた。ウプサラとコペンハーゲンでの研究期間のはざまの一九九四年春には、フルブライト奨学金を得てストックホルム大学の考古学研究所で三カ月間を過ごした。そこで私は、古代の発酵飲料の研究という魅力的な分野にかかわる数多くの学者や考古学者、科学者に会う機会に恵まれた。このときの私の経験は、なかでもある一つの出会い、一つの遺物、そして、一組の発見に集約されていると言っていいだろう。

ある週末、私は妻とともにストックホルムから船で四〜五時間のところにあるゴットランド島へ旅した。そこで会ったのが、ゴットランド島の歴史に詳しい島在住の考古学者エリック・ニーレンだ。エリックはまず、ヴィスビーにある旧市街の壁の上にあぶなっかしく立つ、中世の建物を改装したアパートメントに連れていってくれた。私たちはここの部屋に泊まる。その後、彼は駆け足で島を案内してくれた。島は長さ約六五キロで、幅が三〇キロほどだ。途中で、ヴァイキング船の復元現場に立ち寄った。地元の農家の人たちが建造していて、その後、ヴァイキングの冒険者たちの足跡をたどってドイツやポーランドの川をさかのぼり、ヨーロッパ中部の山岳地帯を抜けて、トルコのイスタンブール（かつてのコンスタンティノープル）まで旅するのに使われた。エリックによれば、この探検には多大なる労働力をつぎ込まなければならなかったが、ほかにも大きな問題として、船員が毎日楽しく過ごせるようにビールなどの酒を十分に確保するのが大変だったという。特に、当時の東ヨーロッパでは酒屋の営業時間がきわめて短く、一日の早いうちに酒を手に入れなければならなかった。ゴットランド島の遺跡めぐりを続けつつ、私たちはゴットランズドリッカという地元のビールを飲んだ。スパイスやセイヨウネズの抽出液を加えた大麦のビールで、島の南部では今でも食事のときに飲まれている。蜂蜜など、地元で手に入る糖分をビールに加えることも多い。

翌日は博物館を訪れて、分析できそうな古代の残渣を調べて過ごした。最終的に採取したのは、長い把手が付いたカップ形の漉し器の穴に詰まっていた黒っぽい残渣だ。この漉し器は紀元一世紀のもので、輸入されたローマのバケツ（シトラ）、ひしゃく、そして数点の「鍋」か酒杯からなる道具一式の一部である（口絵5参照）。これらは島の南部に位置するハヴォーという集落の床下の貯蔵庫でエリックが見つけて発掘したものだ。その貯蔵庫からは、線細工と粒状の加工が施された黄金のトークと、二点の青銅製のベルも見つかった。

ストックホルムに戻るとさっそく、ハヴォーの漉し器から採取した黒っぽい残渣の分析に取りかかった。分析装置のある考古年代測定研究所は大学のキャンパスの中央部にあり、「緑の邸宅」と呼ばれ、当時はビルギット・アレニウスが所長を務めていた。分析作業には、博士課程に在籍していたスヴェン・イサクソンが加わってくれた（彼はその後「中世初期の食料と階級」という博士論文を発表した）。スヴェンがガスクロマトグラフィーを使って分析したところ、残渣には脂肪酸、蜜蝋が分解されてできたとみられる物質などの脂質が含まれていることが判明した。

私はハヴォーの残渣のサンプルをフィラデルフィアの研究室に持ち帰り、さらに研究を進めた。残渣の赤外線スペクトル分析の結果は、現代の蜜蝋のものと一致し、ブドウやワインを示すマーカー化合物である酒石酸と酒石酸塩の存在も検出された。さらに感度の高い装置であるガスクロマトグラフ・質量分析装置を使った追加分析を最近行ったところ、残渣にはカバノキの樹脂の成分（トリテルペノイドであるルペオールとベツリン、そして、特徴的な長鎖ジカルボン酸）が多く含まれていることも判明した。

私たちは、デンマークにある紀元前八〇〇年頃のコストレーゼ遺跡から出土したカップ形の漉し器など、さらに古い飲料用の容器からもカバノキの樹脂を検出している（このサンプルには蜜蝋の成分も含まれていることから、ミードの存在も確認されている）。カバノキの樹脂は遅くとも新石器時代から、武器や道具に柄をつける接着剤や密封剤など、さまざまな目的で使われてきた。スイスの湖畔に位置する集落跡やフィンランドの遺跡から人間の歯形が付いた樹脂の塊が見つかっていることから、ガムとしても噛まれていたようだ。カバノキの樹脂には鎮痛や抗生作用がある物質が含まれているため、痛みの緩和や虫歯の予防といった目的があったとも考えられる。カバノキから得られる糖アルコールの一種、キシリトールは甘味づけや虫歯予防の目的でフィンランドのチューイングガムに今も使われている。イタリアにあるエッツタールアルプスの高所で凍った状態で発見された有名なミイラ、アイスマン（エッツィ）〔五〇〇〇年以上前〕が持っていた上等な銅製の斧には、カバノキの樹脂でイチイの柄が接着されていた。アイスマンはまた、カバノキに生えるキノコも携行していた。これには抗菌作用があり、山岳地帯を歩き回るアイスマンはこのキノコを痛みの治療に使っていたのかもしれない。

カバノキの樹脂は、メープルシロップの原料となるカエデの樹液ほどの甘さはないものの、春になると大量に染み出て、昔の人々は薬効や、魅力的な風味、発酵飲料の醸造に使える可能性を見いだした。現代のロシアで男性がよく飲むクワスはこの古代ヨーロッパの伝統を受け継いでいる。ライ麦や小麦、大麦のパンを水に浸して発酵させた度数一～一・五％の弱いアルコール飲料で、カバノキの樹脂や各種の果実が加えられることもある。

私たちの化学分析の結果、ハヴォーのシトラには北欧のグロッグが入っていて、その主な果実の成分はブドウのワインに由来することがわかった。この飲料はひしゃくで汲み出され、カップ形の漉し器に通して植物片や虫を取り除いてから、杯に注がれた。その後、前述のゴットランド島の墓

（国立考古局のグスタフ・トロツィグが詳しく研究している）から出土したヴァイキング時代の青銅製の鉢など、私がスウェーデンから持ち帰ったほかのサンプルからも同様の証拠を得た。私たちはスズに覆われた典礼用の容器、帯状の浮き彫りが施された壺の中で見つけた古代の有機物も分析したが、その結果から、ワインはヨーロッパ北部で人気の輸入品であり続けていたことがうかがえる。これらの容器はもともとドイツ中部のライン地方のもので、スウェーデンの第　の都市と呼ばれた、ストックホルム近郊の河口に位置する九世紀の都市遺跡ビルカで発見された。

ワインはスカンディナヴィアのほかの地域でミードやビールと混ぜ合わせて伝統的な北欧のグロッグをつくっていただけの時代でも、徐々に重要性を増していった。ローマ時代以降、ワインがデンマークのほかの地域やスウェーデン（スカンディナヴィア）、ゴットランド島、ノルウェーやフィンランドの一部地域に広がっていった様子は、バルト海に浮かぶデンマーク領のロラン島のユーリンゲからうかがえる。コペンハーゲンの国立博物館に展示されているユーリンゲから出土した数多くの副葬品のなかには、ハヴォーのものに似た、輸入された大型のシトラや角杯、ひしゃく、漉し器、銀製の酒器などがあるのだ。埋葬されたそれぞれの遺体の頭部付近には、酒器などの副葬品を置くために十分なスペースが確保されている。ユーリンゲの容器から採取した残渣の分析結果から、これらの容器には大麦のビールと果実のワインが入っていたと、植物学者のビリー・グラムは考えた。彼はミードには言及していないが、私がデンマーク国立博物館の許可を得て紀元二世紀のシトラから黒っぽい残渣を採取し、研究室で分析したところ、蜜蝋の存在を示す特徴的な化合物の証拠が得られた。ブドウがグロッグに加えられたのかどうかは、まだわかっていない。

ローマの酒器一式はスカンディナヴィアの墓で定番の副葬品となった。たとえばスカンディアのシムリスでは、一号墓に埋葬された女性が手にワインの漉し器を持ち、残りの酒器一式は北を向いた頭部の近くに置かれていた。ヨーロッパにおけるこの習慣の原型は、紀元前一二〇〇年の中欧のウルネンフェルト（火葬墓）文化までさかのぼる。この時代には、青銅製のバケツや把手の付いたカップ、漉し器が一般的な副葬品だった。スカンディアのイースタッドやボヘミアのミラヴチェ、デンマークのシェラン島にあるスカレロプで発見されているように、大釜には車輪が付いていることもあった。その後、ローマの酒器が登場すると、この伝統は洗練され、やがてヨーロッパのほぼ全域に広まった。

再びのミダス

再び時計の針を紀元前六世紀まで巻き戻してみると、ホッホドルフの墳墓のいくつかの側面は、ミダス古墳と直接比較できないことがわかってくる。たとえば、ホッホドルフに埋葬されていた男性は、装飾が施された黄金の腕輪、黄金の首飾り（トーク）といった個人の装飾品を身に着け、黄金のさやに収めた鉄製の短剣というケルト戦士の武器を持っていた。一方、ミダス古墳に眠っていた男性は衣服を青銅製のブローチ（フィブラ）とベルトで留めていただけで、武器は持っていなかった。しかも、この古墳で発見された遺物に黄金製のものは何一つなかった。また、ホッホドルフの大釜の一つが飲料でほぼ満杯だったのに対し、ミダスの三つの大釜は空っぽだった。これは何か重要なことを意味しているのだろうか？　おそらくあまり気にしなくてもいいだろう。ホッホドルフでは会葬者がそれほど多くなく、十分な量の飲料が用意され、来世に旅立つ故人のためにある程度の量を大釜に残しておいたのだ。一方、ゴルディオンでは、大人数の会葬者たちに一〇〇杯を超える飲料がふるまわれたから、大釜が空になっても不思議ではない。

とはいえ、ホッホドルフの墳墓とミダス古墳の類似性からは、興味深い疑問が浮かび上がってくる。フリギア人の起源が、ギリシャ北部やバルカン半島、東欧ではなく、中欧であるという可能性はないのか？　ひょっとして、ドナウ川を下って黒海に入り、ボスポラス海峡を渡ってトルコに入ったのではないか。紀元前三世紀には、ガラテヤ人がこのルートでゴルディオンに入った。それ以前に、フリギア人が中欧の混合発酵飲料の伝統をアナトリアに持ち込んだとも考えられないか。この仮説や、発酵飲料に見られる文化の保守性から考えれば、おそらくフリギア人は鉄器時代前期にアナトリアの住人がきわめて少ない地域に入り、豊富に手に入ったブドウを主な果実の原料として独自の飲料をつくったのだろう。すでになじみがあった蜂蜜や大麦も、引き続きフリギアのグロッグに使われた。

紀元前千年紀に近東でワイン畑が拡大し、ワインが改良されていくにつれて、地域の特色が表れたワインが文明生活のしるしとなり、洗練されていないビールやミードは隅に追いやられた。グロッグを飲む機会は、少人数だけで行われる宗教的な儀式に限られるようになった。ブドウ果汁と蜂蜜を混ぜて発酵させるムルスム（古代ローマの農業について記した人物コルメラによる）や、熟していないブドウと蜂蜜を発酵させた混合飲料オンファコメリティスは、ときどきつくられただけだったかもしれない。プリニウス（『博物誌』第一四巻一一三章）によれば、ミードは少なくとも紀元一世紀まではフリギアの特産品だったという。フリギア人はビールの飲み方でも悪名高く、大きな壺から管を使って飲みながら、何世紀も前のメソポタミアの記録に残されていたような、ゆがんだ性行為にふけっていた。紀元前七世紀ギリシャの詩人アルキロコスは辛辣に書いている。「［彼は彼女と性交かフェラチオをした］……トラキア人やフリギア人の男のように葦を使って大麦のビールを吸い、彼女は身をかがめて懸命に励んでいる」（アテナイオス『食卓の賢人たち』第一〇章四四七b）。とはいえ、ローマ時代までにこうした嗜好は習慣というよりも例外になっていた。

ワインは果物の代わりや飲料として、最終的に北部のケルト人に受け入れられた。当初、ワインはマルセイユ（古代のマッシリア）からアンフォラに入れて運ばれてきただけだったが、ケルト人が発酵飲料の保存と輸送の技術を改良し、木でつくった大樽に入れたワインが牛車や船で内陸まで運ばれるようになると、ワイン交易の細々とした流れはまもなく激流となった。紀元前一世紀にユリウス・カエサルがガリアを征服すると、地中海とその周辺で栽培されていたブドウが、ローヌ川の上流部とドイツのモーゼル川やライン川の流域でも栽培され始めた。

第6章　深い葡萄酒色の地中海を行く

妻と私が初めて紺碧の地中海を目にしたのは、ドイツから南へ向けてイタリアまで旅した一九七一年のことだ。それは、中東で人生初の考古学調査を行うために、イスラエルの農業共同体キブツへ向かう途中だった。モーゼル川沿いでブドウ摘みをしていたが、一〇月初めに気温がぐっと下がると、もっと暖かい地方へ移動することにした。モナコを見下ろす高い絶壁から地中海を見たときには、背筋がぞくっとした。それは寒さからではなく、興奮からだ。あの夏にモーゼル川沿いのブドウ畑で感じたのと同じように、幸せを感じた。欧米の文化圏から離れて、東の異国の世界へ足を踏み入れるのが待ち遠しかった。

レヴァント地方への旅では、気まぐれな地中海の姿を目の当たりにした。イタリアのバーリから旧ユーゴスラビアのドゥブロヴニクまでアドリア海を渡る夜行船の旅では、船が揺れてへろへろになった。その後、ギリシャのフェリーのデッキで退屈な日々を過ごしながら、ホメロスが言う「深い葡萄酒色の」エーゲ海を行く船旅が続いた。そうやってたどり着いたのは、広い大通りと贅沢な暮らしが見られることから当時「中東のパリ」と呼ばれていた、ベイルートである。

いつものように国境が封鎖されていたため、陸路でイスラエルに入ることはできなかった。そのためベイルートの港に降りて、キプロスへ向かう船を見つけた。デンマークの小さな貨物船の特別な配慮で、私たちは一等航海士とコックの助手として乗船できることになった。そうして翌週、地中海の上でデンマークのツボルグビールを心ゆくまで飲んだり、船員たちとクリスマスディナーに舌鼓を打ったりするなど贅沢三昧の日々を過ごしたほか、キプロスの港町ファマグスタに着いたときには、ボートをホテル代わりに使って、近くにある地中海きっての古代都市サラミスを訪れることまでした。まさに地中海の魔法である。

先史時代の海の民

人工衛星が撮った画像で見ると、地中海はまるで、アフリカとヨーロッパのあいだでかすかに光る宝石や魅力的な女性のようだ。およそ二五〇〇万年前、太古のテチス海の名残であるこの海の形成が始まった。盆地が深くなり、周辺の海や川の水が出入りするにつれて、地中海は世界最大級の内海となった。

アフリカの大地溝帯に沿ってエチオピアを通り、ナイル川沿いにスーダン、そしてエジプトまで北上してきた人類の最初期の祖先たちにとって、地中海は行く手を阻む手ごわい障壁だった。ナイル川河口域（ナイルデルタ）に到着した彼らは、陸地がまったく見えないどこまでも続いていそうな海をじっくり調べただろう。ここからキプロスかトルコ南部までは五〇〇キロ以上もある。船がなければ、これ以上先には進めなさそうだ。渡り鳥でさえもここでは怖じ気づき、岸辺で何日も過ごしてカロリーをたっぷり蓄えてから、地中海へと飛び立つぐらいである。

地中海を南北に渡る最長区間はおよそ一六〇〇キロある。たった一四キロしかないジブラルタル海峡（地中海と世界の大洋をつなぐ唯一の天然の出入り口）でさえ、優れたスイマーをもってしても泳ぎきるのが難しいほどだ。チュニジアからシチリア島を経て、イタリアの突端にいたるルートなど、島づたいに渡ることも考えられる。地中海を東から西へ横断するおよそ三九〇〇キロの行程は、さらに困難な旅だ。島から島へと渡り、短い区間だけ陸路を進んだり、沿岸の海を航行したりする手法が考えられる。造船技術を覚えた後、人類の祖先たちはそうやって移動したのかもしれない。

しかし、船が発明される前、初期の人類やその仲間たちにはほかの選択肢があった。地中海を迂回して、アフリカとアジアをつなぐ陸橋であるシナイ半島を歩いて横断するというルートだ。このルートは後のエジプト人には「ホルスの道」、ローマ人には「ウィア・マリス」と呼ばれ、シナイ半島の西端からイスラエルのガザ地区まではおよそ一五日かかる。この道を切り拓いた人々にとっては、水を補充するオアシスの位置もわからない状況で、終わりが見えない不安な旅だったに違いない。ラクダが飼いならされ、ルート沿いに集落が築かれると、旅はずいぶん予測しやすくなった。

シナイ半島という障壁を乗り越えた旅人たちは、沿岸部や内陸のヨルダン渓谷に広がる緑豊かな土地に迎えられる。紀元前九五〇〇年にはいったん歩みを止めて、イチジクなどの果実や穀物、蜂蜜を利用し始めたようだ。これらを原料にしてつくられた発酵飲料は、おそらく紀元前七千年紀にはイェリコやアイン・ガザルで祖先や神々のプラスター像にささげられた。

初期の人類やその仲間たちは、カルメル山の北側の地中海沿岸（現在のイスラエル北部やレバノン、シリア南部に当たる地域）にも興味を惹かれただろう。過去五〇万年には、今よりも寒冷で雨が多い時期（ヨーロッパ北部と中部への大規模な氷河進出に対応する）に続いて、ゾウやサイ、カバが陸地を闊歩した温暖な時期があった。木々が生い茂った森では、おそらく野生のブドウが蔓を伸ばし、ほかの果実や木の実も採取できただろう。

近年、レバノンでの内戦とその後の紛争のために考古学調査の進みは遅くなったものの、二〇世紀初頭までの先史学調査によって、レバノン山脈とアンチレバノン山脈（海岸線に沿って南のカルメル山と標高三〇〇〇メートル近いヘルモン山まで延びる）にいくつもの深い洞窟があることが判明した。イスラエルのカルメル山にあるタブンと、レバノン南部のアドゥルン、そこから北の沿岸にあるクサール・アキル、アンチレバノン山脈の東斜面からシリア砂漠を見下ろすヤブルードからは、旧石器時代の文化が途切れることなくわかる。当時の人類は何千年にもわたって、こうした洞窟で風雨をしのぎ、猛獣から身を守り、死者を埋葬したほか、おそらく発酵飲料で祝杯をあげ、祈りをささげたのだろう。石でつくった道具や武器は年代という点では細かく連続して見つかっているものの、残念ながら、残っていた有機物から得られる手がかりは何とも曖昧で、人々の食べ物や飲み物をはっきりと知ることはできない。カルメル山の洞窟の一つでは、男性の骨格の肘の内側でブタの顎の骨が見つかっていることから、彼らは豚肉を好んでいたことがうかがえる。

人間の定住による影響の大きさは、厚さ二〇メートルに達することもある、洞窟に残った堆積物からはっきりとうかがえる。ハンドアックス（握斧）などの石器が地中海沿いの高い段丘の広い範囲で出土している。段丘になっているのは、温暖で乾燥していた時代に海水面が上昇して今よりも内陸に海岸線が進出し、氷河時代に海が後退したからだ。たとえば、レバノンの首都ベイルートの海沿いの岬に位置するラスベイルート地区では、石器は現在の地中海の海水面より四五メートルも高い段丘でまとまって見つかっている。当時の人々は海岸沿いに野営し、海の向こうに何があるのだろうかと思いをめぐらせていたに違いない。

地中海で船が使われた最古の記録は、遅くとも紀元前一万二〇〇〇年にさかのぼるとみられている。考古学でナトゥーフ文化（最初に発見されたエルサレムの北西にある遺跡に由来）と呼ばれる時代の人々が、地中海の沿岸部とその背後に横たわる山岳地帯に住んでいた時代だ（およそ四万年前の初期の人類がおそらく何本もの丸太を葦で縛って組んだいかだのような原始的な船を使って、東南アジアからオーストラリアに渡ったことはわかっている）。ナトゥーフの人々は沿岸部に数多く生息していた野生動物（ダマジカ、クマ、野生の牛）を狩ったり、野生の穀物や果実、木の実を集めたりするのではなく、定住生活を安定させるために管理可能な資源（栽培と加工ができる穀物、飼育できる動物）にだんだん目を向け始めた。さらに、複数のかえしがある銛や釣り針が出土していることから、海の恵みにも目を向け始めていたことがうかがえる。赤いオーカーで着色された埋葬地で、何百ものツノガイやほかの貝殻で飾られた頭骨が見つかっているのは、彼らの信仰と海に深いかかわりがあった証左だ。それが最もよく表れているのが新石器時代で、頭骨の模型やプラスター頭骨の眼窩にタカラガイや二枚貝が埋め込まれている（第3章参照）。

ナトゥーフの人々が地中海の恵みをここまで有効に活用できていたとすれば、その方法は船しかない。彼らには骨や角、木材、石から驚くほど写実的な作品や抽象的な作品を制作する能力があり、きわめて官能的な作品も多い。こうした彼らの能力を考えれば、もっと大規模な建造物をつくる技術もあっただろう。ガリラヤ湖の北にあるエイナンでは、水をためる池や焚き火跡とともに円形の小屋が複数集まった見事な遺跡が発見されている。この遺跡の発掘調査では、新石器時代より前に定住生活が営まれていた証拠だけでなく、世界最古の巨石を使った埋葬地とされている構造物も発見された。直径五メートルの穴の内側にはプラスターが塗られ、その中に遺体が安置されていて、穴の上部は石板で密閉されている。焚き火跡に近い石板の上には、頭骨が一つ置かれていた。そこから、ぞっとするような事実が浮かび上がってくる。頭骨に付いた脊椎に切断された跡が残っていることから、この人物は斬首されたと考えられるのだ。この頭骨と焚き火跡を覆うようにさらに石板が積み重ねられ、穴の周りには石で直径七メートルの円が描かれている。

ナトゥーフの人々が石とプラスターでこうした大規模な構造物を建造できたとすれば、船の建造にも挑戦していた可能性はありそうだ。ナトゥーフ文化の遺跡からは、数は少ないものの、木製の道具や芸術作品のようなものも見つかっている。このことから、彼らには木材という使い勝手の良い素材を成形する感性と能力が備わっていたことがわかる。しかも、木材は住居のすぐそばで採取できた。レバノンの山岳地帯にはかつて、樹高が四五メートルにもなるレバノンスギ（*Cedrus libani*）のほか、マツやモミ、ビャクシン、オーク、テレビンの木などが繁茂していたのだ。

ナトゥーフの人々は、木材の切断や成形に使う精巧なのこぎりやナイフといった石器を持っていたことがわかっている。穀物を刈り取るための細石器に樹脂で柄が接着されている例も多数見られる。彼らは樹脂が接着剤や密封剤として使えることも発見していた。船を建造するには長い板の曲げ加工や接合、防水加工といった複雑な技術を習得する必要もあるものの、沿岸部のナトゥーフ文化の遺跡から船が出土するのは時間の問題ではないか。その後の新石器時代には、海との深い関係を示す手がかりがある。たとえばビブロスの遺跡（後述）では、貝の縁を湿った粘土に押しつけて装飾を施した土器や、遠く紅海から取り寄せられたタカラガイが見つかっている。

海と空を行く

海運が行われていた最古の確実な証拠は、紀元前三千年期のエジプトのものだ。ペンシルベニア大学での大学院時代にエジプト学を教えてくれたデヴィッド・オコーナーが、宗教の中心地アビドスに近い砂漠で一四カ所の「船の墓場」を発見するという驚くべき成果をあげた。アビドスは、地中海に面したナイル川の河口から六五〇キロほど上流に位置する。発見された船は高さ一一メートルの壁に囲まれた葬儀用の広大な複合施設の一部で、エジプト第一王朝後期（紀元前二八〇〇年頃）の数人のファラオのためにつくられた。船は全長二五メートルで重さが一トンほどあるが、ここまで引きずってこられ、日干しれんがでつくられた船形の穴に収められた。穴の表面には白く輝くプラスターが塗られた。

アビドスの船は、おそらくギョリュウとみられる多様な大きさの板を組み合わせ、板に開けた穴に通した縄でしっかりと固定されていて、丁寧に建造されている。船体はわずかに湾曲し、喫水は六〇センチときわめて浅い。ナイル川を航行するには適切だが、地中海の荒海を行くには浅すぎる。船体の外側はプラスターが塗られ、鮮やかな黄色に着色されている。

砂漠に停泊した大規模な船団がエジプトの強い太陽光を浴びて白と黄色に輝く光景は、見る者の目を釘づけにしたに違いない。これらの「太陽の船」は、太陽神ラーとともに天国へ渡るファラオにふさわしい葬送の品だった。生け贄にされた参列者や動物、食料や飲料といった必需品と同じように、船も墓に納められ、ファラオが来世で困らないようにとの思いで埋められた。

その後の一〇〇〇年のあいだ、エジプトのファラオだけでなく高官たちも、一隻の船や船団とともに埋葬されるのが慣例となった。なかでもとりわけ目を惹く例は五つあるが、その一つは、ギザにあるクフ王の大ピラミッドの隣に紀元前二五〇〇年頃に埋められた船だ。全長が四三・六メートルで、アビドスの船の二倍近くあり、イギリスの航海者フランシス・ドレークが一六世紀に世界一周を達成したときの船「ゴールデンハインド号」よりも九メートル長い。クフ王を来世へと導く船は、船殻を先につくるいわゆる「シェル・ファースト」の手法を使って、大部分がレバノンスギで建造されている。船体の個々の板はほぞ差しの手法で互いに接合され、同じ手法で竜骨にもつながっている。喫水は依然として浅いものの、船首と船尾は目を見張るほど高い。おそらく開けた水域での航行よりも、政治的・宗教的に目立つ外観を優先したのだろう。

クフ王の壮麗な葬送の船を建造するに当たってレバノンスギが使われたことから、最古の造船の手がかりを探すに当たってどこに注目すべきかがわかる。古代の世界でレバノンスギの森として知られていたのはレバノンで、沿岸部の遺跡のなかで最もこの樹木との結びつきが深いのは、ベイルートの北四〇キロにあるビブロスだ。ビブロスはレバノンで最も発掘が進んでいる遺跡の一つで、新石器時代前期から青銅器時代末までの集落をひと続きに詳しく知ることができる。物議をかもした書籍『イエス伝』の著者でフランスの学者エルネスト・ルナンが、一八六〇年にこの遺跡の調査に招かれた。その後、一九二五年から一九七五年にかけて、より科学的な発掘調査がピエール・モンテとモーリス・デュナンの主導によって実施された。

ビブロスはエジプト語（Kpn）とフェニキア語（Gebal）ではおそらく「山の都市」を意味し、安全な港とレバノンスギが生育する山岳地帯への近さから、意欲的な船乗りにとってきわめて魅力的な土地だった。紀元前三千年紀のエジプトの文字記録からわかるのは、木こりの一団が「神の土地」で銅製の斧を使って木を切り倒し、おそらく船で丸太をビブロスまで運んだことだ。そこでレバノンスギを使ってかの有名な「ビブロスの船」（エジプト語でkbnwt）を建造して、大量の木材をエジプトまで運ぶことができた。最古級の記録である古王国時代のパレルモ石の記録によれば、エジプト第四王朝の初代の王であるスネフルはレバノンスギや針葉樹の木材を四〇隻の船に積んで取り寄せて、四四隻の船を建造し、そのなかには全長一〇〇キュービット（五五メートル）の船もあったという。それよりもやや小型のクフ王の船に使われた板には、エジプトでの組み立て作業が簡単になるように番号が書かれていた。

残念ながら、ビブロスでは造船が行われていたことを直接示す考古学上の証拠は見つかっていない。おそらくレバノンスギで建造されたとみられる神殿や宮殿の柱でさえも、沿岸部の湿った気候のなかでとっくの昔に分解され、今では大きな石の土台しか残っていない。しかし、紀元前三千年期に大勢のエジプト人がいたことは確実だと考えていいだろう。円筒印章に描かれているビブロスの主要な女神バアラト・ゲバルは、エジプト式の長いチュニックを身にまとい、太陽に見立てた円盤の両側に牛の角をあしらった頭飾りを着けている。これは、エジプトの異国の地の女神ハトホルと同等であることを示している。大量に出土した石の壺の破片には、レバノンスギなどの木材を求めてビブロスまで旅したとされているエジプト古王国時代のファラオのカルトゥーシュ〔王名を記した楕円形の枠〕が描かれている。

古代世界の人々があまりにも貪欲にレバノンスギを追い求めたために、この樹木は絶滅寸前に陥った。現在では首都トリポリの北にあるカディーシャ渓谷上流部の限られた地域と、山岳地帯の数カ所の小規模な領域に孤立して生育しているだけとなった。エジプトには、遠洋航海に適した船や大規模な建造物をつくれるほど高い樹木は生育していなかった。聖書の言い伝えによれば、エルサレムに最初の神殿を建設するに当たり、レバノンから木材を輸入し、大工を呼び寄せる仕事を担ったのはソロモンだった。

レバノンスギやほかの高価な商品を確保するために、エジプトはビブロスとレバノンの主権を主張した。このことは神々の物語に表れている。たとえば、オシリスの復活神話を伝えるある物語では、アビドスの神であるオシリスが弟のセトに殺され、その遺体を納めた棺が海を漂ってビブロスに流れ着くまでが記されている。棺は一本のレバノンスギの近くに漂着し、木はそれを包むように育った。ビブロスの王がみずからの宮殿の柱をつくるためにその木を切り落とすと、オシリスの妹であり妻でもあるイシスが現れ、オシリスを無事にエジプトまで帰したのだという。このオシリスの復活は、同じくレバノンに生育するブドウによっても象徴されている。ブドウは、エジプトで重要な発酵飲料の一つであるワインの原料となる植物だ。毎年夏の終わりに、オシリスをたたえるワグ祭で大量のワインが流れるとされているが（「ワインの神が流れる／氾濫の時期に」）、この時期にはナイル川が氾濫して土地は再び肥沃になり、象徴が現実のものとなる。

海を渡って来たワイン

実際のところ、ワインはアビドスにどうやって伝わったのだろうか。生体分子考古学的な研究から、古代の神話とはほとんど関係がないことがわかってきた。この話は、エジプトの首都カイロにあるドイツ考古学研究所の考古学者たちが、後の船の墓場からほど近い砂漠にある壮麗な墓を発掘していたときに始まる。この墓は紀元前三一五〇年前後に当たるエジプト第〇王朝のスコルピオン一世のもので、来世への備えが十分になされている。三部屋がワイン貯蔵庫になっていて、およそ七〇〇点ものワイン壺がうずたかく積み上げられ、その総容量はおよそ四五〇〇リットルにもなる。ほかの部屋には、ビールの壺やパンの型、石の容器、衣服が詰まったレバノンスギの箱が大量に収められていた。王自身は最も大きな部屋にある木製の祭壇の上で、かたわらに置かれた象牙の笏（しゃく）とともに華麗な姿で横たわっていた。

王が来世で必要なものを見つけられないことがないように、王を埋葬した人々は文字を刻んだ骨や象牙の札を壺や箱にひもで付け、容器の側面にインクで記録を残した。こうした札はエジプトで最古級のヒエログリフによる記録であり、植物や動物（ジャッカルやサソリ、鳥、雄牛など）の姿が丁寧に描写されていることに目を見張る。おそらく札には、食物やほかの品がエジプトのどこで生産されたかが示されているのだろう。

年代の古さから推測できるように、墓に納められたワインはエジプト産のものではなかった。エジプトのように乾燥した地域では野生のブドウは生育しておらず、権力を持ち始めた最初期の支配者たちが周辺地域の資源を開拓して、ワイン好きになるには少し時間がかかった。王たちはやがて、ブドウの栽培種をナイルデルタの肥沃な土地に移植することを思いつく。第一王朝と第二王朝の時代（前三〇〇〇〜前二七〇〇年頃）には、王室のワイン醸造産業が確立され、ワインを安定して供給できるようになっていた。スコルピオン一世はそれよりも一〜二世紀前の時代に生き、こうした産業をつくる土台を築いた。

私たちの化学分析で、スコルピオン一世の墓に納められていたワインには、松やにと、おそらくテレビンの木の樹脂が加えられていたことがわかった。壺の一部にブドウの種子が数多く残っていることが、この分析結果を裏づけている。こうした残渣はワインづくりが粗雑だった証拠だと解釈する人もいるかもしれないが、一部の壺に干しブドウが丸ごと残っていたり、丁寧にスライスされたイチジクが入っていたりすることを考えれば、ワインの醸造家が意図的に残したものと考えるべきだろう。新鮮な果物を加えればワインの甘味が増し、味が豊かになるほか、発酵の開始と持続に十分な量の酵母も投入できる。最新の分析結果からは、ほかにも魅力的な副原料がワインに加えられていたとみられる。セイボリー（*Satureja spp.*）やコウスイハッカ（*Melissa*）、センナ（*Cassia*）、コリアンダー（*Coriandrum*）、ニガクサ（*Teucrium*）、ミント（*Mentha*）、セージ（*Salvia*）、タイム（*Thymus/Thymbra*）などのハーブだ。

壺自体の様式とその札から、ワインの産地についてさらなる手がかりが得られる。容器とワインの産地が同じというのは仮定だが、筋の通った考え方ではある。赤と白で塗った帯状の模様や、トラ縞が渦巻いたような模様は、エジプトでつくられたものとは明らかに異なる。この模様が見られる時代、そして地域は一つしかない。時代は青銅器時代前期の初め、地域はレヴァント地方南部沿岸のガザ地区の近く、内陸のエズレルとヨルダン渓谷、そして南は死海に達するトランスヨルダンの丘陵地帯である。

壺の周りに散らばっていた小さな封泥も、ワインが外国産であることの確かな証拠だ。その裏側に容器の口縁部やひもの跡が残っていることから、封泥は湿った状態で、容器の口の周りにかぶせた覆い（おそらく革）を縛るひもの上から押しつけられたことがわかる。ひもや覆いが分解してぼろぼろになったために、封泥は地面へと落ちた。封泥の表側に残った円筒印章の繊細な模様は明らかにエジプト国外のもので、動物（アンテロープや魚、鳥、ヘビなど）と幾何学模様を組み合わせた淀みのないデザインになっている。考古学の文献を詳しく調べてもこの円筒印章と一致するデザインは見当たらなかったが、最も近いのはやはりヨルダン渓谷北部と死海の東沿岸のデザインだ。墓に納められたほかの品々をヒエログリフで示した骨や象牙の札と同様、封泥は七〇〇点の壺に付

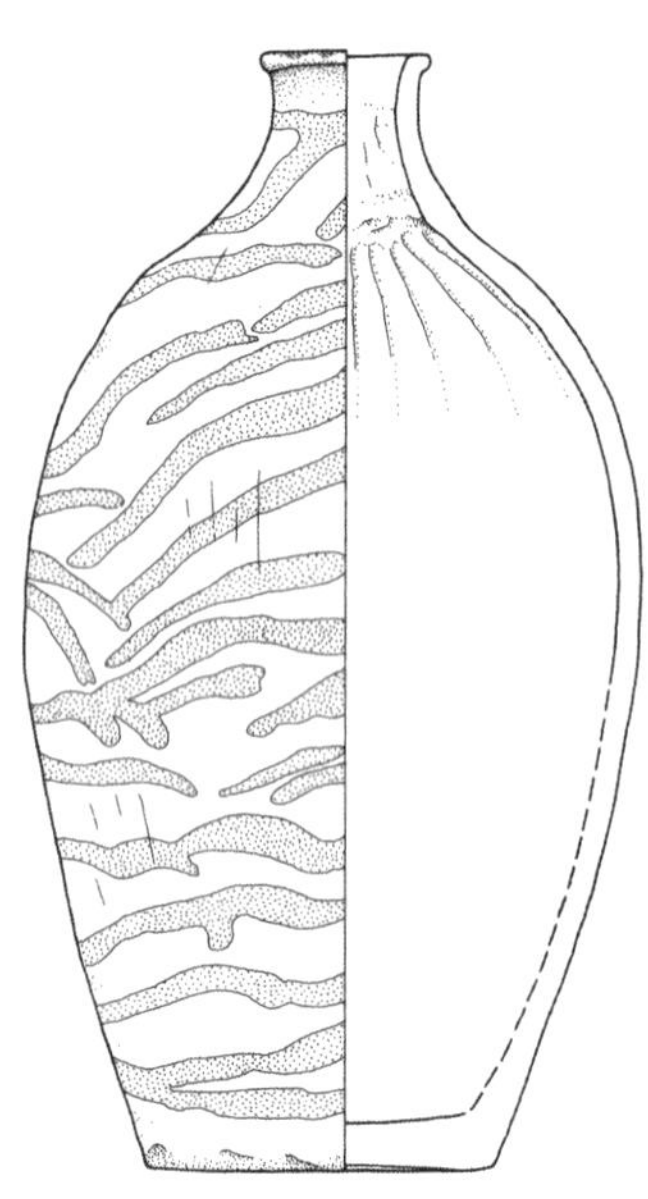

図15 古代エジプトの王朝時代初期の輸入ワイン。【上】樹脂入りワインが入っていた壺。アビドスにある紀元前3150年頃のスコルピオン1世の10号墓（U-j）から出土した。このようにワイン壺が何層にも積み重ねられた部屋は3つある（壺の総数はおよそ700点）。ワインはヨルダン渓谷やその周辺から輸入された。壺のなかには、一切れのイチジクが吊り下げられていたものもある。Photograph courtesy of German Archaeological Institute, Cairo.【左】「トラ縞」のワイン壺（U-j10/33、カタログ番号18、高さ40.8センチ）。レヴァント地方から輸入され、スコルピオン1世の墓に納められていた。Drawing courtesy of German Archaeological Institute, Cairo.

けられたラベルのようなものだった可能性が高い。その意味を解き明かせれば、ワイン生産地が判明するかもしれない。

現代の生体分子考古学で使われる技術の一つ、機器中性子放射化分析法（ＩＮＡＡ）を利用すれば、スコルピオン一世の墓で見つかったワイン壺の化学的な「指紋」を採取して、その起源をたどることができる。〇・一グラムほどというわずかな量の壺の破片を、原子炉の内部で生じる高エネルギーの中性子の流れに当てる。これによって、個々の元素、とりわけ希土類の元素が放射性元素に変わる。希土類の種類は、世界中の粘土層ごとに固有の特徴がある。それぞれの元素が放射性崩壊によって基底状態に戻るとき、特徴的なガンマ線が放出され、それによって元素の量をＰＰＭ（百万分の一）の単位まで測定することができる。これらの結果にきわめて強力な統計的手法を適用して、古代のサンプルと現代の粘土を照合するのだ。

スコルピオン一世の墓で見つかった主要な土器の構造を象徴する一一点の壺が、ミズーリ州コロンビアにあるミズーリ大学の研究用原子炉で分析された。壺の三点は、私たちのデータバンクに登録されたどの粘土サンプルや古代土器の明確な地域グループとも化学成分が一致しなかったものの、ほかの八点はガザ地区とヨルダン川西岸地区の南部の丘陵地帯、東のトランスヨルダン高原に固有の粘土からつくられていることがわかった。私たちのデータバンクに登録された五八〇〇以上のサンプルにはほかに一致するものがなく、特に重要なのはエジプトの粘土や土器に一致するとみられるものがなかったことだ。意外だったのは、スコルピオン一世の壺のいくつかがヨルダンにある「バラ色の都市」ペトラの粘土層と一致したことだ。ここは赤い砂岩を削ってつくられた建造物で有名で、後年ナバテア王国の首都になったほか、シルクロードでラクダを引き連れたアラビア人のキャラバンが立ち寄る主要な都市でもあった。

現在のヨルダン南部は乾燥地帯で、ブドウの栽培やワインづくりはできないように思える。しかし、近年の研究や発掘調査から今とは異なる風景が浮かび上がってきた。ベイダやバスタといったペトラ地域の新石器時代前期の遺跡は、その規模や革新性といった点で近東で屈指の集落だった。これらの遺跡からブドウの種子は出土していないものの、後の時代のブドウ圧搾機が数百点も出土していることから、この地に活発な産業があったことがわかる。近年、首都アンマンにあるアメリカン東洋研究センター（ACOR）のパトリシア・ビカイがベイダの「祭壇」と呼ばれる場所で、ワインの神ディオニュソスの神殿を発見した。中央の中庭に立つ石柱の頂部に彫られたディオニュソスとその仲間の神々（パーン、アムペロス、イシスなど）は目を見張る。ローマのトリクリニウムのように石柱の周りに配置されたベンチには、酒の喜びを堪能する人々が座ったのだろう。二〇〇六年にヨルダンを訪れた際、私はパトリシアとともにACORの収蔵室で土器を調べた。その後、私たちの研究室で神殿から出土した数点の壺を分析したところ、予想どおり、壺にはかつて樹脂入りワインが入っていたことがわかった。

スコルピオン一世の墓で発見されたワインはペトラ地域で生産されたものなのか、それとも、INAAでの分析結果は単にトランスヨルダン高原南部のさまざまな地域で粘土層の化学組成が似ていることを示しているだけなのか。アカバ湾沿いのテル・フジャイラート・エル゠グズラーンで、紀元前四千年紀の町が最近発見された。この町はペトラから南に一〇〇キロほど離れているだけで、エジプトと交流があった明確な証拠もあることから、ひょっとしたらワインはこの地域から運ばれてきたのかもしれない。アカバ湾の奥から紅海を渡れば、エジプト東部の砂漠を越えてテーベやアビドスへ向かう交易路（全長一五〇キロのワディ・ハンママートなど）まで船でまっすぐに行ける。

しかし、スコルピオン一世のワインを地中海の港から輸送するほうが、もっと現実的だ。造船に必要な材料を手に入れられるビブロスのような場所では、トランスヨルダン高原南部とアカバ湾の関係が築かれるはるか前に、内陸の地域や南部沿岸の町との経済交流が始まっていただろう。いずれにしろ、大きな問題は丘陵地帯やヨルダン渓谷から沿岸部までどうやってワインを無事に運ぶかだ。おそらくワインを入れた壺は、当時の小立像に表れているようにラクダの両側に吊され、水で湿らせて、レヴァント地方の灼熱の太陽による気化熱で冷やしていただろう。ＩＮＡＡを使った研究でわかったワイン生産地に最も近い港はアシュケロンとガザだ。アシュケロンは紀元前四千年紀後半には人が居住していたことが判明しているが、ガザは現在も都市になっているため、考古学調査はほとんど進んでいない。

アシュケロンやガザからナイル川の東側にあるペルシウム支流の東部までの航行は、エジプトまでワインを輸送する最も迅速かつ安全な方法だっただろう。シナイ半島を横断する陸路も当時利用されていたが、ロバで長期間にわたって輸送するとワインも傷むし、動物にもかなりの負担がかかったはずだ。現在の証拠から、レヴァント地方の商人はペルシウム支流沿いのミンシャト・アブ・オマルなど、ナイルデルタの港湾地区でワインの荷下ろしも管理していたことがわかっている。

ＩＮＡＡを用いた研究によって、レヴァント地方南部からエジプトまでワインが輸送されていたことが裏づけられた。ワイン壺の近くにあった外国起源の独特な封泥の一つを調べたところ、その封泥はナイル川の沖積土でできていることがわかった。つまり、ワインがナイルデルタの港に着くと、その壺の覆いが取り替えられ、地元の粘土で再び封印されて、レヴァントの商人の印章が押されたということだ。陸路と海路を経た長旅のあいだにワインの残渣による再発酵が進み、覆いに開いた小さな穴からガスが抜けるようになっていた。エジプトに上陸した壺は、エジプト人に守られながらアビドスまで川をさかのぼる残りの旅に備えられたのだろう。そうして運ばれてきたワインの一部が、スコルピオン一世の墓で見つかったのだ。

ファラオの飲料には最大の配慮がなされた。古王朝のピラミッド文書にはこう書かれている。「[王は]神の庭園で育てられたイチジクとワインから食事をつくるべし」。世を去った王にとって、イチジク入りのワインは来世に向けた最高の聖なる食事となった。

スコルピオン一世の墓には、より新しい船の墓場との興味深い共通点がほかにもある。三つの部屋の中にワイン壺が何層も積み重ねられていたが、それはビブロスの船の船体にアンフォラが積まれていた姿に似ているのだ(後述)。

深海に眠るフェニキアの難破船

一九九七年、アメリカ海軍の潜水艦がアシュケロンとガザから六一キロ沖の海底四〇〇メートルで二隻のフェニキアの難破船を探知した。二年後、海に沈んだタイタニック号を探査したことで知られるロバート・バラードが、遠隔操作できる探査機を送り込んで、難破船の姿勢や、海底に散らばった積み荷を記録した。その結果、これらの船は年代が紀元前八世紀後半にさかのぼり、ワインのアンフォラを満載していることがわかった。

タニト（フェニキアの主要な神で海の守護神）とエリッサ（現在のチュニジアにあった重要なフェニキアの植民地カルタゴを築いたと言い伝えられる、ティルスの女王）と名づけられた二隻の船は、西へ航行していた。これはエジプトかカルタゴに向かう方角となる。今でもシナイ半島でときどき起こるように、おそらく突然の嵐に見舞われて、二隻は海底へと沈んでいったのだろう。船は泥質の堆積物に突っ込み、時が経つにつれて木造の舷側上部が露出し、キクイムシに食い荒らされて、船体に積載された二層のアンフォラがあらわになった。タニト号では三八五点のアンフォラが、エリッサ号の船内では三九六点のアンフォラが確認できた。この遺跡では画像が撮影されただけで、発掘は行われていない。目視で確認できない部分には、さらに多くのアンフォラの層が横たわっているかもしれない。

海底に散らばったアンフォラの姿から、それぞれの船のおよその大きさがわかる。船首から船尾まではおよそ一四メートルで、幅は五〜六メートルと推定されている。この寸法は、紀元前三〇〇年頃にキプロス島沖で座礁したキレニア号など、後の古典時代の難破船と一致する。この大きさの船は、最大積載量がおよそ二五トンだ。ワインを満杯まで入れたアンフォラの重さは約二五キロなので、タニト号とエリッサ号で見えているアンフォラだけでも、総重量はそれぞれ九トン以上になる。容量にすれば、およそ一万五〇〇〇リットルのワインが入っていた。しかし、フェニキアの船に積載されていた量はもっと多いこともあった。紀元前四七五年のエジプト税関の明細書には、一隻の大型船に満杯のアンフォラ一四六〇点（四〇トン）のほか、レバノンスギや銅、空のアンフォラが四トン積まれていたと記録されている。

フェニキアの難破船に積まれていたアンフォラの一つについて、その内側を覆った松やにを私たちの研究室で分析したところ、ブドウのワインに由来する酒石酸とその塩が微量ながら検出された。松やにの層に染み込んだのだろう。したがって、タニト号とエリッサ号に積まれていたアンフォラの少なくとも一点にはワインが入っていたということだ。難破船から回収されたほかの二二点のアンフォラにも内側に松やにの層があることから、紀元前四七五年のエジプトに停泊していた船のように、すべてとは言わないまでも大半のアンフォラにはワインが入っていたと考えられる。

二隻の船に積まれていたアンフォラは、ソーセージや魚雷のような独特な形をしている。バラードの一九九九年の探査に加わっていたハーバード大学のローレンス・ステージャーと彼の学生たちが船の形式と土器を詳しく調べた結果、アンフォラはレバノン沿岸部のフェニキアの都市国家で製造された可能性が最も高いことが判明した。また、難破船から回収されたほかの遺物から、船乗りたちがもつ文化もわかった。たとえば、一つの水差しは美しい赤色の化粧土が施され、つややかに磨かれているほか、口縁部はキノコのように広がっている。これはフェニキアの特徴で、レバノンの本国のほか、地中海一帯のフェニキアの植民地や港町で豊富に出土している。この水差しはフェニキアの「ワインセット」の一部で、ワインを派手にふるまうのに使われた。

船や船乗りに見られるフェニキア人独特の特徴は、船尾で発見された遺物の研究からも見いだされた。船尾には調理室があり、タニト号とエリッサ号から調理用の鍋が六点発見されている。おそらく、地中海東部でおなじみのおいしい魚のシチューをつくるのに使われたのだろう。船尾の近くでは、海の神々に祈りがささげられていた。それは、紀元前一四世紀のエジプトの墓に残る、カナン人の船の絵からわかる。描かれた一人の人物は片手に持った小さな容器から供物の液体（おそらくワイン）を注ぎ、もう片方の手に持った香炉からは香の煙が立ちのぼっている。描かれている香炉と似たフェニキア式の香炉が、エリッサ号の船尾で見つかっている。フェニキアの船乗りたちが危険な海に出たときに航海の安全を祈念した主な神は、月や航海術とゆかりのある地母神タニトとその夫のレシェフ、あるいは風と天気を支配するバアルだった。

カナンとフェニキアの極上ワイン

タニト号とエリッサ号の沈没事故で失われた三万リットル以上のワインは、紀元前千年紀にティルスやシドン、ベリュトゥス（現在のベイルート）、ビブロスといったフェニキアの港から輸出された膨大な量のワインのごく一部でしかない。ほとんどの船は目的地に無事に到着し、その途中でさまざまな商品の積み込みや積み下ろしを行っただろう。聖書に登場する預言者のエゼキエルが紀元前六世紀にティルスを激しく非難し、その終わりを予言したとき（エゼキエル書第二七章）、彼はこの栄えた都市国家を航海用の巨大な船にたとえた。しかもそれは、最高の木材（レバノンの山岳地帯でとれたビャクシンやレバノンスギ、トランスヨルダン産のオーク、キプロス産のイトスギ）で

図16　カナン人の船が港に着く場面を描いた壁画。紀元前14世紀にテーベ市長だったケンアメンの墓に描かれたものだ。船長が掲げているのは香炉とワインの杯で、ワインはおそらく目の前のアンフォラから注がれたのだろう。Illustration adapted by K. Vagliardo for L. E. Stager, "Phoenician Shipwrecks and the Ship Tyre (Ezekiel 27)," in *Terra Marique: Studies in Art History and Marine Archaeology in Honor of Anna Marguerite McCann*, ed. J. Pollini (Oxford: Oxbow, 2005), 238-54, fig. 18.12; after N. de G. Davies and R. O. Faulkner, 1947, "A Syrian Trading Venture to Egypt," *Journal of Egyptian Archaeology* 33: pl. 8.

建造した船だ。この船には、アラビア産の香や黄金、ラクダ、イスラエル産の小麦やオリーブ、タルシシュ産のスズや銀、アナトリアの馬や奴隷など、当時知られていた世界の隅々からの無限とも思えるほど多種多様な商品が積まれていたとされている。

一九八四年、テキサスA&M大学の海洋考古学研究所のジョージ・バスが、考古学界を震撼させた。今でも地中海で最古とされている難破船を発見し、エゼキエルの船が運んだ世界各地の商品がすべて積まれていたと発表したのだ。トルコ南部のウルブルンに近い荒涼とした沿岸の沖、水深四五メートルで海綿を採るダイバーによって発見され、カナンの商船であることが判明した。船はタニト号やエリッサ号とほぼ同じ大きさで、レバノンスギだけで建造されていて、厚板と竜骨の接合には（古い時代のクフ王の船のように）ほぞ差しの手法が使われていた。おそらく紀元前一四世紀に地中海東部キプロス島周辺の反時計回りの海流に乗ってエジプトへ向かっているときに、突然の嵐に見舞われて岩場に激突したのだろう。

　驚くほど豪華なその積み荷から判断すると、このビブロスの船は王室の委託を受けていたとみられる。アフリカ産の黒檀やカバの牙、牛皮形やパン形のキプロス産の銅インゴットと、精緻な黄金とガラスの酒器、カナンの黄金のペンダント、貝類の蓋（貝殻の開口部をふさぐ硬い板状の器官）、一〇・五トンのテレビンの木の樹脂、本のように二つ折りになった蝋引きした書字板（英語の book はビブロスに由来する）のほか、複数のカナンのオイルランプや、動物の形をしたレヴァントの石のおもりも数多く見つかっている。こうした遺物は、船乗りや高級船員、商人たちが地中海東部沿岸の都市国家の出身であることを物語っている。

　ウルブルンの沈没船でいまだに発見されていないのは、ワインだ。船体ではおよそ一五〇点のアンフォラが見つかっているが、その一部にはテレビンの木の樹脂の塊が容量の三分の一ほど入っていた。ほかにはガラスのビーズやオリーブが入ったものもあるが、七〇点余りのアンフォラは空だった。ファラオにささげたり、船員の喉の渇きを癒やしたりするためのカナンの高級ワインが、もともと入っていたのかもしれない。

　エゼキエル書には、ダマスカスに近いヘルボンのワインと、アナトリア南東部沿岸のイザッラの美味なるワインが大甕（ピトス）に入って陸路でダマスカスまで運ばれ、それらをティルスの商人が船で出荷していたと述べられている。ヘルボンのワインはアッシリア人のあいだで名高く、ダマスカスのオアシスの西に位置するアンチレバノン山脈の高地にある小村ハルブンでつくられていた。それから五〇〇年余り後、古代ローマ時代の著述家ストラボンは、そのワインがペルシアの王に提供されていたと記している。

フェニキア人や、その青銅器時代の祖先であるカナン人のワインは、古代世界で最高の賞賛を得ていた（ここでいうカナンは本来の狭義の意味で、レヴァント地方北部沿岸だけを指しているが、後年カナンはもっと南に位置する現代のイスラエルやパレスチナ、ヨルダンまでを含めた地域を指すようになった）。たとえば、シリアのウガリット（現在のラタキアに近いラスシャムラ）にあった紀元前一四～前一三世紀の宮殿跡から出土した、いわゆるレパイム（ラピウマ）文書には、カナンの北端についてこのように書かれている。「一日中、彼らは葡萄酒を注ぎ……発酵前の葡萄果汁、支配者にふさわしい。葡萄酒は甘くて豊富、選ばれた葡萄酒……精選したレバノンのワインはエル［神々の長］に与えなければならない」。後年、テオクリトスやシラクサのアルケストラトスといったギリシャの著述家は、ビブロスのワインは「良質で香り豊か」であり、ギリシャ随一のレスボス島産ワインと同等だと特筆している。聖書に登場する預言者ホセアはその香りを賞賛しているが（ホセア書第一四章七節）、彼の言葉を信じるなら、ビブロスのワインは香りが特徴だったようだ。

カナンやフェニキアの良質なワインづくりの伝統は、いつどこで始まったのだろうか。この疑問に答えるには科学的な調査が必要ではあるが、私の推定では、ヨーロッパブドウの栽培種がレヴァント地方北部に移植され、ワイン産業が始まったのは紀元前六千年紀だ。その後、レヴァントのワインづくりは経済を牽引する主要な産業へと成長した。新石器時代のビブロスと交流があったアナトリアも、それより早いとまではいかないが、紀元前七〇〇〇年までには同じ道をたどり始め、栽培から醸造まですべてを網羅したワイン文化が花開いた。ガザ、ヨルダン渓谷、そしてレヴァント地方南部の丘陵地帯では、イェリコをはじめとするこの地域一帯の遺跡からブドウの種子や木、さらには丸ごと残った干しブドウが出土していることを考えると、紀元前三五〇〇年頃まではブドウの栽培種が育てられていた。そして、スコルピオン一世の時代（前三一五〇年頃）にはワイン産業が成熟し、王の来世に備えた四五〇〇リットルのワインすべてを供給できるまでになっていた。レヴァント北部でのワイン産業の始まりが紀元前六千年紀だとすれば、この産業が三〇〇〇年から四〇〇〇年かけてトルコ東部からレヴァント南部へ広まったことになる。これは十分な歳月だ。

カナン人やフェニキア人が港町の近くでだけブドウを栽培していたとすれば、ブドウ畑の位置は海と山に挟まれた細長い平野部に限られる。さいわいにも、レバノン山脈とアンチレバノン山脈に挟まれた広大かつ肥沃な平野（ベカー高原）が内陸にはある。現在では、宗派間の闘争やイスラエルの侵攻にもかかわらず、ベカー産のワインがレバノンで最高のワインとなった。ここは、紀元一五〇年前後にローマ人がバールベック神殿を建造した地でもある。帝国全体で最も大規模な宗教構造物の集まりで、バッカス（ワインの神）、ヴィーナス（愛と多産の女神）、そして、フェニキアの嵐の神バアルと同一視されたユーピテル（神々の王）が祀られている。高さ一九メートルのコリント式の石柱は保存状態が良好で、絡み合ったブドウの蔓のモチーフとバッカスの生涯を振り返る浮き彫りに豊かに彩られて、訪れる人々を驚嘆させる。古代には、この地は国で第一のワイン生産地だっただろう。

ワイン産業はイスラム支配下で一〇〇〇年以上にわたって軽んじられたが、一九世紀と二〇世紀にフランス人の取り組みによって復活を遂げた。シャトー・クサラ、シャトー・ミュザール、シャトー・ケフラヤなど、現代のベカーでとりわけ名高いワイナリーの名前には、それが表れている。現在、年間で六〇〇万リットル生産されるワインの大部分はボルドーとローヌの品種だ。レバノンのワイン業者のなかには、現在メルワーと呼ばれる本来のビブロスのブドウはフランスのセミヨン種と関係があり、オバイデ種は十字軍がヨーロッパに戻ってくるときに持ち込んだもので、シャルドネとして知られるようになったと言い張る人もいる。近年のＤＮＡ分析で、シャルドネはフランス原産のピノと東欧のグーエ・ブランを掛け合わせたものであることが判明し、後者の説は誤りだとわかったものの、グーエ・ブランやセミヨンの遺伝的な系統にレバノンの品種が寄与している可能性はまだある。本物のビブロス原産のブドウやその近縁の品種を見つけ出すには、現代のレバノンでこの地域原産とされているおよそ四〇の品種を対象に遺伝子分析を実施しなければならない。

私自身はこの調査を実施したいと強く感じている。レバノンで一五年に及ぶ内戦が勃発する前の一九七四年、私はまだ考古学者として駆け出しだった頃に、ペンシルベニア大学考古学人類学博物館がサレプタ（現在のサラファンド）で実施していた発掘調査の最後のシーズンに土器の専門家として参加した。サレプタはティルスとシドンのあいだに位置し、フェニキア本国の都市国家で発掘された数少ない遺跡の一つだ。居住と破壊の跡が繰り返される現場を発掘するなかで、古代の国家と人々が繰り広げてきた紛争の現代版とも言える出来事が、頭上で進行していた。ほぼ毎日、イスラエル軍のファントムジェット戦闘機が、現場から八キロしか離れていないパレスチナ人のキャンプを激しく爆撃していたのだ。山岳地帯を低く飛んだかと思うと、爆弾を投下して、地中海の紺碧の空と海へ消えてゆく。ときどき敵機と空中戦になり、敗者が煙を上げて落ちていくのを目撃した。万が一の事態に備えて、キプロスへ脱出するための船が用意されていたが、さいわいなことに使わずに済んだ。

私たち調査隊は、トランスアラビア・パイプライン・カンパニーのまずまず豪華な施設に滞在していた。毎晩の夕食では、調査隊長のジェームズ・プリチャードの発案で厳格な「ワインの儀式」に従った。まず、彼がテーブルの上座につき、その両脇に未婚の女性考古学者を座らせる。次に、残りのメンバーのうち既婚の男性（以前の発掘調査で問題があり、妻の同伴は隊長に認められなかった）とイエズス会の司祭たちが、序列に従ってテーブルにつく。身分の低い大学院生だった私は、いちばん端っこに座った。ムディール（アラビア語で「長」の意）がグラスに口をつけるまで、ほかのメンバーは飲むことを許されない。隊長はシャトー・クサラのワインをケースごと買い占めたので、全員がこの美味なる酒を堪能できた。つまるところ、灼熱の発掘現場で泥だらけになった考古学者たちは、一日の終わりに喉を潤せる飲み物が必要なのだ（夕食後にスコッチを飲むのも中東の考古学調査のしきたりだが、これはムディールの命令ではなく、私たちは地中海を眺めながらスコッチをちびちびやりつつブリッジを楽しんだ）。

フェニキア人に対する私の興味が一気に強くなったのは、発掘現場の紀元前一三世紀の層からアンフォラの破片が見つかり始めたときだった。破片の裏側は鮮やかな紫色で覆われていた。ほかの遺跡ならば、こうした破片は当たり前の出土品で、色はマンガン鉱床や得体の知れない菌類の影響だと考えられただろう。しかし、フェニキア人の祖国であるレバノンの彼らの遺跡で発見した場合は、かの有名なティルス紫（貝紫）の染料に思いがいたる。重さでは黄金よりも高い価値があり、神官と王の特権とされた染料だ。カナンとフェニキアという名前は「赤」か「紫」を意味する言葉に由来するとみられ、これらの社会で染め物が重要だったことを物語っている。後の時代の著述家たちが繰り返し述べているように、ギリシャの伝説によれば、ティルスで地位の高い神で王のメルカルトが、妖精のテュロスと犬といっしょにビーチを散策していたときにこの染料を発見したのだという。先頭を走っていた犬が、海岸に散らばっていた貝殻の一つをくわえた。犬が戻ってくると、その鼻面から紫色の物質がしたたり落ちていた。メルカルトはそれを発見すると、すぐにその物質でガウンを染め、それを妻に贈ったという。

私たちの研究室が初めて生体分子考古学へと足を踏み入れたのは、このメルカルトの伝説を科学的に検証するためだった。ひと通り分析した結果、サレプタのアンフォラの内側を覆っていた紫色は、本物の貝紫（ジブロモインジゴ）であることが判明した。自然界でこの化合物を生産するのは、地中海のアッキガイ科のミュレックス属（*Murex*）とタイス属（*Thais*）の三種と、世界のほかの地域に生息するそれらと近縁の貝類だけだ。そして、紫に塗られた土器片が出土したサレプタの同じ地区で、貝紫の染料工場が発見された。工場には貝殻が山と積まれ、特別な処理槽と加熱施設がある。これで、王家の紫の染料を生産していた最古の証拠が、言い伝えのとおりフェニキアで得られ、検証はあっけなく終了した。同じ貝類が堆積した場所は地中海のほかの地域でも見つかっているが、さらに古い染料工場の証拠は（食後に捨てた貝殻や、土器やプラスターの原料として貯蔵された貝殻とは対照的に）まだ発見されていない。

生体分子考古学的な研究でレバノンでまだ実施されていないのは、紫の染料に匹敵する贅沢品だったワイン容器のさらなる分析だ。ワイン産業が始まった時期やその規模を解明するには、サレプタだけでなく沿岸部や内陸部のほかの遺跡（シドンの新たな発掘現場や、ベカー高原南部に位置する青銅器時代と鉄器時代の豊かな都市国家カミド・エル゠ロズなど）も含めて、調査対象をできるだけ広げるべきである。

ワインに魅了されたカナンとフェニキア

フェニキアとカナンではワインに限らず、考古学上の証拠や文字記録は非常に少ないため、彼らのワイン文化に関する知識はきわめて限定されている。しかし理解する必要があるのは、この屈強な海の民が紀元前二千年紀から前千年紀に地中海一帯でどのようにブドウ栽培を推し進めたのか、そして、なぜ彼らがそれほどまでにワインに惹かれたのかだ。その結果、グロッグやビールといった土着の発酵飲料が各地で軽んじられ、形を変えられ、隅に追いやられた。

紀元前二千年紀のカナン人社会を知るうえで最も信頼できる資料は、ウガリットの広範囲に及ぶ文字記録のコーパスだ。そこには、人々が神々や尊敬する祖先とのかかわりから、ブドウのワインに注目していた様子が描かれている。蜂蜜に関する記述もあちこちにあるが、特筆すべきなのはビールに関する記述がないことだ。これは、ブドウがよく育ち、労力と比べて得られる収穫が大きく、使う耕作地の面積が穀物栽培よりも狭い地域ではあり得る。現在でも、レバノン沿岸部にはヨーロッパブドウの野生種が残っている。これは、生育範囲の南限に当たる。とはいえ、こうした見解よりもっと重要なのは、アルコール度数だ。おそらくワインは、単純に度数がビールより二倍高いために好まれていたのだろう。

嵐の神など、カナンの神々による裁判や搾取についての物語を集めた「バアル物語集成」に、バアルが海の神ヤムを打ち負かした後に開いた大宴会の様子が記されている。バアルが祝いの席で両手で掲げた大きな酒杯――「見るからに大きな容器、強大な力をもつ者の器」――には、「水差し一〇〇〇杯分のワイン」が入っていた。彼が「飲料に無数のものを混ぜた」という記述は、各種の樹脂やハーブを加えたことを示しているのだろう。次にバアルは、酒の勢いを借りたソグド人の胡騰舞の踊り手のように（第4章参照）、シンバルを叩きながら歌い出す。そして物語は、バアルの宮殿を建設する場面に移る。特選のレバノンスギでつくられ、金と銀の装飾が施された壮麗な宮殿だ。祝いの席でバアルがいくつものワイン壺を神々にささげると、神は椅子に腰かけて、酒を満たした酒杯や黄金の杯を楽しげに傾ける。神々との宴は、大いに盛り上がることもあった。主神であるエルは酔っぱらって千鳥足で帰宅し、みずからの排泄物の上に倒れ込んだという。

遺物に描かれた神々や王の姿は、文字記録ほど詳細ではない。紀元前一三世紀のウガリットでとりわけよく知られている石碑の一つでは、椅子に座ったエルがワインの杯を掲げて挨拶する通常の王のポーズをとっている。その三世紀後、近東が外国の侵攻や経済破綻に見舞われる激動の時代を経た後も、紀元前一〇世紀前半のビブロスの支配者アヒラム（ヒラム一世）が同様のポーズをとっている姿が、彼の石棺に描かれている。アヒラムはケルビム（智天使）を脇に従えて王座に背筋を伸ばして座り、ずらりと並んだごちそうを前にして、片方の手には杯を、もう片方の手にはハスの花（古代エジプトでワインに加えることが多かった）を持っている。ソロモンはこのアヒラムに、エルサレムで最初の神殿の建設を依頼した。バアルの宮殿のようにレバノンスギを使い、黄金色に輝いたその神殿は、ケルビムの像や紫色の布で飾られていた。

祖先たち（ウガリットの文字記録で「ラピウマ」の最良の解釈とみられる）は、新石器時代以降のレバノンの宗教で重要な要素の一つだった（第3章参照）。カナン人やフェニキア人はこの伝統をマルゼアという慣習として保った。念入りな葬送の宴会を定期的に開催して、死者を敬う慣習だ。共同体で最も高位の特権階級にある男女が、ベト・マルゼア（セム語で「マルゼアの家」の意）に集う。ワインがふんだんにふるまわれる宴会を取り仕切るのは、「マルゼアの王子」と訳されるルブ・マルゼアだ。古代ギリシャで「シンポジアーク」と呼ばれた宴会の司会者の先駆けである。すべての参加者はそれぞれ飲食物を持参するように求められる。ウガリットの田園地帯には、農家が所有するワイン畑が現在のブルゴーニュ地方のように広がっていた。紀元前一五世紀の石板に残された記録によれば、この地域の小さな村ではワイン畑が八一人の所有者に分割されていたという。

バアルやエルといった神々が定めた規範では、暴飲暴食することが祖先の正しい敬い方だったという。音楽や踊り、カナンの神話の朗読だけでなく、ローマ人のどんちゃん騒ぎ「バッカナール」に匹敵するような性行為の数々も伴っただろうと想像される。聖書に記された預言者の警告や拒絶から推定するに、フェニキアのビブロスやシドン、ティルスで行われていたマルゼアはカナン人の祝宴に匹敵するほどふしだらな行為だっただろう。

海を渡ったワイン文化

カナン人やフェニキア人の船乗りが乗ったビブロスの船が運んだのは、大量のワインや紫色の織物といった珍しい商品だけではない。ワインを中心とした新たな暮らし方も伝えたのだ。それは、伝わった先の土地の社会や宗教、経済に徐々に浸透していった。今でもこれと同じような現象が新世界で見られる。この四〇年のあいだに、オーストラリアや南アフリカ、アルゼンチン、果ては極寒のノースダコタ州（アメリカで最も遅くワイナリーができた州）で、ワインづくりが大きな変貌を遂げている。私がニューヨーク州のイサカという都市で育ったとき、甘ったるいナイアガラやマニシェヴィッツのワインが普通で、それも特別な時にしか出なかった。しかし今は、ワインやほかの酒がない食事など考えられないという人が多いのではないか。食事とそれに合うワインをメディアがこぞって紹介するまでになった。

ワイン文化が異国の人々の「心をとらえた」古代の事例として最も目を見張るのが、エジプトでの例だ。スコルピオン一世が紀元前三一五〇年頃にそれまで知られていなかったこの飲料を大量に輸入し始め、ワインを何とかして永遠に保存したいと強く考えるにいたった経緯はすでに説明した（究極の貯蔵と熟成と言えよう）。それから一世紀半の時が経ち、第一王朝が始まると、統一されたエジプトのファラオたちはもう一歩先に進む。外国に頼って十分な量の良質なワインを輸入するのではなく、ひょっとしたら自分の好みに合ったワインをつくる目的もあったのか、ナイルデルタに王立のワイン産業を初めて築いたのである。

ブドウの栽培種を植えた畑はまもなくデルタに広がった。これは、レヴァント地方北部か南部の専門家を雇わなければできなかったであろう大事業だ。ファラオが数多くの臣民を動員する必要があったはずだから、同様の大事業となるピラミッド建設の予行演習のような形にもなったのだろう。ワイン産業を成功させるには、外国の商人がブドウの苗木を供給しなければならなかった。苗木の輸送にいちばん適していたのは船だっただろう。後の時代の難破船では、ワインのアンフォラを守る緩衝剤として使われていた荷敷きのあいだから、土に植えられたブドウの木が発見されているほか（後述）、ウルブルンの商船の船体には種類のわかっていない枝や葉も積まれていた。ブドウの根や枝、芽を土に埋めるのは、それらを湿らせて枯れさせないようにするうえで欠かせない。ナイルデルタにブドウの苗木が到着すると、カナン人のほかの専門家も上陸した。ブドウ畑の配置を決め、蔓を格子に這わせ、農業用水を送る水路を掘るのは農民や園芸家。ブドウの圧搾所をはじめとするワイン醸造施設を建設し、ワインの処理や保存に使う特別な容器をつくるのは建築家や職人だ。そして、これらすべての作業を監督するワインの醸造家も必要となる。ブドウの木が果実をつけ始めるまでに、最大で七年も要することがある。ブドウの木は世話しなければならないし、ワインの発酵や熟成の工程を丁寧に管理する必要もある。それから数千年後、この産業を興したカナン人の痕跡は、古代のワイン醸造家のセム語の名前という形で数多く残った（たとえば、エジプト新王国時代のワインのアンフォラに刻まれている）。

当初、肉体労働の大部分を担ったのは地元の住民たちだったに違いない。彼らはその後、ブドウ栽培の日々の作業にも力を貸した。少しずつ着実に、彼らもカナンのワイン文化に吸収されていったのである。飲むことを除けば、収穫されたブドウを足で踏む作業は、おそらくワイン醸造で最も本能的かつ官能的な体験だろう。エジプトの墓に描かれたワインづくりのカラフルな描写からは、ブドウを踏む人々がヘビの女神に歌をささげながら、足を滑らせてブドウかすの上に落ちないように、蔓につかまっている生き生きとした様子がうかがえる（口絵4参照）。二〇〇三年、良質なワインの生産地であるポルトガルのドーロ川上流部を訪れたとき、私はこの方法を使ったワインづくりを詳しく知った。ディルク・ヴァン・デア・ニーポートのワイナリー「キンタ・ド・パッサドーロ」での心に残るディナー（このとき飲んだドイツのリースリング、ブルゴーニュのリシュブール、そして一九五五年のパッサドーロのヴィンテージポートも忘れがたい）の後、私たちは水着に着替え、圧搾所に入って、皮と果汁に膝まで浸かりながらブドウ踏みを始めた。最高のポートワインはこの人力の方法でつくられるのだという。人間の足で踏むことによって、種が果汁の表面にそのまま浮かび、つぶれて苦いタンニンを出すことなく果汁をしぼり出せるのがよいそうだ。

古代エジプトに新たに生まれた産業でとりわけ目を見張るのが、当初の技術の洗練度合いだ。当然ながら、ナイルデルタにブドウを持ち込んだ段階で、カナン人の専門家たちには何千年にも及ぶ伝統があった。ブドウやブドウ畑、ワインを意味するエジプトのヒエログリフも、ワイン栽培の専門知識があった手がかりとなる。ヒエログリフはワインの栽培種とワインを記した文字記録としては世界最古で、上端がふたまたに分かれた支柱を垂直に立てて垣根をつくり、そこにブドウを這わせた様子が絵のように描写されている。木は容器に植えられているが、これはおそらく水やりを楽にするためだろう。点滴灌漑の仕組みも含めて、現代のワイン畑を管理するうえで最良の手本は古代エジプトのワイン産業の黎明期にあると言ってもよさそうだ。

カナン人のワイン醸造家は既成概念にとらわれない考え方も求められた。レヴァント地方のワイン畑は丘陵地帯にあるのが普通で、雨の多い冬にも水はけが良かったが、ナイルデルタでは沖積平野というまったく異なる地形の土地にワイン畑を造成したからだ。夏には灼熱の太陽が照りつけるうえ、降水量もはるかに少ないので、水の量に敏感なブドウをはじめ、エジプトでの作物栽培には灌漑が必要だった。パーゴラ（蔓棚）を利用すれば、ブドウが強烈な日差しにさらされるのを最小限に抑えられる。さいわいなことに、デルタの豊かな沖積層はナイル川上流部で毎年起きる氾濫によって運ばれてきたもので、水はけが良くて塩分もない。砂や粘土、多様なミネラルを含んだ石灰質の土壌は、ボルドーのいくつかの地域とそれほど違わない。

レヴァント地方のワイン醸造家は、ワイン文化をエジプトへ伝える仕事で予想以上の成功を収めた。七世紀にイスラム教徒に侵略されるまで、デルタ地域はエジプトの寺院や王たちに膨大な量のワインを供給していた。ワインには、デルタ産であることがヒエログリフで明記された。現代で言えばワインのラベルに産地を入れるようなもので、デルタ産のワインは紀元前二二〇〇年前後の第六王朝までに、葬儀で必須の供物として扱われるようになった。そのうち、ファラオの繁栄の継続と大地の豊穣を願うきわめて重要なセド祭も含めて、ほぼすべての宗教的な祭儀でワインの供物が求められ、大量の飲酒が伴った。祭儀はたいてい数週間も続いた。

エジプト社会に相当な量のワインが入り込んだとはいえ、大衆の飲み物であるビールが隅に追いやられることは決してなかった。供物としての順位はビールが常にワインを上回り、ハトホルをたたえる祭りのように、エジプトの多くの祭儀や神話で重要な役割を果たしていた。ピラミッドに代表される大規模な公共事業では、労働者たちに毎日ビールとパンを支給することが欠かせなかった。ビールもワインと同様、近東から伝わったとみられる。ナイル川沿いやオアシスでは、大麦と小麦が大量に栽培されていた。アフリカ中部から導入された雑穀も栽培され、ビールの原料にされていた（第8章参照）。

穀物を発酵させた飲料の利点としてまず、穀物は果実と異なり、長期に保存して必要に応じてビールを生産できる点が挙げられる。この点と、増える人口を支える食料を供給する必要性を考えれば、ほかのエジプト産の飲料（デーツのワインやミードなど）が文字記録でわずかに触れられているだけで、考古学的な記録の裏づけがいまだにとれない理由が説明できるだろう。

クレタ島をめざす

カナン人はエジプトでワインづくりを成功に導くと、ビブロスの船に乗って地中海のさらに先をめざした。彼らは到着した先々で、同様の手法を使った。ワインなどの贅沢品を輸入させ、特別な酒器一式を贈って支配者と良好な関係を築いて、現地でワイン産業を興す手助けを頼まれるのを待つ。カナン人やその後のフェニキア人はワインづくりの専門技術を提供するのに加え、貿易相手に紫の染料の生産技術（原料の貝は地中海一帯で見つかった）や造船（木材が手に入る場合）、その他の技術（金属加工や土器製作など）を伝えることもできた。異国の地で足がかりを築くと、ワイン文化の目には見えにくい要素（ひょっとしたら芸術的な様式や神話のモチーフなど）が、その土地の習慣に取り入れられたり、土地の習慣と融合したりしただろう。

私たちの生体分子考古学上の証拠によれば、カナン人が地中海を横断する途上でいち早く上陸した島の一つはクレタ島だった。港があるレバノンの都市国家から一〇〇〇キロ近く離れたこの島は、エーゲ海の入り口に位置し、ギリシャ世界の玄関口でもある。古典の作家による空想的な物語には矛盾が多く、現代の学者たちがこうした物語に懐疑的な見方をするのはもっともではあるのだが、ギリシャ神話のディオニュソス（ローマ人にバッカスとして知られている近東のワインの神に当たる）が命知らずの船乗りとしてフェニキアからクレタ島まで航海した話は、数多くの物語に繰り返し登場する要素だ。紀元前六世紀の名陶芸家エクセキアスの手による、美しい絵が描かれた酒杯（キュリクス）には、ディオニュソスが一人で小さな帆船を操る姿が描かれているが、そのマストはたわわに実がなったブドウの木で飾られている。ディオニュソスは海賊に襲われたとき、奇跡を起こしてブドウの木を生やし、海賊たちにワインを飲ませた。すると彼らは、陽気なイルカに変身して、船の周りを泳ぎ回ったという。果たしてこの物語は、ビブロスの船に乗ってクレタ島までブドウの栽培種を運んだ実際の航海に着想を得たものだろうか。

クレタ島とフェニキアを結びつけるギリシャの伝説は数多くある。フェニキアの王の娘か姉妹であるエウロペは、雄牛に化けたゼウス（セム語のエルまたはバアル）にさらわれ、クレタ島に連れていかれたといわれている。エウロペはブドウの葉や房で飾られた姿で描かれていることが多いが、これはまるでクレタ島の大部分、そしてギリシャのほかの地域にブドウが植えられる日を心待ちにしているかのようだ。ほかの物語では、ミノス王の娘であるアリアドネが、人身牛頭の怪物ミノタウロスを退治したテセウスに捨てられた後、エーゲ海に浮かぶナクソス島でディオニュソスと結婚したとされている。ひょっとしたらこの物語は、カナン人の船が、トルコ南部沿岸に沿ってエーゲ海に入ったウルブルンの難破船と同じルートをたどって、ギリシャのさらに奥へと入っていったほかの旅を表しているのかもしれない。あるいは、青銅器時代のミノア文明の人々（ミノス王がその名の由来）が近東のワイン文化を近隣の地域に伝えたということも考えられる。

ディオニュソス自身は、カナンの神、あるいは中央アジアや北欧の酒盛りをするシャーマンと同じくらい遊び好きで活力にあふれていた。冬や春に開かれる有名なディオニュソス祭は、飲酒や歌、踊り、猥雑な表現を新たな高みへと導いた。現代のラテンアメリカで開かれるカーニバルのように、人々は衣装を着て街を練り歩き、グリースを塗ったワイン用革袋に乗ってバランスをとるなどのゲームに興じた。こうしたばか騒ぎは、紀元前六世紀になると、アテネのアクロポリスの麓に位置する世界最古の公共劇場、ディオニュソス劇場に発展する。

しかし、このどんちゃん騒ぎには影の側面もあった。神とその飲料によって感情がとめどもなく解き放たれる「バッカスの憤怒」である。エウリピデスによる紀元前五世紀の劇「バッカイ」には、ディオニュソス信仰がギリシャの暮らしにもたらした深刻な影響が描かれている。ディオニュソスは雄牛に化け、アテネの北西に位置するボイオティア地方のオルコメノスの女性たちをそそのかして、丘陵地帯へと避難させ、ワインの神をたたえる歌や踊りをさせた。彼らは子どもを生け贄にし、動物を引き裂いて生のまま食べた。結末は悲劇的で、その様子を見にいったペンテウスは、彼を獣だと思った女きょうだいや母も含めた女性たちに八つ裂きにされてしまう。

ブリストル大学のピーター・ウォーレンは、こうした古典文学に埋もれた魅力的な手がかりをいくつか見つけ出し、それらを裏づける研究に取り組んだ。彼が発掘したのは、クレタ島南部の険しい沿岸部に位置する紀元前三千年紀後半の小さな農業集落、ミルトス゠フォウルノウ・コリフィ遺跡だ。一見慎ましやかな印象に反して、この遺跡全域のごく普通の家では、貯蔵室や台所からおよそ九〇リットルの容量がある大きな甕（ピトス）が数多く出土した。

ピーター・ウォーレンが分析用のサンプルを送ってくる前から、その甕にはワインが入っていたのではないかと、私たちは期待していた。外側には独特な赤黒いしみやしずくが付いていて、エジプトのスコルピオン一世の壺を思い起こさせる。また同様に、ミルトスの甕の多くには赤い残渣が入っていた。なかには、ブドウの種子や茎、皮が入っている甕もある。甕の幅広い口の下には、環状の把手の下に縄の模様が水平に走っている。これはエジプトの壺と同じように、革か布の覆いが縄で縛られていたことを示唆している。さらにミルトスの甕は、ゴディン・テペをはじめとするカフカスやアナトリアの遺跡から出土した近東の壺（第3章参照）と同じように、底部付近に小さな穴が開いている。これは液体を注ぎ出すための穴で、土器を焼く前に意図的に開けられたものだ。

ミルトスの四点の甕を分析した結果、それらに樹脂入りワインが入っていたことを確認できた。

これは、今のところギリシャで最古のレッツィーナの証拠だ。ギリシャは世界で唯一、この古代の伝統を現代まで受け継いできた国である。レッツィーナ（ギリシャを旅していると簡単に手に入る）の味が後から付けたものだと考えれば、ワインをオーク樽の中で熟成させるのと実質的に同じようなものだ。第3章ですでに触れたように、現代ギリシャのワイン醸造家は地元原産の品種に少量の松やにを加えて、レッツィーナをつくっている。

ピーター・ウォーレンは、俗に「バスタブ」と呼ばれる円形の大桶やピトスをミルトスで数多く発掘している。古代エジプトでも十分に証明されているように、こうした出土品は産業規模のワインづくりと関連していることが多い。大桶はブドウ踏みの作業員が疲れたら次の人員と交代しやすいようになっていて、ブドウ果汁を大きな壺に注ぐための穴が開いている。大規模な生産の手がかりは、近東のワイン醸造家の商売道具である大型の漏斗にも見られる。その表面にブドウの葉の痕跡が見つかるため、ワイン畑が近かったことがうかがえる。

ワイナリーを見守るのは「ミルトスの女神」と呼ばれる守護神だ。発掘現場の南西側に小さな神殿があり、そこに小立像として祀られている。正面から見た形で表現され、さらに古い新石器時代の像のように、胸をはだけ、三角形の恥丘を見せている。ミノア文明の女性たちは、身頃のぴったりしたひだ飾り付きのドレスを着て胸を強調していた。ミルトスの女神がミノア文明の人々に畏敬の念を抱かせる地母神になる途上にあったのは明らかだ。女神は注ぎ口が斜めになった壺を片方の腕で抱えている。これに似た容器は近東のワイン文化に数多くある。女神は低い台座（あるいは祭壇）の上に置かれ、その足元には供物の容器が並べられている。神殿に隣接した部屋では注ぎ口の付いた壺やピトス、ブドウ踏みに使う大桶、ブドウのしぼりかすが入った注ぎ口付きの鉢が数多く見つかっていることから、女神がこの集落でのワインづくりと関係していたのは明らかだ。

エジプト王家のワイン醸造産業とかなり似ているのは、ミルトスの醸造事業も突如として始まったように見えることだ。ワイン醸造技術がギリシャのほかの地域から伝わっていた可能性もある。特に、紀元前五千年紀のディキリ・タシュ遺跡でブドウのしぼりかすが見つかっているマケドニアや、紀元前三千年紀の遺跡からブドウの栽培種や葉の痕跡が残った土器が出土しているエーゲ海の島（シロス島、アモルゴス島、ナクソス島）が考えられる。また、アテネの南およそ二〇キロの沿岸部に位置するアッティカのアギオス・コスマスの一号住居で、ピトスの内部にブドウの栽培種の種子が残っていたという注目すべき発見もある。ピトスの底部付近には、ミルトスの容器と同様に穴が開いている。これは、ミルトスとほぼ同時期にギリシャ本土でもワイン醸造技術が知られていたことを示す明白な証拠であり、ひょっとしたら醸造の規模もミルトスと同程度だったかもしれない。

ミルトスでのワインづくりを推し進める力は、ギリシャのほかの地域からもたらされたのか。それとも、カナン人がその原動力となったのか。あらゆる手がかりを考慮に入れると、後者である可能性のほうが高い。ミルトスは、エジプトとレヴァント地方を行き交う船の主要ルート上で最初に確認される陸地にあるうえ、そのワイン醸造産業にはっきりと見られる近東の特徴は、この地域から影響を受けたことを物語っている。カナン人は自分たちのワイン文化を広めたいと考えていたし、その取り組みをクレタ島の住民たちといっしょに進めることを、ギリシャでの大いなる好機の一つとみていたのだ。

ギリシャのワインづくりがカナン人から伝えられたこと、そして、エジプトがギリシャの交易相手だったことは、クレタ聖刻文字や線文字Aといった最古級のギリシャの文字記録で、ブドウやブドウ畑、ワインを意味する後年の文字にも表れている。これらの文字がエジプトのヒエログリフ（水平な柵にブドウがうまく仕立てられている様子を表す）から派生したことは明らかだ。

ギリシャ人は独力で海上交易に乗り出し、地中海の覇権をめぐってフェニキア人と争い始めた後でさえも、地中海東部のワイン文化に対する多大なる恩義を心から表明している。ギリシャ人はフェニキアのアルファベットを取り入れ、それが英語のアルファベットの起源にもなった。彼らはこの革新的な表記体系を単に商品の在庫管理や航海記録に使っただけでなく、ワインに対する思いを表すためにも利用した。初期のギリシャ語による最古の記録は、紀元前八世紀のワイン壺（オイノコエ）にこのように刻まれている。「最も敏捷な舞踏を披露した者は、褒美としてこのオイノコエを手にする」。同じ世紀のこれより後には、ナポリ湾のイスキア島に築かれた初期のギリシャ植民市ピテクサイにある少年の墓から出土したロードス島の酒器（コテュレ）にも、驚くべき記録が残されている。その格調高い強弱弱六歩格の叙事詩にはこう書かれている。「ネストールの杯は飲酒にぴったりであるが、この杯から飲んだ者は美しきアフロディーテの欲望にまもなくとらわれる」。ワイン、女性、舞踏を織り交ぜたディオニュソス的な混交は世紀を超えて現代に伝わってくる。

カナン人がワインづくりをエジプト経由でクレタ島に伝えた証拠はほかにもあるが、それは議論の余地が大きい。このような順序で影響が及んだとすれば、エジプトで好まれていた飲料である大麦のビールも同時に伝わった証拠も見つけられそうだ。この説を確認しようとしていたわけではないのだが、私たちの分析で、ミルトスのピトスから大麦のビール醸造で出るシュウ酸カルシウム（ビール石）が検出された。ピーター・ウォーレンはミルトスに大麦のビールが存在したという考え方に賛同するだけでなく、ビール石が入った壺の一つが見つかった部屋に、大麦の殻など、穀物を扱った証拠が残っていたと指摘してもいる。有名なミノア文明の遺跡であるクノッソスを発掘したアーサー・エヴァンズも、ミノア人がビールを醸造して飲んでいたと主張しているものの、これはギリシャの考古学者のあいだで激しい論争になっている。

ギリシャ伝統飲料の終焉

奇妙なことに、ビールが入っていたとみられるミルトスの壺には、かつて樹脂入りワインも入っていた。壺が再利用された可能性もあるが、ビールとワインがもともと混ぜ合わされて「ギリシャのグロッグ」がつくられていたと考えるほうが可能性は高い。

ミルトスのグロッグは、紀元前一六〇〇年頃に始まった後期ミノアIA期にギリシャ全土で巻き起こった現象の先駆けであると十分に考えられる。大麦のビール、ブドウのワイン、蜂蜜のミードからなるこの時代の本物の混合飲料（私たちの研究室とニューヨークのヴァッサー大学のカート・ベックの分析による）は、クレタ島やギリシャ本土の数多くの遺跡で見つかっている。混合飲料は円錐形の新型の杯に注がれた。この容器は、祭儀とみられる状況下で驚くほど多くの点数が出土している。ミケーネ文明や後期ミノア文化期（前一四〇〇～前一一三〇年頃）までには、手の込んだ装飾が施された容器――丈の高い聖杯（キュリクス）、ビール容器、鐙壺（あぶみ）、そして、雄牛の頭部や身をくねらせるタコの装飾が施された巨大な角杯（リュトン）――からこの変わった飲料が確認されている。これらの容器はギリシャの社会や宗教のなかで中心的な役割を果たしていた。

ギリシャのグロッグの起源がどこにあるのかは、はっきりしない。ミルトスで見つかった初期のビールとワインの組み合わせは、ギリシャの発酵飲料という全体像のなかではおそらく一時的なもので、近東の「ビール・ワイン」であるカシュ・ゲシュティン（第3章）を思い起こさせる。グロッグの素材としてもっと一般的なのは、ミードだろう。それはヨーロッパでは十分に証明されているし、フェニキアのグロッグの成分とも一致する。ギリシャの学者のあいだで優勢な仮説によれば、ヨーロッパのほかの地域からギリシャに移ってきた人々が、紀元前二千年紀に権力のバランスをクレタ島からミケーネ文明が発達したギリシャ本土へと移したのだという。この仮説が正しければ、こうした人々が持ち込んだ北欧のグロッグの一種が、新しいギリシャのグロッグとなったのかもしれない。

このストーリーに意外な展開をもたらすのが、いわゆるネストールの金杯の発見だ。ホメロスの叙事詩でアガメムノンの宮殿とされることが多いミケーネの城塞の近くで、紀元前一六世紀の王墓（円形墳墓Aの四号墓）から出土した杯である。横に大きく広がった把手の上にハトの像があしらわれた精緻な金杯は、ホメロスの作とされている叙事詩『イリアス』（第一一歌六二八～六四三）に記載されている。この叙事詩は紀元前七〇〇年頃に書かれたとみられ、それ以前の伝統を反映していると考えられている。ネストールの愛人であるヘカメデが、トロイ戦争で負傷した兵士の看病をしているときに、金杯に入れたキュケオンを授けている。キュケオンはプラムノスのワインと、大麦の粗びき粉、そしておそらく蜂蜜を混ぜ、その上に山羊の乳でつくったチーズの粉をふりかけた「グロッグ」だ。

「混合物」と訳されるキュケオンは、ワインとビール、ミードでつくるフリギアや北欧、ギリシャの混合飲料と、おおまかな成分が一致する。チーズの化学成分はまだ検出されていないものの、ギリシャやイタリアにある戦士の墓からチーズをすり下ろす器具が見つかっていることは、叙事詩に書かれたレシピの裏づけとなる。私たちの研究室とヴァッサー大学のカート・ベックは、ミケーネで見つかったネストールの有名な金杯の残渣は分析できなかったものの（金杯は保存目的でとっくの昔にクリーニングされていた）、幸運にも同じ遺跡から出土した同種のビール用土器を分析することができた。土器からはギリシャのグロッグの痕跡が検出された。

キュケオンは、アルコールによる高揚感をもたらしそうな原料を混ぜた奇妙な飲み物というだけではない。『オデュッセイア』（第一〇歌二二九〜二四三）によると、オデュッセウスとその仲間たちが海を遠回りして故郷のイタケー島へ帰る途中で、キルケという危険な魔女に出くわした。キルケはオデュッセウスの船乗りたちにパルマコン（ギリシャで「薬」や「毒」の意）で強くしたキュケオンを飲ませて彼らをそそのかし、麻痺させたうえでブタに変えた。精神に作用する力をもった成分はプラムノスのワイン（ハーブを混ぜていたと考える学者もいる）に由来する可能性もある。さらに可能性が高いのは、キルケが優位に立つために特殊なスパイスかハーブを使ったということだ。

その候補としては、ミカン科の植物ヘンルーダが挙げられる。麻薬性があり興奮剤として使われる植物で、カート・ベックは、クレタ島の北の沖に浮かぶ小島のミノア文化期の港町ミケーネとシーラで発見された調理用の容器からヘンルーダの成分を検出した。鎮痛作用のあるサフランも、有力な候補の一つだ。ミノア文化期のフレスコ画のなかには、サフランの原料となるクロッカスの花畑を女性たちが歩き、花を集める場面を描いた喜びあふれる作品がある。壮麗な宮殿が破壊された紀元前一四〇〇年より後の時代には、頭からケシ坊主を生やした女性の小立像があり、ケシやそれに由来するアヘンを強く思い起こさせる。しかしながら、キュケオンに混ざっていた薬物について、生体分子考古学上の決定的な証拠はまだ見つかっていない。

ホメロスの時代から何世紀か後、ギリシャが地中海で外国の市場の支配権をめぐって争い、ビールやほかの混合飲料をヨーロッパの未開の奥地へと送り出していくにつれ、ギリシャのグロッグはやがてフェニキアのワイン文化に取って代わられた。とはいえ、キュケオンは「エレウシスの密儀」に取り入れられたため、完全に忘れ去られることはなかった。ヘレニズムやローマ時代のこの密儀宗教について知られていることは少ないものの、その入信の儀式には、みずからの罪の償いと来世での喜びを約束する混合飲料を飲む行為が含まれていたようだ。研究者のなかには、ライ麦や小麦に感染し、幻覚作用のある麦角菌がかかわっていたと推測する人もいるが、それを裏づける証拠はまだ見つかっていない。

私はエレウシスのデメテル神殿やアテネのアクロポリス付近にあるその妹の神殿の神官たちのように冒険好きではないのだが、それでも、キュケオンを現代に再現する実験に挑んだことはある。

クレタ島のイラクリオンの南、アルハネスの美しい丘陵地帯にあるミノス・ワイナリーのオーナー、タキス・ミリアラキスの力を借りて、私たちはオレガノに似た風味があるディクタモン（*Origanum dictamnus*）やサフランといった地元のハーブを集めて、山岳地帯で採れるクレタ島名産の蜂蜜を見つけ、島で第一級の麦芽を交渉の末に手に入れた。めざしたのは、二〇〇四年夏のアテネ・オリンピックのために「雄牛の血」と名づけた混合飲料をつくることだ。名前には、ミノアの宗教でディオニュソスと雄牛の生け贄に密接な関係があることをにおわせた。紀元前一六〇〇年頃から前一四〇〇年頃にかけて絶頂期だった時期のハギア・トリアダの宮殿あるいは邸宅で見つかった石棺のフレスコ画が、着想の源の一つだ。描かれているのはディオニュソスを象徴する雄牛の血を水差しに集めている場面で、女性の神官とみられる人物が、注ぎ口が嘴形の別の水差し（おそらくギリシャのグロッグが入っているのだろう）を角の飾りが付いた祭壇にささげている。血は深紅のワインが主成分だったグロッグを反映しているのだろうと、私たちは考えた。残念ながら、ワイナリーが製品を味見して撤退を表明したために（彼らは味見用のサンプルさえも送ってこなかった）、このプロジェクトは中断してしまった。ドッグフィッシュ・ヘッドのビール醸造家サム・カラジオーネのように試行錯誤を繰り返す不屈の精神がなかったのか、それとも、レツィーナを含めてもっと純粋なワインをひいきする気持ちが強かったのだろうか。

イタリアへ進出

紀元前八世紀のホメロスの時代には、地中海全域で先住の人々の味覚に訴えて心をつかもうとするフェニキアとギリシャの争いが絶頂期を迎えていた。これら海を渡る二つの国が、多くの島々（キプロス島、マルタ島、シチリア島、サルデーニャ島、イビサ島）を分け合っていた。

アテネからほど近いエーゲ海のエウボイア島（エヴィア島）からイタリアのイスキア島に移り住んだ人々が築いた植民市、ピテクサイで発見された証拠を見ると、ギリシャ人やフェニキア人がイタリアなど地中海西部の人々に与えた影響を理解するには、それぞれのワイン文化の重なりを慎重にひもとかなければならないことがわかる。精鋭の戦士が眠るピテクサイの墓や、本拠地エウボイア島のレフカンディにある墓、イタリアのカンパニアやエトルリアからは、きわめて類似した組み合わせの遺物が出土している。近東の様式を用いた金属製の大釜と、クラテルや漉し器、ワインを注ぐひしゃく、チーズおろし器のセットだ。

金属製の大釜の起源についてはさまざまな議論があるが、大釜のデザインがもともと地中海東部から着想を得たことはわかる。イラクのコルサバードにあるサルゴン二世の王宮を飾る紀元前七一四年のアッシリアの浮き彫り彫刻にも、同じ種類の大釜が描かれているからだ。これらは、おそらくフェニキア人かシリア人の職人がアッシリアのために制作したのだろう。キプロス島で屈指の数の遺物を誇るサラミスの七九号墓でも、似たような大釜が出土した。その口縁部には、グリュプスやスフィンクスなどの頭部像（プロトメ）や半身像があしらわれている。サラミスから出土した大釜のなかでもとりわけ目を惹くのは、スズめっきされ、口縁部がキノコのように広がった小型の水差しがいくつも入っている大釜だ。これはフェニキア人の関与を物語っている。

アッシリア人は広大なブドウ畑を造成したことで知られ、文字記録にワインに関する記述が頻出することから、サルゴン二世の王宮の壁に刻まれた大釜の大半にはワインだけが入っていた可能性がきわめて高い。しかし、ミダス古墳で発見された残渣の分析結果（第5章参照）によれば、こうした大釜には、ワインではなくフリギアのグロッグが入っていた。アッシリアの領土の外でも、似たような様式が保たれていた可能性も十分にある。

イタリアの戦士の墓に納められていた大釜に、ワインではなくグロッグが入っていた可能性はないだろうか。チーズおろし器が墓にあったことは、大釜に混合発酵飲料が入っていた有力な手がかりとなる。勇敢な戦士たちが生前や来世にチーズおろし器を必要としていたとは考えにくく、チーズを添えたギリシャのキュケオンを儀式用に準備するために必要だったのだろう。戦士たちとともに埋葬された女性たちは、小さなチーズおろし器のペンダントが付いたブローチ（フィブラ）で服を留めていた。女性たちは、古代世界で女性が醸造家の役割を果たしていた長い伝統に従って、ホメロスの叙事詩に登場するヘカメデやキルケのように、倒れた英雄たちに飲ませるキュケオンをつくったのだろう。また、ピテクサイから出土したロードス島の酒器（コテュレ）に刻まれた古いギリシャ語の記録から、その酒器には、ネストールの金杯に入っていたものよりも強いキュケオンが入っていたことがうかがえる。

ギリシャ式の混合飲料が西欧で知られていたという仮説は、考古植物学やほかの考古学上の証拠から裏づけられる。たとえば、イタリア中部のトスカーナ州ムルロにある紀元前五七五年以前の中庭付きの建物では、ハチの巣のかけらが入った大釜が発見された。同じくイタリア中部の村カザーレ・マリッティモでは、フィアレー（地中海東部に見られる種類の、把手のない酒器）や巡礼者が携帯した水筒が見つかっていて、その中には、ハシバミやザクロで味付けされた樹脂入りの混合飲料が入っていたようだ。同じ遺跡では、発酵に使われたとみられる円筒形の奇妙な容器から、ハチの巣が見つかった。ヴェルッキオにある紀元前八〜前七世紀の双円錐形のクラテルからはブドウの花粉と穀物の粒が発見され、純粋なブドウのワインではない何かが生産されていたことがうかがえる。

私は、エトルリア人がヨーロッパのほかの地域の人々と同じく、フェニキア人やギリシャ人の上陸前から混合発酵飲料を醸造する伝統をもっていたと考えている。商人たちは大釜やクラテルといった酒器を贈って、エトルリア人を地中海東部のワイン文化に誘い入れた。当初エトルリア人は、ケルトの王子やその仲間たちがはるか北方の地でやったように（第5章）、贈られた酒器を自分たちのもともとの習慣に採り入れて、地元の混合飲料を入れる容器とした。さらに彼らは独自の容器（高い台座が付いた「混酒器」と、銀に金めっきしたフェニキア式の酒器）をつくったが、やがて地中海東部のワイン文化に取って代わられた。当然ながら、この私の仮説が正しいかどうかを確認するためには、エトルリア人が商人たちと接触した時代とその前後の現地や外国の容器を対象に、広範囲の化学分析を実施しなければならない。

ブドウの野生種や栽培種もエトルリアのグロッグに使われていたとみられる。実際、フィレンツェの玄関口に当たるサン・ロレンツォ・ア・グレーヴェの青銅器時代中期の地下室からは、数多くのブドウの種子が発見されている。しかし、大規模なワイン生産が始まったのは、鉄器時代が始まった紀元前九世紀に商人たちが大挙してやって来るようになってからのことだ。その後の数世紀で、ワインは順調に広まり、エトルリアのグロッグは隅に追いやられて消えていった。カナン人がエジプト人や、その後おそらくミノア人にもワイン栽培を教えたように、フェニキア人もエトルリア人にワインづくりの知識を伝え、祖国から持ち込んだブドウの木を移植した。続いて、セム語のアルファベットが伝来した。ギリシャ語の場合と同様、エトルリアとローマの最初の文字記録はワイン容器に刻まれたものだ。おそらく、地中海東部のワイン文化に付随するほかのさまざまな品も、熱烈に受け入れられたのだろう。始まりは小さかったが、そこからイタリアのワインづくりは大きな成長を遂げ、現在の一大産業へと発展した。

エトルリアにワイン文化をもたらしたのは主にフェニキア人だと、私は考えている。少なくとも、エトルリアで外国との交流が始まった頃はそうだっただろう。その頃、ギリシャ人は主にキュケオンに傾倒していたからだ。エトルリアのアンフォラはフェニキアのアンフォラを基につくられている。多くの場合、形が似ているということは、その機能や中身も似ていることを示唆する。その答えを知るには、アンフォラが多数出土するエトルリアの初期の沿岸部の遺跡をもっと集中的に発掘し、ワインに関連する土器を積んだまま地中海に沈んだ難破船をもっと多く調査しなければならない。エトルリアにワイン文化をもたらす役割を果たしたとみられるフェニキア人の入植地として最も可能性が高いのは、シチリア島の西端の沖に浮かぶモツィア島と、ティレニア海に浮かぶリパリ諸島だ。モツィア島は後年、極上のマルサラワインで知られるようになった。

マヨルカ島の沖に沈んだ紀元前四世紀のエルセックの難破船では、大量の積み荷の中から土に植えられたブドウの木が見つかり、ブドウの木が移植のために輸送されていたことがうかがえる。この船には、地中海全域や黒海の数多くのアンフォラや、太った少年が描かれたアッティカ式の酒杯(スキュポス)、混合発酵飲料の醸造用にヨーロッパのほかの地域でよく見られる様式の大釜とバケツも積まれていた。

とはいえ、土に植えられたブドウの木が一隻の船に積まれていただけでは、移植の目的があったという証拠にはならない。南仏沖のグラン・リボー島付近に沈んだ紀元前六〇〇年頃の難破船にも、最近の発掘の結果、大量のブドウの木が積まれていたことがわかったが、これらは船が運んでいた七〇〇〜八〇〇点のアンフォラを守るクッションとして使われていたと考えられている。エルセックの難破船でもブドウの木がクッションとして使われていたかもしれないが、そうだとすれば、報告された事例で大量の土が残っているのが不思議だ。ブドウの木を生かしたまま運んで、移植に使う目的があったのではないか。

イタリアやフランスの沿岸に沿った海域では、鉄器時代の難破船が今では数多く発見され、発掘されてきた。こうした船にはワインに関連する容器が大量に積まれているため、フェニキアやギリシャの文化はそれぞれのワイン文化を通じて地中海西部に伝わったともいえそうだ。

エトルリア人がワインづくりをフェニキア人から学んだにしろ、それともヘロドトスが示唆しているようにアナトリア西部のリディア人から学んだにしろ、彼らは紀元前六〇〇年までに南仏へワインを輸出する主要な商人となっていた。ローマ人がそれに続き、後は歴史が伝えているとおりだ。ワインはアルプスを越えてブルゴーニュやモーゼルに伝わり、土着の飲料を隅に追いやって、ブドウの栽培種の北限にまで広まった。それより北の地域では、引き続き北欧のグロッグが勢力を保った。

西方へ進出する

フェニキア人やギリシャ人は、有望な取引先に近い地中海西部に定住地を築くことによって、多くのメリットを得られた。何千キロも離れた東部からワインを出荷するのではなく、外国の土地でブドウ栽培からワイン生産までを手がけ、その土地の消費者に売れるからだ。

この方法を利用したギリシャ人の成功は、現在のイタリア南端のカラブリア地方に当たるオエノトリア（「仕立てたブドウの地」の意）の沿岸都市に見ることができる。ここでのギリシャ人の活動を見ると、ブドウとワインの文化の振興にいかに力を入れていたかがわかる。たとえば、シュバリスという都市は繁栄をきわめ、その名前は贅沢で退廃的な暮らしを指す言葉にまでなった。

二〇〇五年、私はイタリアのワイン生産者団体（全国ワイン都市協会）に招かれて現地を訪れた際、ギリシャ人とフェニキア人の活動がいかに成功したかを目の当たりする機会を得た。おそらく、『古代のワイン』のイタリア語版がワイン好きのイタリア人の心をとらえたようだ。トスカーナで開かれたエトルリアワインの会議での講演を終えた後、私は同協会のパオロ・ベンヴェヌーティ会長と、シエナ大学でエトルリアを研究する考古学者アンドレア・ジフェレーロとともに、南をめざす旅に出発した。私たちはイタリアじゅうの実験的なブドウ畑を訪れた。ヴェスヴィオ火山の麓にあるポンペイでは、マストロベラルディーノ・ワイナリーの取り組みを見学した。このワイナリーは、発掘されたブドウ畑の古代遺跡で、ローマ時代のものと彼らが考えている品種（グレコ・ディ・トゥーフォ、コーダ・ディ・ヴォルペ、ヴィティス・アピアナ／フィアーノ／マスカット）を当時の仕立て方で栽培している。仕立て方には、枝を一本の支柱で支えるか、もう少し手の込んだパーゴラなどの蔓棚に仕立てるか、ほかの木にからませる方法があったが、ローマ時代に最も一般的だったのは、現在のように枝を上方へ垂直に育つように仕立て、ブドウの実に風と太陽光が当たるようにして実を成熟させる方法だ。これは手入れや収穫をしやすくするためでもある。この取り組みが実を結んで、かの有名な高級ワイン「ヴィッラ・デイ・ミステリ」が発売された。

次に私たちは、歴史あるオエノトリアへと赴き、イタリア南部の町ロクリで協会が取り組んでいるプロジェクトを見学した。協会はここで、数多くのイタリア品種（一〇〇〇以上）の栽培と、ブドウの遺伝子や生殖細胞の多様性の保存に尽力している。現代の品種とその古代のルーツについては学ぶべきことがまだまだたくさんある。たとえば、私の共同研究者の遺伝学者ジョゼ・ヴイヤモは最近、トスカーナの有名な品種サンジョヴェーゼの直系の祖先がチリエジョーロとカラブレーゼ・モンテヌオーヴォであることを突き止めた。チリエジョーロはトスカーナの有名な品種で、カラブレーゼ・モンテヌオーヴォはカンパニアとカラブリア（起源とみられる地）の品種で絶滅寸前だ。それより前のブドウの祖先はギリシャから来たとも考えられるが、この説はまだ検証されていない。現代のイタリアで栽培されている品種を守っていけば、その祖先を突き止められるだろうし、好ましい特徴をもった新たな品種の開発にも役立つだろう。

フェニキア人の西方進出というより大きな視点に立ち戻ると、彼らの最大の入植地は、北アフリカ沿岸部の現在のチュニジアに当たるカルタゴだった。古典時代の文献によれば、この都市は紀元前九世紀に築かれたという。アッシリア人がフェニキア人の都市だったティルスを脅かし、ティルスの女王であるエリッサ（ディド）が船で逃れた時期で、この年代には考古学上の証拠のおおよその裏づけもある。ディドとティルスの貴族の一団は、モツィア島の対岸に突き出た半島の先にある、戦略上理想的な土地に移り住んだ。主要な集落は高い岬に築き、その下には港と、南北に広がる大きなラグーンがあった。彼らの祖国によく似た広大で肥沃な後背地に心惹かれたフェニキア人は、そこに穀物だけでなく、何よりもブドウの栽培種を植えた。

北アフリカの沿岸部は、地中海のほかの地域よりもはるかに住人が少なかった。先住のベルベル人は遊牧民だ。このためフェニキア人は、彼らに対してほかの地域とは異なる手法をとることができた。現地の人々に対して低姿勢で接し、交易を促進する産業を築く手助けをするのではなく、真の植民地主義者になったのだ。その後の数世紀でカルタゴがその規模を拡大し、付近の沿岸に新たな集落ができていくと、カルタゴは帝国の首都となり、ローマ帝国に商品をもたらす供給地となった。その繁栄ぶりは、ロバート・バラードらが実施した深海調査によって近年明らかになった。調査チームは潜水艦と無人探査機を投入して、水深一〇〇〇メートルの深海に横たわる数多くの交易船や、海底に線状に散らばったアンフォラを記録した。これらの船や貨物は、カルタゴからティレニア海のスケルキ堆を通り、古代ローマの港オスティアにいたる直接のルート上にある。このように海底に沈んだ船もあったのは確かだが、それよりはるかに多くの船と貨物が無事に航海を終えた。

古代のカルタゴで、ワインは極上の飲料だった。ブドウ栽培などの農業に関する古い専門書に、マゴという名前の紀元前三〜前二世紀のカルタゴ人が記したものがある。マゴは後年のローマの作家（ウァロ、コルメラ、プリニウス）に広く引用されている。おそらく彼は、カルタゴが築かれた時代のフェニキアの伝統を参考にしたのだろう。しかし、これまでカルタゴで出土したブドウの栽培種の証拠として最も古いのは、紀元前四世紀のブドウの種子だ。

チュニジアには野生のブドウは生育しているものの、現地の暑い気候のもとでブドウの栽培種を育てるには、特別な対策が必要だった。少ない降水量という悪条件を克服するための土づくりやブドウの植え方を、マゴは記している。彼が示したストローワイン（レーズンワイン）のつくり方はこうだ。まず、いちばん熟れた時期にブドウを摘み、傷んだ実を取り除いてから数日間、葦を編んでつくったシェルター（夜露で湿らないようにするための覆い）の下でブドウの実を天日に干した後、それを果汁に浸してから足で踏んでしぼる。同じようにつくったしぼり汁をもう一つ用意し、それら二つを混ぜ合わせて、およそ一カ月かけて発酵させ、最後に濾しながら容器に入れて革の覆いで蓋をする。マゴのストローワインはその味と醸造法の点で、トスカーナの甘美なヴィン・サントやイタリア北部ヴァルポリチェッラ地域のアマローネに似ている。アマローネをつくるには、まず収穫したブドウを小屋の中の棚で干してから、足で踏んでしぼり、密閉した容器でしぼりかすといっしょに一カ月ほど発酵させる。そして濾過した後、十分に密閉した容器に入れて熟成させる。

とはいえ、カルタゴからさらに近い、一〇〇キロ足らず沖に浮かぶパンテレリア島にも、おいしいマスカットワインがある。

カルタゴはやがて地中海を渡り、スペイン南部のコスタ・デル・ソル（太陽海岸）や果てはジブラルタルの岬「ヘラクレスの柱」にまで勢力を広げた。イベリア半島のグアダルキビル川沿いにあるスズや鉛、銀の豊かな鉱床を利用するのがその目的だったのだが、彼らはここでもまた、肥沃な海岸平野が入植やワイン文化の移入に理想的な場所であると気づいたのだ。スペイン南東部のカルタヘナに近いマサロン湾で近年発見された紀元前七世紀の二隻の難破船から、カルタゴの帝国を拡大するうえで海上輸送が重要な役割を果たしていたことがわかる。スペインの国立海洋考古学博物館による発掘調査の結果、これら二隻の船は全長がビブロスの標準的な船の三分の一しかないが、海岸線に沿った短い航海に力を発揮したとみられている。

フェニキア人やカルタゴ人が到達する前、スペイン南部沿岸にもともと暮らしていた人々は、大麦やエンマー小麦、蜂蜜、ドングリの粉（第5章参照）、そしてスパイスをふんだんに使った混合飲料を飲んでいた。しかしその後、強要されたのか自発的に受け入れたのかはわからないが、伝統の混合飲料はまもなくワイン文化に取って代わられた。スペインで初めてワイン畑を造成し、優れた品種を開発した古代の労働の成果を、現代の私たちは享受しているのである。

二〇〇四年にバルセロナで開かれた古代のビールに関する会議に出席したとき、共同研究者であるバルセロナ大学のロサ・M・ラムエラ゠ラベントスに招かれて、沿岸部や山岳地帯のワイン生産地をめぐる特別なツアーに参加した。ロサと彼女の学生であるマリア・ロサ・グアシュは、ツタンカーメンの墓に納められていた数点のアンフォラから赤い色素を検出し、液体クロマトグラフ・タンデム型質量分析（LC－MS－MS）を使って古代のサンプルから酒石酸を検出する精度の高い手法を開発した研究者だ。これで、一九歳のファラオが赤ワインを飲んでいたことが判明したのだが、このバルセロナ大学のグループによるその後の研究で、ツタンカーメンの墓にあった二六点のアンフォラのうち少なくとも三点に白ワインが入っていたこともわかった。

ロサの家族であるラベントス家は、「カバ」というスパークリングワイン（コドーニュのラベルのもとで販売）を生産する老舗で、発泡性でないワインの農園も所有している。さまざまなワインを味わったり、最先端のワイン畑やワイナリーを訪れたり、夜は城で分厚いステーキとカタルーニャ料理に舌鼓を打ったりして何日か過ごした後、いよいよ今回の旅の目玉であるプリオラート訪問の日を迎えた。沿岸部から遠く離れた高地にある有名なワイン産地だ。ラベントス家がこの地に所有するワイナリー「スカラ・デイ」は、一二世紀のカルトゥジオ会の修道院にちなんで名づけられた。切り立った岩場に建設された修道院で、その名前は旧約聖書の創世記第二八章に記された天へと延びるヤコブの梯子を思い起こさせる。収穫量の少ないブドウを使ったスカラ・デイのワインは、地元のガルナッチャ種にカベルネ・ソーヴィニヨンとシラーをブレンドしたもので、アルコール度数はかなり高く、一四％もある。しかし、プリオラートのほかのワインはさらに高くて一六～一七％あり、酒精強化されていないブドウのワインとしては上限に近い度数だ。その深紅の色合いと重層的な香りや味を説明するだけでは、このワインの魅力をとても伝えきれない。やはり直接味わう体験をしなければ、その魅力は理解できないだろう。私はその後、アメリカ国内にわずかに残った二〇〇〇年のスカラ・デイのボトルが、マンハッタンにある販売店「ソーホー・ワインズ&スピリッツ」の陳列棚の最上段にしまい込まれていたのを目ざとく発見した。一〇年以上の熟成期間を経たこのボトルを開ければ、スペインのワイナリーをめぐった旅の思い出だけでなく、フェニキア人がはるか昔に挑んだ冒険の記憶までよみがえることだろう。

フェニキア人はさらに遠くまで足を伸ばした。ジブラルタル海峡を越えて大西洋に入り、イングランドのコーンウォールまで旅して、スズの鉱床を利用したと考えられている。さらに、ジブラルタル海峡から南下してアフリカの西海岸まで航行し、ヘロドトスの言葉を信じるならば、彼らはアフリカ大陸を一周したという。それだけでなく、ブラジルや北アメリカ東部にフェニキア人の碑文が残っていることを根拠に、フェニキア人が新世界にまで到達したと主張する学者もいるが、北アメリカ東部の碑文は偽物である可能性が高い。これまでのところ、彼らのワイン文化の痕跡は新世界では見つかっていない。アメリカ大陸の人々がどこから来て、どんな発酵飲料をつくって飲んでいたかを知るには、違った視点で見ていく必要がある。

第7章　甘くて苦い、芳醇な新世界

アメリカのヴァンダービルト大学の考古学者トマス・ディルヘイは、南米チリにある先史時代の小さな集落跡モンテベルデで一九七七年に発掘調査を始めたときには、学者として熱狂的な体験ができるとは夢にも思っていなかった。彼の研究チームは、太平洋から五五キロ内陸に位置するこの遺跡が、アメリカ大陸では最古級のおよそ一万三〇〇〇年前の集落跡であることを発見したのだ。人口は三〇人ほどだったという。これまでに確認されている遺伝学上の証拠から推測できるように、人類が氷河時代の末期に形成されたベーリング陸橋（ベーリンジア）を渡ってシベリアからアラスカに入ったのだとすれば、そこから一万五〇〇〇キロも離れた南米の南端にどうやってこれほど早くたどり着けたのか。多くの学者にとって、この発見は従来の知識に真っ向から対立するもので、とても正しいとは考えられなかった。

狩人、漁師、それともフルーツ好き？

アメリカ大陸に到達した最初の人類はきわめて攻撃的で、有能なハンターであり、石を薄片状に加工したクローヴィス型尖頭器と呼ばれる穂先を駆使していたと、長く考えられていた。彼らはこうした武器を使ってケナガマンモスやサーベルタイガーといった氷河時代の風変わりな生き物を狩っていた。これらの動物たちがいっせいに絶滅した一因は、人類の狩猟だったとされていた。しかし今では、この考え方には誇張があるとされ、動物たちの絶滅には、急激な気候変動や病気、アジアから入ったほかの哺乳類（ヘラジカやヒグマなど）との競争もあったと考えられている。

この「クローヴィス最古説」を否定する証拠は、モンテベルデ遺跡の年代がきわめて古いこと以外にもある。クローヴィス型尖頭器が出土する最古の遺跡は一万一五〇〇年前のもので、モンテベルデより一五〇〇年も新しく、しかもその遺跡は南アメリカ北部に位置している。さらに、陸橋横断の始点と終点に当たるベーリング海峡のシベリア側でもアラスカ側でもクローヴィス文化の遺跡は一つも発見されていない。クローヴィス最古説では、新世界を探検した最古の人類は北米大陸を覆っていたローレンタイドとコルディエラという二つの巨大な氷床に挟まれた、氷のないルートを通って内陸へ入ったとされているが、近年の地質学的なデータからこの想定にも疑問符が付いた。現在では、当時の人類はベーリンジアを渡った後、沿岸のルートを通って南下したと広く考えられている。

氷河時代に海水面が一二〇メートル下がり、ベーリンジアが地表に現れると、荒涼としたツンドラに変化が訪れる。数十年とはいかないまでも、数百年のあいだに、ツンドラはヒースの草原に覆われ、カバノキの森に包まれて、動物たちであふれるようになった。こうした豊かな動植物を目当てに、人類が移動を続ける。しかし、南下する人類は、北西部の沿岸や内陸を覆った巨大な氷床に行く手を阻まれた。内陸を移動する道が開けたのは、一〇〇〇年ほど後のことだ。現在でも、内陸を通るルートには人を寄せつけない恐ろしさがある。私の妻はカナダのユーコン準州のドーソン・シティーから北極海沿岸のイヌヴィックまで七〇〇キロ近く、フォルクスワーゲンのキャンピングカーを運転したことがある。途中で出会った鳥たちはすばらしく、ときどきグリズリー（ハイイログマ）も見かけたが、広大なツンドラは無数の湿地やモレーン〔氷河堆積物の丘〕に阻まれて、気候が暖かいときにはほぼ通行不可能で、かさ上げした二車線の砂利の「ハイウェイ」を通るしかなかった。

おそらく初期の人類は、氷に閉ざされたり、ぬかるんだりしていた広大なツンドラを苦労してとぼとぼ歩くのではない、ほかの方法を見いだしたのだろう。北西部沿岸の「内海航路」を舟でたどれば、ひっそりとした湾から湾へ移動することができた。人類は中央アジアではオアシスからオアシスへ、地中海では島から島へと渡って移動したと考えられているが、それと似たような手法である。およそ一万七〇〇〇年前から一万五〇〇〇年前に沿岸部の氷床が解け始めると、河口域に氷のない土地が形成され、そこが漁や果実集めに最適な楽園となったのだろう。

この地域の海産物や植物がいかに豊かであるかは、現在の内海航路を旅してみればわかる。深い森が覆う山々に隔てられたフィヨルドからフィヨルドへ出入りすれば、初期の人類は野生のイチゴやムクロジ、ニワトコ、マンザニタの実（スペイン語で「小さなリンゴ」と呼ばれる）、シンブルベリー、サーモンベリーを集めて食料にできただろう。舟から釣り糸を垂らしたり網を投げたりすれば、大ぶりなキングサーモンやオヒョウを捕まえられただろうし、浅瀬を歩いて棒で砂を掘れば、おいしい貝を集めることもできたのではないか。

次々に沈没船が見つかっている地中海とは異なり、残念ながらアメリカの考古学者は、初期のアメリカ人が処女航海に使った舟をまだ発見するにいたっていない。ホモ・サピエンスは四万年前にはすでに外洋を渡ってオーストラリアに到達しているから、シベリアに暮らしていた人々も、丸太を組んだいかだや革でつくったカヤック、葦を編んでつくった舟など、独自の舟をもっていたと推定できる。ノルウェーの探検家トール・ヘイエルダールは、バルサ材などを使ったいかだ「コンティキ号」に乗り、ペルーから太平洋を七〇〇〇キロ近く航行してポリネシアの島まで到達し、氷河時代の航海にまつわる基本的な概念を証明した。

とはいえ、舟の旅で立ち寄ったときに沿岸部に築かれた初期の集落跡は、いまだに発見されていない。集落跡や舟は、氷床が解けて海面が上昇するにしたがって海底へと沈んでしまったに違いない。これらの証拠を発掘するには、ロバート・バラードの調査チームが実施したような革新的な水中考古学の技術（第6章参照）が必要になるだろう。内海航路を通ったという説に反対する意見もあるが、それを裏づける証拠は不十分で、やはり新たな調査が必要だ。しかし、陸路が氷に閉ざされていたとすれば、南アメリカ南部のモンテベルデのような集落がきわめて古い年代に築かれた理由の説明はただ一つ、氷河時代に開拓者の第一陣が舟でやって来たということしかない。

奇妙な飲料を好んだ海の民

モンテベルデ遺跡はクローヴィス最古説の信憑性に一石を投じただけではない。ほかにも驚くべき発見をもたらした。この遺跡は、マウジン川の支流沿いに広がる、冷涼湿潤なカバノキの森に位置していた。渓流の水位が上がるにつれて集落は水中に沈み、やがて泥炭の湿地に埋もれた。その結果、旧石器時代の遺跡としては旧世界でも新世界でも稀に見る良好さで、有機物が保存されることとなった。

遺跡からは、丸太と板を組んだ基礎の上に築かれた二つの建物が出土した。丸太や板は杭に固定され、動物の皮でつくった壁は葦の縄で棒に結びつけられている。建物の一つはおそらく共同体の住居とみられ、長さが二〇メートルで、丸太と板、動物の皮でできた壁で仕切られた部屋がいくつかある。それぞれの部屋には小さな炉床があり、その周辺から食事の残りが出土している。マストドン(ゾウに似た絶滅動物)や原始的なリャマ、淡水の貝類のほか、大量の種子や木の実、塊茎(野生のジャガイモなど)、キノコ、ベリー類などだ。もう一つの建物も似ているが、その床には動物の脂肪が固まって残っていることから、マストドンの解体と皮剝ぎに使われていたとみられている。

この共同体が利用していた植物の種類は、薬理学や栄養学の観点で見ると実に多彩だ。住人たちは、生命豊かな森と湿地の環境から、越冬できるだけの食料や物資を十分すぎるほど享受していた。遺跡に残された植物や動物から、この地の人々は年間を通して定住していたと、発掘チームはみている。これは、世界のほかの地域では、数千年後の新石器革命の初期に起きたと一般に考えられている現象だ。

モンテベルデの人々は集落から二〇〇キロ北にある高地の森にも足を踏み入れ、薬効や幻覚作用のあるボルドー（*Peumus boldus*）の木の葉や実を集めた。ボルドーと、若芽がおいしい地域固有のイグサであるフンコ、そして興味深いことに、チリ沿岸に生育する七種以上の海藻を混ぜたものを噛んでいた。内陸の集落に海藻が存在することは、人々が海と密接なかかわりをもっていたことを示し、おそらくもともとの移動ルートも示唆している。よく知られているように、海藻は栄養価がきわめて高い。各種の微量栄養素やある種のタンパク質、ビタミンAとビタミンB12を摂取できるほか、体内の免疫系を助け、有益なカルシウムやコレステロールの代謝にも寄与する。

塩水湿地や砂丘に育つほかのさまざまな植物も、食料や薬として利用された。そのなかでも、タデ科の植物（*Polygonum sanguinaria*）には鎮痛や利尿、解熱の作用がある。こうした植物に含まれる塩分も、付近の植物だけの食生活では得られない栄養を補う役割を果たした。

ほかにも、ヒカゲノカズラ（*Lycopodium* sp.）という植物も見つかった。五〇キロ離れたアンデスの草原に生育している植物で、住人たちがみずから集めたのか、ほかの人々との物々交換で手に入れたのかはわからないが、モンテベ

地図3　アメリカ大陸。人類はおよそ2万年前にベーリング陸橋（ベーリンジア）を渡ってこの大陸に足を踏み入れた。その後何千年ものあいだに、蜂蜜やトウモロコシ、カカオの実、おそらくその他の果実（コショウボクなど）、根菜（キャッサバなど）、草本といった、発酵可能な数多くの天然素材を発見し、飲料をつくっていった。こうした飲料にはしばしば、「薬効のある」ハーブや樹脂、その他の副原料（トウガラシ、バニラ、血液など）が混ぜられた。

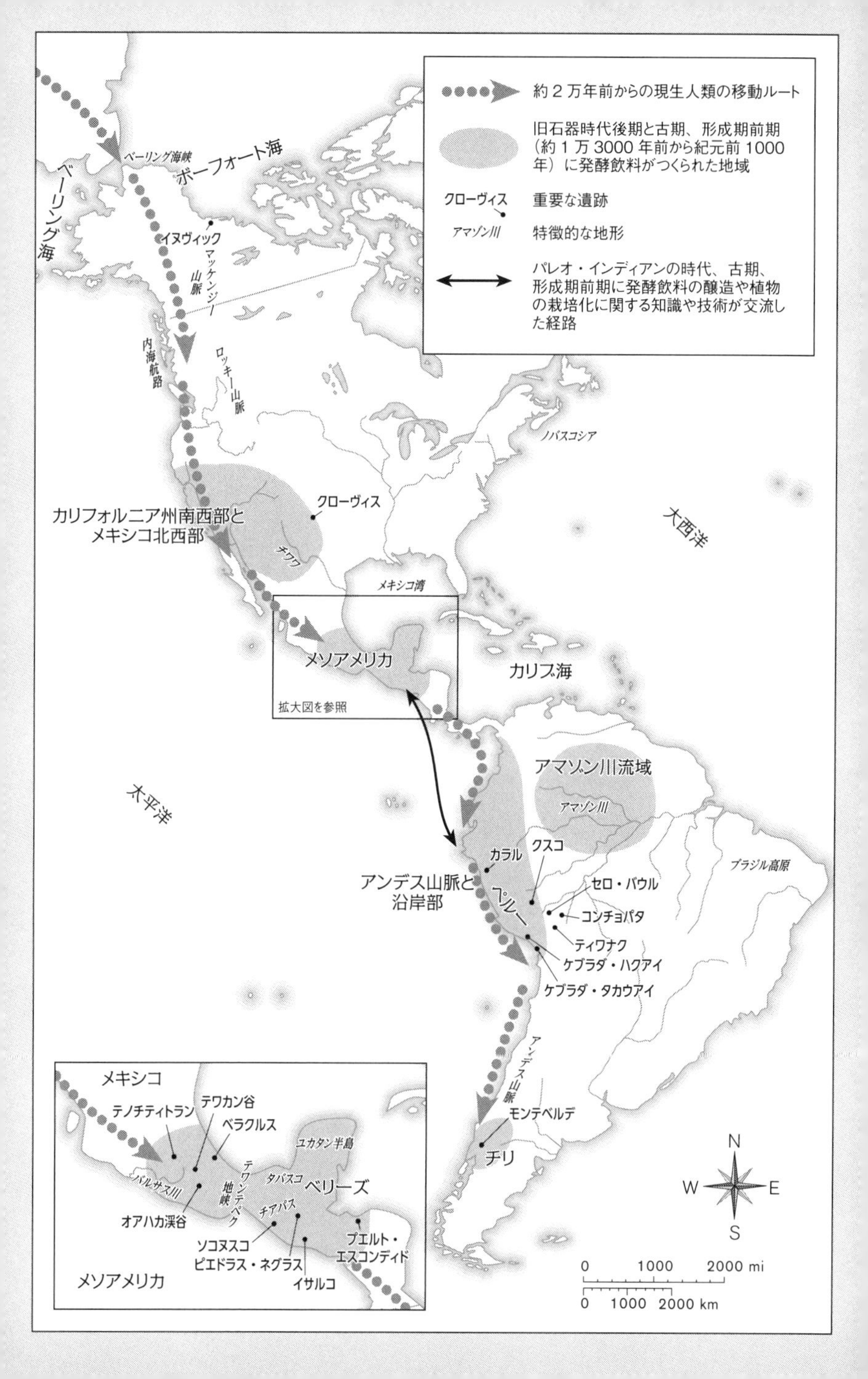

約２万年前からの現生人類の移動ルート
旧石器時代後期と古期、形成期前期
（約１万3000年前から紀元前1000年）に発酵飲料がつくられた地域
クローヴィス
重要な遺跡
アマゾン川
特徴的な地形
パレオ・インディアンの時代、古期、形成期前期に発酵飲料の醸造や植物の栽培化に関する知識や技術が交流した経路
ベーリング海峡
ボーフォート海
ベーリング海
イヌヴィック
マッケンジー山脈
内海航路
ロッキー山脈
ノバスコシア
クローヴィス
カリフォルニア州南西部とメキシコ北西部
チワワ
大西洋
メキシコ湾
メソアメリカ
カリブ海
拡大図を参照
太平洋
アマゾン川流域
アマゾン川
カラル
クスコ
ブラジル高原
アンデス山脈と沿岸部
ペルー
セロ・バウル
コンチョパタ
ティワナク
ケブラダ・ハクアイ
ケブラダ・タカウアイ
アンデス山脈
モンテベルデ
チリ
N
W
E
S
0 1000 2000 mi
0 1000 2000 km
メキシコ
テノチティトラン
テワカン谷
ベラクルス
ユカタン半島
テワンテペク地峡
タバスコ
ベリーズ
バルサス川
チアパス
オアハカ渓谷
ソコヌスコ
ピエドラス・ネグラス
プエルト・エスコンディド
イサルコ
メソアメリカ

ルデの三三カ所でヒカゲノカズラの胞子が一万七〇〇〇個も発見されていて、考古植物学の面ではこの遺跡で最も豊富な遺物となっている。胞子はきわめて燃えやすいので、火をおこすときの焚き付けとして利用できたほか、ベビーパウダーのように肌に塗って蒸れを防ぐこともできただろう。この習慣は今でも、この地域の先住民であるマプチェの人々に見られる。

私にとってとりわけ興味深いのは、モンテベルデの食事に数多くの食用のベリー類と豊富なカヤツリグサの仲間（ホタルイ属やスゲ属）が含まれていたことだ。これらは発酵しやすく、マプチェの人々はモンテベルデで発見された果実のうち少なくとも二種類――落葉性の低木であるマキ（*Aristotelia chilensis*）と、香りの良いフトモモ科の常緑樹（*Amomyrtus luma*）――を使って「チチャ」という発酵飲料をつくっている。カヤツリグサの甘い茎や葉、根茎は、その塊がアメリカ合衆国南部の洞窟で発見され、およそ一万年前にはパレオ・インディアンや北極圏のアメリカ人が噛んでいたことが知られている。モンテベルデの人々は、野生のジャガイモ（*Solanum magalia*）も噛んでいたかもしれない。現代のマプチェやウィジチェの人々は、ジャガイモのでんぷんと大麦の麦芽を糖化して、きわめて度数の高いジャガイモのチチャをつくっている。人間の唾液に含まれている酵素はでんぷんを分解して糖に変えるので、ジャガイモを噛んで糖度を高める行動は、発酵可能な糖化液をつくるために人類が発見した最古級の方法だったとも考えられる。東アジアや太平洋の島々に住む人々は、今でもこの古代の手法を使って米の酒をつくっている（第2章参照）。

とはいえ、初期のモンテベルデの人々はアルコール飲料を果実からつくったのか、それとも、カヤツリグサやほかのでんぷん質の植物を咀嚼して甘くなった汁を吐き出すことによってつくったのだろうか。夏の終わりから秋にかけて豊かに実った果実はすぐに熟れてしまうので、傷む前に集めなければならない。これを考えると、彼らはベリー類を何らかの容器に集めていたとみていいだろう。微生物に満ちた湿った気候のなかで果実を容器に詰め込んだら、発酵が始まるのは時間の問題だ。残念ながら、発酵飲料が入っていたとみられる容器はまだ出土しておらず、内容物の分析はできない。容器の材料の候補としては、編んだ葦（縄づくりに使われたことで知られる）が考えられる。モンテベルデ遺跡では木製のすり鉢が発見されていることから、木製の容器が発酵飲料に使われた可能性も十分にある。すり鉢の表面には、フンコやカヤツリグサ、野生のジャガイモといったでんぷん質の植物をすりつぶしたときに付いた痕跡が残っている。ひょっとしたら、これは発酵飲料の醸造の第一段階だったのかもしれない。しかし、こうした植物の塊はモンテベルデ遺跡ではまだ見つかっていない。

モンテベルデの人々は明らかに、地域の天然資源について深い知識をもっていた。食料、燃料、シェルターづくり、薬として適した動物や植物が何かを、彼らは知っていたのである。後年の人々が複雑な神話や宗教を生み出すはるか前に、おそらく彼らはアルコール飲料や幻覚剤の効果を探究し始めていただろう。こうした情報をまとめて高度な知識を確立するまでには何世代もの歳月がかかったに違いない。これもまた、人類が北極圏をのろのろ歩いたのではなく、舟で一気に南へ向かった可能性を高める要素だ。モンテベルデの人々は内陸へ移動することによって、自然の恵みのほか、海や湿地、川、山の多様性の恩恵を享受できた。これとは対照的に、ペルー南部のケブラダ・タカウアイとケブラダ・ハクアイの人々はおよそ一万一〇〇〇年前から一万年前のあいだに沿岸部の集落に住み、アンチョビや鵜、貝類、甲殻類などを使った豊かな食生活を営んでいたが、ほかの動植物はあまり食べなかったようだ。

ジャガイモや穀物を噛む

ここ一〇年で、考古植物学や植物化石、花粉にまつわる研究のほか、でんぷんや穀物の同定、安定同位体、DNAの分析が進み、アメリカ大陸最古の栽培植物についての新たな情報が次々に明らかになった。主食の穀物やアメリカ大陸の「創始者植物」の多くが、一万年前より少し新しい時代に起源をもつことが今ではわかっている。

メキシコのオアハカにあるギラ・ナキツ洞窟や、ペルー・アンデスの標高が比較的低い村々での発見から、カボチャ（*Cucurbita* sp.）が最古の栽培植物であるようだ。長いあいだ新しい植物だと考えられていたピーナッツ（*Arachis* sp.）は、アンデスの遺跡で発見された野生種とみられる標本によれば、八五〇〇年前にさかのぼる。この地域はピーナッツの原産地と考えられているアマゾン川流域から遠く離れているので、ピーナッツはそれより前から栽培されていたことが示唆される。キヌア（*Chenopodium* sp.）の種子もまた、同じくらい古い起源をもっている。トウガラシ（*Capsicum* sp.）の栽培種はそれより新しく、エクアドルにあるおよそ六〇〇〇年前の二カ所の遺跡から出土し、より広い農業地帯のなかでトウモロコシやマニオク（キャッサバ）、カボチャ、マメ、ヤシの根との関連が認められる。ペルーの遺跡から出土している綿花（*Gossypium* sp.）も、同様に年代がおよそ六〇〇〇年前だ。モンテベルデ遺跡から出土した有機物からも、コカやジャガイモといった多くの植物がきわめて古い時代に人類によって操作され、栽培され、やがて栽培化された可能性が高いことがうかがえる。新世界にいち早く足を踏み入れた人々は、旧世界の人々と同様に革新的な農業を実践していたようだ。

狩猟採集生活から農耕生活へ移行し、栽培植物への依存度を高めていくという現象が世界的に見られるのは興味深い。東アジアと近東がアジアで道を切り拓いたように、アメリカ大陸では南アメリカ北部のアンデス地方とアマゾン川流域、そしてメキシコ南部が新石器革命を引っ張った。こうした「起源の中心地」で栽培化を促したのは氷河時代末期の温暖化だったとするのが、経済や気候を重視する決定論者の考え方だ。植物は二酸化炭素の濃度が高い大気の中で繁茂し、それに応じて人口も増える。その後、およそ一万三〇〇〇年前にヤンガードリアス期と呼ばれる寒冷期が地球全体を襲い、次々に生まれていた共同体も野生の動植物に頼ってばかりではいられなくなった。生き残るために炭水化物の豊富な植物に的を絞り、そうした植物の収穫が楽になるように、そして高い栄養価など望ましい形質をもつように試行錯誤して改良を重ね、栽培種を生み出していった。

一方、人類は経済的な必要性だけでない何かに駆り立てられたとするのが、旧石器時代の「飲んだくれのサル説」（第1章参照）だ。「酒を飲みたいという動機」に駆られた人類は、発酵飲料の原料となり得る糖度の高い食材を集中的に探して利用したというのである。発酵飲料が存在した最古の化学的な証拠は東アジアで見つかっている。アメリカ大陸に住んだ初期の人々が東アジアから来たとすれば、おそらく彼らはすでに発酵飲料のつくり方について何らかの知識をもっていただろう。

内海航路を航行するなかで南アメリカの沿岸部を探検し、内陸へ足を踏み入れたとき、彼らはそうした糖度の高そうな食材を探したのではないか。手に入れたベリー類や蜂蜜は、社会や宗教に欠かせないアルコール飲料に加えた。しかし、新世界の多くの地域は極度の乾燥や低温、あるいは高温にさらされたり、標高が高すぎたりして、糖度の高い果実や野生のハチが分布していなかった。

そこで人類は、植物の栽培化で最も無謀な実験に乗り出す。それは、トウモロコシの栽培だ。不可能にも思えるこの挑戦はおそらく、アルコールが精神にもたらす効果を追い求める人間のきわめて強い欲望によって成功したと考えられる。

ＤＮＡ解析に基づいた慎重な研究が重ねられた結果、トウモロコシの野生の祖先として特定されたのが、テオシント（トリプサクム属）である。メキシコ南部のバルサス川流域に育つ山岳性の草本で、栽培したいとはとても思わないような植物だ。穂は長さ三センチほどしかなく、一つの穂に含まれるのは五〜一二粒で、おまけに硬い皮に包まれている。どうにか皮をむいて穂を取り出したとしても、栄養価は実質的にゼロだ。テオシントの一つの穂全体に含まれた栄養は、現代のトウモロコシの穂に含まれる五〇〇余りの粒のたった一粒分でしかない。初期のアメリカ大陸の人々がとった行動は正気の沙汰とは思えないが、その行動にもちゃんとした理由がある。

テオシントは六〇〇〇年ほど前から栽培化されるにつれて、細い茎を数多くもつ形態から太い茎が一本だけある形態に変わり、穂は大きくなって粒の数もだんだん増えた。それと同時に繁殖法も変わり、人間が皮をむいて取り出した粒を植えなければ繁殖できないようになった。栽培種ではきわめて稀な性質だ。こうした多大な努力は、それに見合う成果を生んだ。栽培化されたトウモロコシはアメリカ大陸以外の地域にも運ばれ、移植された先々で超自然的な意味を与えられた。その代表格が、チチャである。これはアメリカ大陸の発酵飲料全般を指すスペイン語ではあるが、なかでもトウモロコシのビールを指すことが最も多い。

古代の南アメリカの社会や宗教でチチャがいかに重視されていたかを理解するには、はるか後のペルーのインカ帝国でチチャが果たした中心的な役割に着目するのがいちばんいい。一五世紀のF・ワマン・ポマ・デ・アヤラ、ベルナベ・コボ、ジローラモ・ベンゾーニらによる記録から、チチャの醸造法のほか、この飲み物がどのように労働者に分配され、饗宴で大量にふるまわれ、神々や祖先にささげられ、厳格な作法に従って共有されたかがわかる。たとえば、インカ帝国の首都クスコでは、王が黄金の杯にチチャを注いだ。杯は中央広場にある、王座と柱を伴った装飾用の石の演壇に組み込まれていた。ここはインカの全世界の中心とされている。王が注いだチチャは、畏敬の念に打たれた見物人に見つめられるなか、この「太陽神の食道」を通って太陽の神殿へと流れ込む。たいていの祭儀では、大きな饗宴が終わった後、庶民が何日も続く酒宴に参加した。スペイン人はインカの人々が酔っ払う光景を仰天しながら見物していた。人間の生け贄は、まずチチャのかすを体にすり込まれ、それから何日にもわたって管でチチャを飲まされた末に、生きたまま墓に埋められた。帝国の全域に点在する特別な聖地と、かつての王や祖先たちのミイラには、舞踏とパンパイプ（パーンの笛）の音楽が演じられるなか、儀式としてトウモロコシの粉を浴びせられ、チチャをささげられた。現代でも、ペルーの人々は寄り集まって酒を飲むとき、共用の杯から母なる大地にチチャをふりかけた後、社会での地位に従って杯を回し、酒宴をいつまでも続ける。

スペイン人の記録によれば、チチャの醸造と提供は女性の仕事だったという。この慣例は世界のほかの地域でも多く見られる。インカの支配者たちは美女の集団（ママコーナ）を隔離し、生涯にわたって純潔を守らせ、祭儀や宮殿での暮らしのためにチチャをつくらせた。トウモロコシの栽培やチチャづくりを大規模に行うために、特別な場所（インカ道沿いのワヌコ・パンパなど）のほか、丹念に造成された段々畑や灌漑設備が専用に設けられた。村や王族の施設の女性たちは、トウモロコシの粉からつくった玉を口の中で転がして、唾液ででんぷんを糖に変えた。この糖化液は熱せられた後に希釈され、容器の中で二〜三日間発酵させる。アルコール度数は通常、五％ほどとなる。現代の社交的な集まりや祭りでも、女性たちがチチャの入った壺とともに離れて座り、飲酒の儀式を行う男性たちに酒を注ぐ。

アンデスに残された考古学上の記録には、チチャの醸造や提供、飲酒のための容器が無数にある。杯（ケーロ）、頸部が長いデカンタ（アリバロ）、大小さまざまな壺（ティナハやウプ）、そして、飲み物が上部の容器から迷路のように入り組んだ導管を流れる、からくり式の酒器（パクチャ）などだ。こうした土器の形はさまざまで、トウモロコシの穂軸やリャマの頭部をかたどったものから、長い把手の上に葦の舟が載っているものまである。パクチャにいたっては敵の頭骨でできていて、互いにつながった複数の黄金の鉢があしらわれていたり、頭頂部から口にかけて銀のストローが通っていたりすることもある。南アメリカの先コロンブス期の遺物が展示された博物館の展示室を歩けば、中国の商代の精緻な青銅器や古代ギリシャの酒宴に並んだ酒器一式に似た、無数の酒器のかけらをまとめて目にするだろう。インカの人々は大量の発酵飲料を飲んだだけでなく、人目を惹く装飾品や楽しい飲酒のために手の込んだ芸術品をつくり上げたのだ。

インカの時代にチチャに用いられたことがわかっている容器の多くには、それよりはるかに古い時代にその原型となるようなものがあった。南米で最古の土器はおよそ五〇〇〇年前のもので、主に発酵飲料に使われていたようだ。そうした容器の化学分析はまだ実施されていないものの、トウモロコシの栽培化の難しさや、古代アメリカ大陸全域の神話や共同体の社会生活でチチャが重要な役割を果たしていたことを考えれば、その推測は妥当なものである。

初期のアメリカ大陸の人々がトウモロコシのチチャを飲んでいたかどうかを確認するために、現代の科学技術が生んだもう一つのツール（古代の人骨の安定同位体分析）が役立った。人間の骨には食物に由来する炭素や窒素といった主要元素の複数の同位体が残っていて、これらが食生活を物語る化学的な手がかりとなっている。新世界全域の遺跡から出土した人骨が分析された結果、きわめて興味深い結果が得られた。トウモロコシがおよそ六〇〇〇年前に栽培化されたのだとすれば、トウモロコシの摂取量の増加を反映した独特な炭素の同位体組成が検出されそうなものだが、奇妙にもそうした結果は得られなかった。

この不思議な分析結果に対する説明として、次のような考え方を示している科学者もいる。分析では、骨に含まれている主なタンパク質の結合組織であるコラーゲンしか測定していないため、高タンパクの食物が検出されやすい傾向にある。粥やパン（トルティーヤなど）といった、トウモロコシを原料とする固形食品がこれに該当するが、主に糖分と水からなるチチャなどの発酵飲料は検出されにくい。このため、六〇〇〇～三〇〇〇年前の人々がチチャの形でトウモロコシを摂取していたとすれば、骨のコラーゲンに取り入れられたタンパク質はきわめて少なかったはずだ。人類がトウモロコシを固形食品として食べ始めたのは、およそ三〇〇〇年前に品種改良によってトウモロコシの穂が十分に大きくなった後だったと考えられている。骨の炭素の同位体組成が一変したのは、この頃だった。

この同位体分析の結果を受けて、アメリカ大陸に関しても中東と同様の疑問が浮かび上がる。パンが先か、それともビール（チチャ）が先か。中東で大麦の栽培化を促したのは、そして、新世界でテオシント（トウモロコシ）の栽培化を促したのは、どちらだろうか？

メキシコでアルコールの歴史を研究するジョン・スモーリーと考古学者のマイケル・ブレイクが近年提唱したところによれば、いち早く誕生してトウモロコシの栽培化を促したのは、トウモロコシのビール、もっと正確に言うとトウモロコシのワインだったという。ある飲料が広い地域に伝わっているならば、それにはおそらく長い歴史がある。現代のアメリカ大陸で最も広い範囲に伝わっている発酵飲料の一つは、トウモロコシの茎をしぼったきわめて甘い汁をそのまま発酵させてつくったワインだ。ビールと異なり、この飲料には糖化の工程が必要ない。トウモロコシの茎を使った現代のワインは、テオシントの茎をしぼるか咀嚼するかしてつくるのだと、スモーリーとブレイクは述べている。テオシントもトウモロコシも、若い株の茎には高濃度の糖分が含まれ、成長するにつれて糖分が実に移動してでんぷんに変わる。若いときに茎や穂を摘みとっておけば、アルコール飲料づくりに理想的な糖度の高い（重量で最大一六％の糖分を含んだ）原料が得られるのだ。バイオ燃料の原料としてトウモロコシの需要が高まっている背景にも、同様の論法が成り立つ。今やバイオ燃料は、世界のアルコール生産の大部分を占めている。

先史時代のアメリカ大陸の人々がトウモロコシの甘い汁の発酵に興味をもっていたことを示す明確な手がかりが、メキシコのテワカン谷に残されている。バルサス川流域にあるテオシントの栽培化の中心地からほど近いこの谷の洞窟群では、咀嚼された形跡のあるテオシントの茎や葉、皮、穂が発見された。咀嚼されたトウモロコシの塊は、およそ七〇〇〇年前から三五〇〇年前にかけてだんだん少なくなる。その間、テオシントの栽培化が進み、トウモロコシが飲料としてだけでなく、固形の主食として受け入れられるようになった。

テオシントとトウモロコシがもともと糖分やワインのために多く利用されていたとすれば、時代が新しくなるにつれて咀嚼された茎などの出土が減っている理由をこれで説明できる。この推論は人骨の同位体分析の結果とも一致する。これが示唆するのは、トウモロコシはもともと飲料の原料として栽培されて消費され、穂の大きい栽培種が生まれた後にアメリカ大陸のほかの地域へ急速に広まったということだ。

トウモロコシの品種が五〇〇〇種類ほどにまで増え、色や大きさ、甘さの度合いが多様になるにつれて、初期のアメリカ大陸の人々はトウモロコシの茎のワインをつくるもっと効率的な方法を発見していった。たとえば、メキシコ北部チワワ州に暮らす民族タラウマラの人々は、トウモロコシの茎などを噛む代わりに、ユッカという植物の繊維で編んだ独創的な網を使う手法を編み出した。茎を網に入れ、両端に取りつけた二本の棒を使って網をねじると、蜜のような汁を確実にしぼり取ることができる。これは、古代エジプト人がブドウしぼりの最終段階で実施した手法とほぼ同じだ。

改良はまだまだ続く。ひょっとしたらおよそ三〇〇〇年前、挽いたトウモロコシをアルカリ水に浸けて煮れば、一粒一粒を包んだ硬い皮を取り除けることが発見された。アルカリ水は、石灰、木を燃やしてできた灰、あるいは砕いた貝殻からつくる。この手法は、アステカのナトワル語で生地を意味する言葉から「ニシュタマリゼーション」と呼ばれ、トウモロコシに含まれるアミノ酸と栄養価を高める働きもする。

やがて、初期のアメリカ大陸の人々が大型のトウモロコシの粒や穂からビール（チチャ）を大量に生産できることを発見すると、トウモロコシの茎のワインはだんだんすたれていった。粒を発芽させれば、人間の唾液に似た酵素が活性化して、でんぷんを糖に分解するのだ。発芽した甘いトウモロコシの粒をこんがり焼き、乾燥させる。その後は、今後のために保管しておくか、すぐに水を加えて発酵させ、トウモロコシのチチャをつくる。

初期のアメリカ大陸の人々が解明できなかったのは、発酵を始める方法だった。おそらく知らず知らずのうちに昆虫が酵母のS・セレビシエを甘い混合物（トウモロコシの茎のワインかチチャ）まで運び入れ、発酵に同じ容器が繰り返し使われることによって、酵母の培養が途切れることなく続いていったのだろう。あるいは、アジアからやって来た人々が穀物の飲料と果実を混ぜる伝統もいっしょに持ち込んだか、新しい植物を使って実験を重ねるうちにアメリカ大陸で果実を混ぜる伝統が確立したということも考えられる。果実には昆虫によって運ばれてきた酵母が含まれているので、糖度の高い果実を混合物に加えれば、発酵をもっと確実に始められる。スペイン人の記録によれば、メキシコ中部にはそうした飲料のなかでもアルコール度数が高く、「ケブランタウェソス」

と呼ばれる飲料がある。トウモロコシの茎をしぼった汁と、こんがり焼いたトウモロコシ、コショウボク（*Schinus molle*）の種子を原料につくった酒だ。この木は南米でよく見られる植物で、酵母を含んでいたとみられる（後述）。

チョコレートの誕生

カカオの木（*Theobroma cacao*）の栽培化も、初期のアメリカ大陸の人々が成し遂げた注目すべき成果である。トウモロコシの場合と同じように、カカオの栽培化を促したのも、おそらくその甘い果肉を使ったワインづくりだったと考えられる。カカオは中南米の太平洋やカリブ海の沿岸、アマゾン川流域といった熱帯地方では自然に生育している。カカオの花の受粉を助ける小さな昆虫をはぐくむには、年間を通して水分が供給され、気温は一六℃以上で、落ち葉や倒木の層が厚い環境が必要だ。

カカオの花は受粉すると、フットボールくらいの大きさの実になる。木の幹や大枝から突き出すようになったその実の中身は、「カカオ豆」と呼ばれるアーモンド形の種子が三〇〜四〇個と、それを包み込む果汁たっぷりの果肉だ。カカオ豆は苦くて風味豊かなアルカロイドなどの化合物を高濃度で含み、不思議な「神々の食物」（カカオのラテン語の属名であるTheobroma［テオブロマ］を訳すとこうなる）と呼ばれるチョコレートの原料となる。メチルキサンチンのテオブロミンやカフェイン、セロトニン（神経伝達物質の一種［第9章参照］）、フェニルエチルアミン（同じく神経伝達物質であるドーパミンやアンフェタミンときわめて近い構造をもつ）といった化合物は果肉にも含まれ、豆と似たような チョコレートの味や香りを果肉に与えている。熟した果実は糖分（糖度は最大一五％）、脂肪（カカオバター）、タンパク質を豊富に含み、それを目当てにサルや鳥といった動物が果実を食べる。しかし、動物は苦味が強い種子を避けて、地面にまき散らす。すると種子は芽を出し、根を張って、新たな木へと成長する。

熟したカカオの実が地面に落ちると、莢が開き、果肉がどろどろの液体のようになって発酵を始める。スペイン人の記録によれば、グアテマラの太平洋沿岸に暮らす先住民は、発酵したカカオの果肉でつくった弱いアルコール飲料を好んで飲んでいたという。果肉を丸木舟に山積みにして、そのままそこで発酵させる。「酸味と甘味が入り混じって、口当たりの良さは格別で、どんな酒よりもさわやかな味をした大量の酒」が、舟の底にたまっていた（欧米人が飲み慣れた甘いホットココアとはかなり違う）。今でも、メキシコ・タバスコ州のチョンタルパ地方をはじめ、カカオの野生種や栽培種が生育している中南米の地域では、似たような飲料が飲まれている。

カカオの果肉が発酵すると、アルコール度数が五〜七％の飲料ができる。これが現代のチョコレートづくりの第一歩だ。カカオ農場では果肉を山積みにして発酵・分解させて、カカオ豆を集める。果肉が発酵する際、その温度が上がり、カカオ豆は発芽を始めるが、内部の温度が五〇℃に達すると、生物学的なプロセスのほとんどが停止するため、発芽も止まる。五日か六日にわたって発酵を続けると、豆の渋みが消えて、なじみのあるチョコレートの風味が際立ってくる。その後、豆を一〜二週間天日で干し、一二〇℃近い温度でおよそ一時間焙煎して、香りや色、味を高めたら完成だ。

カカオ豆は世界中のショコラティエのもとに届けられ、そこで精製やブレンドが行われて、さまざまな食の喜びをもたらしてくれる。

初期のアメリカ大陸の人々は、カカオ豆からチョコレートバーやソース（モレ）、飲料をつくる方法を知る以前には、カカオの果肉を原料にしたワインに魅了されていた。ここでもまた、生体分子考古学がこの飲料に関する重要なデータを提供してくれる。二〇〇一年秋、私の母校コーネル大学文理学部が発行しているニュースレターの巻頭記事として偶然にも、考古学者のジョン・ヘンダーソンによる「チョコレートの起源」が掲載されていた。彼は共同研究者であるカリフォルニア大

図17 メソアメリカに育つカカオのクリオロ種の実。果汁たっぷりの甘い果肉の中に、アーモンド形の種子（いわゆるカカオ豆）がぎっしり詰まっている。おそらくカカオを栽培化する最初のきっかけとなったのは、その果肉から発酵飲料をつくるためだったのだろう。こうした飲料は中南米で今でもつくられている。
Photograph courtesy of Dr. Nicholas M. Hellmuth, FLAAR Photo Archive. Photograph by Edgar E. Sacayón. *Theobroma cacao*, Arroyo Petexbatún, Sayaxché, El Petén, Guatemala.

学バークレー校のローズマリー・ジョイスとともに、ホンジュラス北部のウルア川沿いにあるプエルト・エスコンディド遺跡できわめて古い土器を発掘していて、今回の報告はその一部始終を伝えるものだった。これらの土器にはチョコレート飲料が入っていたと彼は考え、この仮説を裏づける確かな証拠を得るために容器の化学分析を実施する必要があると結論づけていた。まるで同じコーネル大学出身の仲間（ジョンは私が卒業した翌年の卒業生）が何十年もの時を超えて、助けを求めているかのようだった。大学時代に交流があったわけではなかったが、私は彼に手紙を書いて、そうした分析が私のチームの得意分野であることを伝え、共同研究を提案した。私がそれまでに力を注いでいたのは旧世界の発酵飲料の謎を解き明かす研究ではあったが、同じ手法は新世界の飲料の研究にも適用できる。まもなくジョンから返信があり、彼が交渉してくれた結果、出土した土器の一部をアメリカに持ち込めることになった。こうして共同の科学研究が始まった。

プエルト・エスコンディド遺跡で発見された土器は紀元前一四〇〇年頃のもので、メソアメリカで発見された土器としては屈指の古さだった。現在のメキシコのベラクルス州とタバスコ州に当たる湾岸地帯を中心としたオルメック人の最初の都市共同体よりも古い。考古学者たちの長年の推測では、オルメック人は巨大な頭部の石像や敬愛する祖先にささげる精巧なひすいの装身具の制作だけでなく、カカオの木の栽培化も最初に行ったとされていた。この説では、マヤやアステカといったその後の時代に最良のカカオがタバスコ州西部のチョンタルパ地方のものだった理由が説明できそうだ。カカオは植物が生い茂った湿地帯からカヌーに積み込まれ、海路でホンジュラスまで運ばれた。チョコレートを指す古代マヤの言葉カカワ（またはカカウ）は、オルメック人が属するミへ・ソケ語族に由来する。

メソアメリカのほかの地域でカカオで知られているのは、メキシコ南部太平洋沿岸にあったアステカの重要な地域ソコヌスコや、ジョン・ヘンダーソンが研究していたウルア川流域、細長いテワンテペク地峡の太平洋側に位置するイサルコなどがある。カカオが自然の分布域のなかで最初に栽培された場所については、遺伝学者のあいだで依然として議論がある。完全な野生種と栽培種の野生化した子孫を見分けるのは難しく、歴史的に重要な地域でこれまでサンプリングされた野生種と栽培種にはばらつきがある。とはいえ、考古学や歴史のあらゆる証拠から考えると、カカオを原料とした飲み物や食べ物が最も卓越した段階に到達した地域はメソアメリカだ。この地域で見つかる特別なカカオ品種のクリオロ種は、実の表面がなめらかで丸みを帯びている南米のフォラステロ種とは異なってごつごつしてはいるものの、極上の風味や香りをもっている。最高のチョコレートをつくるために多大な労力が費やされたメソアメリカが、カカオの木をいち早く栽培化した地域でないとしたら驚きだ。

ウルア川流域は、この貴重な製品をメソアメリカのほかの地域へ広める絶好の拠点だっただろう。流域に分布する沖積土と熱帯の気候のもとで、カカオの木はよく育つ。輸送には、互いにつながった水路（マングローブが生育するラグーン、湿地、湖）を通って川へ、そしてカリブ海へと出るルートを利用できる。一六世紀にスペイン人が侵攻してきたとき、三〇〇キロ以上離れたユカタン半島のチェトゥマルの王がカヌー部隊を派遣してウルア川流域を侵略者から守ろうとしたのも当然だ。ご存じのとおり、結局スペイン人が勝ったのではあるが、この流域のカカオ農場の評判は旧世界へと広まった。

ウルア川流域が新世界でカカオが発達した最古級の地域であることを裏づけるため、ジョンはプエルト・エスコンディド遺跡の最古の相（フェーズ）から出土した壺や杯に着目した。その年代は紀元前一四〇〇～前一二〇〇年頃で、垣根の杭を立てるための穴によって区切られた住居が複数ある。紀元前千年紀には、グアテマラとユカタン半島の低地のジャングルで、マヤ文明が生まれている。こうした容器は、注ぎ口付きの壺や杯といった、マヤの人々がスパイスの香り高い泡立てたチョコレート飲料の保存に使った後年の容器と似ていることから、プエルト・エスコンディドの人々も饗宴や儀式のために似たような飲料をつくったのではないかと、ジョンは考えたのだ。

チョコレート用の容器を選ぶジョンの目が優れていたのか、それとも、プエルト・エスコンディドがカカオに満ちていたのか。分析した一三点の土器片のうち一一点から、カカオの存在を示す化合物テオブロミンが検出された。アメリカ大陸に生育するほかの植物にも、テオブロミンを含むものがある。特に南アメリカには、葉や小枝がマテ茶の原料となるモチノキの仲間イェルバ・マテ（*Ilex paraguariensis*）が分布している。マテ茶は興奮作用があり、今でも南アメリカ全域で飲まれていて、銀の装飾が施されたウリの殻から銀のストローを使って飲まれることもある。しかし、メソアメリカ原産の植物でテオブロミンを含んでいるのは、カカオだけだ。

私たちはハーシー・フーズ社の化学者ジェフ・ハーストと共同で、ガスと液体のクロマトグラフィーと質量分析を組み合わせて、テオブロミンが一一点の容器に存在したこと、そして、そうした沈殿がカカオ製品によるものであることを示した。分析した壺のうち二点には明らかに液体を入れる目的があった（図19参照）。一つは遺跡で最古の相（オコティーヨ、前一四〇〇～前一一〇〇年頃）から出土した壺で、もう一つは最も新しい住居（プラーヤ相、前九〇〇～前二〇〇年）から出土した。

プラーヤ相の壺は、よく知られた「ティーポット型」に分類される。中米ベリーズにあるマヤ遺跡、コルハーから出土した先古典期中期（前六〇〇～前四〇〇年頃）のティーポット型容器にチョコレート飲料が含まれていたことを、ジェフはすでに示している。この種の容器は先古典期中期から形成期後期（紀元前二〇〇～紀元二〇〇年頃）にかけて、メキシコ南部からエルサルバドルの太平洋沿岸、ベリーズからホンジュラスまでのメキシコ湾岸沿いという主要なカカオ生産地域に広まっていた。チョコレート飲料はメキシコ東部のベラクルス、高地のチアパス、オアハカの渓谷、メキシコ中部など、数多くの内陸の遺跡でも発見されている。なかでも第一級のサンプルが見つかっているのは高貴な人物の墓で、たとえばオアハカ州にあるモンテ・アルバン遺跡の墓では、出土した容器の半数近くが、注ぎ口が橋の形をしたティーポット型の容器だ。そのいくつかは、コンゴウインコの仮面をかぶった人物像で装飾されている。

ジェフによる分析結果が出るまで、ティーポット型容器にチョコレート飲料が入っていたというのは推測でしかなかった。後年のマヤのフレスコ画や容器を飾る絵に、チョコレート飲料は描かれていない。ティーポット型容器とチョコレートを最初に関連づけたのは、二〇世紀前半の考古学者トマス・ガンだった。ベリーズのサンタ・リタ・コロサル遺跡にあるマヤの墓で容器をいくつか発見し、一六世紀以降のヨーロッパでチョコレート用に使われている典型的なデカンタとの類似性に

図18　泡立てたカカオ飲料を飲もうと手を伸ばす支配者。古典期後期のマヤの壺に描かれた場面だ。その下に置かれた深鉢に積まれているのは、カカオを原料にしたモレソースをかけたタマレだろう。Photograph K6418 © Justin Kerr.

着目したのだ。

　初期のアメリカ大陸のティーポット型容器で興味深いのは、注ぎ口が底の近くに取りつけられ、後方に曲がっているものがあることだ。これでは、液体を注ぐのはほぼ不可能だっただろう。この注ぎ口の奇妙な取りつけ方こそが、その機能を物語る重要な手がかりであるはずだ。カカオ飲料づくりを描いた後年のマヤ時代の絵には、円筒形の一つの容器をかなり高く掲げてもう一つの容器へ飲料を注ぎ入れ、表面に泡を立てている場面がある。それから数千年後、スペイン人は、マヤの人々の子孫であるユカタン半島の先住民が「とても香り高い泡立てた飲料［原料はカカオとトウモロコシ］をつくり、饗宴の場で供している」ことを記録している。ひょっとすると、この不格好なティーポット型容器は古い時代に注ぎ口から息を吹き込んだり、大きな開口部から飲料を勢いよくかき混ぜたりするのに使われていたのかもしれない。注ぎ口から泡が出てきたら、その泡を吸い込んでもいいし、容器の口から直接飲むこともできる。

プエルト・エスコンディド遺跡のオコティーヨ相では、こうした容器は発見されていない。見つかっているのは、カカオの莢そっくりで頸部の長い給仕用の壺と、高温で焼成されて磨かれた杯で、それらは星やダイアモンド、人間の顔をかたどった彫刻や成形された装飾で彩られている。とはいえ、当時の人々がこの飲料を泡立てていたという証拠はまだなく、私たちの生体分子考古学上の調査の結果では、最初期のカカオ飲料に人々が魅力を感じた主な要素はアルコールだったことが示されている。

後年、ティーポット型容器が利用されるようになったのはおそらく、よりチョコレートに近い苦みのある豆から泡立てた飲料をつくるようになったことを示しているのだろう。こうした変化は、ほかの植物の種子——サポーテやセイバ（カポック）、ヤシなど——が幅広く利用されるようになっていったこととも一致している。これらの種子は挽いて焙煎され、栄養源や食材、薬として使われた。

カカオの混合飲料

泡立てた飲料がその後のメソアメリカ社会に定着する頃には、カカオ豆を原料とした飲料に加えられた多様な添加物が象形文字で記録されるようになっていた。グアテマラ北西部の密林にあるピエドラス・ネグラス遺跡の入り口には、マヤの巨大なまぐさ石が端から端まで渡されていて、その

図19　アメリカ大陸の上流階級が飲んだカカオ飲料に使う容器。【上】カカオの実の形をした頸の長い壺。ホンジュラスのプエルト・エスコンディド遺跡で紀元前1400～前1100年につくられた種類に相当し、おそらくカカオの果肉を原料にしたアルコール飲料を提供するのに使われていた。著者の研究室と共同研究者らによる化学分析でこれが裏づけられ、この証拠はカカオを原料としたアルコール飲料のものとしては、知られているなかで最古となった。Drawing by Yolanda Tovar, courtesy of John S. Henderson and Yolanda Tovar; Collection of the Instituto Hondureño de Antropología e Historia, Museo de San Pedro Sula, Honduras.【左頁】ホンジュラス北部で発見された「ティーポット」。正確な出土地点は不明。プエルト・エスコンディド遺跡で紀元前900～前200年につくられた種類に相当する。Photograph courtesy John S. Henderson, Cornell University; Collection of the Instituto Hondureño de Antropología e Historia, Museo de San Pedro Sula, Honduras.

石には「トウガラシ・カカオ」という意味の文字が刻まれている。近くのリオ・アスールでは、五世紀の墓から、鐙形の把手が付いたねじ蓋をもつ大きな壺（口絵6参照）が発見された。支配者の遺体はセイバと綿でできたマットレスの上に横たえられ、ミダス古墳のように三本脚の円筒形の酒器一式（第5章参照）に囲まれている。奇妙な容器の表面にはプラスターが塗られ、六つの大きな象形文字で「ウィティク・カカオ、コシュ・カカオを飲むための容器」と書かれている。「ウィティク」と「コシュ」が何を意味するかはまだわかっていないが、カカオ飲料に使われたほかの原料を指しているとも考えられる。ジェフ・ハーストが実施した化学分析で、この壺にはカカオが入っていたことが確認された。ほかにも、「カブ・カカワ」（「蜂蜜カカオ」の意）と書かれた多色彩の壺もある。おいしそうな飲み物だ。

　チョコレートにほかの風味を加える豊かな伝統は、スペイン人によるアステカの記録にも記述されている。修道士のベルナルディーノ・デ・サアグンによる人類学的に優れた著書『ヌエバ・エスパーニャ諸事物概史』には、支配者が自宅でひそかにチョコレートを供されていたことがうかがえる。「緑のカカオの莢、蜂蜜入りチョコレート、花入りチョコレート、緑のバニラ風味のチョコレート、鮮紅色のチョコレート、ウィステコリの花のチョコレート、花の色のチョコレート、黒いチョコレート、白いチョコレート」（ソフィー・D・コウ／マイケル・D・コウ著『チョコレートの歴史』樋口幸子訳、河出書房新社、一九九九年）。ウィステコリはイアフラワー（*Cymbopetalum penduliflorum*）の耳の形をした花で、ぴりっとした樹脂のような味が珍重され、熱帯地方の低地からわざわざ輸入しなければならなかった。記録には、香り高い黒い莢をつける「黒い花」、つまり、ハリナシミツバチ（*Melipona* spp.）だけが授粉するラン科の植物バニラ（*Vanilla planifolia*）のことも記述されている。ほかの花やスパイスには、コショウ属の一種でぴりっとした風味がある「ひもの花」、モクレンの花、バラのような香りがする「ポップコーンの花」、セイバの種子、苦みとアーモンドのような風味があるサポーテの種子、各種のトウガラシ、オールスパイス（*Pimenta officinalis*）、飲料に真っ赤な色を付けるアチョーテやアナトーとも呼ばれるベニノキ（*Bixa orellana*）などがある。サトウキビやビートを原料とした砂糖はまだアメリカ大陸に伝わっていなかったので、現地のミツバチからとれる蜂蜜が、チョコレートやほかの原料の苦みを中和するのに使われた。スペイン人は先住民のほとんどの習慣を排除しようとしたにもかかわらず、チョコレート飲料に魅了され、その種類の一つを旧世界へ持ち帰った。現在、この伝統的な飲み物は、メキシコ・チャパス州東部に暮らす数少ないマヤの末裔ラカンドンの人々のあいだで受け継がれている。彼らにとっては、チョコレートの泡こそがこの飲み物で「最も魅力的な」部分だ。メキシコのほかの地域やグアテマラでも、似たような原料を組み合わせて多様なチョコレート飲料がつくられている。

私たちはこうした副原料に的を絞って化学分析を行ったが、その多くはプエルト・エスコンディド遺跡で発見された最古級の容器からは検出されなかった。分析結果が示唆しているのは、この遺跡で異なる種類の飲料、おそらくカカオの甘い果肉だけを原料とした純粋なアルコール飲料が飲まれていたということだ。この伝統はおそらく完全に失われたわけではない。マヤの壺に描かれた絵には「木からとったばかりの」カカオに関する描写があるほか、サアグンの記録には王の「緑のカカオ」の効果を説明した一節がある。「飲んだ人は酔っぱらい、影響を受け、頭がくらくらし、混乱し、気分が悪くなり、気がふれたようになる。普通の量を飲んだときには、気分が楽しく、爽快になり、元気になり、やる気が出る。だからこういわれる。『カカオを飲む。唇を濡らす。気分は爽快』」(Henderson and Joyce 2006: 144)。サアグンの記述がアルコール飲料のことを示しているのは、疑いようがないのではないか。

選ばれた人々の飲み物

アステカ人の発酵飲料に対する見方はさまざまだ。たとえば、年配の人々はオクトリ(プルケ)を一日に四杯飲むことができた。これは、リュウゼツランの甘い液汁を集めて発酵させたアルコール度数四~五%の飲料だ。大規模な宴会では、子どもも含めて誰もが酔っぱらうように促され、王自身もよく酒を楽しんでいた。スペイン人のベルナル・ディアス・デル・カスティリョは三〇〇品の料理が出た大宴会で、女性の出席者たちが「大型の壺で五〇杯分もの泡立てた上質のカカオ」をモテクソマ・ショコヨツィン（モンテスマ）に給仕するのを目撃している。

とはいえ、こうした贅沢三昧は軍隊の規律や公的秩序の維持を重んじたアステカ人の考えとは正反対のものだ。彼らは（たとえ生まれが卑しくても）みずからが帝国の支配者であり、「第五の太陽」の時代に宇宙の秩序を保つ保証人であると考えていたため、誰が何をいつ飲めるかを厳しく統制していた。泥酔すれば死刑になることもあり、アステカの文献では、アメリカで禁酒につながった清教徒の教えのごとく、飲酒の害について厳しく警告されている。古代中国で言えば、商の君主たちの暴飲と自滅行為を戒める周王朝の反応のようなものだ（第2章参照）。

サウジアラビアから中東に入ったイスラム教徒の侵略者のように、アステカの伝統は、彼らが一四世紀にメキシコ中部を征服する以前、北西部の砂漠で水や食料の不足にどうにか対処した栄光の過去を思い起こさせる。建国の伝説によれば、アステカ人は当時メキシコ盆地にあった月の湖（テスココ湖）の中央部に浮かんだ群島テノチティトランに首都を築いたとき、一匹のヘビをくわえたワシがウチワサボテンの仲間（*Opuntia* spp.）にとまっているのを見たという。この神話は、アステカ人の父祖の地に伝わる重要な酒を暗示している。ウチワサボテンとベンケイチュウとピタヤ（ドラゴンフルーツ）の実のほか、メスキートの莢やリュウゼツランとユッカの花茎を原料とした酒だ。こうした植物を地面に掘った穴で焼いたり、煮詰めたりして抽出した液体は、糖分たっぷりの濃縮液として保存でき、必要に応じて利用できる。

暑い気候では、こうした飲料はすぐに酢に変わってしまうため、なるべく早く飲まなければならなかった。スペイン人が到着する頃には、彼らは「最上級の大酒飲み」と呼ばれるまでになっていた。これほど酒におぼれることができたのは、女性たちが酒を三日ごとに仕込んでいたからでもある。「男たちは酒を浴びるように飲んで、べろべろに酔っ払っていた」という記録も残っているほどだ。さらに、グアサベ先住民の一人はこのように書いている。「彼らは酒におぼれていた。酒の原料となる果実がたくさんあるからだ。果実が実る三カ月のあいだは、酔っ払わない日はほとんどなく、踊りもひっきりなしで、あまりにも長く続くので、踊り手は超人的な力をもっているかのようである」(Bruman 2000: 10)

メキシコ北西部も、幻覚症状を利用した祭儀がさかんに行われていた地域だった。サボテンの仲間であるペヨーテ(ウバタマ、*Lophophora williamsii*)の地表に出た先端部「ペヨーテボタン」を煎じて、お茶として飲む。ペヨーテで精神に作用するのは、メスカリンというアルカロイドだ。この物質はフェニルエチルアミンの誘導体で、カカオにも含まれている。この地域の人々がいつ頃からペヨーテを利用するようになったのかはわかっていないが、パレオ・インディアンが暮らした古い時代に、砂漠で見つけた植物を噛んだり、叩きつぶしたり、しぼったり、調理したりするうちに、さまざまな植物が精神に変化をもたらす効果を発見した可能性が高い。ペヨーテはアルコール飲料に混ぜて、その効果を高めるためにも使われていたかもしれない。スペイン人による記録には、トウモロコシのチチャとプルケに混ぜられていたという記述がある。

ペヨーテが過去にどのように使われていたにしろ、アステカ人は居住域を移すうちにその習慣を捨て、シビレタケ属のキノコなど、メキシコ中部で手に入る原料を用いるようになった。こうしたキノコに含まれる主要なアルカロイドはシロシビンとシロシンで、セロトニンに近い（第9章参照）。アステカ人はこうしたキノコをテオナナカトル（「神々の肉」の意）と呼んでいた。サアグンの記録によれば、彼らは夜明け前に蜂蜜をかけたキノコを食べ、カカオ飲料で流し込むと、その作用で幻覚を抱いた状態で踊ったり歌ったりし、涙を流したという。

アステカ人が主要なカカオ産地だったソコヌスコを支配したとき、飲料の原料となるこの新たな植物を知った。彼らはまもなく、古代のマヤの人々のように、選ばれた人々だけが飲める特別な飲料をカカオからつくる。カカオ飲料を飲めたのは、王とその側近、高位の兵士、そして「ポチテカ」と呼ばれる商人だけだった。ポチテカはカカオやその他の贅沢品（ジャガーの毛皮、琥珀、ケツァールという鳥のこの上なく美しい羽根）を太平洋沿岸の低地から敵の領地を通って首都テノチティトランまで輸送する責務を負っていた。王はカカオ飲料を好きなだけ飲めたが、ほかの人々は食事や饗宴の終わりにしか飲めなかった。世界中の男社会の慣行の例に漏れず、煙草をパイプで吸い、議論に花を咲かせ、娯楽にふけった後に、ようやく飲むのだ。サアグンの記録によれば、競争が激しいポチテカの世界では、カカオ飲料が入ったヒョウタン製の容器を右手で握り、左手には飲み物を泡立てるための棒と、飲んでいる途中で容器を立てておく台を持つのが習慣だった。

アステカ人にとってカカオの木はあまりにもなじみがなかったため、カカオとその飲料は彼らの文化で特別な位置に置かれた。たとえば、カカオ豆はあらゆる品物を購入したりサービスを受けたりするための通貨だった。アステカ王のモンテスマはテノチティトランにあった貯蔵庫にカカオ豆を厳重に保管していて、スペイン人の記録によれば、その豆の数は一〇億粒近かったという。

アステカの神話では、全宇宙は四つの重要な方角に分けられ、「世界の木」によって支えられているとされている。屏風のように折りたたまれた独特な樹皮の写本では、その木々は曼荼羅のように、太陽の神ウィツィロポチトリから放射状に生えている。カカオの木が南の方角に生えているのは、明らかにカカオが南から運ばれてきたからで、カカオは祖先たちや血液の色と結びつけられている。人間の心臓のような形をしたカカオの莢そのものが、この象徴を裏づけている。テノチティトランにある大神殿で奴隷や捕虜がウィツィロポチトリに生け贄としてささげられるとき、神官は生け贄の脈打つ心臓を引き抜き、太陽に向けて高々と掲げた。切断された生け贄の頭部は棚に陳列された。ケツァルコアトル（羽毛が生えたヘビ）にささげる毎年の儀式では、完璧な姿形をした人間が一人選ばれ、神の衣装や装飾品をまとって盛大なもてなしを受け、祝いの舞踏を踊るように求められて、最後には死を迎える。たじろいだ場合には、ほかの生け贄を殺すのに使われた黒曜石のナイフに付いた血の塊をチョコレートに混ぜて飲まされる。こうして勇気と喜びを得た彼は舞踏を終え、全宇宙の内部崩壊を防ぐのだ。

それより何百年か前、マヤの人々も同じように全宇宙でのカカオの位置づけに取り憑かれていた。円筒形の容器を飾る色とりどりの美しい絵には、地下世界の支配者たちが切断したトウモロコシ神の頭部が、カカオの木に実った莢といっしょに吊された場面が描かれていることが多い。グアテマラに暮らすキチェ・マヤの『ポポル・ヴフ』（諮問の書）によれば（これはもともと一〇〇〇年も前に象形文字で書かれたものだが、原典は失われ、スペイン人によって部分的に書き写された）、トウモロコシ神はマヤの支配者の娘がその頭部を見たときによみがえったのだという。娘がフンアフプーとシュバランケーという双子の英雄を産むと、二人はトウモロコシ神を復活させ、太陽と月として永遠にたたえられた。叙事詩の後のほうでは、トウモロコシと甘い果実、カカオから人間がつくられた。

アステカ人と同じく、マヤの人々もまたカカオと血を同等のものとみなしていた。チョコレート用容器の一部には、神々がみずからの喉に穴を開けて血液をカカオの莢にかけている場面が描かれている。ほかの場面では、おそらく双子の英雄の一人と思われる人物が、吹き矢でケツァールを狩っている。マヤの墓に納められた人物をかたどった壺には、アステカの墓の場合と同じように、カカオの莢の装飾が施されている。さらに、後年のポチテカ商人には、マヤの商人の神エクチュア（L神）との共通点が認められる（チョコレートの容器には、一羽のケツァールがとまったカカオの木にエクチュアが近づき、背負った荷物にも一羽とまった場面が描かれている）。繰り返しになるが、メソアメリカの社会を見ると、トウモロコシとカカオ、血液と多産、幻想的な鳥、夢と幻覚、音楽、そして舞踏のあいだに密接なかかわりがあることがわかってくる。

カカオの酒を再現

最古のカカオ飲料を発見したことによって、私はそうした飲料がどんな味だったのか、そして、その飲料を再現できるのだろうかと、自然に考えるようになった。そして再び協力を求めたのは、あのドッグフィッシュ・ヘッド醸造所の冒険的なサム・カラジオーネと仲間の醸造家ブライアン・

セルダーズだ。

古代アメリカの荒野へと足を踏み入れるこの冒険をどう進めていくのがいちばん良いのか、私たちは議論を重ねた。最古のカカオ飲料が果肉からつくられたのだとすれば、カカオの実を莢ごと中央アメリカから、理想的には、分析した土器が出土したホンジュラスから取り寄せるべきなのか。しかし残念ながら、カカオの実はとても傷みやすく、中米から輸入するのは不可能で、私たちがみずから出向いて現地で実験するしかない。もう一つの案は、トウモロコシと蜂蜜を原料にアルコール飲料をつくるというものだ。後年のマヤやアステカで飲まれた酒の原料としてよく知られているし、さらに一歩進んで、スペイン人の記録を基にいくつか追加の材料を加えることもできる。カカオの実は手に入らなかったものの、ダークチョコレートの調達業者（ミズーリ州のアスキノジー・チョコレート）を探し出すことができ、アステカの主要なチョコレート生産地だったソコヌスコ産の砕いたカカオ豆とカカオパウダーを入手できた。その苦みで、蜂蜜とトウモロコシの甘さが打ち消されるだろう。ハーブのアチョーテ（ベニノキ）を加えれば飲料が鮮やかな赤色に染まり、人身御供に対するアステカ人の強いこだわりを思い起こさせる。最後に、飲料にぴりっとした刺激を加えるためにトウガラシを少々入れるのだが、猛烈に辛いハバネロはやめて、それより辛さが穏やかなアンチョという赤トウガラシを選んだ。もし手に入ったら、ピリッと辛い「イアフラワー」や幻覚作用のあるキノコを加えてもいい。発酵には、ほかの材料の風味を引き出せるよう、癖のないドイツのエール酵母を使うことにした。

何度か実験を重ね（作業の様子はカリフォルニアの映像会社が念入りに録画した）、出来上がった飲料をニューヨークやフィラデルフィア、デラウェア州のレホボスビーチで有志の人たちに味見してもらった。その後も微調整を重ねて完成したのが、新世界の精神を取り入れたまさに革新的な飲料、アルコール度数九％の「テオブロマ」だ。口に含むと、最初に感じるのはダークチョコレートの特徴的な香りで、その後アンチョ・トウガラシのパプリカのような風味、アチョーテの煙や土のような味、蜂蜜の芳醇な味わいがやってくる。私が唯一不満だったのは、飲料の泡立ち方がいまいちで、マヤの王のようには飲めなかったことだ。

醸造所を焼き払う

ペルー南部の太平洋岸から七五キロも内陸に入れば、アンデス山麓の丘陵地帯が広がる。砦のようなその辺境の地には、初期のアメリカ大陸の人々が発酵飲料をつくるために糖度の高い原料を探していた様子がうかがえる、新たな手がかりがある。この地にそびえる標高二五九〇メートルの山セロ・バウルの頂上には、ワリ帝国が紀元六〇〇年頃に入植し、宮殿と神殿を兼ねた複合建造物を築いた。同じく岩山の上に築かれた古代イスラエルのマサダ要塞を思い起こさせることから、アンデスのマサダとも呼ばれている。インカ帝国が攻め入ってきたとき、ペルーの先住民たちはこのセロ・バウルに逃れ、ユダヤ人がマサダ要塞に立てこもってローマ人に抵抗したように、食料と水が尽きるまで敵の攻撃に耐えたといわれている。ユダヤ人と異なるのは、ワリの人々が生き延びたことだ。しかし一〇〇〇年頃になると、この植民地は打ち捨てられた。険しい斜面の上まで水を運ぶのに嫌気がさしたのか、首都から六〇〇キロも離れているために兵站業務に支障をきたしたのか、それとも、国境地帯まで徐々に進出してきた敵のティワナクと交渉した末の決定だったのか。理由ははっきりしないものの、ワリの人々はただ荷物をまとめて出ていった。しかしセロ・バウルを去る前、彼らは盛大な饗宴を開いて彼ら独自の酒を浴びるように飲んだ。その後、酒器を儀式として割り、火を放って、複合建造物全体を焼き払ったのだった。

ワリの飲料は、メソアメリカの飲料「ケブランタウェソス」の原料でもあるコショウボクの実からつくられた。コショウボクは高さ一五メートルほどまで育つ樹木で、沿岸部から標高三六〇〇メートルの高地までペルーに広く分布している。南半球の夏（一月と二月）に果実が熟すと、木の枝はその重さでたわんで下がる。初期の人類は果実の真っ赤な色にまず心惹かれただろう。

スペイン人や現代の消息筋の報告には、当時や現代のこの酒の製法が記録されている。果実を水に浸けて熱し、果肉、とりわけ種子に付いた多肉質の部分から甘い液体を抽出する。甘い液体には、ウイキョウやコショウのような独特の味がある。種子と外皮は苦くて樹脂のような味がするので、濾しとらなければならない。発酵は蓋をした大型の壺の中で数日間かけて行われる。酵母はおそらく、つぶれた果実の一部にもともと含まれていたのだろう。一六世紀のガルシラソ・デ・ラ・ベガの報告によれば、この飲料は「飲みやすく、美味で、体にとても良い」という。実際、ペルーのケチュア語でコショウボクを指す言葉には「命の木」という意味がある。メキシコのように、発酵飲料にさまざまな原料を混ぜる価値を見いだしていた地域では、コショウボクの果実はすぐにトウモロコシの茎やサボテンの果汁、発芽したトウモロコシと組み合わされた。

スペイン人の修道士たちは先住民の飲料を悪魔の仕業だとけなしていたものの、コショウボクには強く惹かれていたようで、太平洋岸全域にこの木を移植した。オランダの東インド会社が生産していた名高いコショウ（*Piper nigrum*）に匹敵する製品をつくり、木の樹脂からとった油を防虫や病気の治療、ゴムや染料の生産、腐りにくい材木づくりに利用するのが目的だった。

ワリの人々は、これまで確認されたなかではアメリカ大陸最大の発酵飲料の生産施設をセロ・バウルに築いた。トウモロコシのチチャや高貴な人々のためのチョコレート飲料ではなく、ほかならぬコショウボクを原料にした酒をつくるためだ。宮殿に隣接した台形の建物には、塊茎やトウガラシを加工するための部屋があった。ひょっとすると、これらを飲料に加えたのかもしれない。ほかにも、一二点の大甕で糖化液を熱するための部屋や、ヒョウタン製の容器で飲料を発酵するための部屋もあった。大甕を熱する炉床の周囲でコショウボクの種子や茎が大量に見つかっていることから、ここで糖化液からかすが取り除かれていたことがうかがえる。大甕の容量は一つにつき一五〇リットルなので、全部合わせておよそ一八〇〇リットルの酒を一度に醸造できたことになる。中央アンデスの酒づくりを研究したデヴィッド・J・ゴールドスタインとロビン・コールマンの実験によれば、二〇リットルの酒をつくるのにおよそ四〇〇〇個の実（樹木にして数本分）が必要になるという。したがって、最後の盛大な饗宴に出す酒を用意するには、一〇〇本以上の木から実を収穫しなければならなかっただろう。生産施設ではあちらこちらで、女性だけが身に着けた特別な肩掛けのピン（トゥプ）が見つかっていることから、ここでもやはり酒の醸造は女性の仕事だったことがうかがえる。

そして、彼らは飲んだ。大規模な産業施設にある中庭では、上流階級の人々が使うケーロが二八点も発見されている。それぞれ四点の容器で一組になっていて、それが七組ある。上流階級らしい白と黒のデザインか、力強い目と高貴な頭飾りが特徴のワリの最高神「正面を向いた神」を表現した装飾が施されている。ケーロの容量は三〇〇ミリリットルから一リットル以上まで幅がある。これはおそらく使用者の社会的地位を反映しているのだろう。「ミダス王の饗宴」の参加者も酒器の大きさによって区別されていた（第5章参照）。醸造所（発掘者の表現では「ビアホール」）に火が放たれたとき、二八人のワリの領主が最後の奉納の儀式としてケーロを火に投げ入れたとみられている。さらに、貝殻と石でできたネックレス六点が、くすぶる焼け跡に投げ込まれた。

ワリの発酵飲料は、古代ペルーの飲料として傑出しているトウモロコシのチチャとは、まったく異なっていた。コショウボクの酒にトウモロコシが加えられていたとしても、その量はごくわずかだった。トウモロコシは醸造施設を含めて遺跡から発見されたあらゆる考古植物学的な証拠の一％にも満たない。

セロ・バウルに築かれた植民地での最後の儀式は宮殿でも繰り返された。奥まった中庭では、ビスカッチャ（アンデスウサギ）やシカ、リャマかアルパカ、そして一〇種以上の魚（アンチョビ、サーディン、ニシン、トウゴロウイワシ、トビウオ、マグロなど）といった食べ物が発見されていて、住民たちが特別な「最後の晩餐」を楽しんでいたことがうかがえる。セロ・バウルは太平洋からはそれほど遠くないが、彼らもモンテベルデの人々と同じように、もともと海から来たのではないかと、残った食べ物から推測できる。宮殿からはアンデスコンドルやタイランチョウ、スズメフクロウといった鳥の骨も見つかっているが、これらは食事として出されたものとは必ずしも言えない。どれも大変珍しい鳥であり、儀式の重要性を伝えるものだとも考えられる。中庭ではケーロは見当たらず、飲料を注ぐための容器が三〇点以上、床に叩きつけられて割られていた。

宮殿に近い寺院の別館では、ほかの儀式が執り行われていた。一人の子どもと十代の若者の遺体が床下で発見されたほか、ある部屋からはきわめて奇妙な遺物が見つかった。それは、様式化された鳥と裸の踊り手が描かれた太鼓の胴体で、踊り手は前を向いた姿勢や高貴な頭飾りからワリの最高神を思い起こさせる。太鼓は、ほかの打楽器やパンパイプ、横笛、トランペットとともに、昔からアメリカ大陸全域でシャーマンの儀式に欠かせない楽器だった。たとえば、ペルーの太平洋沿岸にある紀元前三〇〇〇〜前一八〇〇年の都市国家カラルでは、ペリカンの翼の骨からつくられた笛三二点が、主要な寺院の亀裂の中から発見されている。おそらく、特別な祝いの儀式の後にささげられたのだろう。

コショウボクの酒は、ワリのあいだでは文化や民族を象徴するきわめて重要な要素だったに違いない。近年、セロ・バウルの施設に似た醸造施設が、数百キロ北に位置するワリの中心地コンチョパタで発掘された。さらに、コンチョパタにほど近い下流のラ・ヤラルでは、上流階級ではない世帯の醸造所が見つかった。ここには、ワリの伝統を継承した民族チリバヤの人々が暮らしていた。どちらの建造物でも、コショウボクを示す考古植物学的な遺物が、炉床や加熱用の大きな容器の近くに散らばっていた。

発酵飲料の盛衰

コショウ風味の酒をつくり、山に生えていた小さな草を世界で最も多くのアルコールを生産する原料へと変え、カカオの実や豆から丹念に飲料をつくった……。これは、初期のアメリカ大陸の人々が発酵飲料を考案するに当たって発揮した創意工夫のごく一部にすぎない。言ってみれば、未来への序奏である。アメリカ大陸のほかの地域では多様な原料が使われてきたうえ、そのなかには現代でも広く親しまれている発酵飲料もあるのだ。

アマゾン川流域では、マニオクもしくはキャッサバと呼ばれる植物（*Manihot esculenta*、ユカやアロールートとも呼ばれる）が少なくとも六〇〇〇年にわたって利用されてきた。トウモロコシの茎や実から酒をつくる場合のように、マニオクの太い根を咀嚼して甘い汁を出せば（でんぷんを糖に変えれば）、ビールをつくることができる。その甘い液体は激しい泡を発生させて強い酒になるので、唾液は魔法の力を酒に伝えられると信じられていた。発酵飲料はあらゆる種類の饗宴（祖先の世界に入る、勝利を祝う、通過儀礼を行う、星や月の動きを観察する）に欠かせなかった。

山岳地帯や沿岸部の草原地帯パンパなど、南アメリカのほかの地域に暮らした人類は、精神に変化をもたらす発酵可能な原料を自然の中で数多く見つけることができた。糖分をたっぷり含んだ果実は木から簡単に摘み取れるから、おそらく最初に利用されただろう。たとえば、チョンタドゥーロ（モモヤシ、*Bactris gasipaes*）はその果汁とピンクの果肉が、口当たりの良いアルコール飲料になる。ヤシの仲間のチョンタやコヨール、野生のパイナップル（*Ananas bracteatus*）、スモモのような実をつける木（*Gourliea decorticans*）、サボテン（ウチワサボテンの仲間 *Opuntia tuna*、ベンケイチュウなど）、ブドウのような見かけの木（*Ziziphus mistol*）など、原料の候補はほかにも数多くある。酒にはさらに強力なハーブを混ぜることもできた。挽いたタバコやコカの葉、キダチチョウセンアサガオ（*Brugmansia* spp.）の種子がその一例だ。ほかにも、サンペドロサボテン、あるいはヨポやセビルの木（*Anadenanthera* spp.）の莢を煎じた汁には精神に作用する化合物が豊富に含まれ、「魂の蔓」という意味のアヤワスカ（*Banisteriopsis* spp.）からつくったお茶は幻覚作用をもたらし、現代でもシャーマニズム的な思想をもつ人々に注目されている。

中央アメリカやメキシコ南部にも、ウルシ科ニンメンシ属の樹木（*Spondias* spp.）の実や、サクラ属の樹木（*Prunus capuli*）の実、サワーソップ（トゲバンレイシ、*Annona muricata*）、パイナップル、ヤシの仲間のコヨールやコローソ、カシュー、野生のバナナなど、ワインの原料となる果実が数多くある。サツマイモやマニオクを咀嚼すれば、ビールをつくれる。ユカタン半島やチアパスの高地では、原産の蜂蜜でミードがつくられた。チアパスに暮らすマヤの末裔ラカンドンの人々は、カヌーのようにくり抜いた丸太で独自のミードを大量につくり、それにバルチェという特別な木の樹皮を加えた。あるスペイン人の報告によれば、その飲み物は「乳白色で、すっぱいにおいがして、最初はまったく飲みたいと思わなかった」という。ほかにも、アサガオの仲間（*Ipomoea* および *Turbina* spp.）の種子やシロシビンを含んだキノコからつくった幻覚剤をアルコール飲料に加えることもできた。

サボテンが生育するメキシコ北部やアメリカ合衆国南部に行くと、発酵飲料の原料はだんだん少なくなっていく。太平洋沿岸の温暖な地域では、エルダーベリー（ニワトコ）やツツジ科のマンザニタの実、野生のブドウからワインをつくった証拠が残っているが、内陸では、リュウゼツランやウチワサボテン、オルガンパイプサボテンといったサボテンのほか、果肉に二五〜二〇％のブドウ糖を含むメスキートの莢を原料にした発酵飲料が、古くから広く飲まれていた。ソノラ砂漠に暮らすトホノオーダムの人々にとって、ベンケイチュウのワインを中心とした雨乞いの儀式は最も重要な年中行事だった。女性たちはワインを地下で熟成させ、「発酵してわれわれを見事に酔わせたまえ」という言葉を繰り返して熟成を促す。雨雲を呼び、命の水を降らせようと、二晩にわたって歌や舞踏、酒盛りを続ける。

一方、アリゾナ州中部から北や東の地域では、アルコール飲料に関する記録は考古学でも民族誌学でもなぜか見つかっていない。一七世紀フランスの宣教師ガブリエル・サガールは、このような記録を残している。「さいわいにも、われわれが会った野蛮人は饗宴にワインもビールもシードルも出さないので、そうした不運とは無縁だった。めったにないことではあるが、彼らの一人が飲み物を頼むと、真水が出てきた」（Havard 1896: 33）

一〇〇〇年前にヴァイキングが初めて北アメリカを訪れたとき、豊かに実ったブドウに感銘を受け、この新天地を「ヴィンランド」と呼んだ。そんな名前を付けるのももっともで、北米で確認されているブドウの野生種は世界でも中国に次いで多く、二〇〜二五種に及び、なかには糖度の高い種もある。にもかかわらず、遺跡ではブドウの種子はたまに発見されるだけで、先住民がブドウを食べ物として集めたことを示す栽培化やワインづくりに取り組んだ証拠はおろか、野生のブドウを食べ物として集めたことを示す決定的な証拠は、考古学的にも化学的にもまだ見つかっていない。紀元八〇〇年頃にはトウモロコシを栽培するためにアメリカの中央部で森が広範囲に伐採され、やがて伐採は東部の沿岸地域にまで及んだが、トウモロコシはチチャの原料としては使われなかった。

アメリカ大陸のほかの地域とははっきりと異なり、北米でなぜこれほどまでにアルコール飲料が見当たらないのか。メキシコ北西部の先住民の住居ではっきり認められるような、大酒飲みのアステカ人への（少なくとも一般市民のあいだでの）反感が、近隣の住民にも広がっていたのかもしれない。たとえば、「プエブロ」と呼ばれる先住民はトウモロコシを栽培し、トウモロコシのチチャを飲む集団に囲まれて暮らしていたが、チチャを避けていた（ニューメキシコ州のチャコキャニオンで進行中の分析で証明されない限り）。プエブロの人々はまた、煙草以外の薬物を避けていて、いたるところに生えていたマメ科のメスカルビーン（*Sophora secundiflora*）やシロバナチョウセンアサガオ（*Datura stramonium*）の根さえも使わなかった。

とはいえ、プエブロの人々はニューメキシコ州サンタフェのすぐ東にあるペコス・プエブロで、笛や太鼓を演奏していた。世界のほかの地域では、こうした楽器はアルコール飲料がふるまわれる祝宴に使われることが多い。一二〇〇年から一六〇〇年にかけての大規模な複合施設の部屋や埋葬地で、鳥の骨でできた笛が一二点も発見された。三万五〇〇〇年前のものをはじめとする旧世界で出土した多くの笛と同様、ペコスで出土した笛の大半は、アメリカシロヅルやイヌワシ、アカオノスリの翼の尺骨という特定の骨からつくられていた（シチメンチョウの脚の骨を使っている例も一つある）。ほかの地域と同じように、笛には目印の線に沿って四つか五つの穴が丁寧に開けられている。賈湖の笛（第2章参照）にも似たペコスの笛は、最初のアメリカ人が東アジアから渡ってきた時代を物語っているのだろうか？

ほかの文化圏でアルコール飲料が占めていた地位にあったのは、タバコ（*Nicotiana* spp.）だった可能性もある。アメリカ大陸の全域に生育し、アメリカ先住民は古くから神々との交信や社交の潤滑油として使っていたからだ。煙草は噛む、浣腸剤として使う、ワシやコンドルの形をした長いパイプ（これらの鳥の羽根で飾られている）を使って煙を口から吸う、鳥の骨を使って鼻から吸い込む、動物のトーテムがにらみつけるトレーから吸い込むといった方法で利用した。煙草の煙は「神々にふさわしい食料」とみなされ、煙が鳥のように天へと立ちのぼるなか、シャーマンの神官や呪術医が脳と体をニコチンで満たして恍惚状態になる。

北米の人々が発酵飲料をつくろうとした場合に利用できた原料は、ブドウやトウモロコシ以外にもまだまだある。カエデ、バタグルミ、カバノキなど、数多くの樹木が春になると甘い樹液を出し、樹皮に穴を開ければそうした樹液を採取できる。先住民は樹皮や木材でつくった容器に樹液を集め、そこに真っ赤に熱した石を入れるか、凍結させて氷を取り除く作業を繰り返すことによって、樹液を濃縮した。こうしてできたシロップはアルコール飲料の原料としては理想的だったはずだが、アメリカ先住民はシロップを甘味料か薬としてしか使わなかったようだ。

北米の先住民がなぜこれほど徹底的に禁酒を貫いていたのか、そして、新世界の人々が大量に飲酒するようになったのはいつなのかといった疑問には、ほかの面からも迫ることができる。アメリカ人の祖先がすべてシベリア北部や中部から来たのだとすれば、発酵飲料の伝統がベーリンジアを渡り、沿岸部を通って内陸に伝わったとも十分に考えられる。しかし、シベリアは糖度の高い植物が極端に少なく、発酵飲料をつくる伝統はなさそうに思える。

シベリアの人々はアルコール飲料の代わりに、幻覚作用をもたらすベニテングタケ（*Amanita muscaria*）を利用してシャーマニズムの儀式を行っていた。一七世紀半ば以降、ヨーロッパの探検家たちはシベリアの極寒のツンドラにようやく足を踏み入れたとき、レ・トロワ・フレール洞窟に描かれた旧石器時代の生物（第1章参照）のように、シャーマンがしばしば角の付いたシカの衣装を身にまとっていた様子を記録している。シャーマンはベニテングタケを食べた後、大太鼓を打ち鳴らす。その単調な繰り返しの音楽によって幻覚物質（イボテン酸とムッシモール）の効果が強まり、シャーマンは祖先の世界へと導かれる。ベニテングタケを服用する方法にはいくつかある。一つは、干してサイコロ状に切ったキノコを女性が舌の上で転がして塊にし、それをシャーマンに差し出す方法。キノコを煎じた汁をベリーの果汁と混ぜることもあったほか、シャーマンがキノコを食べたシカか人間の尿を飲んで幻覚物質を間接的に服用することもあった。幻覚物質は哺乳類の体内では代謝されないため、再利用ができるのだ。

シベリアから移り住んだ初期の人類にとってさいわいだったことに、ベニテングタケは北米にも生育している。カナダ北西部のマッケンジー山脈やアメリカ・ミシガン州のスペリオル湖沿岸では、今でもアサバスカやオジブワ（アニシナベ）の人々がシベリアのシャーマンの儀式によく似た儀式でベニテングタケを使っている。これは、人類が新世界に初めて足を踏み入れて以来受け継がれてきた、氷河時代の伝統の名残なのか。だとすれば、彼らが南下してベニテングタケの分布域から外れるにつれて、それまで見たことのなかった植物(テオシント、サボテン、カカオなどの果実)を試しに使い始め、ベニテングタケの代わりに、精神に変化をもたらす発酵飲料をつくったというのは、順当な考え方ではあるまいか。

第8章　アフリカのミード、ワイン、そしてビール

地球上で発酵飲料を探求してきた私たちは、めぐりめぐってアフリカへと帰ってきた。一〇万年前に初めてアフリカの大地溝帯を出た人類の祖先は、アフリカ大陸のほかの地域、そしてシナイ半島を横断するかバブ・エル・マンデブ海峡を渡ってアジア大陸へと足を踏み入れ、やがて世界中に進出していった。

多くの欧米人がアフリカと言って思い浮かべるのは、人を寄せつけないうっそうとした密林、青々とした草原、波打つ砂丘、そして、雪化粧したキリマンジャロなどの山といった大陸のイメージだ。人々の文化や言語は驚くほど多様である。しかし、私がアフリカに対して抱いた第一印象は少し違った。私はこの大陸に、恐怖とまでいえそうな畏怖の念を抱いたのである。とりわけ、ジョセフ・コンラッドの『闇の奥』を読んだ後はそうだった。この小説は作者が若い頃に蒸気船でコンゴ川をさかのぼったときの体験を基に書かれたもので、人間と自然の最も暗い部分が小説全体を支配している。コンゴ川は邪悪な大蛇になぞらえられ、植物は人の手に負えず、人間はどこまでも奔

放。そんな世界へと語り手は導かれる。絶え間なく打ち鳴らされる太鼓の音、夜にときどき聞こえてくる恐ろしい叫び声。まるで先史時代の地球へ、最古の人類が暮らしていた頃の原初の森へタイムトラベルしたような印象だ。ヒョウの毛皮だけをまとった者、頭に着けたアンテロープの角を誇示する者。荒々しい狩人と同じように堂々とした女性は、きらびやかな金属の装飾品や色鮮やかな服を身に着けている。誰もがあふれんばかりの誇りと神秘をたたえて、原初の自然と対峙しているのだ。干からびた人間の頭部が棒から吊されている光景は恐ろしいが、象牙狩りに来たヨーロッパ人のどこまでも深い心の闇もそれに匹敵するほど恐ろしい。コンラッドが描いたアフリカの泥沼に、通った者すべてが心も体ものみ込まれていくようだ。詩人のT・S・エリオットはその詩「うつろな男たち」で、コンラッドが描いた世界を見事に表現している。

現代のアフリカに対しても、多くの人がこれと似たような感情を抱いている。エイズなどの感染症の流行や、飢えに苦しむ一家、ルワンダやブルンジのツチとフツのあいだで起きた虐殺の話を耳にすれば、なおさらそんな感情が強まるものだ。しかし、さらに踏み込んで見てみると、また違ったアフリカが見えてくる。その陽気な音楽に耳を傾ければ、あるいは、魅惑的なダンスや生き生きとした儀式を目の当たりにすれば、生気にあふれた人々の気質に触れられる。アフリカ大陸は人類生誕の地であるだけに、人々は言語の才能も豊かだ。最近の推定では、二〇〇〇ほどの言語が話されているという。アフリカ大陸で土器が独自に発明されたのは紀元前六〇〇〇年前後で、これは近東で土器が発明されたのと同時期だ。原産の穀物（シコクビエやトウジンビエ、メヒシバ、テフなど）や塊茎（ヤムイモやハマスゲ）はそれと同時期に栽培され始め、やがて栽培種が生まれた。こうした進歩の多くはおそらく、アルコール飲料への欲求に突き動かされた結果だろう。とはいえ、サハラ砂漠以南のアフリカにある人類の「最初の故郷」は皮肉にも、その地理的な障壁に阻まれて外の世界から何千年も切り離されてきた。

黄金の飲料

ラクダが家畜化されて人類が広大な砂漠を横断できるようになるまで、アフリカ大陸に出入りするための主要ルートは、アフリカ大陸の長さの半分に当たる全長六七〇〇キロの世界最長の川、ナイル川沿いにあった。初期人類の化石が大量に見つかる大地溝帯とエチオピアの高原地帯に源を発する白ナイル川と青ナイル川は、現在は砂漠に隔てられ、青々とした流域を肥沃にしながらスーダンの首都ハルツームで合流し、ナイル川の本流となる。この大河はそこからエジプトを通って地中海へと注ぐのだ。

エチオピアの国民的な発酵飲料であるテジ（タッジ）は、「黄金の飲料」とでも呼ぶべきもので、古代からこの地で利用されてきた貴金属にたとえるのにふさわしい。ローマの地理学者ストラボンの『地理書』（第一六巻四章一七節）によれば、テジはもともと遊牧生活を送っていた民族トログロデュタイ（洞窟にすむ人々）の飲み物で、蜂蜜からつくられ、支配者とその従者だけが飲めたという。エチオピアの探検を始めたヨーロッパの人々が最初にこの蜂蜜飲料に出合った二〇世紀初頭にも、テジは皇帝のハイレ・セラシエに供されていた。そのレシピは何千年も前から受け継がれてきたはずだ。蜂蜜にその五〜六倍の量の水を加えて混ぜると、蜂蜜に含まれている酵母のS・セレビシエが活性化するのに理想的な酸性の液体が生まれる。ヒョウタン製の容器や土器の壺の中で二〜三週間発酵させると、糖分の大半は酵母によってアルコールと二酸化炭素に変わり、アルコール度数八〜一三％の飲料が出来上がる。

蜂蜜の発酵飲料、いわゆるミードはエチオピア以外でも飲まれてきた。細かい部分に違いはあるものの、アフリカ大陸の全域で多くの人々が蜂蜜の発酵飲料をかなり昔から飲んできたのだ。なかでも最もアルコール度数が高い飲料が、大地溝帯で報告されている。蜂蜜に果実（ソーセージノキとタマリンド）を加えた飲料で、酵母が増えて発酵が進むので、アルコール度数が高くなる。

サハラ砂漠以南のアフリカは、蜂蜜やミードを好む人にとって楽園のような場所だ。おなじみのセイヨウミツバチ（*Apis mellifera*）はアフリカにも生息しているが、その亜種のなかにはヨーロッパにすむ近縁の亜種に比べて攻撃性が強いものもある。ヨーロッパとアフリカのミツバチの交雑種であるアフリカナイズドミツバチは「キラービー」（殺し屋のハチ）という異名をもつほどだ。しかし、現地の人々はミツバチのそんな残虐な特徴のことは気にしていないように見える。たとえば、アフリカ中部に暮らすピグミーで、「ムブティ」と呼ばれる人々は、ハチの巣から蜂蜜を採集することに生活のすべてをかけている。

地図4　アフリカ。人類生誕の地で発酵飲料の基本的な原料となったのは、蜂蜜（特に大地溝帯）、大麦、小麦（特にナイル川流域）、ソルガムとヒエ（特にサヘル地域とサハラ砂漠）、ヤシの樹液、その他多くの果実（ナツメ属など）、根菜、草本などだ。こうした飲料にはしばしば「薬効のある」ハーブや樹脂、その他の副原料（香木や、イボガという低木など）が混ぜられた。原産の穀物のなかには、おそらく新石器時代には栽培化されていたものもあった。発酵飲料づくりに関する知識や技術（エジプトやブルキナファソで見られる穀物の糖化施設など）はナイル川と西アフリカのあいだで伝わった。

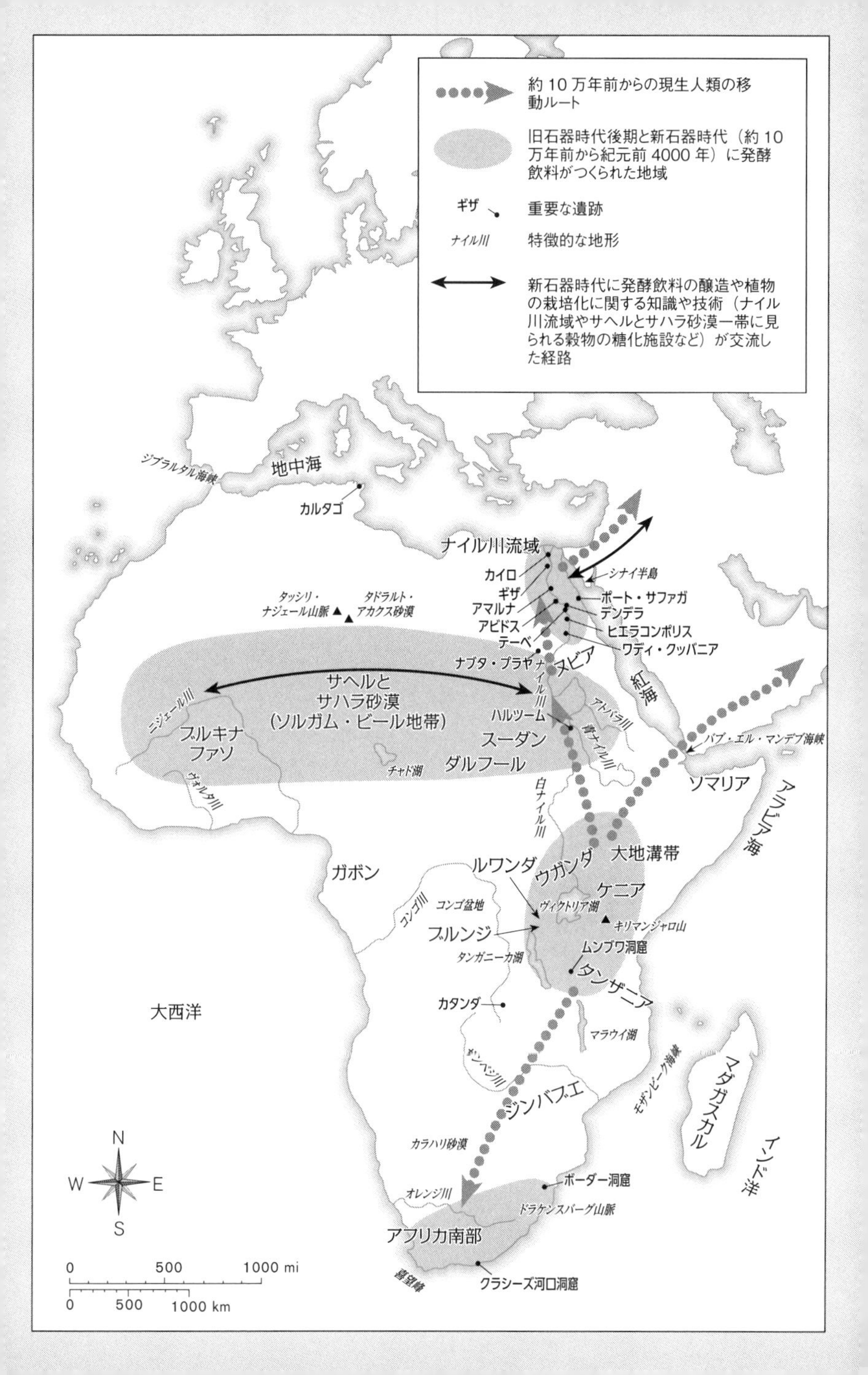

約 10 万年前からの現生人類の移動ルート
旧石器時代後期と新石器時代（約 10 万年前から紀元前 4000 年）に発酵飲料がつくられた地域
ギザ
重要な遺跡
ナイル川
特徴的な地形
新石器時代に発酵飲料の醸造や植物の栽培化に関する知識や技術（ナイル川流域やサヘルとサハラ砂漠一帯に見られる穀物の糖化施設など）が交流した経路
ジブラルタル海峡
地中海
カルタゴ
ナイル川流域
カイロ
ギザ
アマルナ
アビドス
テーベ
シナイ半島
ポート・サファガ
デンデラ
ヒエラコンポリス
ワディ・クッバニア
タッシリ・ナジェール山脈
タドラルト・アカクス砂漠
ナブタ・プラヤ
ヌビア
紅海
サヘルと
サハラ砂漠
（ソルガム・ビール地帯）
ニジェール川
ブルキナファソ
ナイル川
ハルツーム
アトバラ川
青ナイル川
スーダン
ダルフール
チャド湖
ヴォルタ川
白ナイル川
バブ・エル・マンデブ海峡
ソマリア
アラビア海
ガボン
ルワンダ
ウガンダ
大地溝帯
ケニア
コンゴ川
コンゴ盆地
ヴィクトリア湖
キリマンジャロ山
ブルンジ
タンガニーカ湖
ムンブワ洞窟
タンザニア
カタンダ
大西洋
マラウイ湖
ザンベジ川
モザンビーク海峡
マダガスカル
ジンバブエ
カラハリ砂漠
インド洋
N
W
E
S
オレンジ川
ボーダー洞窟
ドラケンスバーグ山脈
アフリカ南部
喜望峰
クラシーズ河口洞窟
0 500 1000 mi
0 500 1000 km

植物の蔓でつくった即席のロープを使い、高い木に登ってハチの巣がある場所まで登るのだ。そして、手を巣の奥深くまで突っ込んで、そのかけらをつかめるだけつかみ、したたる蜂蜜をその場で口に入れる。ただし、こうした極上の喜びを得るためには、何百回もハチに刺される苦しみに耐えなければならない。スーダン南部に暮らす蜂蜜ハンターのブヴィリの人々は、ハチが服にまぎれ込んで後で刺されるのを避けるために、裸で蜂蜜採りに出かける。

こうした障壁が間違いなくあるにもかかわらず、多くの動物が難なくハチの巣を荒らしている。サハラ砂漠以南のアフリカに生息するミツアナグマ（ラーテル）は特定の時期になると、蜂蜜しか食べなくなる。その優れた視力を活用して空飛ぶミツバチを追い、巣の場所を見つけると、単純に巣を壊して、その内容物をむさぼるのだ。時には、肛門から出した分泌物を巣の入り口にこすりつけてハチを追い出したり仮死状態にしたりしてから、蜂蜜を採ることもある。

アフリカのヒト科のなかでは、ゲノムの九九％が人類と同じであるチンパンジーが、ハチの巣を最も巧みに採集して利用している。チンパンジーはこの作業をするに当たって仲間と協力し合う。一匹が棒でハチの巣をこじ開けたところで、もう一匹が巣の断片を中から取り出すのだ。旧ザイール（現コンゴ民主共和国）では、一一歳の雌のチンパンジーがきわめて興味深い道具の使い方をするのが目撃された。この雌は二本の棒を使う。まず、たがねのような棒を使ってハチの巣に穴を開け、次に、先がとがった棒で蜂蜜の貯蔵室を守る蜜蝋の層に穴を開けると、長くて柔軟な蔓を穴に差し込んで巣の中でかき回し、一〇分ほどかけてできるだけ多くの蜂蜜を集めるのだ。それを見ているほかのチンパンジーが叫び声を上げると、蜂蜜がしたたる巣の破片をときどき地面へ落として分け与える。スーダン南部の民族ベランダ・ビリはその地方のチンパンジーを「手練れの蜂蜜泥棒」と呼んでいる。

人間がハチの巣を荒らすうえで、動物から何らかのヒントを得ているのは明らかだ。太古の人類はまた、南アフリカやジンバブエの岩壁や巨石に蜂蜜採りの場面を彫刻したり絵に描いたりして、何千年後の後世にまでその様子を見事に伝えている。その年代を正確に特定するのは難しいものの、こうした彫刻や壁画はサンの人々（ブッシュマン）をはじめとする先住民の営みを遠い未来にまで残す貴重な記録だ。典型的な場面の一つとしては、蔓でつくった危なっかしいはしごを誰かが登って、岩棚の下に吊り下がっている一つの巨大なハチの巣か複数の巣の集まりをめざす場面がある。その巣と人間を、怒り狂ったミツバチの群れが取り囲んでいる。

ジンバブエのマトボ丘陵には、紀元前八〇〇〇年にさかのぼるとされる岩絵が残っている。長い髪を鳥の羽根のようなもので留めた狩人が岩棚に片方の膝をついて、煙を立てる植物の塊のようなものをハチの巣の集まりに向けて差し出している場面で、想像力をかき立てる絵だ。ミツバチは巣から飛び去っている。煙を使ってミツバチを追い出す手法は、蜂蜜を集める前にミツバチの群れをおとなしくさせる手法の一つで、今も使われている。ジンバブエをはじめサハラ砂漠以南のアフリカでは、より新しい手法として、麻酔作用がある特定の植物や菌類を利用してミツバチをおとなしくさせる手法が記録されている（有毒な乳液を分泌するトウダイグサ科の樹木 *Spirostachys africana*、オニフスベの仲間ジャイアント・パフボールなど）。マトボ丘陵に描かれた太古のハンターが狙っている巣の中には、手前の明るい部分に小さな点が描かれ、その後ろが暗くなっているものがある。

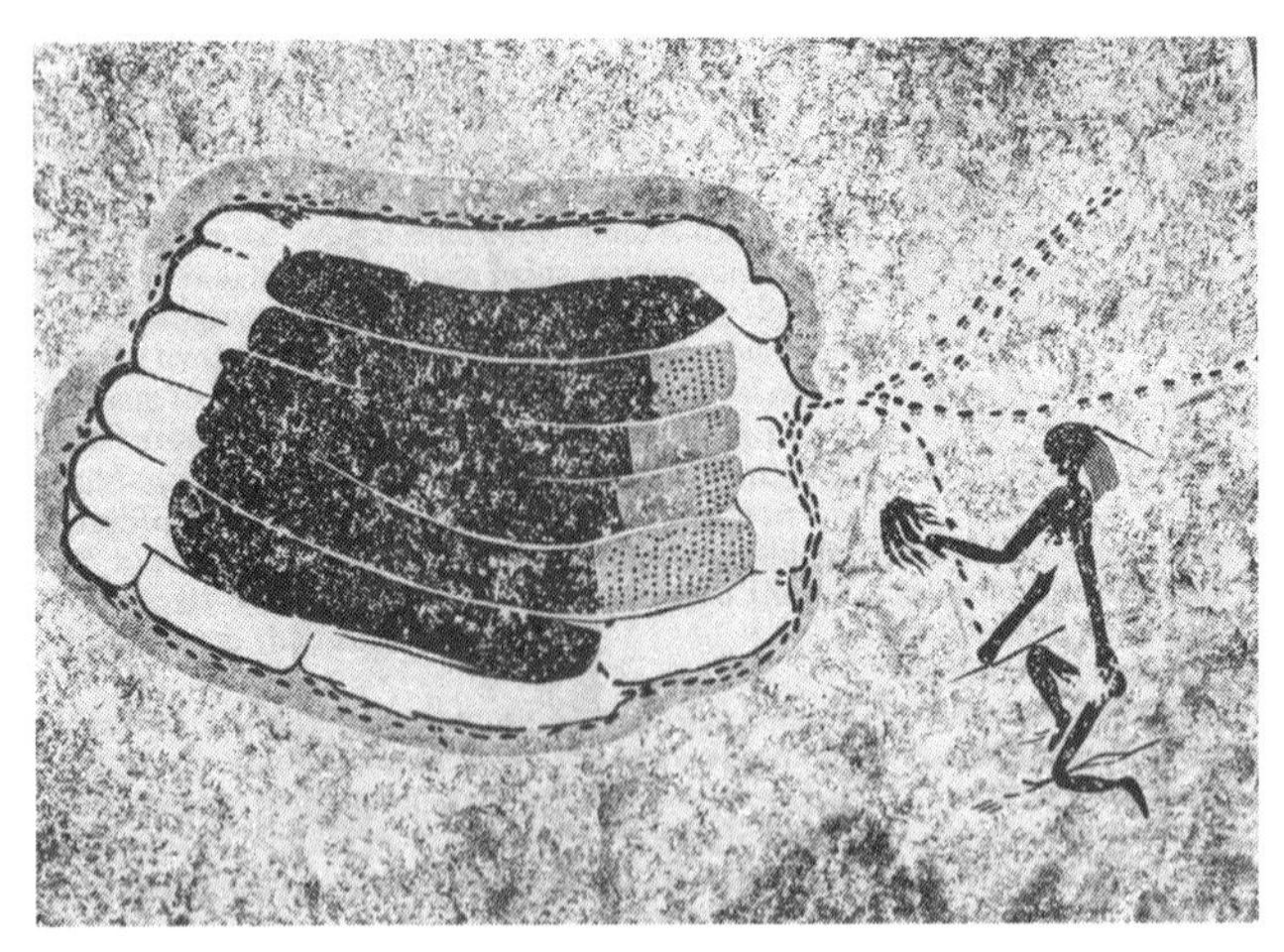

図20　ジンバブエのマトボ丘陵に残る壁画。おそらく紀元前8000年頃のもので、長髪を羽根で飾った蜂蜜ハンターが、岩棚にできた巣からハチを煙で追い出している場面が描かれている。After H. Pager, 1973, "Rock Paintings in Southern Africa Showing Bees and Honey Gathering," *Bee World* 54(2): Register ZW-001.

これはおそらく、巣の前面に卵や幼虫がいる巣房があり、暗い部分に蜜があるという意味だろう。

マトボ丘陵の岩絵には同心円状の弧が数多く描かれているが、これは何層にも重なったハチの巣が岩壁の空洞に吊り下がっている様子を下から見たものと解釈されている。南アフリカのドラケンスバーグ山脈に残る岩絵には、五重の弧の中や周りにミツバチが群がっている場面が描かれている。こうした幾何学的な模様は、シャーマンのトランス状態のような、精神に変化がもたらされた経験の第一段階で脳内に生じる視覚現象（第1章参照）だとされている。この現象は世界各地の岩絵のモチーフとしてよく見られ、アルコール飲料や植物性の幻覚剤を摂取することによって、あるいは感覚の遮断や過負荷によって起きることがある。

アフリカの岩絵を詳しく見ていくと、それには精神や宗教上の関心事を表現する美的な喜び以上の意味があることがわかってくる。ヨーロッパの石器時代の洞窟と同じように、手形のほか、動物の顔をもつ奇妙な人物像や架空の生き物（第1章参照）がよく見られる。後者に関していえば、サンの神話で地母神や雨を降らせる動物を表しているような絵が、ハチの群れに囲まれている場面が描かれていることがある。動物は鼻から血を噴き出し、踊り手が跳ねたり宙返りしたりしている。岩の隙間や割れ目と一体になっている人物像からは、こうした絵が精神に起きた変化、つまり、シャーマンが別世界に入る助けとなる変化に対応していることがうかがえる。

サンの言い伝えによると、ミツバチは動物界を支配下に置き、雨を降らせる力をもたらすという。一年に一〜二回、蜂蜜の生産がさかんになる時期が訪れると、男たちは一週間に及ぶ探索に出かける。一日に採集するハチの巣の数は最大一〇個。蜂蜜の量にして五〜三〇キロ分だ。巣の位置を特定する際には、水場から巣へ帰るミツバチを追いかけ、それらが飛びながら落とすわずかな排泄物をたどる。また、蜂蜜ハンターとミツオシエ（*Indicator indicator*）という鳥のあいだには見事な共生関係が築かれている。その名前が表しているように、この鳥は蜂蜜の位置を見つけ、自分に注意を惹きつけることによって人間やほかの哺乳類を巣のほうへ導く。近くの目立つとまり木にとまって独特な鳴き声を響かせ、外側の白い尾羽を見せながら短い距離を飛ぶ。この行動を繰り返して、「共犯者」を巣へと一直線に連れていくのだ。ミツオシエは人間や動物の助けがなければ巣を壊せないし、人間や動物はミツオシエの助けで簡単に巣を見つけられる。人間はミツオシエの鳴き声をまねて鳥を誘うことによって、蜂蜜狩りの時間を数時間も短縮できる。シャーマンが空飛ぶ鳥と神秘の世界を結びつけたのは、ミツオシエとミツバチの密接な関係がヒントだったとも十分に考えられる。

現代では、蜂蜜ハンターの一団が蜂蜜とともに野営地や村に帰ってくると、盛大な祝宴が催される。旧石器時代においては、ハンターが蜂蜜のほかにも、ときどき動物の皮やヒョウタン製の容器に満たしたミードを持ち帰ったこともあったかもしれない。旧石器時代説（第1章参照）でいわれているように、倒木の洞につくられたハチの巣を雨水が満たすこともあっただろう。ミードづくりに欠かせない条件の一つは比較的気密性の高い容器であるが、そもそもハチの巣自体がミツバチによってつくられたプロポリスや樹脂で覆われているので、この条件を満たしている。やがて、進取の気性に富んだ人物が、革の袋やヒョウタンか樹皮でつくった容器でみずからミードをつくろうと考えた。スペイン東部に残っている蜂蜜採りの場面は、アフリカの岩絵とよく似ていて時代もほぼ同じ（前八〇〇〇～前二〇〇〇年頃）であり、そうした容器をもったハンターの姿が描かれていることがある。巣の脇に吊したロープのはしごに危なっかしくつかまり、巣の中に手を突っ込んで容器に蜂蜜を集めている。

ミードはサハラ砂漠以南のアフリカ全域で数多くの宗教や社会の儀式において中心的な役割を果たしていて、初期の人類にとって重要だったことがうかがえる。たとえば現代のケニアの民族キクユの場合、男性は結婚するに当たり、花嫁をもらう代わりに将来の義父に二〇リットルのミードを与えなければならない。発酵飲料づくりは女性の仕事というのが全般的な傾向ではあるが、ミードはたいてい男性がつくり、かなり年配の男性が飲むのが普通だった。この習慣は年をとる恩恵の一つとして受け取られ、高齢者が祖先に近いと認識されていることの表れだ。同じケニアでも、キクユとは祖先が異なり田園生活を送るマサイの人々は、少年の割礼の儀式で近い親戚や近隣の大人たちが祝宴を開き、ミードと肉をふるまって祝う。祝われるほうの少年は牛の血と乳しか飲めない。十代の少年が独立して新しい世帯に住む準備ができると、家族の年長者の機嫌を保ち、幸福を願う目的でミードがふるまわれる。そして少年は、角の容器に入った血液とミードを飲むことが許される。いよいよ結婚するときになると、年長者にミードがたっぷりふるまわれるだけでなく、酒で酔わせた牛の生け贄が殺され、集まった人々には年長者から友好のしるしにミードが浴びせられる。マサイの儀式（相続、葬儀、危機への対応、呪いからの解放、罪の償い、結婚）では必ずと言っていいほど、ミードを地面に注いだり振りかけたりする場面や、ミードが被害者や申立人に形式的に贈られる場面がある。

しかし、気をつけなければならないのは、現在の習慣を遠い過去と簡単に結びつけてはいけないということだ。初期の人類にとって、蜂蜜は糖分が最も濃縮された形で得られる食料だった。卵や幼虫が詰まった巣房といっしょに食べれば、肉を上回るタンパク質などの栄養分が摂れる。穀物や植物の根からつくったほかの発酵飲料が広まるにつれて、手に入れられる量が常に少なかった蜂蜜は、ミードの原料というよりも甘味料として使われるようになった可能性もある。近東や中国でも、似たような経過が見られるし、アジアの技術発展に追随したアルプス以北のヨーロッパでも、ミーミードは神々や王にささげられる最上級の酒としてのイメージを徐々に失い、やがてワインやビール、さらに後には蒸留酒に取って代わられた。

古代の養蜂

アフリカ大陸の北東部に位置し、西アジアへの玄関口となっているエジプトには、養蜂や世界各地から取り寄せた蜂蜜の加工の様子がわかる最古の描写が残っている。首都カイロや三大ピラミッドからナイル川を少しさかのぼったアブ・グラブに、紀元前二四〇〇年前後に当たるエジプト第五王朝のニウセルラー王の壮大な太陽神殿がある。この神殿がその後二〇〇〇年の方向性を決めた。王のピラミッドから王が眠る川近くの神殿へと続く屋根付きの長い回廊には、太陽神ラーがナイルの大地に授けた植物や動物の浮き彫りが施され、見事に彩色されている。大空の下に横たわる中庭は、輝く太陽の下にそびえるオベリスク（太陽神を象徴する石柱）が目印で、雄牛やほかの王族の食事が王の追悼のために供えられている。神官は回廊から外へ出る前に、ミツバチのエジプトの亜種（*lamarckii*）の姿を表すヒエログリフが丁寧に描かれているのを目にしただろう。ほかにも、きわめて洗練された養蜂の場面が精密に描かれているのも見たはずだ。その場面では、一人の労働者が容器から、日干しした粘土でつくられた九つの巣箱に煙を吹きかけてハチを追い出し、ほかの労働者が蜂蜜を大きなたらいや丈の高い壺に移し、それらを密閉している。

これより新しい新王国時代から末期王朝にかけての時代にも、似たような場面が見られる。テーベにあるレクミラという名の高官の墓（ワインづくりを描写したフレスコ画でもよく知られている）に描かれている巣箱は、ニウセルラーの墓に描かれているものとよく似たつくりだ。巣箱に向かって容器から煙が吹きかけられ、ハチの巣を丸く切った断片が積み重ねられている。ほかの労働者は、二つの大きな鉢の口どうしを重ねてつくった壺や容器に蜂蜜を注ぎ入れ、粘土で密閉している。

古代のエジプト人がこの手法で養蜂を始めたのがいつなのかは、わかっていない。また、この手法はほかの地域から影響を受けたものなのか、野生のハチの巣が豊富なレヴァント地方からなのか、それともエジプトの南方の地域からなのかも不明だ。巣箱を積み重ねた大規模な施設の証拠は、中東の一つの遺跡（ヨルダン渓谷北部のテル・レホヴ）でしか発見されていないが、遺跡の年代は紀元前九〇〇年前後と比較的新しいので、この養蜂の手法がエジプト人の発明だったかどうかを特定する手がかりにはならない。エジプトでも、アフリカのほかの地域でも、古代の養蜂場はいまだに発見されていない（はるかに新しい時代になると、サハラ砂漠以南のアフリカの人々が樹皮や植物の葉、編んだ葦、ヒョウタン、時には粘土を使って、古代エジプトの巣箱に似た円筒形の巣箱をつくっていた。しかし、こうした巣箱は積み重ねるのではなく、樹木の高い場所に仕掛けられ、広範囲に点々と設置される）。一つだけはっきりしているのは、古代エジプトでは王朝が始まった紀元前三一〇〇年頃からミツバチのシンボルがきわめて重要だったということだ。統一されたエジプトの最初のファラオであるナルメルまたはメネスは、下エジプトを征服して国を統一したことを示すために、ミツバチ（エジプト語でビト）のヒエログリフを選んだ。王の肩書きでは、このヒエログリフの後にファラオの名前を置く。この習慣は、エジプト末期王朝がアレクサンドロス大王の手に落ちた紀元前三三二年まで続いた。ミツバチとファラオの密接な関係が長く続いたことから、さらに古い先史時代に養蜂技術が発達していたことが示唆され、養蜂という産業の歴史の古さがうかがえる。

古代エジプトの養蜂家が生産した蜂蜜の量は、驚くほど多い。新王国時代のファラオの一人、ラムセス三世の言葉を信じるなら、彼はナイルの神に一五トンもの蜂蜜をささげたという。碑文には、明るい色の「純粋な」種類や砂漠の赤い色が混じった暗い色の種類など、さまざまな蜂蜜に関する記述がある。古代のサンプルの花粉分析によれば、クローバーに似たアルファルファなどの砂漠の植物、「ペルセア」と呼ばれる木（*Mimusops schimperi*）、香しいバラニテスの木、クローバー、スグリ、アマ、マジョラム（マヨラナ）、バラなど、多種多様な花や樹木の野生種と栽培種から蜜が集められていたという。分析されたサンプルの一つ、新王国時代の鉢は同時代のフレスコ画に描かれているものに似ていて、その中にはハチの巣の大きな破片がはっきりと残っていた。これは特筆すべき発見だ。

エジプトの初期の養蜂家は、植物の開花時期を通していかにミツバチを働かせるかという問題に直面しただろう。開花は気温が高い南の地域でまず始まり、気候が穏やかな北の地域へだんだん移動していく。南と北で開花時期が異なる問題を解決するために、南から北へ流れる川を利用した。一八世紀のフランス人旅行家の報告によれば、巣箱は船に載せられ、停泊場所を変えながら移動されたのだという。ミツバチは花粉を集める花を選ばない。川下りの旅が終わると、蜂蜜をカイロで売却することができた。ナイル川は古代には主要な輸送路で（第6章参照）、神殿の建設に使う花崗岩の石柱を運ぶためにも、現代のソマリアやエチオピアに当たるとみられるプントから珍しい商品を取り寄せるためにも使われた。だから、巣箱を船に載せて移動させるという手法は、水上輸送のつてがある商魂たくましい養蜂家ならば、おそらく思いついただろう。アメリカのサウスダコタ州で養蜂を営んでいる私のおじは、巣箱をトラックに載せて陸路であちこち転々とし、越冬のためにはテキサス州やカリフォルニア州まで南下しなければならない。それを考えると、ミツバチを船で移動させるほうがはるかに効率的だったはずだ。

エジプトで古代に蜂蜜が生産されていたということを知れば、ミードがそれらの蜂蜜だけを原料につくられていたかどうかが気になってくる。古代エジプトに関する膨大な量の文献をくまなく当たり、あらゆる種類の美術品や遺物を調べてみたのだが、空振りに終わった。古代エジプト人は蜂蜜を傷口の殺菌剤や軟膏、内服薬、甘味料、化粧品の原料、供物の一部にするなど、数多くの用途に使っていた。だから、蜂蜜からミードをつくってもよさそうなものだ。何しろミードは最古級の飲料であり、何千年も前の人類の祖先たちがおそらく最初に好んだ飲料の一つなのだから。

しかし古代エジプトの記録には、ミードは見当たらない。その理由としてまず考えられるのは、紀元前三〇〇〇年頃までにほかのアルコール飲料がすでに広く普及していて、王や農民の心をとらえ、彼らの好みに合っていて、金銭的にも手に入れやすかったということだ。エジプト第〇王朝のスコルピオン一世がワインを好んでいたことはすでに述べた（第6章参照）。ビールはナイル川流域に生育していた大麦と小麦から大量につくることができ、貴重な蜂蜜よりもはるかに値段が安く、手に入れやすかった。ひょっとしたら古代エジプト人が甘さよりも酸味を好むようになったのかもしれない。アメリカでも、一九七〇年代と八〇年代にはとても甘い安ワインやピンクのジンファンデルワインが人気だったが、今ではもっとドライなワインが好まれている。理由は何であれ、蜂蜜はエジプトの歴史時代には特別な品の原料や儀式用として使われるようになった。

粥のような飲料

エジプトでは紀元前三〇〇〇年前後に王家のワイン醸造産業が始まった。ナイル川流域に野生の小麦や大麦、ソルガム（モロコシ）が生育していたことから、ビールづくりはそれより前に始まっていた可能性もある。上エジプトのヒエラコンポリスにある先王朝時代前期から後期にかけての遺跡（国の統一を記念した有名なナルメルのパレットが発見された遺跡）の発掘調査から、遅くとも紀元前三五〇〇～前三四〇〇年にはビールづくりが始まっていたことがうかがえる。ヒエラコンポリスでは一九七〇年代から八〇年代にかけて、涸れ谷のワディ・アブル・サフィアンがナイル川の沖積平野に差しかかる地点で、サウスカロライナ大学の調査隊が興味深い構造物の集まりを発見した。調査隊のジェレミー・ゲラーは、組み上げられた直径三～四メートルの土台から六カ所の「火を使う穴」を発見し、パンを焼くための大きなかまどの一部ではないかと考えた。さらに、近くにあるほかの土台では、口が広い円錐形の大甕が六点見つかった。高さが一メートル近くあり、支えなしで自立していて、周りを炭化物が囲んでいるように見える。黒い残渣がその内部を厚く覆っているが、底に近づくに従ってだんだん消えていく。ほかの遺跡で出土した類似の施設の状況から推定すると、残渣は大甕の底にかつて鉢が置かれていた位置で途切れている可能性が高い。

ナイル川上流のエドフにあるフェロシリコン（ケイ素鉄）工場のヨルダン・ポポフとカイロ大学の考古植物学研究室がヒエラコンポリスの大甕の残渣を分析したところ、非常に興味深い結果が得られた。ポポフの主張によれば、きわめて糖度が高く、こげたブランデーのようなにおいのするカラメル状の物質を検出したという。カイロ大学の研究室の報告では、残渣の四分の一は残存していた糖や有機酸（リンゴ酸やコハク酸、乳酸、酒石酸など）やアミノ酸で、残りは砂と土器の破片だったという。同研究室はまた、エンマー小麦と大麦の栽培種の完全な穀粒や、デーツの内果皮の破片、ブドウの栽培種の種子を残渣から見つけた。ペンシルベニア大学考古学人類学博物館の同僚の考古学者ナオミ・ミラーは、限られた試料を調べてエンマー小麦の存在は確認したものの、ブドウの栽培種は発見できなかった。カイロ大学の発見が正しければ、エジプトで見つかった最古のブドウの残渣の年代はさらに二〇〇年古くなる。このブドウはレヴァント地方から輸入されたものに違いない。ゲラー自身はこの発見について疑問を表明している。「地中に穴を掘る昆虫に運ばれたり乱されたりしているため、それら［デーツと、おそらくブドウの種子］と大甕に関連があると言いきることはできない」

ゲラーはまた、上エジプトにある先王朝時代のほかの遺跡で一九世紀末から二〇世紀初めにかけて発掘された類似の大甕を例に出して、説得力のある議論を展開している。後年エジプトの宗教的な中心地となるアビドスで、T・エリック・ピートとW・L・S・ロートが八カ所の複合施設を見つけた。そのうち最大の施設には三五点の大甕が二列に並び（一列は一七点、もう一列は一八点）、それぞれの大甕は外側に立てられた長い耐火れんがで支えられている。大甕の列は千鳥状になっているので、大釜につながっている側壁につくられた燃料用の穴の位置も互い違いになっている。大甕を取り囲んだかまどの上部や側面は壁で閉じられているが、大甕自体は外に開放されている。それぞれの大甕の底には、おそらく沈殿した酵母を集めるために使う鉢が置かれていた。大甕の内部では、ヒエラコンポリスの残渣に似た黒い物質の塊が発見されている。この残渣はおそらく大甕の内壁からはがれ落ちたもので、小麦の穀粒を含み、炭化されていると記述されている。近くのマハスナ遺跡では、イギリスの考古学者ジョン・ガースタングが大甕を一つ見つけている。その特徴はほかの施設で見つかったものとほぼ同一だが、粘土の短い棒を使って大甕の底が補強されている点が異なる。マハスナ遺跡から川を少し下ったバラスでも、J・E・キベルが大甕を発見しているが、傷みが激しくて保存状態は悪い。

土器でつくられた大甕には穴が多いことから、それぞれの遺跡の発掘者は、大甕が先王朝時代にビールの醸造に使われた可能性を除外している。しかし、大甕の内部には粘土が薄く塗られているほか、内部に残渣が厚く付着していることから、糖分の多い何らかの液体が加熱されていたことがうかがえる。著名な考古学者W・M・フリンダーズ・ピートリーが提唱しているように、大甕が穀物を焙煎するために使われたのだとしたら、なぜこうした均一な残渣が形成されたのだろうか。

当初ゲラーは、ヒエラコンポリスの大甕が麦芽づくりに使われたと主張していた。麦芽は最後に焙煎されることが多いから、この主張はピートリーの提唱に沿ったものである。しかし、その後ゲラーは考えを修正して、大甕が麦芽から麦汁をつくるのに使われた可能性のほうが高いと考えるようになった。麦汁づくりでは、粉砕した麦芽を弱火（六六〜六八℃）で煮て（現代のマイクロブルワリーでは一時間ほどだが、アフリカの伝統的な手法では最長で三日間煮る）でんぷんを糖に変える。温度が七〇℃を超えると、でんぷんを糖に変える酵素のジアスターゼが破壊されることがあるからだ。大甕が設置された施設は明らかに弱い火を加える目的でつくられていて、大甕の内部に付着した残渣からは小麦と大麦の穀粒が見つかっていることから、ゲラーの解釈は発見された事実とビールの醸造工程に一致するものだ。大甕が繰り返し使われたとすれば、カラメル状の沈殿物がたまることも考えられるし、蓄積した沈殿物は熱を和らげるのに役立っただろう。

いまだに謎なのは、これらの遺跡においてビール醸造のほかの工程がどこでどのように行われていたかだ。たとえば、大甕が麦汁をつくるために使われたのだとすれば、麦芽をつくる施設はどこにあるのか。麦汁から麦芽のかすをどうやって取り除いたのか。冷えた麦汁の発酵にはほかの容器が使われたのか。それらは、発掘された遺物のなかで特定できるのか。さらに重要なのは、大麦のビールが発酵したことを示す化学物質――ゴディン・テペのビール壺（第3章参照）で検出されたようなビール石（シュウ酸カルシウム）――が、エジプトのこれらの遺跡から出土した容器で確認されていないことだ。

糖化液にブドウとデーツが加えられた理由も謎だ。大麦と小麦の穀芽を混ぜるのは納得できる。大麦には、小麦よりはるかに多くのジアスターゼが含まれているからだ。もしかしたら初期の発酵を促すために酵母と当座の糖分を加えたということも考えられる。これでアルコール度数が少し上がり、有害な微生物の繁殖が抑えられるからだ。しかし、酵母は四〇℃以上の温度には耐えられないので、麦芽を煮ているときの熱で死んでしまうだろう。もう一つの可能性としては、西アフリカの現在のブルキナファソでソルガム・ビールをつくる方法（後述）のように、糖化液をつくった同じ壺で一次発酵が行われたということだ。麦汁が冷えた後に果実を加えれば、本格的な発酵が促され、香りも豊かになり、アルコール度数も高くなる。

ビールづくりが行われていた化学的な証拠が不足しているため、大甕がアルコール分のない栄養豊かな穀物の粥をつくるのに使われた可能性を排除できない。とはいえ、「飲むといい気分になる」粥のようなビールが上エジプトの遺跡でかつてつくられ、これらが世界最古のビール醸造所であるというゲラーの主張は、エジプトの歴史を長期的に見れば十分に納得がいく。その後のエジプトの文字記録や美術品、遺物からは、今でも国民的な飲料として知られている酸味がある粥のような小麦のビールがいかに重要だったかがわかる。庶民にとっても王にとっても、ビールはパンとともに主要な食料だった。濾過されていないビールは、酵母を使ったパンよりもタンパク質（主に酵母から）やビタミンB群といった栄養素に富み、フィチン酸塩（カルシウムなどの主要なミネラルと結合するポリフェノールで、腸でのミネラルの吸収を妨げる）が少ない。ギザの三大ピラミッドをはじめとするエジプトの壮大な建造物がビールなしに建設されたとは考えにくい。こうした大事業で重労働の担い手となった人々には、二〜三個の大きなパンと容器二つ分のビール（およそ四〜五リットル）が毎日支給された。私の教え子で現在トロント大学の教授になったマイケル・チャザンは、ギザのパン焼き場とビール醸造所を発掘する貴重な機会を得た。紀元前二五〇〇年前後にピラミッドの労働者向けにパンやビールをつくっていた施設で、ヒエラコンポリスのものと似た大甕

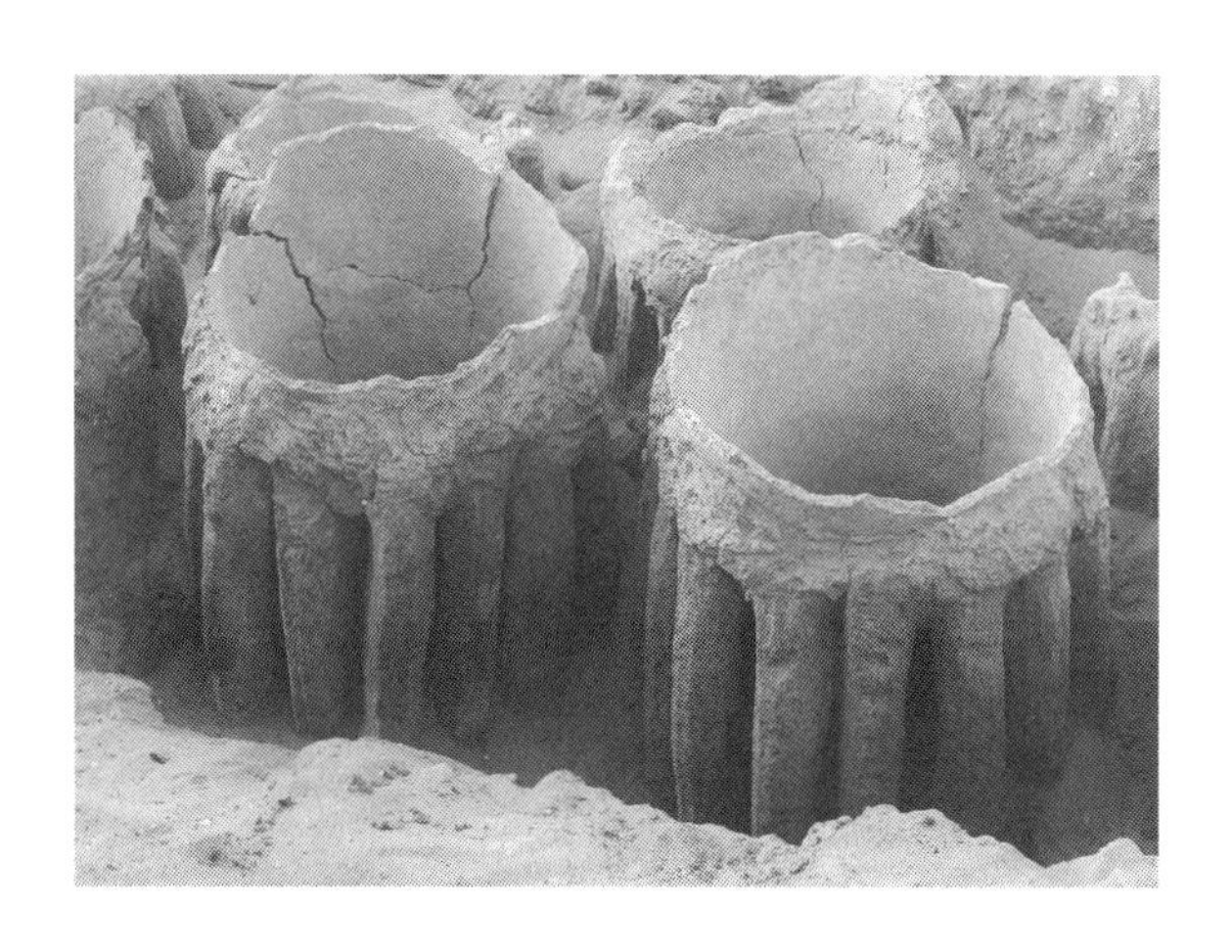

図21 【上】先王朝時代のエジプトでは、ビールの麦汁は大甕を使ってつくられた。写真はアビドスのセティ1世の神殿に近い紀元前3500～前3100年頃の施設で、大甕は最大500リットルもの容量がある。それぞれの大甕は耐火れんがで支えられ、屋外に設置されていた。もともとは、2列に並んだ大甕が壁に囲まれ、そこに燃料用の穴が設けられていた。From T. E. Peet and W. L. S. Loat, *The Cemeteries of Abydos*, part 3 (London: Egypt Exploration Society, 1913), pl. 1.2. Courtesy Egypt Exploration Society.【左】現代のブルキナファソで見られるソルガム糖化用の施設。5000年前の先王朝時代のエジプトにあった糖化施設と、驚くほどよく似ている。Photograph courtesy Michel Voltz, Université de Ougadougou, Burkina Faso.

がパンやビールの製造に使われていたとみられ、ここにはエジプトの標準的なビール壺が大量に残っていた。

ビールは葬儀でささげられる典型的な供物であり、正式な供物である五本一組のワインよりも広く利用されていた。アビドスにあるスコルピオン一世の王墓にも、ワインをたっぷり保管した貯蔵庫（第6章参照）のほかに、ビール壺がびっしり入った部屋があるほどだ。「大酒飲みの愛人」とも呼ばれるエジプトの女神ハトホルは、シュメールでいえばビールの女神ニンカシ（第3章参照）のようなものだった。ハトホルは、「ビールをつくる」下級の女神メンケトと近い関係にあった。エジプト中部のデンデラに位置するハトホル神殿で行われるハトホルをたたえる祭りは、「大酒飲みのハトホル」というふさわしい呼称をもち、ハトホルが獅子頭の女神セクメトに化けて暴れ回り、反抗的な人類を滅亡させようとしたときの物語を再現する。そのとき太陽神ラーが氾濫していた大地を赤いビールで満たすと、それを見たハトホルはみずからの目的を達成したと思い込み、暴れ回るのをやめる。そしてビールを飲みすぎて、人類滅亡の任務を忘れてしまうのだ。デンデラで毎年行われるこの祭りは夏にナイル川が氾濫する時期と重なり、スーダンのアトバラ川から鉄分の多い赤土が流れ込むので、川の水は赤いビールのように見える。祭りでワインとビールを両方飲み、音楽やダンスで祝福することによって、人々はハトホルが穏やかな猫の女神バステトに化ける体験を共有するのだ。

旧王国時代から新王国時代にかけて、ビールづくりの様子は墓の壁に繰り返し描かれているほか、ビール醸造所の模型（故人が来世でもビールを飲み続けられるようにとの願いでつくられた）としても描写されている。解釈はさまざまではあるものの、墓の壁や模型の描写では、男性も女性も穀粒を砕いたり、すりつぶしたりしている。そうしてできた粉をさまざまな形の平らなパンに成形し、細かく切り分けて、口の広い大型の壺で水とともにかき混ぜて糖化する。糖化した液を目の粗い籠で濾過し、麦汁を予熱した鉢に移した後、注ぎ口のついた水差しを使って発酵用の壺に注ぎ入れる。壺には発酵を始めるスターター（おそらくデーツやブドウの果汁、あるいは以前のビール醸造でできた酵母入りの混合物だった可能性もある）を混ぜることもある。こうしてすべての原料を入れ終わったら、粘土の栓で壺を密閉する。パピルスや碑文に記録された古代エジプトのビールは実に多様で、黒いビール、甘いビール、鉄のビール（赤い色がつけられていたのかもしれない）、「すっぱくないビール」、歯茎の健康を保つためにセロリといっしょに飲むビール、「不死のビール」、デーツのビール、ヘス（ハーブや果実、樹脂で特別に風味づけされていたとみられるビール）などがある。

現代のエジプトでは、これと似た工程を経て小麦のビールをつくる手法が知られている。ナイル川沿いに暮らす農民や船頭たちがよく使っている手法で、このビールはとりわけヌビア地方では広く知られ、アラビア語で「ブーザ」と呼ばれている（英語で酒を意味するboozeとは無関係）。まず穀物（通常は小麦だが、大麦やヒエ、ソルガムも入る）を挽いて粉にし、酵母を混ぜたパンにして、中心部に湿った酵母が残るように半焼きにする。次に、細かく切り分けたパンに水を加え、麦芽を混ぜる。こうしてできた糖化液を弱火で数時間かけて熱し、さらに水を加える。この液を濾過した後、場合によっては古いブーザを加え、数日間寝かせて発酵させる。ギリシャの錬金術師ゾシモスが詳しく記しているように、一五〇〇〇年前のエジプトでもほぼ同じ手法でビールがつくられていた。

ブーザの化学分析と味覚の調査は、過去に実施されている。サブリー・モルコスという人物の報告によれば、一九七〇年代にカイロのスーク（市場）で購入したブーザは、発酵を開始して一日後でアルコール度数が三・八％、三日後で四・五％に上昇したという。一方、アルフレッド・ルーカスという人物は、一九二〇年代にスークで手に入れたブーザは度数がさらに高かった（六・二〜八・一％）と報告し、濾過していないブーザは「薄い粥のようで、酵母が大量に混じっていて発酵が依然として進み、粗く挽いた小麦からつくられている」と描写している。モルコスが飲んだビールは濾過してあり、「薄い黄色で濁りがあり、酵母かアルコールの香りがして、まずまず良い味」だった。一九世紀初めにヌビア地方を訪れた著名な探検家J・L・ブルクハルトも、濾過されているかどうかによるブーザの違いを同じように述べている。布を使って濾過された高品質のブーザは「飲んだくれを歌わせる」ことから、「ナイチンゲールの母」（アラビア語でオム・ベルベル）と名づけられていた。

濾過されていないブーザは通常、不純物を避けるためにストローで飲まれ、現代のアフリカ全域でもそれが習慣になっている。古代エジプトの遺跡からは、漉し器に直角に設置された陶製のストローが出土している。アクエンアテンがファラオだった時代の新王国（紀元前一三五〇年頃）の首都アマルナで出土した墓碑には、セム人のようにひげを生やしたエジプト人男性が召使いの少年に補助されながら、ストローでビールを飲んでいる場面が描かれている。少年が手に持っているカップは、青スイレンの抽出液など、特別な原料や幻覚剤を入れるための容器だろう。テーベにある同じく新王国時代のイプイの墓には、停泊した船から船乗りが下りてきて、穀物と引き換えに魚や焼いた料理、野菜、酒を手に入れる場面が見事に描かれている。波止場にある屋台の一つには、飲料が入ったアンフォラがずらりと並び、その一つからはストローが突き出ている。ビールを味見するためのものだろう。

古代エジプトにビール醸造のきわめて長い歴史があることを知っていてもまだ、先史時代後期のヒエラコンポリスやアビドス、上エジプトのほかの遺跡で発掘された設備が穀物を糖化する容器（糖化槽）だとする見方を疑問視する向きもあるだろう。私もそうだったが、きわめてよく似た現代の施設の写真を見たときに、私の懐疑心はついに消えた。それは、ブルキナファソのソルガムを糖化する施設である。口の広い大型の壺（八〇～一〇〇リットル）が耐火れんがに支えられていくつも並び、かまどは泥を壺の口元まで塗って密閉されている。この場所はエジプト国境から三〇〇〇キロ近くも離れているが、ブルキナファソの写真を目にしたとき、時代を五五〇〇年もさかのぼり、人や祭儀施設が集まった最初の大規模な中心地（おそらくファラオの先駆けとなる人物によって統治されていた）が発展しつつあった時代を見ているような気がした。先史時代後期の支配者と神官を兼ねた人物はおそらく、権力の強化や町の建設、墓の準備を進めるためには、人々の喉の渇きを癒やしてやる気を起こさせるために大量のビールが必要だということに気づいたのだろう。

ヒエラコンポリスの糖化施設の一つ（発掘が再開されればほかにも見つかるだろう）では、大甕の総容量が三九〇リットル（それぞれ六五リットル）ある。一回の作業に二時間かかるとすれば一

図22 長いストローを使ってビールを飲む伝統は古代からあり、現代のアフリカ全域で受け継がれている。【上】エジプトのアマルナ（前1350年頃）で出土した墓碑には、セム人のようにひげを生やしたエジプト人男性が召使いの少年に補助されながら、ストローでビールを飲んでいる場面が描かれている。少年が手に持っているカップは、青スイレンの抽出液など、特別な原料や幻覚剤を入れるための容器だろう。Photograph courtesy of J. Liepe, Ägyptisches Museum, Staatliche Museen zu Berlin, Bildarchiv Preussischer Kulturbesitz/Art Resource NY #14,122.【左頁】ケニア西部に暮らすティリキの男性たちは、今でも長いストローを使ってヒエやソルガムでつくったビールを飲んでいる。From J. L. Gibbs, ed., *Peoples of Africa* (New York: Holt, Rinehart, and Winston, 1978), 74. Used by permission of Holt McDougal, a division of Houghton Mifflin Harcourt Publishing Company.

日に六回作業が可能なので、出来上がった液体を発酵用の壺に移して大甕を繰り返し使えば、毎日二五〇〇リットル近くのビールを生産できたことになる。糖化の時間がもっと長く、発酵を同じ壺で行ったとすれば、生産できるビールの量ははるかに少なくなり、一日に一三〇リットルほどしかつくれなかっただろう。一方、アビドスに八カ所ある糖化施設（最大の施設は大甕が三五点ある）は、ヒエラコンポリスよりはるかに多くのビールを生産できた。この施設はスコルピオン一世も含めた先王朝時代の王墓に近く、エジプトに比類なき成長と繁栄、影響力をもたらす時代を切り拓いた、革新的な大規模開発を物語っている。

先史時代のこうした大規模な施設は長続きせず、先史時代後期の遺跡でしか見つかっていない（古王国時代のギザでこの伝統が継承されていないとすれば）。後年の墓に残された絵や彫刻、模型から判断すると、こうした施設では自立する壺と予熱した比較的小さな鉢が使われるようになった。現代のブルキナファソで見られるソルガムの糖化施設は例外ということになるが、これは後ほど説明したい（後述）。上エジプトの糖化施設の基本的な概念は理にかなっていて、実用的だ。大甕を支えてかまどを囲んでいる耐火れんがは、熱を吸収して伝達する性質をもち、燃料を節約しながら穏やかな熱を長時間加えられ、熱の調整もしやすいので、糖化に理想的な熱源だった。

ツタンカーメンの父親である異端のファラオ、アクエンアテンは、紀元前一三五〇年前後にナイル川中流のアマルナに首都を建設したとき、自身の妻であるネフェルティティの太陽神殿にパン焼き場とビール醸造所らしき施設もつくった。スコットランドのビール会社スコティッシュ＆ニューカッスルは、ケンブリッジ大学のバリー・ケンプによる発掘調査と、マクドナルド考古学研究所のデルウェン・サミュエルによる古植物学的な分析に基づいて古代エジプトのビールを再現し、「ツタンカーメンの酒」や「ネフェルティティの酒」といった名前で一本一〇〇ドルで販売し、あっという間に売り切った。サミュエルの発見によれば、ビールの原料はエンマー小麦と大麦の麦芽、糊化した穀粒で、パンが使われた証拠は見つからなかったという。出来上がったビールはアルコール度数が六％で、やや濁った黄金色をしていて、いくらか甘味があり、果実の香りがした。

ビールはサハラ砂漠以南のアフリカ全域で日常的な飲み物となっている。一八世紀のある旅行家は「何百種類も」あったと書いているが、アフリカのビールはその様式や醸造法、社会での役割が驚くほど一貫している。

ナイジェリア北部に定住する農耕民族コフヤルの生活は、ヒエのビールを中心に回っていると言っていい。これはアルコール度数が五％になるどろりとした濁ったビールで、一九六〇年代に人類学的な調査を行った人物によれば、とりわけコフヤルの年長の男性は四六時中ビールを「つくり、飲み、話の種にし、ビールのことを考えている」という。醸造所は村の中心に位置し、象徴的にも村の中心だ。コフヤルの一週間は六日間で、私たちの金曜日に当たる日はジムと呼ばれ、麦芽を挽く作業の二日目となる。収穫物の大半はビールの原料となり、絶え間なく続く「飲み会」で、ヒョウタンの容器からビールを回し飲みするうちに、雰囲気が和らぎ、争いごとは解決し、恋人たちは互いに寄り添い、歌や踊りが始まる。原料の収穫に携わった人たちには、エジプト古王国時代のピラミッドの建設作業員のように、報酬としてビールが与えられる。

コフヤルの精神世界も彼らの社会や経済、政治と同じように、ビール中心だ。祈祷師やシャーマンのような占い師は、当然のようにビールを与えられる。家族は一族の祖先を敬い、その墓にひっきりなしにビールを注いだり吹きかけたり、あるいは墓石の上でビール壺を割ったりして、祖先をなだめ続ける。大規模な笛の合奏や踊りを伴う宗教的な祭儀でも、ビールがふんだんにふるまわれる。コフヤルの神話もビールにどっぷり浸っている。その神話の主人公はいくつかの村に立ち寄ってそこでビールを醸造し、村を築いたといわれ、部族の領地で最も高い地点に巨大なビール壺をわざと置いたとされている。数ある伝説の一つは、アリババが魔法の力を得て洞窟いっぱいの財宝を手に入れる物語のアフリカ版とでもいうようなもので、カンムリヅル（*Balearica pavonina*）が先祖伝来の石の中からビール壺を見つけたと伝えている。

ビールと密接に関連した同様の物語や儀式は、サハラ砂漠以南のアフリカ全域で見られる。アフリカ大陸の南端では一八八三年、ズールーの王がこのように宣言した。「［ヒエの］ビールはズールーの食べ物である。イギリス人がコーヒーを飲むように飲む」。ビールはまた「神の食べ物」であり、一七世紀の探検家が記しているように、饗宴や王家の祖先の崇拝にも欠かせなかった。ズールーに征服されたツォンガの男性は、ビールの「飲み会」を次々に渡り歩いて一週間家に帰らないこともある。

南アフリカで人口が二番目に多い先住の牧畜民、コサの人々も同様の関係を築いている。彼らのビールはヒエか時にはトウモロコシからつくられ、アメリカ大陸から伝わってきたものだ。コサのビールの飲み方があまりにも激しかったため、二〇世紀初頭には当時の宗主国だったイギリスの地方政府が「夜のお祭り騒ぎ」を規制する条例を可決したほどだ（結局、規制は成功しなかったが）。コサの人々のあいだでいつも交わされる会話といえばたいていは、次のビールがどこから来て、仕上がり具合はどうかというものである。ビールにはまた、儀式や象徴の面できわめて重要な意味がある。生前ビールを楽しんだ祖先たちは、子孫がビールをつくって「心の中で」自分たちにささげ続けてくれることを期待しているのだ。

マラウイの村に住む女性たちは、ソルガムからビールをつくる。このビールは一九三〇年代には彼らのカロリー源の三五％を占めていた。男性は平均して毎日五リットルものビールを飲み、現在では商業生産も行われている。栄養科学者のベンジャミン・プラットは「アフリカのいくつかの地域の記録を見ると、男性はほとんどビールしか飲まないようだ」とまで述べている。南アフリカの東ケープ州に暮らすポンドの人々は、ビールは宴会の準備にかかわる仕事にパーティーの雰囲気をもたらすので、肉を供する宴会よりもビールをふるまう宴会を上位に位置づけている。また、エチオピア南部のスリの人々にはこんな言い回しがある。「ビールがない場所には、仕事もない」

ケニアでは、東アフリカ英国協会の所長でマサイの人々の情報を集めていたジャスティン・ウィリスが「ビールがなければ儀式ではない」ときっぱり述べている。マサイは儀式でミードと血液を混ぜる、発酵乳を振りかける、唾を吐くなど、ほかの聖なる液体を使うこともあったが、あらゆる場面に使えるのはビールだけだった。ビールは「国家の飲料」とされ、生者にも死者にも親しまれていた。

マサイに近い集団であるケニアとウガンダのテソ（イテソ）の人々は、祖先たちがシコクビエのビールを切望していると信じている。長い年月のあいだに葬儀を五回行って、故人を供養しなければならない。子どもが名前を授かり人として認められるためには、まず母方の祖母がビールに指をつけ、それを子どもに吸わせるのがしきたりだ。子どもがそれを飲み込むと、「乳児名」が受け入れられる。頻繁に行われるビールの飲み会には特別な作法がある。飲み会の主催者（夫婦）の小屋では、共用のビール壺の周りに男女が分かれて集まり、主催者の両親や子どもが入り口から見て右側に、祖父母や孫、きょうだいが主催者とともに左側に座る。それぞれの側の人たらはストローを共有する。共用の壺からいっしょに飲むことによって、家族の結びつきが強まるのだ。

ほかにも数多くの作法があるが、くしゃみをするときはストローを壺から抜く、ストローから息を吹き込んでビールを泡立てないなど、いくつかの決まりは至極当然なものだ。もう少しわかりにくい作法としては、左手でストローを持たない、ビール壺を直接見ない、といったものがある。また、夫妻がそれぞれの義理の両親と同じストローを使うことは禁じられている。例外は、妻が飲み会の始めに義父に特別なビールを用意し、ストローを渡した後、義父のほうから飲むように勧められたときだけだ。夫と義母のあいだではもっと親密な行為が行われる。妻の寝床がある小屋の草葺き屋根の玄関に立ちながら、それぞれが口に含んだビールを吹きかけ合うのである。テソの年長者は慣例のなかで最も制約が少ない。もしかしたら、年齢が高いほど知恵があると考えられ、祖先になる一歩手前にあるとみなされているからかもしれない。年長者は午後になると、葦でできた長いストローをまるでビリヤードのキューのように特別な入れ物に入れて何本も持ち運び、村の小道を歩き回って、ビールが飲める場所を探す。

ウガンダ東部では、五〇人かそれ以上の男たちが一つのビール壺の周りに集まり、一本のストローを共同で使ってビールを飲んだ。許されている時間は、一人につき三分。現代の文化が入り込み、この慣例によってビールだけでなく感染症なども共有されてしまう懸念が生じると、男たちは殺菌したストローを借りたり、特別な装飾とラベルを付けた自分専用のストローを持参したりするようになった。ただ、アルコールを含んだビールは地元の水よりも衛生的であることを考えれば、男たちは伝統を守ってもよかったのかもしれない。

エチオピアの高地ではミードが「優れもの」として高く評価されているが、そこに源を発する青ナイルを下っていくと、スーダンやヌビア地方に入る。サハラ砂漠の南に位置するとこサヘル地域の東部は、低木がまばらに生える雨の少ない草原地帯で、何千年も前からソルガムが主要な食べ物となってきた。今でもソルガムはサハラ砂漠以南のアフリカで最も重要な作物で、何億人もの人々の胃袋を満たし、多くの地域では一人が摂取するカロリーの四分の三を占めている。しかも、たいていはビールとして消費される。ソルガムはなぜ、ここまで重要な主食となったのだろうか。

大人気ソルガム・ビールの伝播

ソルガムの遺伝的な多様性が最も豊かなのはスーダンだ。地域の品種が四五〇ほどある。野生のソルガムの祖先（*Sorghum verticilliflorum*）に最も近いモロコシ（*Sorghum bicolor*）は、紀元前六〇〇〇年頃にスーダンで栽培化され、そこから西の大西洋岸に向けて広がったといわれている。重要な遺跡としては、サハラ砂漠東部に位置するエジプト南部のナブタ・プラヤが挙げられる。サザンメソジスト大学のフレッド・ウェンドルフによる発掘調査で、一連の小屋の床面が出土した。そこには炉床が何カ所もあるほか、貯蔵庫として掘られた大きな穴、井戸、土器も多数発見された。この集落は紀元前六〇〇〇年頃のもので、当時は湖のほとりに位置していて、比較的乾燥した土地に囲まれてはいたものの、降水量は現在よりもはるかに多かった。

慎重に採取された数万点にも及ぶ考古植物学的な標本から、ナブタ・プラヤの住民たちは周辺の環境に生育した植物について詳しい知識をもっていたことがわかってきた。魚を捕ったり、ノウサギやガゼルを狩ったりしてもいたが、彼らの得意分野は植物だ。貯蔵用の穴には、野生の植物の種子や果実、塊茎のほか、四〇種ほどの穀物が入っていたから、年間を通して食料を確保できていただろう。ソルガムをはじめ、数種のヒエやカヤツリグサの仲間、タデ科スイバ属の草本、マメ科の植物、エノコログサ属の草本、カラシナ、ケーパー、ナツメ属の樹木の果実と種子、そして、種は特定できないが多様な塊茎などである。これほど多くの植物を利用していたという事実は、一万三〇〇〇年前のチリのモンテベルデ（第7章参照）のほか、最終氷期から温暖湿潤な気候へ移りつつあった頃に世界の多くの地域で起きていたことを思い起こさせる。

カヤツリグサの仲間（近縁の種がモンテベルデで記録されている）、塊茎、ソルガム、ヒエ、そして非常に甘いナツメ属の果実がナブタ・プラヤで発見されたことで、これらの植物の一部が発酵飲料の原料となった可能性が浮上してきた。穀粒や根茎をすりつぶすすり鉢は見つかっていないとはいえ、それだけですり鉢が存在した可能性がなくなるわけではない。エジプト南東部の都市アスワンに近いワディ・クッバニア遺跡からは、同じくウェンドルフの発掘調査によって、植物をすりつぶすための石器が数多く発見されている。それらの放射性炭素年代はナブタ・プラヤよりはるかに古い紀元前一万六〇〇〇年だ。石の表面に残ったでんぷん粒子から、モンテベルデの場合と同じように、すりつぶされた植物は塊茎が最も多いことがわかった。だとすれば、どちらの遺跡でも野生の塊茎のでんぷんを糖化するに当たり、最初にすりつぶしてから口に入れやすくしてから咀嚼し、発酵させたとは考えられないだろうか。あるいは、ナブタ・プラヤではナツメ属の果実から簡単に発酵飲料がつくれたとも考えられる。

しかし、こうした仮説を検証するにはもっと直接的な証拠が必要だ。一九九六年、ナブタ・プラヤの土器が化学分析のためにフレッド・ウェンドルフから私のもとに送られてきた。いくつかの貯蔵用の穴から出土したものだ。これらの容器は中身が空になった後、穴に捨てられたのではないかとみられている。ソルガムやヒエをはじめとする検出対象の植物の「指紋」となる化合物を見つけ出せなかったため、私は分析を遅らせることにした。大麦、レンズ豆、ヒヨコ豆など、二つの遺跡で出土した栽培種とみられる植物の年代をめぐっては、学者のあいだで激しい議論が巻き起こったが、後にその議論は大げさだったことが判明し、きわめて古い栽培化を示す決定的な証拠にはならず、私の興味はさらに弱まった。だが、この章を書いているとき、私の好奇心が再び湧き上がり、ようやく土器片を分析することにした。残念ながら、太古の有機物は検出されず、砂漠の砂に由来する炭酸カルシウムが見つかっただけだった。

塊茎は旧石器時代にすりつぶされて発酵飲料に加工された可能性が十分にあるものの、穀物が中心的な役割を果たすようになったのは新石器時代になってからだ。ナイル川上流域とその支流沿いでは、ソルガムが最も有力な原料として浮かび上がってきた。ソルガムは豊富に生育していたため、ほかの数種の穀物やナツメ属の植物の種子とともに、新石器時代の数多くの遺跡で土器の壺に付着していた。スーダンのカデロやウム・ディレイワ、ハルツームでは植物をすりつぶすための石器が何千点も発見されているが、これらはソルガムの加工に使われたと考えられている。

ナブタ・プラヤでは、すでに議論の方向がソルガムへと傾きつつあるのがわかる。その穀粒自体の放射性炭素年代は紀元前六〇〇〇年頃で、集落と同時代であることは明らかだ。ソルガムはナブタ・プラヤ遺跡で出土したほかの穀物とは異なって、いくつかの小屋で大量に発見され、ほかの穀物や草本と混じってはいない。言い換えれば、ソルガムはある特定の目的で大量に加工されていたということだ。その目的が発酵飲料づくりだった可能性は大いにある。

化学分析の結果から、ナブタ・プラヤのソルガムの種子は野生種にきわめて類似してはいるものの、栽培種と共通する形質ももっている。ソルガムがこれほど早く栽培化されていたのか、それとも何人かの学者が主張するように、栽培化は紀元千年紀に入ってからのことだったのかは、それほど重要ではない。野生のソルガムは、比較的湿潤なサハラ砂漠とサヘル地域では完新世初めに豊富に生育していただろうし、穂を叩いたり振ったりするだけで穀粒を籠に集められる。野生の大麦や小麦の場合は、茎がもろいために穀粒がすぐに地面に散らばってしまって採集できないが、野生のソルガムは何千年も前から採集されていた。ソルガムの人気は国際色豊かなエジプト新王国時代の最盛期にも顕著で、ツタンカーメンの墓にも大量のソルガムが副葬されている。あの世で動物の餌にするためのものだったのかもしれない。

ソルガム・ビールは、現代のサヘル地域東部でも大人気だ。ソルガムの糖化には女性が咀嚼して吐き出す手法が使われることもあるが（この手法は古代エジプトでは確認されていないが、アメリカ大陸ではトウモロコシのビールづくりに広く使われ、太平洋の島々の一部では米のビールをつくる際に使われている）、それよりも一般的なのは、ソルガムで発酵した生地をつくる手法だ。生地はどろりとした粥や団子状の料理にも使えるのだが、主にビールづくりに使われる。ソルガムにはグルテンが含まれていないため、パンにすることはできない。七世紀のイスラム時代に大麦と小麦がアフリカに伝わるまで、サハラ砂漠以南のアフリカの食生活と、中東の食生活は異なっていた。それ以前、サヘル東部の人々は薄い粥とビールで満足していたようだ。何千年にもわたってヌビアの墓に副葬されていた、頸部が長い特徴的な球形の壺から判断すると、ソルガムとヒエのビールは、死者への供物としても欠かせないと考えられていたようだ。ヌバやヌエル、ほかのスーダン系の人々に関する民族誌学的な研究から、この地域の儀式や社会などにおけるビールの用途は、アフリカのほかの地域とよく似ていることがわかっている。雨乞いの儀式や通過儀礼、仕事のパーティー、飲み会、牧師の就任式には、大量のビールが欠かせない。

紀元前六千年紀を通して全般的に温暖で湿潤な気候が続いたことから、ソルガム・ビールづくりは、おそらく紀元前六〇〇〇年以降にサヘルの東から西へと急速に広まったのだろう。当時、大西洋から三五〇〇キロ以上も内陸にあるチャド湖まで、広大なデルタ地帯が広がっていた。生活していくための主な手段は漁だった。チャド湖に近いドゥフナでは、マホガニーの幹をくり抜いてつくった全長八メートルの丸木舟が完全な形で見つかり、当時の漁の様子を鮮烈に伝えている。サヘル東部では、ナイル川やその支流沿いで、体長二メートルを超えるパーチの仲間など三〇種ほどの魚の骨が何千点も発見されている。

新石器時代のサヘルやサハラ砂漠では、いたるところできわめて類似した石器や土器のほか、とりわけ骨でつくった銛や釣り針が数多く見つかる。漁師たちはまた、この地域でバーバリーシープやこぶのない牛の群れを連れて移動し始めた牧畜民とも出会った。おそらくどちらの集団も、新しい文化や技術を伝達する役割を果たしただろう。

西アフリカのヴォルタ川上流域には、ビールの醸造技術がかなり古い時代に伝わったとみられる。この地域でソルガムの糖化と発酵に使われている施設は、五五〇〇年前のヒエラコンポリスや上エジプトのほかの遺跡で出土した施設に似ていて、私は驚いた。現代のブルキナファソでは、赤いソルガムだけが使われ、アルコール度数四％で薄い赤茶色のビールがつくられている。稀に、糖度の高い白いソルガムを混ぜるか、糖化した原液を容積が半分になるまで煮詰めてから発酵させて、アルコール度数を高めることもある。

伝統では、ソルガム・ビールづくりは女性だけの仕事だ。ブルキナファソの人々はカロリー摂取量の半分をビールから得ているそうで、一九八一年には七億リットルのビールが生産された。一人当たりに換算すると、二三六リットルになる。女性や子どもの摂取量が男性よりはるかに少ないことを考えれば、男性は一人当たり平均で毎日一〜二リットルのビールを飲んでいるだろう。

ブルキナファソのビールづくりでは、発酵した生地をスターターに使うのではなく、ソルガムを発芽させて穀芽をつくる。この工程には七〜八日かかる。穀粒を大きな壺の中で二日間水に浸け、それから二〜三日かけて発芽させてから、季節に応じて数日間乾燥させるのだ。糖化は特別な施設で大きな壺を使い、二〜三日かけて行う。こうしてできた未発酵の甘い原液にシナノキ科の樹木（*Grewia flavescens*）の樹皮とオクラ（*Abelmoschus esculentus*）を入れてその濁りをとる。発酵前の原液は、子どもや女性、イスラム教徒が飲むこともある。そのまま壺の中で冷やした原液に、以前の発酵時に壺の底にたまった酵母が加えられる。先史時代のエジプトで糖化用の大甕から酵母を集めるのに使われたであろう鉢を思い起こさせる工程だ。どろっとした乳白色の物質を天日で干すと、灰色がかった酵母の塊になる。

発酵は一晩かけて行われる。それぞれの醸造家には、秘密の原料やその配合がある。アカシア属の樹木（*Acacia campylacantha*）の樹皮や、バラニテス属の樹木（*Balanites aegyptiaca*）の果実、幻覚作用のあるシロバナチョウセンアサガオ（*Datura stramonium*）の種子などが加えられているようだ。なかには、葬儀に出すビールに蜂蜜を加えてアルコール度数を一〇％ほどにまで高める集団もある。

ふだんの暮らしや宗教でソルガム・ビールを利用する習慣は、西アフリカの伝統的な社会に浸透している。創造主である神は、ソルガム・ビールと粥のつくり方を女性に教えたとされている。これらを飲み食いすると、人類は尾と毛皮を失って真の人類となったという。メソポタミアのギルガメシュ叙事詩を思い起こさせるモチーフだ。

伝統社会でのビールの重要性をよく示している好例が、成人男性（「大地の主」と呼ばれる）の葬儀である。故人を祖先の地位へと格上げする儀式であり、莫大な費用を要するために死後何カ月あるいは何年もかけて行われる。葬儀に出席した成人一人につき、平均して毎日一〇～二〇リットルのビールを飲み、それが一週間続く。参列者は一つの村で数百人に及ぶこともある。葬儀が終わると、ヒョウタン製の容器に入れたビールや、皿に盛りつけられた粥、故人の所持品が墓に供えられる。そして次に始まるのが、音楽や踊り、ゲームだ。こうした活動を絶え間なく続けていくエネルギーや熱意を維持するのは、酒なしではとても無理だろう。

年間を通じて繰り返される祝宴や特別な儀式だけではまるで足りないかのように、誰もが受けられる楽しみが木曜日に用意されている。この日は「祖先の日」だ。生け贄の鶏とともに、ヒョウタン製の容器に入れたビールが提供され、貧富に関係なくすべての人に大量のビールがふるまわれて、宴会に参加するように促される。ヒョウタン製の容器に入れたビールが回される「飲み会」も大人気だ。ビールをつくる女性たちはいつも朝早くから店を開けているので、常連客は液体の朝食を一杯飲んで一日を始めることができる。

紀元前三五〇〇年頃の上エジプトの糖化技術がヴォルタ川上流域(ブルキナファソ)にどのように伝わったのかも、いまだに謎だ。この技術は古王国時代前期までには使用されなくなっているので、それより前に伝達されたに違いない。ナイル川上流に沿ってヌビアやエチオピアに入ったとも考えられる。ソルガムの利用がサヘルで徐々に広がるにつれて、技術が集落から集落へと伝えられ、やがて西アフリカに到達したのかもしれない。このシナリオは、広く受け入れられている考え方に反している。サハラ砂漠以南のアフリカでは、アフロ・アジア語族の人々の移動やエジプトからの影響から切り離されて、かなり古くから独自に栽培化が行われ、文化が発達したというのがこれまでの考え方だ。一方で前述のシナリオは、新石器時代のサヘル東部の人々が新しい技術や文化を積極的に試す気概に満ち、それがアフリカ大陸のはるか遠くの地域まで伝わる結果を生んだというニュアンスを含んだ拡散の過程を示している。

このシナリオが不自然でないという証拠の一つが、サハラ砂漠のアルジェリア側に連なるタッシリ・ナジェール山脈の標高一五〇〇メートルに位置する岩陰にある。この一帯は、最終氷期の終わりから紀元前三〇〇〇年頃まで生命豊かな環境だった。この岩陰を発見したフランスの探検家アンリ・ロートによれば、「ケン博士のシェルター」と呼ばれる岩陰に描かれた岩絵は、彼の調査隊がサハラ砂漠一帯で発見・記録した数千もの岩絵のなかで「最も完成度が高い」といえ、「新石器時代の自然主義派の名作」だという。野営地と付近の壁画で得られた放射性炭素年代から、この岩絵は紀元前三〇〇〇〜前二五〇〇年頃かそれより古い時期に描かれたことが示唆される。

この岩陰に描かれた岩絵の一つは、その大きさ（長さ四・五メートル、高さ三メートルで、壁面全体を覆っている）や、鮮烈な色、飲酒の儀式を印象的に描いている点で傑出している。テントを張った小さな野営地が羊や牛の群れの中に設営され、その周りを野生のキリンやアンテロープ、ダチョウが取り囲む。それぞれのテントの入り口には女性が一人座っている。女性は高さのある髪留めをアクセントにして髪を丁寧にまとめ、美しい織物でつくったドレスやショールにはひだ飾りがついていて、腰には黒っぽい革を巻いている。どの女性もミノアの「地母神」（第5章参照）にそっくりだ。ほかのテントからいくらか離れたテントでは、装飾が施された大きな壺から女性が長いストローを使って何かを飲んでいる。女性は壺のほうに身を乗り出し、片方の手をストローに添えて熱心に吸っている。もう片方の手で持っているのはダチョウの卵でできた栓と解釈され、ストローを通す穴が開いている。女性の左隣には男性が一人いて、似たような装飾がある栓付きの壺を持っている。その前にいるのが三人の男性だ。革の半ズボンとシャツというでたちで、そのゆるく束ねられた長髪には一本か二本の羽根が飾られている。彼らが近づこうとしているもう一人の男性は、地面にひざまずき、装飾が施された栓付きの壺から女性と同じように何かを飲んでいる。この男性は、もう一人の人物に長いストローを支えてもらっている。ふさふさのひげを生やし、革でつくった目を惹くベストを着て、首飾りから大きなペンダントを下げている外見から判断すると、ほかの男性よりも年長で地位が高いのだろう。

この岩絵の全体的な構成からは、結婚の儀式か、あるいは夫婦がそれぞれの義理の親と親交を深める場面であることがうかがえ、前述したテソの人々が行うソルガム・ビールの儀式を思い起こさせる。東アフリカに暮らすテソの伝統では、女性が飲料をつくり、自分の小屋の入り口でその飲料を注ぐか、近い親戚に義理の親のところへ運んでもらう。こうした伝統的な儀式と古い「新石器時代」の岩絵のあいだにきわめて類似した点があることは、単なる偶然ではあり得ない。これらの地域はすべて、アフリカ中部全域にわたると仮定されるソルガム・ビール地帯に収まっているのだ。ヒエラコンポリスとヴォルタ川上流域のほぼ中間に位置するタッシリ・ナジェールの岩絵は、ソルガム・ビールづくりに関する新石器時代の伝統が徐々にサヘル地域やサハラ砂漠からブルキナファソへと伝わったことを示す有力な証拠だと、私は感じている。その影響が何千年後の今も残っているのだ。

ヤシ酒やその他の酒

穀物からアルコール飲料をつくるのは、穀物の加工や糖化、発酵の知識があれば、蜂蜜や果実などからつくる場合と比べて、明確な利点がある。糖分が豊富な原料はたいてい一年の特定の時期にしか手に入らないうえ、長期保存ができないからだ。蜂蜜は例外で、糖度が高いために長期保存が可能ではあるのだが、手に入る量が少ないため、すぐに消費されてしまう。その点、野生の穀物はアフリカで入手に困ることがなく、密閉した容器に入れておけば、次のビールづくりで必要になるときまで何カ月も保存できる。

ビールの普及によって、ほかの発酵飲料が完全にすたれてしまうことはなかった。それぞれ独特の風味があり、ビールよりもアルコール度数が高くなるうえ、穀物の飲料と混ぜることによって新たな効果を生むからだ。全般的な傾向を見ると、アフリカでの考古植物学的な研究では、人類がフルーツ好きであることからも予想できるように、発酵可能な果実を使った飲料が目立つ（第1章参照）。甘くておいしいナツメ属の果実は新石器時代前期のナブタ・プラヤ遺跡だけでなく、スーダンのナイル川上流にある同時代の遺跡や、ナイル川中流のヒエラコンポリスに近い新石器時代後期のナカダ遺跡でも出土記録がある。新石器時代にトルコのチャタル・ホユックで発酵飲料の原料として使われた可能性があるエノキ（*Celtis* spp.）は、スーダンの同じ遺跡や、ハルツームの北に位置する紀元前四千年紀のカデロ遺跡のほか、サヘル西部のモーリタニアにある紀元前一五〇〇～前五〇〇年の遺跡でも確認されている。サハラ砂漠のリビア側に位置する辺境の山岳地帯タドラルト・アカクスの洞窟では、干したイチジクやムクロジ、その他の植物が発見されている。さらに、こうした発酵可能な果実の多くは、ワインやビールに加える伝統的な薬用植物（ケーパー、スイバ、ルリジサなど）とともに利用されたり、それ自体が飲料の主原料となったりした。後に強いワインの原料となったデーツ（ナツメヤシの実）も、紀元前六〇〇〇年前後のタドラルト・アカクスで数多く発見されているほか、現代のダルフール地方でビールの主原料として使われている。

発酵の可能性を秘めたあらゆるアフリカの植物のなかで傑出しているのが、半乾燥地帯から多雨林の環境に生育する多種多様なヤシの木だ。その多くの果実は酒の原料となり得るが、それよりさらに興味深いのが、ヤシの樹液や樹脂からつくったアルコール飲料である。ヤシ酒をつくるうえで最も重要な種はアブラヤシ（*Elaeis guineensis*）とアフリカオウギヤシ（*Borassus aethiopum*）、そしてサケラフィア（*Raphia vinifera*）で、これらは湿潤な東部沿岸と西部沿岸、内陸の密林に生育している。

現代では、身軽な「樹液採取人」が腰に巻いた蔓やロープで体を支えながら、ごつごつしたヤシの幹を一歩ずつ登り、葉が茂ったてっぺんまで上がる。木に登って果実をとる行動は霊長類の祖先から脈々と受け継がれてきた強みだ（第1章参照）。木の上まで登ると、雄花と雌花に穴を開けて束ね、樹液が流れ続けるようにし、ひょうたんなどの容器を取りつけてそこに樹液を集める。健康な木なら一日に九〜一〇リットル、半年でおよそ七五〇リットルの樹液を集めることができる。木を切り倒して樹液を一気に集めるという、もっと乱暴な手法もある。

甘い乳白色の樹液には昆虫が運んできた酵母がすでに含まれているので、発酵は自然に始まる。二時間もすれば、アルコール度数四％のヤシ酒ができ、一日置けば度数は七〜八％にまで上がる。香り高く、わずかに炭酸を含んだ魅惑の酒の出来上がりだ。フランスの古生物学者ピエール・ティヤール・ド・シャルダンは、ヤシ酒を微発泡のシャンパンと表現し、ほかの初期のヨーロッパ人探検家はライン川流域の上等な白ワインになぞらえた。

アフリカで長い伝統をもつヤシ酒の起源は、どこにあるのか。示唆に富んだ興味深い情報を提供してくれるのが、旧石器時代後期のワディ・クッバニア遺跡で発見された一万八〇〇〇年前の植物由来の遺物だ。飲料の原料や副原料として使用された可能性がある野生の穀物、塊茎、カモミール、スイレン（*Nymphaea* spp.）に加え、この遺跡ではドームヤシ（*Hyphaene thebaica*）の実も出土した。このヤシは樹液がよく採れることで知られ、現在のソマリアやジブチに当たる地域「アフリカの角」に育つ。猛烈に暑いこの地域の人々は、今でもヤシの花を傷つけ、ヤシの葉で隙間なく編んだ籠に樹液を集めて、それほど強くないヤシ酒をつくる。暑い気候では発酵があまりにも速く進むため、樹液採取人はその場で一杯楽しむことも可能だ。その後、地上にいる助っ人に分け前を渡す。人間がヤシの花や幹を傷つけると、木は幹に沿って葉を茂らせる。

サヘルのさらに西では、熱帯のヤシが繁茂している。現在のブルキナファソやガーナ、カメルーン、ガボン、コンゴ盆地の一帯では、遅くとも紀元前二〇〇〇年以降、そして紀元前千年紀にかけて、アブラヤシを中心とした、採集生活と植物栽培が混合した社会が広がっていた。ほとんど人が足を踏み入れない内陸の密林を含めて、数多くの遺跡で、磨かれた石斧や石鍬が大量に発見されている。これらの道具は木の手入れや間伐に使われたとみられるが、ヤシの木を切り倒して樹液を採るために使われた可能性もある。紀元前二千年紀後半にはアブラヤシの遺物の出土例が急増するが、この事実から樹液の採集技術が進んだことがうかがえる。アブラヤシは実が自然に落ちたり、人間やほかの動物が種子を拡散したりすることによって増えていくので、栽培化する必要まではなく、丁寧に管理してさえいればいい。興味深いのは、アブラヤシの遺物がよくカンラン科の香木（*Ca-*

narium schweinfurthii）とともに発見されることだ。この木の樹皮は樹脂を含んで香り高く、湿疹から胃腸の病気、咳、淋病まで、数多くの病気や感染症の治療に利用されている。その投与方法として、ヤシ酒に混ぜる手法がある。

南米の密林と同様、アフリカの密林にも薬として使えそうな植物が無数に生育している。おそらく冒険心のある人間ならば、新しい植物を見つけたときに薬効成分があるかどうかを探っていただろう。そうした植物の一部が宗教的な伝統で中心的な役割を果たし続けていることが、それを物語っている。たとえば、アブラヤシが利用されていた地域の人々はブウィティと呼ばれる宗教を信仰しているが、その信仰の中心となるのはイボガ（*Tabernanthe iboga*）という低木だ。創始の物語を伝える伝説の一つによれば、一人のピグミーが果実を集めているときに木から落ち、創造主である神がそのピグミーを見つけ、手足の指を切断してそれらを地面に植えたのだという。そこから育ったのがイボガだった。

イボガの根には、強力な幻覚作用のある化合物が豊富に含まれている。コンゴ川の支流の一つ、サンガ川の下流域に暮らすボンガの人々は、シャーマンの立ち会いのもとでこうした幻覚剤を含んだヤシ酒を飲み、太鼓や竪琴が奏でる音楽に合わせて激しく踊る儀式を夜通し行う。その儀式を知る人物の証言によれば、「すべての祖先」であるイボガは彼らを祖先の世界へと送り、祖先の導きでまばゆい色をした道や川を通って神々のもとまで行くのだという。

ヤシ酒を飲む行為は、アフリカ全域で祖先と密接に結びつくための慣習となっている。親睦のために飲む場合であっても、まず酒を少し地面に振りかけて故人への敬意を示してから酒宴を始めるのだ。これは、アンデスで酒宴に先立って母なる大地にチチャを振りかける行為に似ている。ケニア沿岸部に住むギリアマの人々はかつて、ヤシの木の農園に頼った生活を送っていた。彼らの葬儀を見ると、アルコール飲料がいかにこの世とあの世を橋渡しし、社会や霊界、自然界の規律を効果的に統合しているかがよくわかる。立派な農園主が死ぬと、最初の葬儀は故人が男性ならば七日間、女性ならば六日間続く。墓の周りには、嘆き悲しむ人々が何百人も集まる。喪に服する期間が過ぎ、その後に訪れるのが饗宴と踊りだ。参加者はヤシ酒を飲んで気分を高め、故人を亡くした悲しみを癒やす。そんな姿を見て、故人の霊は喜び、生前にヤシ酒を飲んで楽しく過ごしていた日々を思い出すのだ。それから一〜四カ月経つと、二回目の葬儀として三日間続く酒宴が催され、そこで新しい農園主が指名される。こうした葬儀には莫大な費用がかかるが、共同体を一つにまとめる効果もあるために受け入れられている。

サハラ砂漠以南のアフリカにいた私たちの「祖先」は未開人で、新しい技術やアイデアを受け入れなかったと考えている人もいる。だがそうした見方に反して、彼らはより進んでいたとされる近東の人々と同じくらい古くから、土器をつくっていた。遅くとも紀元前六〇〇〇年前後、あるいはそのはるか以前から、動物を集めて飼育していたほか、多様な植物も栽培していた。ヤシ酒のような発酵飲料も考案したし、ソルガム・ビールがおそらくそうだったように、外の人間の助けを借りて新しい発酵飲料を積極的に試してもいた。アフリカのたいていの発酵飲料は地元に生育する植物を原料としているものの、特別な味わいの品種が遠くの土地から伝わってくることもあった。レヴァント産のブドウの栽培種はナイル川流域へ移植され、古代エジプトの長い歴史のなかで砂漠のオアシスでも栽培されるようになった。紀元前二〇〇〇年前後までにはヌビア地方とエチオピアでブドウ畑が設けられ、住民たちが独自のワインをつくれるようにもなった。近年、ブドウとワインはアフリカ大陸で復活を果たし、アメリカのどの州でもワインづくりが行われているのと同様で、今ではほとんどすべてのアフリカ諸国でワインが生産されている。近代の植民地時代には、キャッサバなどのアメリカ大陸の作物も伝わった。アフリカ原産のヤムイモでアルコール飲料をつくるように、キャッサバでもビールを醸造することができる。

アフリカで考古学調査をもっと集中的に実施しなければならないと感じさせるのが、東南アジアから伝わってきた食べ物、バナナ（*Musa* spp.）の存在だ。バナナは紀元前五千年紀にニューギニア島で栽培化され、アフリカには紀元千年紀の半ばになってようやく入ったと、長らく考えられてきた。しかし、二〇〇〇年に驚くべき発表があった。カメルーンのンカングで出土した紀元前千年紀の土器の破片に、バナナの葉に形成される独特かつ微小な珪酸体（プラント・オパール）が付着しているのが発見されたのだ。土器は現地でつくられたとみて間違いない。この遺跡は、アブラヤシなどの植物資源を利用し始めた頃の広大な西アフリカ社会に属している。爆弾が落とされたかのような衝撃を考古学界にもたらしたこの発見に続いて、二〇〇六年にも驚きの発見があった。ウガンダのブニョロという地域の湿地で採取された堆積物のボーリングコアの最下層に、バナナの珪酸体が一四点含まれていたのだ。放射性炭素年代は、何と紀元前四千年紀半ばだった。アフリカ最古のバナナの年代が、一気に三〇〇〇年も古くなったのである。

ただ、珪酸体は一つの層でしか発見されておらず、過去五〇〇〇年間の標本と数千年もの隔たりがあることから、珪酸体がほかの場所から混入したのではないかとの疑問が残る。ワディ・クッバニア遺跡やナブタ・プラヤ遺跡（前述）から出土した小麦や大麦の栽培種、ヨルダン渓谷のギルガルＩ遺跡（第３章参照）から出土したイチジクの栽培種など、一つだけの発見からあまり多くの推測をしないほうがいい。珪酸体がまとまって発見され、放射性炭素年代が正しいということは確かではあるが、コア試料の上位の地層から浸透した地下水や移動してきた生き物などによってバナナの葉が混入したのではないと言いきれるだろうか。コア試料の放射性炭素年代は正しいだろうが、バナナの証拠は混入した可能性もある。

いつ伝わったにせよ、バナナは紀元前に本格的にアフリカへ入った。ひょっとしたら、浮きが外側に張り出した（アウトリガー付きの）カヌーでインド洋を渡った原マレー人によって、アフリカの東海岸にもたらされたのかもしれない。熟れたバナナは糖度が二〇％かそれ以上になり、アルコール飲料の原料となる大きな可能性を秘めている。大地溝帯の湖沼の周辺をはじめとする、バナナが根づいた地域では、バナナからつくった酒は土着の飲料として重要な必需品となった。

大地溝帯に暮らす人々は、ほかにもヒエやソルガム、蜂蜜、ヤシの樹液といった発酵可能な原料を手に入れられるのだが、過去二〇〇〇年で、バナナのワインは東アフリカでも西アフリカでも広く親しまれるようになった。バナナが熟れると果実に含まれているでんぷんが自然に分解して糖に変わり、黒ずんだ皮の内側には甘い果肉が残る。そんな熟れすぎたバナナは皮をむいて食べるのはなかなか勇気がいるものの、発酵飲料づくりにおいては醸造を容易にする原料となるのだ。

タンザニアに暮らすハヤの人々の場合、バナナから甘い液体を抽出して村中にバナナのワインをたっぷり供給するのは、男性の仕事である（発酵飲料づくりはたいてい女性の仕事だが、それとは反対だ）。大量の熟れたバナナ（皮は必ずしもむかなくていい）を木製の大桶やくり抜いた丸太に積み重ね、上等な干し草を混ぜてから、ブドウのワインづくりのように足で踏む。過去には、それぞれの世帯の女性たちが、バナナを手でしぼる手法で酒をつくっていた。どろどろになったものを集め、草越しに手でこねると、草にバナナの皮がくっついて、どろりとしたクリーム状の塊ができる。それを草でつくった漉し器に通し、濾過した果肉に水を加える。さらに、発芽した穀物を加えることもある。そして、大桶や丸太をバナナの葉で覆って液体が冷えないようにする。発酵はすぐに始まり（大桶や丸太を繰り返し使っている場合はとりわけ早い）、少なくとも一日置いたら、アルコール度数およそ五％の飲料の完成だ。発酵時間を長くすれば度数は高くなるが、腐ってだめになってしまうおそれも出てくる。

バナナ酒を飲むに当たって、ハヤの人々には独特な決まり事がある。男性は頸が細長いヒョウタンから葦のストローを使って飲むが、女性はバナナの葉でつくったコップか頸の短いヒョウタンから飲み、ストローを使ってはいけない。男女問わず、飲む前にはヒョウタンに入れたバナナ酒を家の祭壇に供え、祖先にささげる。王は伝統的に一六リットル以上のバナナ酒を受け取り、祖先に豪快に酒をささげた。牛とヒョウの皮でつくった儀式用の衣装を身にまとい、神官の立ち会いのもと、太鼓が鳴り響くなかで何杯もの酒を祖先の墓や祭壇に供えたのだ。新月の日には祖先たちが土地を徘徊し、生前楽しみに飲んでいたバナナ酒をささげてなだめないと災いが起きると信じられていたため、こうした儀式は新月の日には欠かせなかった。

故人をなだめる行為は、アフリカの広い地域で明らかに重要な営みだった。ケニア北西部に暮らすティリキの人々は、祖先の祭壇に穀物のビールを振りかけ、石碑のあいだに置かれた壺からストローを使って飲む。彼らの祈りには、人類が誕生した大陸における発酵飲料の多様かつ刺激的な世界の精神がとらえられている。

祖先よ、ビールを飲み干せ！
われらが平和に暮らせるように！
全員が集まった、喜びたまえ、祖先の霊よ。
われらが元気でいられるように、この先ずっと。
(Sangree 1962: 11)

第9章　アルコール飲料の起源と未来

多種多様なアルコール飲料が現代の人々をとりこにしている理由、そして、アルコール飲料が非難の的にもなっている背景を理解するには、過去にさかのぼって、長期的な視点をもたなければならない。深宇宙から、地球に最初の生命をもたらしたとされる「原始スープ」まで、アルコールは自然界のいたるところに存在している。依存性があることが知られている天然の物質のなかで、果実を食べるあらゆる動物が摂取しているのはアルコールだけだ。アルコールは酵母と植物、そしてショウジョウバエからゾウ、人間といった多様な動物が互いの利益や繁殖のために築き上げた、複雑な相互関係の一部となっている。「飲んだくれのサル説」によれば、ほとんどの霊長類は生理的に「飲酒に走る」性質があるという。アルコールの摂取に適応した体と代謝機能を供えた人類も例外ではない。水を飲んだときと同じように、発酵飲料を飲むと上機嫌になって喉の渇きが癒やされる。だが、アルコールの効果はもっとたくさんある。北極圏や南アメリカ南端のティエラ・デル・フエゴに暮らす人々（気候が厳しいために糖分豊富な植物が育たない地域に住む人々）を除き、知られているほとんどすべての文化圏には独自のアルコール飲料がある。オーストラリアではこれまでのところ土着の発酵飲料の痕跡がなぜか見当たらないのだが、これは発掘調査があまり行われていないからかもしれない。アボリジニが利用している幻覚剤のピチュリは、北アメリカ先住民にとっての煙草と同じで、アルコールの代替品として後に採り入れられたのだろう。

発酵飲料が人間の社会にこれほど広く浸透した理由を説明するには、生理的に見て必然であるということだけではまだまだ足りない。自然界で起きる発酵は人類が新石器革命で利用した重要な現象の一つだから、発酵が自然現象であるということも答えの一つになる。アメリカの政治家ベンジャミン・フランクリンは一七八〇年代にアンドレ・モルレに宛てた手紙のなかで、「ワイン［ついでにいえば発酵飲料全般］は神がわれわれを愛し、われわれの幸せな姿を見たいということを絶え間なく示す証拠である」と書いている。ランビック・ビールやシャンパン、チーズに代表されるように、発酵は食べ物や飲み物に栄養分や風味、香りをもたらしてくれる。さらに、有害なアルカロイドを取り除くほか、アルコールが食品を腐らせる微生物の繁殖を抑えるので食品が保存しやすくなるし、複雑な成分が分解されることで調理時間が短縮され、必要な燃料の量も減る。

人類の文化のなかでつくられたアルコール飲料は、自然現象としての発酵を実質的に超越している。人間関係を円滑にする「社交の潤滑油」としての役割には、世界のさまざまな地域で長い歴史がある。人間の文明がつくり上げた壮麗な建造物（エジプトのピラミッド、インカの王族の施設や灌漑施設）は、作業員に大量のアルコール飲料を支給しながら建造された。現代でも、資金集めや政治的な成功には盛大な酒宴が欠かせないと言っていいだろう。毎晩、世界のあらゆる場所で人々がバーやパブといった酒場に集まり、楽しい会話に花を咲かせて、一日のストレスを発散させている。

近代的な医薬品が登場する以前、アルコール飲料は痛みや病気の症状を一時的に和らげる緩和剤として世界中で利用されていた。古代エジプトやメソポタミア、ギリシャ、ローマの医薬品に関する記録を見ると、あらゆる種類の病気の治療に発酵飲料が使われていたことがわかる。アルコール飲料はまた、薬草や樹脂、スパイスの成分を溶かす媒体としても使われていた。昔の人々は科学を知らなくても、アルコールの殺菌作用や抗酸化作用、さらには長寿などにも役立つといった効用を理解していた。経験や観察から直接学んだのである。

アルコール飲料が精神に変化をもたらす効果は、人間の信仰心をかき立てる役割も果たした。人類の壮大な旅の出発点となったサハラ砂漠以南のアフリカでは現在、蜂蜜やソルガム、ヒエからつくったアルコール飲料が社会の隅々にまで浸透している。ほぼあらゆる重要な宗教行事、祝宴、通過儀礼（とりわけ祖先を敬う儀式）では、発酵飲料を供えたり飲んだりするという行為が見られる。飲酒は信仰心というよりも気晴らしという意味合いが強い世俗的な欧米の文化でさえも、夕食前のカクテルアワーでお気に入りの飲み物を飲んだり、夜通し飲んで騒げるように飲む量を調整したりするなど、人々は酒を飲む際に独特の作法に従っている。どんな文化にも、飲んだ夜の翌朝に二日酔いをまぎらす独特な方法や言葉がある。さらに酒を飲む（迎え酒）、ビタミンやハーブ、風変わりな食材を混ぜ合わせた「魔女の秘薬」を飲み干す、あるいは単純に水（アルコールの分解に体内の水分が使われる）や食べ物をたくさん摂取するといったものだ。

宗教的な慣行とアルコールとの密接なかかわりは、人間の体に深く刻み込まれた性質を示すものなのか、それとも、はるか昔に確立された文化的な伝統を示すものなのか。言い換えれば、アルコール飲料の消費について調べていくと、ある行動が生まれつきのものなのか、それとも環境によってはぐくまれたのかという、人間社会の研究によくあるジレンマが浮かび上がってくる。世界各地でこれまでに確認された考古学や化学、植物学上の証拠から判断する限り、アルコール飲料と宗教には密接なかかわりがある。禁酒の地域や、ほかの方法で（ヒンドゥー教や仏教のように瞑想するなどして）仏や神に近づく地域を除いて、重要な宗教儀式はアルコール飲料を中心に行われることが多い。欧米では、聖餐式のワインはキリスト教徒にとって宗教行事の中心にあるし、ユダヤ教の重要な儀式では必ず、決まった量のワインを飲む行為が見られる。

ほかにも、アルコール飲料と人間の文化をつなぐ共通の文化的要素が、本書全体に盛り込まれている。そうした要素のいくつかは、人類がサハラ砂漠以南のアフリカで誕生し、たった一〇万年前に世界各地へ拡散し始めたという事実を反映しているのだろう。どの地域に住む人類も、自然に発酵する糖分豊富な果実や蜂蜜、草、塊茎などを発酵飲料の原料として探し求めた。こうした原料を混ぜ合わせて、アルコール度数の高いグロッグや、薬効や幻覚作用がある飲料をつくるのだ。中東や中央アジア、中国、ヨーロッパ、アフリカ、そしてアメリカ大陸で最も古い人間の居住跡では、発酵可能な自然の食材が数多く見つかっている。壁画や遺物が残っている場所では、旧石器時代に発酵飲料の醸造と使用が、共同体の宗教や社会で必要な営みを取り仕切る権威ある人物「シャーマン」に集中していたという考えを裏づけている。これほど古い時代でも、発酵飲料と宗教、音楽、踊り、セックスのあいだには密接な関係があったに違いない。墓や骨にオーカーで施されている着色は、血液や、時には発酵飲料自体を象徴しているとも考えられ、広い地域に見られる。楽器が特定の鳥の骨でつくられているのはおそらく、鳥の求愛のさえずりやダンスといった独特かつ超俗的な行動に関係しているのだろう。人々は鳥の衣装を身にまとい、音楽に合わせて踊った。

新石器時代までには、世界各地の人々が穀物を咀嚼したり発芽させたりしてでんぷんを糖に変える手法を考案していた。それぞれの手法はよく似ている。現在、世界で広く栽培されている穀物（小麦、稲、トウモロコシ、大麦、ソルガム）はこうした手法で糖化されていて、これまでに確認された証拠からは、これらの穀物の栽培化が、中東やアジア、メキシコ、アフリカのサヘル地域でアルコール飲料の生産量を増やしたいという欲求に駆り立てられて始まったことがうかがえる。穂が小さなテオシントを穂が大きなトウモロコシへと変えた劇的な品種改良は、人類が当初この植物の発酵可能な甘い茎に惹きつけられ、それから何千年もかけて、甘く大きな粒をもった株を選んで品種改良していったと考えなければ説明がつかない。穀物酒（メソポタミアの初期の大麦ビール、中国の黄酒、アメリカ大陸のトウモロコシのチチャなど）の醸造と飲酒の手法は、世界中で似通っていたし、今でも多くの地域で類似している。口の広い大きな壺で糖化した液体を発酵させ、一つの容器から長いストローを使って飲み、たいていは家族や友人たちのグループで回し飲みする。ブドウやイチジク、デーツ、カカオなど、甘い果実からつくったアルコール飲料もおそらく、それぞれの植物の栽培化を促したのだろう。

私たちの生体分子考古学的な研究でもとりわけ驚いた研究成果は、これまでに確認された最古のアルコール飲料がほぼ同時期（新石器時代前期の紀元前七〇〇〇〜前五〇〇〇年頃）にアジアの両端で登場したという発見だ。西アジアでは近東の北部山岳地帯で樹脂入りワインを発見した。一方、そこから五〇〇〇キロも東に離れた中国では、米とサンザシの実、ブドウ、蜂蜜を混ぜ合わせた「賈湖のグロッグ」を見いだした。そこで私が提唱したのは、植物の栽培化と醸造技術のアイデアや伝統が、文化のほかの側面とともにシルクロードの前身となる先史時代の道を通って少しずつ中央アジアを横断していったという考え方だ。しかし、こうした事実や、新しい飲料が世界中でいくつも生まれていることの説明として、ほかにも同じくらい説得力のある仮説がある。それは、人類が革新性と、発酵飲料に惹きつけられる性質をもって生まれたという仮説だ。アルコール飲料が人間の生活にこれほど溶け込んでいるのなら、文化的な伝統に頼るまでもなく、醸造と飲酒に駆り立てるものが人間の体に「組み込まれている」とは考えられないだろうか。

飲酒は遺伝子に組み込まれている？

難しい科学的な議論に入る前に、肩慣らしとして人の内面をのぞいてみよう。人がアルコールを飲んだときに抱く感情は、幸福感から攻撃的な感情、虚無感までさまざまだ。さいわい、私自身がこれまでに経験した感情のほとんどは穏やかなもので、アルコールがいやになった経験があったかどうか思い出せないほどだが、これは私の中にアイルランドの血が流れているからだろう。マクガヴァン家はサウスダコタ州ミッチェルに居を構えたとき、町で初めてのバーを開いた。少なくとも何世代かさかのぼると、私の祖先にはノルウェー人がいるのだが、彼らは反対の行動をとり、飲酒の害を厳しく非難した。ひょっとしたら正反対の遺伝子がうまくバランスをとっているから、飲酒に対してバランスのとれた対応をとれるのかもしれない。数多くのアイルランドの親戚を含めて、多くの人々よりもうまく対処している。

私が初めてアルコールの飲みすぎを体験したのは、一六歳の頃だった。それまで私は若者によくあるように、親のカクテルパーティーでマティーニやマンハッタンを数口飲んだり、週末にパフェに入ったリキュールのクレーム・ド・マント（ペパーミントのリキュール）をせしめたりしたことはあった。罪悪感を抱かないわけではなかったが、大人の気分を味わったものだ。そのときは、アルコールを飲んで酔っ払うことよりも、酒に入っているハーブの風味のほうに惹かれていた。しかし、そんな私の気持ちを一変させたのが、一九六五年に行ったドイツ・アルプスでの二カ月のサイクリング旅行だった。

サイクリングの旅に出発する前、私は仲間といっしょにミュンヘンにある有名なビアホール「ホフブロイハウス」に立ち寄った。女性のバーテンがずらりと並んで、一リットルのビールジョッキにビールを注いでいるような場所である。最初は、店内で演奏される歌をいっしょになって口ずさんではいたのだが、品行方正なアメリカ人として、私はコカコーラを飲んでいた。しかし旅を始めて三週間ほど経った頃、ビールのほうがコーラよりも安いことに気づく。資金を節約するため、夕食時にビールを一、二杯飲むようになるのは自然なことだった。問題は、ビールが一リットルのジョッキに入っていて、料理のシュヴァイネブラーテン（ローストポーク）やクナックヴルスト（ソーセージ）が出てくる頃には一杯目が空になり、二杯目に入るタイミングになってしまうことだ。食事を終えて勘定するとき、注文したものをウェイターに正確に伝えるのが大変だった。酔っ払って気分は最高だったが、記憶違いがないかどうか不安で仕方がなかったのだ。結局は、ちょっとした工夫をして、たいていは何とか覚えていられたのだが。千鳥足で店を出て、自転車にまたがり、夜間に歩行者や車を避けながら走るのもまた、同じくらい大変だった。

帰国すると、また以前の禁欲的な生活に逆戻りだ。ときどきたまらなくビールが飲みたくなることはあったものの、どうしても我慢できないほどではなかった。一度だけ悪ふざけをして、レーダーホーゼン（サスペンダー付きの革の半ズボン）をはき、羽根や宝石で飾った緑のとんがり帽子というアルプスのチロル地方のいでたちで、近所のバーに入ったことがある。入念に考えたドイツ語のフレーズをいくつか口にすると、バーテンダーは納得したようで、私は首尾良くビールにありつけた。

たいていの人は、アルコール飲料を初めて飲んだときの記憶や飲酒にまつわる武勇伝を鮮烈に覚えているのではないだろうか。一方で、アルコールが人の感情を激しく解き放つメカニズムや、その影響が生まれつきのものなのか環境によって形成されるのかについては、よくわかっていないことが多い。こうした疑問は、脳科学や分子生物学、疫学の分野での研究によって解き明かされつつある。

大規模な家族（「アルコール依存症の遺伝的特徴に関する共同研究」など）や双子、養子を対象とした対照実験による科学研究から、過度の飲酒をしやすい人の半数以上に遺伝的な原因があることが明らかになった。残りの半数は環境によるものだ。私の場合は両親から受け継いだ遺伝子と、サイクリング仲間とドイツのビアホールやレストランを何度も訪れるうちに受けた影響のどちらだろうか。

こうした研究のほかに、医学的にも社会的にも大きな問題となる依存症をはじめ、アルコールが脳に及ぼす影響を神経学や遺伝学の面から解き明かす研究もかなり進んできた。とはいえ、これは一筋縄ではいかない。アルコールは生命が地球に誕生した頃から広く存在しているだけでなく、人間の脳という生物のなかで最も複雑な構造にかかわる研究だからだ。なにしろ、脳内では一〇〇億個を超える細胞が互いに結ばれて連携しているのである。

人間の脳に測定用の針などを刺してアルコールの影響を測定するのは医学倫理上、禁じられている（ロチェスター大学の脳研究センターで同じオフィスを使っていた仲間の大学院生から聞いた話では、残念なことにサルやラットは人間ほど恵まれていないようだ）。神経科学の研究では、脳に針を突き刺す代わりに、脳の活動を間接的に測定できる革新的な手法が考案されている。脳波の全体的な活動を記録するには脳波計。アルコールの影響下にあるボランティアの被験者に放射性マーカーを注入すれば、体内を移動するアルコールが血液脳関門を越えて脳に入る経路を追跡できる。fＭＲＩ（機能的磁気共鳴画像法）やＰＥＴ（陽電子放射断層撮影）、ＳＰＥＣＴ（単一光子放射断層撮影）を使うと、脳のさまざまな領域で化学信号が活性化したり非活性化したりする変化をリアルタイムで観察できる。また、遺体の組織サンプルを検査することによって、個人の細胞や分子の特性を知ることができる。

アルコールの影響を受ける主要な神経経路は感情中枢で、具体的には、視床下部や視床、扁桃体、海馬などの構造を含めた、脳の奥深くにある脳幹と大脳辺縁系である。これらの領域はニューロン（神経細胞）の経路によって結ばれている。脳幹と大脳辺縁系は、人類よりも早く地球上に現れた動物に見られる構造と似ていることから、「原始的な脳」と呼ばれることも多い。人間の脳でこれらの原始的な脳を包んでいるのは灰白質と呼ばれる大きな皮質で、言語習得や音楽の創造、宗教的な象徴化、自意識といった人間独特の特徴の根源となっている。神経が大脳辺縁系と密集してつながっていることで、あらゆる思考や感覚の記憶が記録される。ひょっとしたら、伝説的な一九八二年のペトリュスや高い評価を得たミダス・タッチの味も私の脳に刻まれているのかもしれない。強力な感情が呼び覚まされ、何年も後まで記憶に残るのだ。

ナメクジやショウジョウバエなど、糖とアルコールに引き寄せられるほかの生物は大脳皮質がないから、まったく異なる経験をしているに違いない。とはいえ、この地球で生命が連綿と続いているだけあって、生物の原始的な神経中枢の構造を決定する遺伝子や、アルコールに対する反応（研究者は大酒飲み、ほろ酔い、下戸、記憶喪失のように分類した）をつかさどる遺伝子は、実質的に人間のそれと同じである。線虫（*Caenorhabditis elegans*）やキイロショウジョウバエ（*Drosophila melanogaster*）がアルコールの摂取量を増やしていったときの反応は、深酒の経験がある人なら誰でもなじみ深いものだ。興奮した動きに続いて、協調不能、嗜眠、鎮静の状態が訪れ、最後には麻痺する。こうした下等な生物も、その体験について「考える」かどうかはともかく、人間と同じように、飲酒が癖になったり酒に溺れたりするのだ。

人間の脳のニューロンは、神経伝達物質と呼ばれる化学物質を通して信号をやり取りしている。神経伝達物質は血液中を流れるアルコールに促されて、シナプス（ニューロンとニューロンのあいだにある隙間）に向けて放出され、隣のニューロンの受容体に付着すると、電気刺激を引き起こす。人間が酒を飲んだときには、ニューロンが無限とも思えるほどに神経伝達物質を高速で放出する。神経伝達物質の種類や量はさまざまで、それぞれが感情中枢や高次の思考の中枢で活性化させるニューロンの経路は異なる。アルコールを飲めば飲むほど活性化は進み、必ずしも自覚がない場合もあるだろうが、高揚感や悲しみ、くらくらする感覚を覚え、最後には意識をなくすにいたる。

アルコールを飲んだときに反応を引き起こすさまざまな神経伝達物質のなかで、とりわけ重要な物質はドーパミンとセロトニン、オピオイド、アセチルコリン、γ－アミノ酪酸（GABA）、グルタミン酸塩だ。なかでも多くの神経科学者が注目するのは「快楽物質」と呼ばれるドーパミンで、この物質は飲酒したとき脳内に「脳報酬連鎖反応」を引き起こす。ドーパミン受容体とこの物質の利用を調整しているのが、11番染色体にあるDRD2遺伝子であるようだ。ドーパミンには不安や憂鬱な気分を和らげ、心を落ち着かせる効果があると考えられている。危険な行動を抑制することで、「ハイ」になるのに必要なアルコールの量を減らし、飲みたいという衝動を抑えるのだ。ドーパミンの役割はまだはっきりと特定されているわけではないものの、飲酒の衝動を制御している主要な物質の一つであることは確かだ。

ほかの神経伝達物質で私が特に関心を抱いているのは、セロトニンである。その理由は、フェニキア人の有名な染料であるティルス紫の最古のサンプル（第6章参照）を私の研究室で分析したからだ。ティルス紫は自然界では特定の貝殻にしか含まれておらず、その分子の中核部分がセロトニンと共通している。一説によれば、この紫色の分子は、イカが墨を吐いて天敵から逃げるのと同じように、貝が天敵を麻痺させるのに使われているという。ティルス紫に関する論文を発表すると、なぜか製薬会社から問い合わせを受けるようになった。この染料に、精神に変化をもたらすなどの薬効があるとは考えたことがなかったのだが、今では、数千年前の古代の人々が居住域でたまたま見つけた独特な天然素材に薬効がある可能性を、受け入れる思いが強くなってきた。私たちの「薬剤発見プロジェクト」(第2章参照)でティルス紫を調べるつもりだ。アスピリン(ヤナギの樹皮から発見)や抗がん剤のタキソール(イチイの樹皮から発見)のように、新たな薬剤を見つけることだってあるかもしれない。

セロトニンは神経系に存在し、アルコール飲料を飲んだときに放出されて、ドーパミンと同じように憂鬱な気分や怒り、気分障害といった荒れた気分を静める。セロトニンやほかの関連する化合物は、植物や動物の毒、菌類など自然界の多様な生物の中に存在している。たとえば、幻覚作用のあるシロシビンを含んだキノコは、かつてメキシコの一部の集団で宗教や社会生活にとって重要な役割を果たしていた。これまで見てきたように、古代の人々はしばしばこうした物質を発酵飲料に加えて、効果をさらに高めている。鬱病を治療するためのモノアミン酸化酵素(ＭＡＯ)阻害剤やデザイナードラッグは、人間が生まれもったセロトニンの効果を高めるために使われてきた多様な調合物のなかでも最新のものだ。オピオイド(β‐エンドルフィン、エンケファリンなど)は性行為や長距離走、ひどい切り傷を負うなどしたときにも放出されるが、飲酒によっても脳内で放出される。これらの物質によって気分が高められ、痛みが一時的に和らぐのだ。自然界では、アヘンの原料であるケシに含まれていることがよく知られている。この物質を発酵飲料に加えることで、中央アジアやヨーロッパの古代の人々は、おそらく自分自身の神経伝達物質の効果を疑似体験したり高めたりできたのだろう。

アセチルコリンをここで挙げたのは、その受容体の一つ（M_2）が７番染色体上の遺伝子に由来し、ベニテングタケに含まれる関連化合物にも反応するからだ。ベニテングタケは一説では（おそらく間違いだが）ゾロアスター教のハオマや『リグ・ヴェーダ』に登場するソーマの原料とされ、今でもシベリアのシャーマンによく使われている。M_2受容体の生産を取り仕切るＣＨＲＭ２遺伝子をもつ人は、思春期に鬱病になりやすく、成人してからは体の不調を治そうとアルコールに頼る傾向にあるようだ。

神経伝達物質やその受容体に関係のないほかの多くの遺伝子は、酒を飲むかどうかを決定する際に何らかの役割を果たしている。深い紅色や透き通った黄色、きらめきながら次々に沸き立つ泡といった純粋な見た目から得られる喜びも、発酵飲料をひと口飲みたいと思わせる要因なのかもしれないが、その液体の味や香りが不快だったとしたら、そこで飲むのをやめるだろう。たとえ、いやなにおいに怯まなかったとしても、舌や口の中にある味蕾（甘味や酸味、苦味、塩分、脂肪分、うま味を感じる受容体の集まり）が警告を発する。特に苦味は有害なおそれがある物質の検知に役立ち、人が好む糖分を感じる受容体よりも、苦味を感じる受容体のほうが一〇〇〇倍も感度が高い。研究によれば、７番染色体に由来する苦味受容体（ｈＴＡＳ２Ｒ１６）の変異体の一つが原因で、アフリカ系アメリカ人の半数近くで苦味の感度が低下しているという。こうした遺伝的な要因によって、ビールに含まれるホップやブドウのワインに含まれるタンニンを避ける気持ちが弱まるだけでなく、おそらくこれらに興味をそそられる気持ちが強まるとみられている。

霊長類を含めた哺乳類の遺伝子や脳、感情や精神の状態にアルコールが及ぼす影響の全体像を理解するための研究は、今も続いている。たとえば二〇〇四年、低濃度のＣＲＥＢ（環状アデノシン一リン酸応答配列結合）タンパク質と神経ペプチドＹ（マウスで学習や感情の安定、摂食にとって重要な物質）が結びつくと、ＣＲＥＢ遺伝子を通常二つのところ一つしかもたなくなるという事例が報告された。この遺伝子欠損のあるマウスは、おそらく食欲を制御する能力が低いために、飲酒に走る傾向があった。水よりもアルコールを好み、同じ母親から生まれたほかの個体の一・五倍もアルコールを摂取したという。

人間がもつＡＬＤＨ１（アルデヒド脱水素酵素１）遺伝子からは、アルコールの摂取について理解するうえで遺伝学が本当に重要だということがわかる。アルコールを摂りすぎると、場合によっては肝臓の細胞が破壊され、食道や胃、十二指腸をはじめとする、さまざまながんになりやすくなる。しかし、人間の代謝システムはある程度の量までならアルコールに対応でき、体内に入ってくるアルコールをアルコール脱水素酵素によってアセトアルデヒドという物質に変える。しかし、アセトアルデヒドはアルコールよりも有害なので、ＡＬＤＨ遺伝子はアルデヒド脱水素酵素という別の酵素を生成して、アルデヒドを害が小さい酢酸塩（アセテート）に変換する。しかし、この遺伝子の変異型であるＡＬＤＨ１は、この仕組みを台無しにするのだ。これは遺伝子の構成がアルコール摂取にきわめて大きな影響を与え得ることを示している。

ＡＬＤＨ１変異は正常な遺伝子に比べて、アセトアルデヒドを分解する効率が悪い。欧米の人々にはほとんど存在しないが、アジア人の場合はおよそ四割がこの変異をもっている。そうした人々は飲酒すると、肌が真っ赤になり、吐き気やめまいを感じるなど、さまざまな不快な症状を経験することになる。

危険なほど高濃度のアセトアルデヒドを体内に残すこの異常な遺伝子が、なぜ人間のゲノムに存在し続けているのか。考えられるのは、アルコールの過剰摂取によるさらに悪い影響から体を守っているという説明だ。つまり、アジアでの人類進化の過程で、飲酒の弊害をなくすために遺伝子が変異したという考え方である。生まれつき進取の気性に富んだ人類は当然ながら、この遺伝子の障壁を回避する道を見つけようとした。中国では、ＡＬＤＨ１をもったある人物が意を決して、起きているあいだずっと酒をちびちび飲むという単純な方法で、アセトアルデヒド中毒の最悪の影響を回避しながら酩酊の状態を維持していたという。

アルコールの影響下にある現代人の脳の働きについては、神経や遺伝子に基づいた説明によって重要な要素の多くが明らかになっている。こうしたプロセスの大部分は人間が意識できないものだ。アルコールに対する反応は人によって異なる。たとえば、鬱になりやすい人や危険を冒しやすい人は、悲観的な感情を和らげたりスリルを得たりするために過度の飲酒に走りやすい。アーティストや詩人ならば、アルコール飲料を飲むと想像力が解き放たれることがある。

酔った人間の脳の反応は研究によって解明されつつあるが、その全体像は気が遠くなりそうなほど難解だ。何百もの遺伝子のほか、膨大な数のニューロンと神経伝達物質、その受容体が絡み合い、酵素が複雑な化学反応を促しながら調整しているのだ。ある程度のアルコールが入ると、このシステムが動き出す。頭がこれほど複雑な働きをして頑張っているのだから、一杯飲みたいと言っても罰は当たらないだろう。

もう一杯飲むときには、神経科学者に見られていないか気をつけよう。酔った状態の脳の活動を新たな手法で体を傷つけずに観察した例として、ローマにあるサンタ・ルチア財団の機能的脳機能イメージング研究所のアレッサンドロ・カストリオタ＝スカンデルベルクは二〇〇二年、七人のワインのソムリエと七人の初心者のテイスティング能力をｆＭＲＩで調べた。狭苦しいＭＲＩの筒の中に収まった被験者はプラスチックの管を通してワインを与えられ、そのときに脳の各部位がどんな反応を示すかを観察される。どの被験者でも嗅覚をつかさどる眼窩前頭皮質と島（大脳辺縁系の一部）が活性化したのは予想の範囲内だ。しかし、ソムリエの場合、初心者の脳では働かなかったいくつかの領域が活発になった。ソムリエの扁桃体と海馬が活性化したのは強い興味を覚えていることの表れで、ワインの味を鑑別しようとヒントを求めて記憶の引き出しを探っているのかもしれない。前頭前野も活性化したが、これはおそらく味を表現する言葉を探しているからだろう。しかし、プロのソムリエがいっさいの主観なしに味を客観的に評価していると考えているのなら、残念ながらそれは誤解だ。ｆＭＲＩを用いたほかの研究で、ソムリエがワインの味よりも色やボトルのラベルにはるかに強く影響されていることが判明した。ある意地悪な実験では、赤く染めた白ワインを飲ませたところ、ソムリエは赤ワインを飲んでいると勘違いしたという。

文化的な側面を探る

人類はいったん飲酒の道を歩み始めると、振り返ることはなかった。体と脳がアルコールに適応するとともに、人類固有の能力である象徴的な表現（言語や音楽、服飾、美術、宗教、科学技術）も生まれ、それだけでなくこの現象を強めていった。アルコール飲料（ワイン、ビール、ミード、数種の原料を混合したグロッグ）が経済や宗教、社会全体で重要な存在となるこの発酵飲料文化がほぼ全世界に広まった現象を、ほかにどうやって説明すればいいのか。こうした文化では、日常の食事のほか、社交的な行事、出産から死まで人生のさまざまな節目に催される特別な儀式で飲酒や献酒の慣行がある。旧世界では多くの事例を挙げることができるだろう。新世界では、アメリカのカリフォルニア州やオーストラリアのビールとワインの文化を最も新しい事例として見ることもできる。

アルコール飲料、宗教、芸術のあいだの結びつきは、人類の考古学や歴史にとりわけ顕著だ。たとえば音楽は、土地の所有権や性といった具体的な事柄から、アルコール飲料の影響を受けた感情のように漠然としたものまで、幅広い情報を伝えるために活用されている。人は赤ん坊やペットに話しかけるとき、歌の一節や簡単な単語を使ったり、顔の表情や身振り手振りを大げさにしたりするなど、原始的な形態の言語を使う傾向がある。まるで、こうした行動が自分の体と相手の赤ん坊やペットの体にもともと組み込まれているかのようだ。この前提と人間の脳の領域に関して蓄積されつつある証拠を受け入れるとすれば、音楽と言語の獲得の基盤となるさまざまな論理形式を備えた新生児は、コンピューターのオペレーティングシステムのようなもので、入ってくる刺激の取り込みや選択、整理、即席の対応ができる状態になっている。子どもが年齢を重ね、脳が成熟するにつれて、赤ちゃん言葉は文化に基づいた言語や音楽の特定のジャンルへと変わってゆく。音楽は書き言葉がなかった時代に人間の感情や蓄積された知恵を伝えるために使われ、理想的な媒体だっただろう。石器時代の洞窟の中ですでに、音楽に合わせた力強い詩が、儀式を主導するシャーマンによって披露されていたと考えることもできるのではないか。

音楽もアルコールと同じように、性的な感情をかき立てる。一世紀半ほど前、チャールズ・ダーウィンは『人間の由来』にこう書いている。「音楽や感動的なスピーチに関するこうした事実は、音階やリズムが初期人類の祖先によって求愛の時期に使われていたと考えれば、ある程度理解しやすくなる」。ダーウィンの主張に対する生物学的な根拠は、大脳辺縁系の視床下部をはじめとする人間の脳の遺伝子や神経の情報に見いだせそうだ。私の研究仲間でペンシルベニア大学医学部のアンドリュー・ニューバーグと、彼の元同僚のユージン・ダキリは、視床下部が体のリズムにどのように反応して調和していくかを、ＳＰＥＣＴという断層撮影法を使って解き明かす研究を始めた。二人の研究によれば、性的な快楽もまた根本ではリズムを伴うもので、視床下部の制御下にあるのだという。

ニューバーグとダキリの研究に基づいて、宗教は人類が石器時代から受け継いできた生物文化的な遺産の一部だと考えることもできそうだ。過去も現在も世界中の文化に宗教が浸透している事実は、人間の脳がそれ自身よりも大きな力を認めるようにできていることを示唆している。結局のところ、自然界に存在する力と同じように、脳の活動は意識的なものかどうかにかかわらず目に見えないものであり、人知が及ばない働きによって制御されているのだろう。架空の生き物も含めてあらゆる種類の生物がすむ神秘の世界で、人間は危険を避けたり、加護を求めたりするための方法を必要としていた。柔軟に変化する能力と統合力を備えた人間の脳は、こうした謎に対する説明を追い求めた。まずは権威ある人物（とりわけ両親や教師）に目を向けたが、多くの人々は究極的な答えを神から得ている。

ニューバーグとダキリは、SPECTを用いてチベットの僧侶とカトリックの修道女の「神秘的な状態」を観察することにより、人間の脳の宗教的な傾向を調査した。二人の仮説によれば、極度の精神集中のほか、アルコール飲料が精神に変化をもたらす効果、激しいメロディー、スーフィー（イスラム神秘主義）の信者が行うような熱狂的な旋回舞踊、性行為によるオーガズムによって、視床下部は暴走することがあるという。このときまず、活性化した神経経路に沿って神経伝達物質が一気に流れるために、恍惚感を経験する場合がある。次に、極度の疲労によって卒倒しないように、海馬が言ってみればブレーキをかけると、皮質の特定の領域が働き出す。調査では、右後方の下頭頂小葉（右耳の少し上の奥にある皮質の領域）で顕著な抑制反応が認められた。ニューバーグとダキリの解釈によると、これによって物質世界から切り離された感覚が得られるという。視床下部が恍惚感を打ち消そうと発した刺激によって物質世界との境界が曖昧になるのだとすれば、被験者の僧侶や修道女のように、このとき人は「一体化された存在」への調和や同化の感覚を経験するだろうと、二人は主張する。

SPECTによる頭頂葉の観察結果から、神秘状態の神経や文化的な複雑さを解き明かすというのは、かなりの飛躍ではある。しかし、ニューバーグとダキリはこれまでにわかっている科学的なデータに基づいて、原始的な神経系（感情とリズムに支配されている）と脳の皮質（意識と象徴的な思考を仲介する）とのあいだのやり取りを理解し始めている。今後、研究が進めば、神経の相互接続や神経伝達物質の放出の経路がさらに解き明かされ、アルコールやセックス、音楽、宗教がそれぞれ単独で、あるいは組み合わさって現代人の脳にどのような反応をもたらしているのかがわかってくるだろう。

ほぼすべての人が宗教的な衝動を経験したことがあると、ウィリアム・ジェームズは『宗教的経験の諸相』に書いている。ジェームズが注目したのは、「生まれ変わった」経験があるという人物たち（神秘主義者、占い師、予言者、芸術家、音楽家、作家など）だ。ジェームズはさらに視野を広げて、「アルコールが人類を支配しているのは、人間本来の神秘的な能力を刺激する力をもっているからに違いない」とも主張している。石器時代のシャーマンはおそらく、生まれ変わりを経験した人と同じ家系に属していたのだろう。

この先の話

人類はこの先もアルコール飲料に強く魅了されていくと同時に、不安や恐怖を抱いてもいくだろう。人を依存症に陥れる危険な性質があるにもかかわらず、音楽や宗教と同じように、アルコール飲料は伝統によって認められてきた。サハラ砂漠以南のアフリカに見られるソルガム・ビールの文化、アメリカ大陸のチチャ文化、中東とアジアのワイン文化はすべて、何千年も前にさかのぼるルーツをもっている。しかし、発酵飲料にまつわるどの文化も、アルコールの恩恵の利用とその悪影響の防止をつなぐ危ない橋を渡らなければならないものではないか。

きわめて楽観的な見方をすると、精神に変化をもたらす発酵飲料は、伝統を超越して型破りな考え方ができるきわめて想像力豊かな人物の創造性と革新性——「シャーマンの精神」——をはぐくんだり高めたりして、個人や文化を変える機会を与えてくれる。興味深いことに、精神を意味する英単語 spirit のラテン語の語源はインド・ヨーロッパ祖語の「吹く」という意味の言葉から派生したとの説がある。言語学者のなかには、これを「笛を吹く」という意味として解釈すべきだと考える人もいる。目に見えない人間の心の動きも示唆するこの単語は、ヨーロッパのガイセンクレステルレやイステュリッツの洞窟、中国の賈湖、ペルーのカラル遺跡、アメリカ・ニューメキシコ州のペコスなどのように、私たちの祖先が発酵飲料に刺激されて笛を吹いていた時代の名残なのか。

アルコール飲料と人類の文化に対する私のアプローチは、生物文化的な過去に対する決定論的な見方とはかけ離れている。環境や経済、実利的な要素を重視して社会が変化した原因を説明するのではなく、人間の「脳報酬連鎖反応」が、飲酒による効果の助けを借りながら革新的なアイデアや発見によって促されるという、もっと自由なプロセスを心に描いている。人間は通常の意識を改変することによって、周りの世界を象徴的に表現する新たな手法を考え出した。芸術作品や音楽、詩、衣服や装飾品をつくる際、あるいは、世界の仕組みを合理的に説明する際には、思いがけない洞察や偶然とも思える出来事に頼ることが多い。

　発酵飲料は軍事侵攻や、文化と技術の地域間の伝達にも直接的な役割を果たした。ワイン交易はフェニキア人を、そして後にはギリシャ人やローマ人を地中海での影響力の拡大に駆り立てた主要な要因の一つだった。ワインが伝わった地域には、長く親しまれてきた発酵飲料がほかにあったとしても、やがてワイン以外の文化的要素も入り込んだ。ギリシャ語のアルファベット（フェニキア語から派生した）による最古の碑文は、ワイン容器に関する詩作だった。ヨーロッパのケルト人は初めはワインを避けていたが、彼ら独自の「北欧のグロッグ」を入れるためにギリシャやエトルリアの巨大な青銅製容器のいくつかを輸入した後、徐々に南方のワインや洗練された習慣を受け入れるようになった。地球上のさまざまな地域を見ると、人々はまず自分たちより技術的に進んだ近隣地域や侵攻してくる勢力の発酵飲料を通して、その文化に引き寄せられていく事例が多い。一五世紀から一七世紀にかけてのいわゆる大航海時代、ヨーロッパ人は船に満載したラム酒やシェリー酒と引き換えにアフリカの首長たちからスパイスや奴隷を手に入れていたが、これは最も新しい事例の一つでしかない。

　この観点から、ほかの多くの民族よりも技術的に進んでいた中国人は、新世界の征服者としてのヨーロッパ人を先取りしていたのかもしれない。ジャレド・ダイアモンドが『銃・病原菌・鉄』で論じているように、政治や軍事の手腕は、天然資源と栽培や飼育が可能な動植物だけに頼ってふるえるものではない。いったんある程度まで開発が進んでしまうと、そこからの成功は歴史や文化にまつわる無数の偶発的な要因に左右される。一五世紀に明朝がその野心的な海上交易の計画をやめると、知識や技術の大半をアジアから取り入れたヨーロッパ人が世界征服に乗り出す道が開けた。

この先、考古学や生体分子学の分野で調査が進んでいけば、人類と発酵飲料の特別な関係をこれまでよりもはるかに深く知ることができるだろう。飲酒に関する情報がごく限られるかまったくない地域（ニューギニア島やインド、サハラ砂漠以南のアフリカ、オーストラリア、太平洋の島々など）で調査が実施され、きっと知識の空白が埋められる。北米やオーストラリアの先住民に発酵飲料の伝統がまったくなかったのかどうかが、やがてはっきりするだろう。甘い果実や樹脂といった植物性の原料から独自の発酵飲料がつくられていた可能性も十分にある。植物の栽培種や酒の醸造法が中央アジア全域にどのように伝わっていったかも、最後には解き明かされるはずだ。

アルコールが人間の体や脳に及ぼす影響についても、新たな手がかりが数多く得られると期待できる。現在の私たちは過去（その九九％が旧石器時代に当たる）によって形づくられた生き物であるから、肥満や糖尿病、アルコールの依存症といった現代社会の食生活にかかわる病気の多くが、石器時代から受け継がれてきた特徴と現代の生活様式が釣り合っていないことに起因するとも考えられる。人間は食べ物や飲み物をほどほどに摂取するという食習慣を石器時代から受け継ぎ、体と脳がそれに適応している。このため発酵飲料を飲みすぎると、生理機能や心理がもたらす影響に苦しむことになるのだ。

研究が進めば、植物が栽培化され始めた頃のこともわかってくるだろう。初めてDNA配列が完全に解読された果実はヨーロッパブドウだが、このブドウが選ばれたのは、かなり早くから大規模なワインづくりのために栽培化されていたことが、私たちの研究によって明らかになったからだ。

多数の遺伝情報を配列した分析器具「マイクロアレイ」を使えば、何千もの遺伝子を一度に分析でき、ほかの植物でも栽培種と野生種を区別する作業が迅速になるだろう。

最後に、生体分子考古学上の証拠に基づいて太古の飲料を再現する試みが今後もどんどん実施され、新たな味覚を体験する機会が増えていくのも楽しみだ。太古の魅惑の飲料を再現することによって、いにしえの世界へとタイムスリップし、天然の原料だけを使った最古の発酵法についてさらに多くのことがわかってくる。最近ペルーを旅したとき、私は多様な野菜や果実、穀物（紫色や黄色、白色のトウモロコシ、キノア、コショウボクの実、凍結乾燥されたジャガイモ、トウモロコシの茎をしぼった汁、マニオク、ピーナッツ、メスキートの莢など）からつくる伝統的な発酵飲料を観察し、そして味わった。これからも太古の飲料の再現を進められそうだ。

人類自身、そして人類とアルコール飲料との関係について私が思い描いた全体像が、学術界や一般のイメージのなかで受け入れられるかどうかはわからないし、人間の文化がアルコール飲料にどれだけ影響されてきたかを示す決定的な証拠は見つけられないかもしれない。しかし、人類の生物学的・文化的な遺産の手がかりを探し求めるうえで、生体分子考古学者が用いる機器の性能が今も向上しつつあるという点に、私は希望を見いだしている。

先史時代の歴史から学べるのは、知識の探求を続けていかなければならないということだ。二万六〇〇〇年前、現在のチェコ共和国にあるドルニ・ベストニツェ遺跡とその近くのパヴロフ遺跡では、人類がこれまで知られているなかで世界最古の焼き物をつくっていた。裸婦の小立像（ヴィーナス像）と、クマやライオン、キツネを模した小立像である。これらの小立像は粘土と添加物（この場合は骨の粉末）を混ぜて窯で焼くという、現代と同じ手法でつくられている。ここに住んでいた人々は体にオーカーを塗り、マンモスの骨の彫刻やホッキョクギツネの歯、貝殻でつくったビーズで体を飾っていた。彼らはまた、粘土に残された明確な跡から、草やその他の繊維を編んで最古級の衣服をつくっていたこともわかっている。こうした発見はひとすじの光となって旧石器時代の暗闇をほのかに照らしたが、そのうち消えてゆく。絵や装身具はその後も残ったものの、その文化における真の革新的な要素（粘土から人工物を制作する営み）は失われ、何千年もの空白期間を経て再び見いだされたのは、東アジアの遺跡でのことだった。同様に、数百万年に及ぶ人類と発酵飲料の密接な関係がいかに現在の人類の形成に大きく貢献したかを示すうえで、大プリニウスの金言「イン・ヴィノ・ヴェリタス」（酒に真実あり）が最後には打ち勝つものと、私は信じている。

謝辞

本書で取り扱った話題は、中東に的を絞った『古代のワイン』の内容よりもはるかに幅広い。本書の執筆は、入念に配置されたブドウ畑に苗を植えて、作物の世話をするようなものだった。人類誕生の時代にまでさかのぼって世界規模で発酵飲料の全体像を描こうとするなかで、そして、人類が何千年ものあいだ発酵飲料に魅了され続けてきた理由を解明しようとするなかで、広大なジャングルを切り拓こうとしているかのように感じたものだ。多様な分野から集めた数々の証拠を理解するために、友人や研究仲間、発酵飲料の愛好者に助言を求めた。目に見えない人間の脳内の働きを解き明かすのに力を貸してくれた人。論文の山に埋もれて考察を求めていた考古学上の小さな情報に目を向けさせてくれた人。アルコール飲料の醸造や試飲の複雑さを教えてくれた人。発酵可能な甘い植物の情報をまとめるため、世界各地の多種多様な植物を教えてくれた人。人類の祖先はこうした植物を原料にして、人を酔わせる魅惑の飲料を巧みにつくってきた。

なかでも、ここに挙げる考古学者、考古植物学者、化学者、ワイン研究家、美食家、遺伝学者、チョコレート職人、歴史家、神経科学者、自然人類学者、ビール醸造家、ワイン醸造家、ミード醸造家には大変お世話になった。ブライアン・アンダーソン、フレド・アリアス＝キング、マリア・オーベット、ジニー・バドラー、マイケル・バリック、スティーヴ・バティウク、ロスティラフ・ベレズキン、サム・カラジオーネ、フィル・チェイス、マイケル・ハザン、程光胜、マーク・チエン、エリザベス・チャイルズ＝ジョンソン、ジャネット・シュルザン、エリン・ダニエン、アイリーナ・デルシナ、故キース・ドゥリーズ、マイケル・ディートラー、トマス・ディルヘイ、メリン・ダインリー、ポール・ドレイパー、パスカル・デュランド、クラーク・エリクソン、ブライアン・フェイガン、フイ・ファン、ゲイリー・ファインマン、ニコラ・フレッチャー、マレイレ・フリッチュ、マイク・ゲアハルト、デヴィッド・ゴールドスタイン、J・J・ハンチュ、ハラルド・ハウプトマン、ジョン・ヘンダーソン、エレン・ハーシャー、ニック・ホプキンズ、H・T・ファン、故マイケル・ジャクソン、ロン・ジャクソン、ジャスティン・ジェニングズ、クリス・ジョーンズ、ローズマリー・ジョイス、ジョン・カントナー、マイケル・カラム、ダイアナ・ケネディ、トニー・ケンタック、エヴァ・コッホ、ボブ・ケール、キャロリン・ケーラー、ピーター・クプファー、カール・ランバーグ＝カルロフスキー、アル・レナード、キャリン・ラーマン、劉莉、フイキン・マ、ヴィクター・メア、ダニエル・マスター、サイモン・マーティン、ジム・マシュー、エイミー・マザー、ジェームズ・マッカーン、ジョン・マッギー、ロッド・マッキントッシュ、スティーヴ・メンケ、イアン・モリス、故ロジャー・モース、ヒュー・マイリック、ラインダー・ニーフ、マックス・ネルソン、マリリン・ノルチニ、チャールズ・オブライエン、ラファエル・オセテ、ジョン・オルソン、デボラ・オルゼウスキー、ドン・オートナー、ルース・パルマー、ジャンカルロ・パナレラ、ファビオ・パラセコリ、ジョエル・パーカ、ブライアン・ピースナル、ウェイン・ピタード、グレッグ・ポッセール、マリセル・プレシラ、ナンシー・リグバーグ、ゲイリー・ロールフソン、マイク・ローゼンバーグ、ガブリエーレ・ロッシ＝オスミダ、カレン・ルービンソン、キャスリーン・ライアン、ケン・シュラム、フリッツ・シューマン、タッド・シューア、ブライアン・セルダーズ、カーステン・シレイクス、リチャード・スマート、ダニエラ・ソレリ、ラリー・ステージャー、ハンス＝ペーター・シュティカ、ジョージ・テーバー、唐際根、アンドレ・チェルニア、シーン・サクリー、マシュー・トムリンソン、ジョルディ・トレセラス、ジーン・トゥルフア、アン・アンダーヒル、マイケル・ヴィッカーズ、メアリー・ヴォイト、アレクセイ・ヴラニッチ、リッチ・ワーグナー、エレン・ワン、ニーナ・ウィームズ、フレッド・ウェンドルフ、ライアン・ウィリアムズ、ジャスティン・ウィリス、ウォーレン・ウィニアルスキー、ルーク・ウォーラーズ、ジム・ライト、張居中、シウキン・ジョウ。

太古の発酵飲料の世界を探究するうえで最大の着想の源や助けになったのは、過去三〇年にわたってペンシルベニア大学考古学人類学博物館の生体分子考古学研究室でともに研究してくれた、熱心かつひたむきな化学者の仲間たちだ。最初は故ルディ・マイケルで、その後を故ドン・グルスカーとラリー・エクスナーが引き継ぎ、今はグレチェン・ホールとテッド・デヴィッドソンが担当してくれている。彼らは、以下に挙げる人々をはじめ、世界中の研究所にいる仲間の研究者たちに支えられている。ロサ・アロヨ＝ガルシア、故カート・ベック、エリック・ブトゥリム、ゲイリー・

クローフォード、ワフィク・エル＝デイリー、ジェームズ・ディックソン、アン＝マリー・ハンセン、ガーマン・ハーボトル、ジェフ・ホノヴィッチ、ジェフ・ハースト、スヴェン・イサークセン、故ボブ・キメ、ジョー・ランバート、ロサ・ラムエラ＝ラベントス、レオ・マクロスキー、ナオミ・ミラー、アーメン・ミルゾヤン、ロバート・モロー、マーク・ネスビット、アンディ・ニューバーグ、アルベルト・ヌニェス、クリス・ピーターセン、マイケル・リチャーズ、ヴァーノン・シングルトン、ケン・サスリック、ジョゼ・ヴイヤモ、ウェンジ・ワン、アンディ・ウォーターハウス、ウィルマ・ウェッタースト ロム、ホセ・サパテル、趙志軍（ジミー）、ダニエル・ゾハリー。

世界を旅して実際に味わったり地元の人たちと話したりすれば、発酵飲料への理解は大いに深まる。私が本当に幸運だったのは、世界でも指折りのワイン産地のいくつかを、地元の組織や個人の助けを借りて訪問できたことだ。イタリア（全国ワイン都市協会）、フランス（リヨンのフルヴィエールにあるガロ・ロマン文明博物館）、ドイツ（マインツ大学）、スペイン（ワイン文化財団）、カリフォルニア（ＣＯＰＩＡ［ワインと食事、芸術のアメリカンセンター］や、才能豊かな多くのワイン醸造家たち）などである。ほかにも多くの大学や組織、個人が、発酵飲料を求めて中国やチベット、トルコやギリシャ、カリフォルニアやニューメキシコなど世界各地をめぐる際に手を差し伸べてくれた。旅の途中で立ち寄った場所は数知れないが、それでも探索できていない場所は山のようにある。

ペンシルベニア大学とその博物館からの支援に加えて、私たちの研究は今でもさまざまな組織（最近ではペンシルベニア大学のエイブラムソンがんセンター、コーネル大学、オーストラリアのラ・トローブ大学、エーゲ海先史時代協会）や、人類の生物文化的な側面の発展における発酵飲料の重要性と魅力を認めている個人の方々から支援を受けている。

カリフォルニア大学出版局の担当編集者ブレイク・エドガーは、太古（そして現代）の発酵飲料に熱烈な興味をもち、最新の研究についての情報を提供し続けてくれたほか、原稿を出版へと導いてくれた。ほかにも、エリカ・ブキ、エイミー・クリアリー、ローラ・ハーガー、ジョン・リッコ、リサ・タウバーをはじめ、本書の出版に尽力してくれた数多くのスタッフやフリーランサーにも深く感謝したい。

訳者あとがき

わさび、抹茶、山椒、黒豆、柚子、梅……。いかにも日本的な食材ばかりだが、じつはどれも日本でクラフトビールの副原料として使われているものだ。『日本のクラフトビールのすべて』（マーク・メリ著、熊谷陣屋・徳畑謙二訳、Bright Wave Media、二〇一六年）を参考にさせていただいた。実際、私もここ数年は柚子のビールを正月に飲むのが恒例になっている。近所のマイクロブルワリーが毎年冬至の頃につくるビールで、麦芽と柚子、ホップのほかに、小麦も使われている。飲むと柚子のやさしい香りを感じ、口当たりは軽やか。アルコール度数が四％と低いこともあって、それほど喉が渇く季節でもないのに、ごくごくと飲んでしまう。

いきなりクラフトビール談義で始めてしまったのだが、こんな話題を持ち出したのには理由がある。第三章のある段落を訳しているときに、独自のビールづくりに挑んでいる醸造家たちのことが頭に浮かんだからだ。その段落を引用しよう。

アルコール飲料を初めて醸造するとき、冒険心にあふれた新石器時代の醸造家はとにかく何でもやってみるという意志の持ち主だったに違いない。混じりけのない洗練された飲料の完成をめざすというよりも、トルコ東部の新石器時代の村々で、気概に満ちた実験家たちが発酵用の大甕の周りに集まっているような光景が思い浮かぶ。果実、穀物、蜂蜜、ハーブ、スパイスなど、手に入った自然の原料を使ってさまざまな組み合わせを試さなければならなかった。主に自分の舌と鼻が頼りだ。そして、出来上がった発酵飲料に最後の審判を下すのは、共同体のほかの住人たちだ。

果実、穀物、蜂蜜、ハーブ、スパイス。これはまさに、現代のクラフトビールに使われている原料そのものではないか（冒頭には挙げなかったが、蜂蜜を原料に加えたビールをつくっているブルワリーも日本にあるようだ）。さいわい現代の醸造家は先人たちから受け継いだ醸造技術や立派な設備を使えるので、新石器時代の醸造家のように手探りで一から醸造法をつくりあげる必要はない。それに今は酵母そのものを手に入れられるから、果実やハーブを加える目的はそれらにすみついた酵母を利用するためというよりも、独自の風味をビールに加えるためだろう。とはいえ、醸造家たちが新たな飲料を生み出そうとする気概に満ちている点と、完成した飲料の出来栄えを評価するのが共同体（地域）のほかの住人たちであるという点は、現代でも変わらない。

フルーツやハーブを使ったビールは日本の小売店ではあまり見かけず、まだまだ珍しい存在だ。でも、人類の歴史を振り返れば、果実と穀物を両方使ったアルコール飲料の醸造というのは「酒づくりの原点」とでも呼べそうなものではないだろうか。何しろこれまでに確認されている最古のアルコール飲料は、中国の賈湖(ジアフー)遺跡で発見された約九〇〇〇年前の「ブドウとサンザシのワイン、ミード、米のビールを混ぜた複雑な発酵飲料」なのだ。それを化学分析によって見いだしたのが、本書の著者パトリック・E・マクガヴァンである。

所属先のペンシルベニア大学考古学人類学博物館のウェブサイトで、「古代のエール、ワイン、過激な飲料のインディ・ジョーンズ」と紹介されているマクガヴァン。遺物に残った有機物を研究する生体分子考古学が専門で、一九九〇年代には当時最古とされた約七〇〇〇年前のワインをイランのハッジ・フィルズ・テペ遺跡で発見し、二〇〇四年には賈湖遺跡で最古のアルコール飲料を見つけたと発表して、世界中に大きな反響を巻き起こした。さらにヨーロッパや南北アメリカ、アフリカで出土した遺物の化学分析にも取り組むなど、まさに世界規模で古いアルコール飲料を探し求めてきた。その数十年にわたる長大な旅と研究の記録をまとめたのが本書だ。

原書の刊行は二〇〇九年だから、本書の内容はあくまでもその時点での情報ではある。とはいえ、世界各地の古いアルコール飲料に関する情報がこれほどよくまとまった文献は貴重だ。

最古のアルコール飲料を探す著者の旅は人類が誕生するはるか以前にさかのぼり、宇宙空間に存在するアルコールや動物たちと酒の関係を探るところから始めている。話を考古学に移してからも、東アジアからシルクロードを通って中央アジア、中東、ヨーロッパへと研究の舞台を変え、大西洋を渡ってアメリカ大陸にいったん足を踏み入れたあと、最後に人類生誕の地であるアフリカ大陸へと帰ってくる。

本書で取り上げられている分野も実に多彩で、考古学だけでなく、宗教や芸術、文学、民族誌、化学、生物学、脳科学と多岐にわたる。とりわけアルコール飲料とともに語られることが多いのが宗教や芸術だ。何千年も前の酒そのものが現代に残っているわけではなく、手がかりはきわめて限られている。だから著者はまず、酒の存在を示唆する祭儀や壁画、彫刻を事細かに調べる。「状況証拠」を積み重ねたうえで、それらに関連する壺や酒器に残った有機物を分析して、科学的な裏づけをとるのだ。

無数の論文、世界中の遺跡や博物館に眠る遺物、そして、さまざまな分野の専門家たち。あらゆる場所に散らばったジグソーパズルのピースを一つ一つ見つけ出し、足りないときにはみずからピースをつくって、こつこつとパズルを組み上げてゆく。「広大なジャングルを切り拓こうとしているかのように感じた」との謝辞の一節には、人類とアルコール飲料の関係を探る苦労がにじみ出ている。たくさんの人々の協力や成果のうえに成り立つ研究でもあるのだが、これこそが、人類の知られざる歴史をひもとく考古学の醍醐味ではないだろうか。

最古のアルコール飲料をめぐる研究は原書の刊行以降も進んでいて、二〇一七年一一月には、ハッジ・フィルズ・テペ遺跡のワインよりもさらに古い約八〇〇〇年前のワインがカフカス地方のジョージアで発見されたとのニュースが世界を駆けめぐった。米国科学アカデミー紀要に掲載されたその論文の筆頭著者はもちろんマクガヴァンだ。

インディ・ジョーンズにたとえられているとはいえ、マクガヴァンが探し求めてきたのは、古代の財宝や秘宝などではなく、はるか昔の庶民にもなじみ深かった飲料の痕跡だ。古い壺や杯に付着した残渣(ざんさ)こそが、マクガヴァンにとっての黄金である。著者はほとんどの考古学者が見向きもしなかった「残りかす」に光を当て、私たちをいにしえの酒宴へと誘(いざな)ってくれた。そして、醸造家たちのスピリットは昔も今も変わらないということに気づかせてくれた。過去と現代をつなぐ知の冒険に、読者の皆様も挑んでみてほしい。お酒を飲める方はグラスやジョッキを傾けながらでも、著者が歩んだ研究の長い旅路を一歩一歩たどってもらえたらうれしい。

翻訳にあたっては数多くの資料を参考にした。紙幅の関係で詳細なリストは割愛するが、第二章で『詩経』と『楚辞』、李白の「月下独酌」からの引用文を訳す際には、それぞれ『新釈漢文大系111 詩経 中』(石川忠久著、明治書院、一九九八年)、『新書漢文大系23 楚辞』(星川清孝著、鈴木かおり編、明治書院、二〇〇四年)、『中国古典文学大系17 唐代詩集 上』(田中克己・小野忍・小山正孝編訳、平凡社、一九六九年)を参考にした。その他、ほかの文献から引用した箇所にはその都度出典を記している。

最後になりましたが、原書をお預かりしてから二年半に及ぶ翻訳の長い旅路をともに歩んだ白揚社の筧貴行さん、原稿を入念に校閲してくださった同編集部の皆様には大変お世話になりました。この場を借りて御礼申し上げます。

二〇一八年早春

藤原多伽夫

———. 2005. *Guns, Germs, and Steel: The Fates of Human Societies*. New York: Norton.〔『銃・病原菌・鉄』倉骨彰訳、草思社文庫〕

Dick, D. M., et al. 2004. “Association of GABRG3 with Alcohol Dependence.” *Alcoholism: Clinical and Experimental Research* 28 (1): 4–9.

Hamer, D. H. 2004. *The God Gene: How Faith Is Hardwired into Our Genes*. New York: Doubleday.

Mithen, S. J. 2006. *The Singing Neanderthals: The Origins of Music, Language, Mind, and Body*. Cambridge, MA: Harvard University Press.〔『歌うネアンデルタール―音楽と言語から見るヒトの進化』熊谷淳子訳、早川書房〕

Newberg, A. B., E. D’Aquili, and V. Rause. 2001. *Why God Won’t Go Away: Brain Science and the Biology of Belief*. New York: Ballantine.

Nurnberger, J. I. Jr., and L. J. Bierut. 2007. “Seeking the Connections: Alcoholism and Our Genes.” *Scientific American* 296 (4): 46–53.

Pandey, S. C., et al. 2004. “Partial Deletion of the cAMP Response Element-Binding Protein Gene Promotes Alcohol-Drinking Behaviors.” *Journal of Neuroscience* 24 (21): 5022–30.

Standage, T. 2005. *A History of the World in Six Glasses*. New York: Walker.〔『歴史を変えた6つの飲物――ビール、ワイン、蒸留酒、コーヒー、茶、コーラが語るもうひとつの世界史』新井崇嗣訳、楽工社〕

Steinkraus, K. H., ed. 1983. *Handbook of Indigenous Fermented Foods*. New York: M. Dekker.

Strassman, R. 2000. *DMT: The Spirit Molecule; A Doctor’s Revolutionary Research into the Biology of Near-Death and Mystical Experiences*. South Paris, ME: Park Street.

Thomson, J. M., et al. 2005. “Resurrecting Ancestral Alcohol Dehydrogenases from Yeast.” *Nature Genetics* 37: 630–35.

Wolf, F. A., and U. Heberlein. 2003. “Invertebrate Models of Drug Abuse.” *Journal of Neurobiology* 54: 161–78.

Pager, H. L. 1975. *Stone Age Myth and Magic as Documented in the Rock Paintings of South Africa*. Graz: Akademische.

Parkin, D. J. 1972. *Palms, Wine and Witnesses: Public Spirit and Private Gain in an African Farming Community*. Prospect Heights, IL: Waveland.

Phillipson, D. W. 2005. *African Archaeology*. Cambridge: Cambridge University Press.〔『アフリカ考古学』河合信和訳、学生社〕

Platt, B. 1955. "Some Traditional Alcoholic Beverages and Their Importance in Indigenous African Communities." *Proceedings of the Nutrition Society* 14: 115–24.

Platter, J., and E. Platter. 2002. *Africa Uncorked: Travels in Extreme Wine Territory*. San Francisco: Wine Appreciation Guild.

Sahara: 10.000 Jahre zwischen Weide und Wüste. 1978. Cologne: Museen der Stadt.

Samuel, D. 1996. "Archaeology of Egyptian Beer." *Journal of the American Society of Brewing Chemists* 54 (1): 3–12.

Samuel, D., and P. Bolt. 1995. "Rediscovering Ancient Egyptian Beer." *Brewers' Guardian*, December, 27–31.

Sangree, W. H. 1962. "The Social Functions of Beer Drinking in Bantu Tiriki." In *Society, Culture, and Drinking Patterns*, ed. D. J. Pittman and C. R. Snyder, 6–21. New York: Wiley.

Saul, M. 1981. "Beer, Sorghum, and Women: Production for the Market in Rural Upper Volta." *Africa* 51: 746–64.

Vogel, J. O., and J. Vogel, eds. 1997. *Encyclopedia of Precolonial Africa: Archaeology, History, Languages, Cultures, and Environments*.Walnut Creek, CA: AltaMira.

Wendorf, F., and R. Schild. 1986. *The Prehistory of Wadi Kubbaniya*. Dallas, TX: Southern Methodist University Press.

Wendorf, F., R. Schild, et al. 2001. *Holocene Settlement of the Egyptian Sahara*. New York: Kluwer Academic/Plenum.

Willis, J. 2002. *Potent Brews: A Social History of Alcohol in East Africa, 1850–1999*. Nairobi: British Institute in Eastern Africa.

第9章

Acocella, J. 2008. "Annals of Drinking: A Few Too Many." *New Yorker*, May 26, 32–37.

Bowirrat, A., and M. Oscar-Berman. 2005. "Relationship between Dopaminergic Neurotransmission, Alcoholism, and Reward Deficiency Syndrome." *American Journal of Medical Genetics* 132B (1): 29–37.

Brochet, F., and D. Dubourdieu. 2001. "Wine Descriptive Language Supports Cognitive Specificity of Chemical Senses." *Brain and Language* 77: 187–96.

Castriota-Scanderberg, A., et al. 2005. "The Appreciation of Wine by Sommeliers: A Functional Magnetic Resonance Study of Sensory Integration." *Neuroimage* 25: 570–78.

Diamond, J. M. 1997. *Why Is Sex Fun? The Evolution of Human Sexuality*. New York: Basic Books.〔『人間の性はなぜ奇妙に進化したのか』長谷川寿一訳、草思社文庫〕

Edwards, D. N. 1996. "Sorghum, Beer, and Kushite Society." *Norwegian Archaeological Review* 29: 65–77.

Geller, J. 1993. "Bread and Beer in Fourth-Millennium Egypt." *Food and Foodways* 5 (3): 255–67.

Haaland, R. 2007. "Porridge and Pot, Bread and Oven: Food Ways and Symbolism in Africa and the Near East from the Neolithic to the Present." *Cambridge Archaeological Journal* 17 (2) : 165–82.

Hillman, G. C. 1989. "Late Palaeolithic Plant Foods from Wadi Kubbaniya in Upper Egypt: Dietary Diversity, Infant Weaning, and Seasonality in a Riverine Environment." In *Foraging and Farming: The Evolution of Plant Exploitation*, ed. D. R. Harris and G. C. Hillman, 207–39. London: Unwin Hyman.

Holl, A. 2004. *Saharan Rock Art: Archaeology of Tassilian Pastoralist Iconography*. Walnut Creek, CA: AltaMira.

Huetz de Lemps, A. 2001. *Boissons et civilisations en Afrique*. Bordeaux: University of Bordeaux Press.

Huffman, T. N. 1983. "The Trance Hypothesis and the Rock Art of Zimbabwe." *South African Archaeological Society, Goodwin Series* 4: 49–53.

Karp, I. 1987. "Beer Drinking and Social Experience in an African Society: An Essay in Formal Sociology." In *Explorations in African Systems of Thought*, ed. I. Karp and C. S. Bird, 83–119. Washington, DC: Smithsonian Institution.

Lejju, B. J., P. Robertshaw, and D. Taylor. 2006. "Africa's Earliest Bananas?" *Journal of Archaeological Science* 33: 102–13.

Lewis- Williams, J. D., and T. A. Dowson. 1990. "Through the Veil: San Rock Paintings and the Rock Face." *South African Archaeological Bulletin* 45: 5–16.

Lhote, H. 1959. *The Search for the Tassili Frescoes: The Story of the Prehistoric Rock Paintings of the Sahara*, trans. A. H. Brodrick. New York: Dutton.

Maksoud, S. A., N. el Hadidi, and W. M. Wafaa. 1994. "Beer from the Early Dynasties (3500–3400 cal B.C.) of Upper Egypt, Detected by Archaeochemical Methods." *Vegetation History and Archaeobotany* 3: 219–24.

Mazar, A., et al. 2008. "Iron Age Beehives at Tel Rehov in the Jordan Valley." *Antiquity* 82 (317) : 629–39.

McAllister, P. A. 2006. *Xhosa Beer Drinking Rituals: Power, Practice and Performance in the South African Rural Periphery*. Durham, NC: Carolina Academic.

Morse, R. A. 1980. *Making Mead (Honey Wine): History, Recipes, Methods, and Equipment*. Ithaca, NY: Wicwas.

Netting, R. M. 1964. "Beer as a Locus of Value among the West African Kofyar." *American Anthropolologist* 66: 375–84.

O'Connor, D. B., and A. Reid, eds. 2003. *Ancient Egypt in Africa*. London: University College London.

Press.
La Barre, W. 1938. “Native American Beers.” *American Anthropologist* 40 (2): 224–34.
Lothrop, S. K. 1956. “Peruvian Pacchas and Keros.” *American Antiquity* 21 (3): 233–43.
Mann, C. C. 2005. *1491: New Revelations of the Americas before Columbus*. New York: Knopf. 〔『1491 ——先コロンブス期アメリカ大陸をめぐる新発見』布施由紀子訳、日本放送出版協会〕
McNeil, C. L., ed. 2006. *Chocolate in Mesoamerica: A Cultural History of Cacao*. Gainesville: University Press of Florida.
Moore, J. D. 1989. “Pre-Hispanic Beer in Coastal Peru: Technology and Social Context of Prehistoric Production.” *American Anthropologist* 91 (3): 682–95.
Moseley, M. E. 1992. *The Incas and Their Ancestors: The Archaeology of Peru*. New York: Thames & Hudson.
———, et al. 2005. “Burning Down the Brewery: Establishing and Evacuating an Ancient Imperial Colony at Cerro Baúl, Peru.” *Proceedings of the National Academy of Sciences* 102 (48): 17264–71.
Perry, L., et al. 2007. “Starch Fossils and the Domestication and Dispersal of Chili Peppers (*Capsicum* spp. L.) in the Americas.” *Science* 315 (5814): 986–88.
Schurr, T. G. 2008. “The Peopling of the Americas as Revealed by Molecular Genetic Studies.” In *Encyclopedia of Life Sciences* (www.els.ne).
Sims, M. 2006. “Sequencing the First Americans.” *American Archaeology* 10: 37–43.
Smalley, J., and Blake, M. 2003. “Sweet Beginnings: Stalk Sugar and the Domestication of Maize.” *Current Anthropology* 44 (5): 675–703.
Staller, J. E., R. H. Tykot, and B. F. Benz, eds. 2006. *Histories of Maize Multidisciplinary Approaches to the Prehistory, Linguistics, Biogeography, Domestication, and Evolution of Maize*. Amsterdam: Elsevier Academic.

第8章

Arthur, J. W. 2003. “Brewing Beer: Status, Wealth and Ceramic Use Alteration among the Gamo of South-Western Ethiopia.” *World Archaeology* 34 (3): 516–28.
Barker, G. 2006. *The Agricultural Revolution in Prehistory: Why Did Foragers Become Farmers?* Oxford: Oxford University Press.
Bryceson, D. F., ed. 2002. *Alcohol in Africa: Mixing Business, Plea sure, and Politics*. Portsmouth, NH: Heinemann.
Carlson, R. G. 1990. “Banana Beer, Reciprocity, and Ancestor Propitiation among the Haya of Bukova, Tanzania.” *Ethnology* 29: 297–311.
Chazan, M., and M. Lehner. 1990. “An Ancient Analogy: Pot Baked Bread in Ancient Egypt.” *Paléorient* 16 (2): 21–35.
Davies, N. de G. 1927. *Two Ramesside Tombs at Thebes*. New York: Metropolitan Museum of Art.

Balter, M. 2007. “Seeking Agriculture’s Ancient Roots.” *Science* 316 (5833): 1830–35.
Bruman, J. H. 2000. *Alcohol in Ancient Mexico*. Salt Lake City: University of Utah Press.
Coe, S. D., and M. D. Coe. 1996. *The True History of Chocolate*. New York: Thames & Hudson. 〔『チョコレートの歴史』樋口幸子訳、河出書房新社〕
Cutler, H. C., and M. Cardenas. 1947. “Chicha, a Native South American Beer.” *Botanical Museum Leaflet, Harvard University* 13 (3): 33–60.
D’Altroy, T. N. 2002. *The Incas*. Malden, MA: Blackwell.
Dillehay, T. D. 2000. *The Settlement of the Americas: A New Prehistory*. New York: Basic Books.
———, et al. 2007. “Preceramic Adoption of Peanut, Squash, and Cotton in Northern Peru.” *Science* 316 (5833): 1890–93.
———, et al. 2008. “Monte Verde: Seaweed, Food, Medicine, and the Peopling of South America.” *Science* 320 (5877): 784–86.
Dillehay, T. D., and Rossen, J. 2002. “Plant Food and Its Implications for the Peopling of the New World: A View from South America.” In *The First Americans: The Pleistocene Colonization of the New World*, ed. N. G. Jablonski, 237–53. San Francisco: California Academy of Sciences.
Erlandson, J. M. 2002. “Anatomically Modern Humans, Maritime Voyaging, and the Pleistocene Colonization of the Americas.” In *The First Americans: The Pleistocene Colonization of the New World*, ed. N. G. Jablonski, 59–92. San Francisco: California Academy of Sciences.
Furst, P. T. 1976. *Hallucinogens and Culture*. San Francisco: Chandler & Sharp.
Goldstein, D. J., and Coleman, R. C. 2004. “*Schinus molle* L. (Anacardiaceae) *Chicha* Production in the Central Andes.” *Economic Botany* 58 (4): 523–29.
Hadingham, E. 1987. *Lines to the Mountain Gods: Nazca and the Mysteries of Peru*. New York: Random House.
Hastorf, C. A., and S. Johannessen. 1993. “Pre- Hispanic Po liti cal Change and the Role of Maize in the Central Andes of Peru.” *American Anthropologist* 95 (1): 115–38.
Havard, V. 1896. “Drink Plants of the North American Indians.” *Bulletin of the Torrey Botanical Club* 23 (2): 33–46.
Henderson, J. S., et al. 2007. “Chemical and Archaeological Evidence for the Earliest Cacao Beverages.” *Proceedings of the National Academy of Sciences USA* 104 (48): 18937–40.
Henderson, J. S., and R. A. Joyce. 2006. “The Development of Cacao Beverages in Formative Mesoamerica.” In *Chocolate in Mesoamerica: A Cultural History of Cacao*, ed. C. L. McNeil, 140–53. Gainesville: University Press of Florida.
Jennings, J. 2005. “*La chichera y el patrón*: Chicha and the Energetics of Feasting in the Prehistoric Andes.” *Archaeological Papers of the American Anthropological Association* 14: 241–59.
———, et al. 2005. “ ‘Drinking Beer in a Blissful Mood’: Alcohol Production, Operational Chains, and Feasting in the Ancient World.” *Current Anthropology* 46 (2): 275–304.
Kidder, A. V. 1932. *The Artifacts of Pecos*. New Haven: Phillips Academy by the Yale University

Città del Vino.
Ciacci, A., and A. Zifferero. 2005. *Vinum*. Siena: Città del Vino.
Guasch-Jané, M. R., et al. 2006. "First Evidence of White Wine in Ancient Egypt from Tutankhamun's Tomb." *Journal of Archaeological Science* 33 (8): 1075–80.
Jeffery, L. H. 1990. *The Local Scripts of Archaic Greece: A Study of the Origin of the Greek Alphabet and Its Development from the Eighth to the Fifth Centuries B.C.* Oxford: Oxford University Press.
Jidejian, N. 1968. *Byblos through the Ages*. Beirut: Dar el-Machreq.
Long, L., L.- F. Gantés, and M. Rival. 2006. "L'Épave Grand Ribaud F: Un chargement de produits étrusques du début du Ve siècle avant J.-C." In *Gli etruschi da Genova ad Ampurias*, 455–95. Pisa: Istituti editoriali e poligrafici internazionali.
Long, L., P. Pomey, and J.- C. Sourisseau. 2002. *Les étrusques en mer: Épaves d'Antibes à Marseille*. Aix-en-Provence: Edisud.
McGovern, P. E., et al. 2008. "The Chemical Identification of Resinated Wine and a Mixed Fermented Beverage in Bronze Age Pottery Vessels of Greece." In *Archaeology Meets Science: Biomolecular Investigations in Bronze Age Greece; The Primary Scientific Evidence*, 1997–2003, ed. Y. Tzedakis et al., 169–218. Oxford: Oxbow.
McGovern, P. E., A. Mirzoian, and G. R. Hall. 2009. "Ancient Egyptian Herbal Wines." *Proceedings of the National Academy of Sciences USA* 106: 7361–66.
Morel, J. P. 1984. "Greek Colonization in Italy and in the West." In T. Hackens, N. D. Holloway, and R. R. Holloway, *Crossroads of the Mediterranean*, 123–61. Providence, RI: Brown University Press.
Pain, S. 1999. "Grog of the Greeks." *New Scientist* 164 (2214): 54–57.
Parker, A. J. 1992. *Ancient Shipwrecks of the Mediterranean and the Roman Provinces*. Oxford: British Archaeological Reports.
Parker, S. B. 1997 *Ugaritic Narrative Poetry*. Atlanta, GA: Scholars.
Ridgway, D. 1997. "Nestor's Cup and the Etruscans." *Oxford Journal of Archaeology* 16 (3): 325–44.
Stager, L. E. 2005. "Phoenician Shipwrecks and the Ship Tyre (Ezekiel 27)." In *Terra Marique: Studies in Art History and Marine Archaeology in Honor of Anna Marguerite McCann*, ed. J. Pollini, 238–54. Oxford: Oxbow.
Tzedakis, Y., and Martlew, H., eds. 1999. *Minoans and Mycenaeans: Flavours of Their Time*. Athens: Greek Ministry of Culture and National Archaeological Museum.
Valamoti, S. M. 2007. "Grape- Pressings from Northern Greece: The Earliest Wine in the Aegean?" *Antiquity* 81: 54–61.

第7章

Allen, C. J. 2002. *The Hold Life Has: Coca and Cultural Identity in an Andean Community*. Washington, DC: Smithsonian Institution.

Fort. Stockholm: Kungl. Vitterhets Historie och Antikvitets Akademien.

Quinn, B., and D. Moore. 2007. "Ale, Brewing and *Fulachta Fiadh*." *Archaeology Ireland* 21 (3): 8–11.

Renfrew, C. 1987. *Archaeology and Language: The Puzzle of Indo- European Origins*. Cambridge: Cambridge University Press.

Rösch, M. 1999. "Evaluation of Honey Residues from Iron Age Hill-Top Sites in Southwestern Germany: Implications for Local and Regional Land Use and Vegetation Dynamics." *Vegetation History and Archaeobotany* 8: 105–12.

———. 2005. "Pollen Analysis of the Contents of Excavated Vessels: Direct Archaeobotanical Evidence of Beverages." *Vegetation History and Archaeobotany* 14: 179–88.

Sherratt, A. 1987. "Cups That Cheered." In *Bell Beakers of the Western Mediterranean: Definition, Interpretation, Theory and New Site Data*, ed. W. H. Waldren and R. C. Kennard, 81–106. Oxford: British Archaeological Reports.

———. 1991. "Sacred and Profane Substances: The Ritual Use of Narcotics in Later Prehistoric Europe." In *Sacred and Profane: Proceedings of a Conference on Archaeology, Ritual and Religion*, ed. P. Garwood, et al., 50–64. Oxford: Oxford University Committee for Archaeology.

Stevens, M. 1997. "Craft Brewery Operations: Brimstone Brewing Company; Rekindling Brewing Traditions on Brewery Hill." *Brewing Techniques* 5 (4): 72–81.

Stika, H. P. 1996. "Traces of a Possible Celtic Brewery in Eberdingen-Hochdorf, Kreis Ludwigsburg, Southwest Germany." *Vegetation History and Archaeobotany* 5: 81–88.

———. 1998. "Bodenfunde und Experimente zu keltischem Bier." In *Experimentelle Archäologie in Deutschland*, 45–54. Oldenburg: Isensee.

Unger, R. W. 2004. *Beer in the Middle Ages and the Renaissance*. Philadelphia: University of Pennsylvania Press.

Wickham-Jones, C. R. 1990. *Rhum: Mesolithic and Later Sites at Kinloch, Excavations 1984–1986*. Edinburgh: Society of Antiquaries of Scotland.

第6章

Adams, M. D., and D. O'Connor. 2003. "The Royal Mortuary Enclosures of Abydos and Hierakonpolis." In *Treasures of the Pyramids*, ed. Z. Hawass, 78–85. Cairo: American University in Cairo.

Aubet, M. E. 2001. *The Phoenicians and the West: Politics, Colonies, and Trade*. Cambridge: Cambridge University Press.

Bass, G. F., ed. 2005. *Beneath the Seven Seas: Adventures with the Institute of Nautical Archaeology*. London: Thames & Hudson.

Bikai, P. M., C. Kanellopoulos, and S. Saunders. 2005. "The High Place at Beidha." *ACOR Newsletter* 17 (2): 1–3.

Ciacci, A., P. Rendini, and A. Zifferero. 2007. *Archeologia della vite e del vino in Etruria*. Siena:

Olsen, S. L. 2006. "Early Horse Domestication on the Eurasian Steppe." In *Documenting Domestication: New Genetic and Archaeological Paradigms*, ed. M. A. Zeder et al., 245–69. Berkeley: University of California Press.

Rossi-Osmida, G., ed. 2002. *Margiana Gonur-depe Necropolis*. Venice: Punto.

Rudenko, S. I. 1970. *Frozen Tombs of Siberia: The Pazyryk Burials of Iron Age Horsemen*, trans. M. W. Thompson. Berkeley: University of California Press.

Rudgley, R. 1994. *Essential Substances: A Cultural History of Intoxicants in Society*. New York: Kodansha International.

Sarianidi, V. I. 1998. *Margiana and Protozoroastrism*. Athens: Kapon.

第5章

Aldhouse-Green, M., and S. Aldhouse-Green. 2005. *The Quest for the Shaman: Shape-Shifters, Sorcerers and Spirit- Healers of Ancient Europe*. London: Thames & Hudson.

Behre, K.-E. 1999. "The History of Beer Additives in Europe: A Review." *Vegetation History and Archaeobotany* 8: 35–48.

Brun, J.-P, et al. 2007. *Le vin: Nectar des dieux, génie des hommes*. Gollion, Switzerland: Infolio.

Dickson, J. H. 1978. "Bronze Age Mead." *Antiquity* 52: 108–13.

Dietler, M. 1990. "Driven by Drink: The Role of Drinking in the Political Economy and the Case of Early Iron Age France." *Journal of Anthropological Archaeology* 9: 352–406.

Dineley, M. 2004. *Barley, Malt and Ale in the Neolithic*. Oxford: Archaeopress.

Frey, O.-H., and F.-R. Herrmann. 1997. "Ein frühkeltischer Fürstengrabhügel am Glauberg im Wetteraukreis, Hessen." *Germania* 75: 459–550.

Juan-Tresserras, J. 1998. "La cerveza prehistórica: Investigaciones arqueobotánicas y experimentales." In *Genó: Un poblado del Bronce Final en el Bajo Segre (Lleida)*, ed. J. L. Maya, F. Cuesta, and J. López Cachero, 241–52. Barcelona: University of Barcelona Press.

Koch, E. 2003. "Mead, Chiefs and Feasts in Later Prehistoric Eu rope." In *Food, Culture and Identity in the Neolithic and Early Bronze Age*, ed. M. P. Pearson, 125–43. Oxford: Archaeopress.

Long, D. J., et al. 2000. "The Use of Henbane (*Hyoscyamus niger* L.) as a Hallucinogen at Neolithic 'Ritual' Sites: A Re-evaluation." *Antiquity* 74: 49–53.

McGovern, P. E., et al. 1999. "A Feast Fit for King Midas." *Nature* 402: 863–64.

Michel, R. H., P. E. McGovern, and V. R. Badler. 1992. "Chemical Evidence for Ancient Beer." *Nature* 360: 24.

Miller, J. J., J. H. Dickson, and T. N. Dixon. 1998. "Unusual Food Plants from Oakbank Crannog, Loch Tay, Scottish Highlands: Cloudberry, Opium Poppy and Spelt Wheat." *Antiquity* 72: 805–11.

Nelson, M. 2005. *The Barbarian's Beverage: A History of Beer in Ancient Europe*. London: Routledge.

Nylén, E., U. L. Hansen, and P. Manneke. 2005. *The Havor Hoard: The Gold, the Bronzes, the*

Kuijt, I., ed. 2000. *Life in Neolithic Farming Communities: Social Organization, Identity, and Differentiation*. New York: Kluwer Academic/Plenum.
McGovern, P. E., et al. 1996. "Neolithic Resinated Wine." *Nature* 381: 480–81.
Mellaart, J. 1963. "Excavations at Çatal Höyük, 1962." *Anatolian Studies* 13: 43–103.
Milano, L., ed. 1994. *Drinking in Ancient Societies: History and Culture of Drinks in the Ancient Near East*. Padua: Sargon.
Özdoğan, M., and N. Başgelen. 1999. *Neolithic in Turkey, the Cradle of Civilization: New Discoveries*. Istanbul: Arkeoloji ve Sanat.
Özdoğan, M., and A. Özdoğan. 1993. "Pre- Halafian Pottery of Southeastern Anatolia, with Special Reference to the Çayönü Sequence." In *Between the Rivers and over the Mountains: Archaeologica Anatolica et Mesopotamica Alba Palmieri Dedicata*, ed. M. Frangipane, 87–103. Rome: Università di Roma "La Sapienza."
———. 1998. "Buildings of Cult and the Cult of Buildings." In *Light on Top of the Black Hill: Studies Presented to Halet Çambel*, ed. G. Arsebük, M. J. Mellink, and W. Schirmer, 581–601. Istanbul: Ege Yayınları.
Özkaya, V. 2004. "Körtik Tepe: An Early Aceramic Neolithic Site in the Upper Tigris Valley." In *Anadolu'da Doğdu: Festschrift für Fahri Işık zum 60. Geburts-tag*, ed. T. Korkut, 585–99. Istanbul: Ege Yayınları.
Russell, N., and K. J. McGowan. 2003. "Dance of the Cranes: Crane Symbolism at Çatalhöyük and Beyond." *Antiquity* 7 (297): 445–55.
Schmant-Besserat, D. 1998. "'Ain Ghazal 'Monumental' Figures." *Bulletin of the American Schools of Oriental Research* 310: 1–17.
Schmidt, K. 2000. "Göbekli Tepe, Southeastern Turkey: A Preliminary Report on the 1995–1999 Excavations." *Paléorient* 26 (1): 45–54.
Stol, N. 1994. "Beer in Neo- Babylonian times." In *Drinking in Ancient Societies: History and Culture of Drinks in the Ancient Near East*, ed. L. Milano, 155–83. Padua: Sargon.
Vouillamoz, J. F., et al. 2006. "Genetic Characterization and Relationships of Traditional Grape Cultivars from Transcaucasia and Anatolia." *Plant Genetic Resources: Characterization and Utilization* 4 (2): 144–58.

第4章

Bakels, C. C. 2003. "The Contents of Ceramic Vessels in the Bactria-Margiana Archaeological Complex, Turkmenistan." *Electronic Journal of Vedic Studies* 9: 1c. www.ejvs.laurasianacademy.com.
Barber, E. J. W. 1999. *The Mummies of Ürümchi*. New York: W. W. Norton.
De La Vaissière, É., and É. Trombert, eds. 2005. *Les sogdiens en Chine*. Paris: École
Française d'Extrême-Orient.
Mair, V. H. 1990. "Old Sinitic **myag*, Old Persian *maguŝ* and English 'magician.' " *Early China* 15: 27–47.

Karlgren, B., trans. 1950. *The Book of Odes*. Stockholm: Museum of Far Eastern Antiquities.
Li, X., et al. 2003. "The Earliest Writing? Sign Use in the Seventh Millennium B.C. at Jiahu, Henan Province, China." *Antiquity* 77 (295): 31–44.
Lu, H., et al. 2005. "Culinary Archaeology: Millet Noodles in Late Neolithic China." *Nature* 437: 967–68.
McGovern, P. E., et al. 2004. "Fermented Beverages of Pre- and Proto- historic China." *Proceedings of the National Academy of Sciences USA* 101 (51): 17593–98.
McGovern, P. E., et al. 2005. "Chemical Identification and Cultural Implications of a Mixed Fermented Beverage from Late Prehistoric China." *Asian Perspectives* 44: 249–75.
Paper, J. D. 1995. *The Spirits Are Drunk: Comparative Approaches to Chinese Religion*. Albany: State University of New York Press.
Schafer, E. H. 1963. *The Golden Peaches of Samarkand: A Study of T'ang Exotics*. Berkeley: University of California Press.
Warner, D. X. 2003. *A Wild Deer amid Soaring Phoenixes: The Opposition Poetics of Wang Ji*. Honolulu: University of Hawai'i Press.

第3章

Aminrazavi, M. 2005. *The Wine of Wisdom: The Life, Poetry and Philosophy of Omar Khayyam*. Oxford: Oneworld.
Balter, M. 2005. *The Goddess and the Bull*. New York: Free Press.
Braidwood, R., et al. 1953. "Symposium: Did Man Once Live by Beer Alone?" *American Anthropologist* 55: 515–26.
Curry, A. 2008. "Seeking the Roots of Ritual." *Science* 319 (5861): 278–80.
Grosman, L., N. D. Munro, and A. Belfer- Cohen. 2008. "A 12,000-Year-Old Shaman Burial from the Southern Levant (Israel)." *Proceedings of the National Academy of Sciences USA* 105 (46): 17665–69.
Heun, M., et al. 1997. "Site of Einkorn Wheat Domestication Identified by DNA Fingerprinting." *Science* 278 (5341): 1312–14.
Hodder, I. 2006. *The Leopard's Tale: Revealing the Mysteries of Çatal Höyük*. London: Thames & Hudson.
Joffe, A. H. 1998. "Alcohol and Social Complexity in Ancient Western Asia." *Current Anthropology* 39 (3): 297–322.
Katz, S. H., and F. Maytag. 1991. "Brewing an Ancient Beer." *Archaeology* 44 (4): 24–33.
Katz, S. H., and M. M. Voigt. 1986. "Bread and Beer: The Early Use of Cereals in the Human Diet." *Expedition* 28 (2): 23–34.
Kennedy, P. F. 1997. *The Wine Song in Classical Arabic Poetry: Abū Nuwās and the Literary Tradition*. Oxford: Oxford University Press.
Kislev, M. E., A. Hartmann, and O. Bar-Yosef. 2006. "Early Domesticated Fig in the Jordan Valley." *Science* 312 (5778): 1372–74.

第1章

Berg, C. 2004. World Fuel Ethanol: Analysis and Outlook. www.distill.com/World-Fuel-Ethanol-A&O-2004.html.

Dudley, R. 2004. "Ethanol, Fruit Ripening, and the Historical Origins of Human Alcoholism in Primate Frugivory." *Integrative and Comparative Biology* 44 (4): 315–23.

Eliade, M. 1964. *Shamanism: Archaic Techniques of Ecstasy*, trans. W. R. Trask. New York: Bollingen Foundation.

Johns, T. 1990. *With Bitter Herbs They Shall Eat It: Chemical Ecol ogy and the Origins of Human Diet and Medicine*. Tucson: University of Arizona Press.

Lewis-Williams, J. D. 2005. *Inside the Neolithic Mind: Consciousness, Cosmos and the Realm of the Gods*. London: Thames & Hudson.

Nesse, R. M., and K. C. Berridge. 1997. "Psychoactive Drug Use in Evolutionary Perspective." *Science* 278 (5335): 63–67.

Rudgley, R. 1999. *The Lost Civilizations of the Stone Age*. New York: Free Press. 〔『石器時代文明の驚異――人類史の謎を解く』安原和見訳、河出書房新社〕

Siegel, R. K. 2005. *Intoxication: The Universal Drive for Mind-Altering Substances*. Rochester, VT: Park Street.

Stephens, D., and R. Dudley. 2004. "The Drunken Monkey Hypothesis." *Natural History* 113 (10): 40–44.

Sullivan, R. J., and E. H. Hagen. 2002. "Psychotropic Substance- Seeking: Evolutionary Pathology or Adaptation?" *Addiction* 97 (4): 389–400.

Turner, B. E., and A. J. Apponi. 2001. "Micro wave Detection of Interstellar Vinyl Alcohol CH2=CHOH." *Astrophysical Journal Letters* 561: L207–L210.

Wiens, F., et al. 2008. "Chronic Intake of Fermented Floral Nectar by Wild Treeshrews." *Proceedings of the National Academy of Sciences USA* 105 (30): 10426–31.

Zhang, J., and L. Y. Kuen. "The Magic Flutes." *Natural History* 114 (7): 42–47.

第2章

Berger, P. 1985. *The Art of Wine in East Asia*. San Francisco: Asian Art Museum.

Hawkes, D., trans. 1985. *The Songs of the South: An Ancient Chinese Anthology of Poems by Qu Yuan and Other Poets*. Harmondsworth: Penguin.

Henan Provincial Institute of Cultural Relics and Archaeology. 1999. *Wuyang Jiahu* (The site of Jiahu in Wuyang County). Beijing: Science Press.

———. 2000. *Luyi taiqinggong changzikou mu* (Taiqinggong Changzikou tomb in Luyi). Zhengzhou: Zhongzhou Classical Texts.

Huang, H. T. 2000. *Biology and Biological Technology*, part 5, *Fermentation and Food Science*, vol. 6 of J. Needham, *Science and Civilisation in China*. Cambridge: Cambridge University Press.

参考文献

全般

Both, F., ed. 1998. *Gerstensaft und Hirsebier: 5000 Jahre Biergenuss*. Oldenburg: Isensee.

Buhner, S. H. 1998. *Sacred and Herbal Healing Beers: The Secrets of Ancient Fermentation*. Boulder, CO: Siris.

Crane, E. 1983. *The Archaeology of Beekeeping*. Ithaca, NY: Cornell University.

———. 1999. *The World History of Beekeeping and Honey Hunting*. New York: Routledge.

De Garine, I., and V. de Garine, eds. 2001. *Drinking: Anthropological Approaches*. New York: Berghahn.

Dietler, M., and B. Hayden, eds. 2001. *Feasts: Archaeological and Ethnographic Perspectives on Food, Politics, and Power*. Washington, DC: Smithsonian.

Douglas, M., ed. 1987. *Constructive Drinking: Perspectives on Drink from Anthropology*. Cambridge: Cambridge University Press.

James, W. 1902. *The Varieties of Religious Experience: A Study in Human Nature*. New York: Modern Library.

Jordan, G., P. E. Lovejoy, and A. Sherratt, eds. 2007. *Consuming Habits: Global and Historical Perspectives on How Cultures Define Drugs*. London: Routledge.

Koehler, C. 1986. "Handling of Greek Transport Amphoras." In *Recherches sur les amphores grecques*, ed. J.-Y. Empereur and Y. Garlan, 49–56. Athens: École Francaise d'Athenes.

McGovern, P. E. 2006. *Ancient Wine: The Search for the Origins of Viniculture*. Princeton: Princeton University Press.

Rätsch, C. 2005. *The Encyclopedia of Psychoactive Plants: Ethnopharmacology and Its Applications*. Rochester, VT: Park Street.

Rudgley, R. 1999. *The Encyclopedia of Psychoactive Substances*. New York: St. Martin's.

Schultes, R. E., A. Hofmann, and C. Rätsch. 1992. *Plants of the Gods: Their Sacred, Healing, and Hallucinogenic Powers. Rochester*, VT: Healing Arts.

Völger, G., ed. 1981. *Rausch und Realität: Drogen im Kulturvergleich*. Cologne: Rautenstrauch-Joest-Museum.

Wilson, T. M., ed. 2005. *Drinking Cultures: Alcohol and Identity*. Oxford: Berg.

わ

ん

や

ら

ま

な

は

た

さ

か

索引

パトリック・E・マクガヴァン（Patrick E. McGovern）
ペンシルベニア大学考古学人類学博物館、「料理、発酵飲料および健康に関する生体分子考古学プロジェクト」のサイエンスディレクター。中国の賈湖遺跡の土器から、約9000年前という、これまでに確認されている最古のアルコール飲料の痕跡を見つけたほか、中央アジアのジョージアから出土した約8000年前の遺物にワインの痕跡を発見している。著書に、*Ancient Brews: Rediscovered and Re-created*、*Ancient Wine: The Search for the Origins of Viniculture* などがある。

藤原多伽夫（ふじわら・たかお）
翻訳家、編集者。静岡大学理学部卒業。自然科学、探検、環境、考古学など幅広い分野の翻訳と編集に携わる。訳書に『戦争の物理学』（白揚社）、『探偵フレディの数学事件ファイル』（化学同人）、『昆虫は最強の生物である』（河出書房新社）、『ヒマラヤ探検史』（東洋書林）、『戦争と科学者』『「日常の偶然」の確率』（原書房）などがある。

UNCORKING THE PAST: The quest for wine, beer, and other alcoholic beverages
by Patrick E. McGovern

ISBN 978-4-8269-9060-8

酒の起源

二〇一八年三月二十日　第一版第一刷発行
二〇二一年四月二十日　第一版第二刷発行

著　者　パトリック・E・マクガヴァン
訳　者　藤原多伽夫

発行者　中村幸慈

発行所　株式会社　白揚社　©2018 in Japan by Hakuyosha
〒101-0062　東京都千代田区神田駿河台1-7
電話03-5281-9772　振替00130-1-25400

装　幀　大倉真一郎

印刷・製本　中央精版印刷株式会社